ARTHUR J. McEVILY

江原隆一郎 訳

METAL FAILURES

金属破損解析
ハンドブック

MECHANISMS, ANALYSIS, PREVENTION

原理から機構, 事例研究, 欠陥検出, 防止まで

丸善出版

Metal Failures
Mechanisms, Analysis, Prevention
Second Edition

by

Arthur J. McEvily

© 2013 by John Wiley & Sons, Inc. All Rights Reserved.
This translation published under license with with the original publisher John
Wiley & Sons, Inc. through Japan UNI Agency, Inc., Tokyo.

本書は丸善出版株式会社が John Wiley & Sons, Inc. の許諾に基づき翻訳したも
のです.

To

Geof, Allysha, Keith, Joey, Ryan, Kyle, Courtney and Geneva Jane

日本語版に寄せて

　本書の第 2 版では，学生諸君および現場におけるエンジニアといった読者に包括的に，わかりやすく，興味を抱いて主題に取組んでいただくことを主目的とした．

　章末には主題を明確に理解するように付録を数多くつけ加えた．各章末の問題を初版より増やし，その解答では解析方法が実際問題でどのように用いられるかわかるように示した．

　この本の日本語版への実現は江原隆一郎教授による優れた翻訳の賜物である．特に記して謝意を表する．

2016 年 12 月

Arthur J. McEvily

訳 者 序 文

Arthur McEvily 先生は名著 *Fracture of Structural Materials* (A.S. Tetelman and A.J. McEvily, John Wiley & Sons, 1967) をはじめとする優れた著書および数多くの論文を出版されている．構造材料の疲労，破壊研究分野における世界的な権威であり，科学的，技術的な基礎的事項と現場における実際問題とのかかわりを非常に大切にされている．これは，大学のみならず NASA (Langley Field), Ford Motors Co. (Scientific Laboratory) などにおいて培われた豊富なご経験によるものであろう．

訳者は 1972 年秋から 1 年間米国コネティカット州立大学において先生のご指導下でポストドクトラルフェローをつとめて以来 44 年の長きにわたりご薫陶・ご鞭撻をいただいている．

初版本の翻訳は McEvily 先生から直接依頼され，2009 年 6 月に翻訳を開始し，2010 年には翻訳を終えていた．しかし，2013 年秋に本書が大幅に改定され，さらに充実した第 2 版が出版されたのを機に仕切り直してこのたびの出版に至った．できる限り忠実に訳したつもりであるが不備な点はお許しいただきたい．本書は破損解析に必要な基礎事項のみならず多くの事例研究が含まれており，この分野を代表する貴重な書である．

大学，国公立機関の研究者，大学院，学部などの学生諸君の研究・学習のみならず企業で設計・製造・研究・破損解析にたずさわられている方々に有益な知見を与えるものと思われる．座右に置き是非活用していただきたいという願いを込めて日本語版タイトルを『金属破損解析ハンドブック』とさせていただいた．なお，福岡大学材料技術研究所遠藤正浩所長には初版本の翻訳に際し種々ご協力いただいた．特に記して謝意を表する．また，出版に際し熱心にご協力いただいた丸善出版 (株) の三崎一朗氏，渡邊康治氏，有上希実氏に深甚なる謝意を表する．

2016 年 12 月

廿日市市阿品台にて訳者記す

第 2 版 序 文

　初版本を米国，欧州，アジアにおける破損解析に関する講義で使用してきた結果，学生諸君が課題を容易に解決できるように弾性，塑性，状態図，疲労および統計解析のような基礎的分野におけるさらなる背景を必要としていることが明らかになった．そこで，第2版においてはこれに応えるべく新たな材料を加筆した．また，新しい話題として疲労に関してステアケース法を加え，クレーンフックにおける応力の考察など2, 3の課題を割愛した．さらに，実際問題をより明確に理解させるために，破損解析に直接関係する破壊力学のような課題に関する問題を追加した．

　この点に関して，前コネティカット州立大学，現イリノイ工科大学の Leon Shaw 教授にはたいへんご尽力いただいた．また，自ら問題に取り組まれる読者の一助とするため，問題の解答を巻末に付け加えた．

　第2版の目的の1つは初版のタイプミスや誤りを正すためである．この目的はかなえられたものと思われる．

　最後に第2版にかかわっていただいたチュラロンコン大学の Jiranpong Kasivitamnuay 博士に深甚の謝意を表する．また，チュラロンコン大学の Tul ならびに Tawee 教授，ダートマス大学の F. Kennedy 教授，日本の石原外美，遠藤正浩，大塚昭夫および武藤睦治の諸教授の助言と励ましに感謝する．

2013 年 8 月

Arthur J. McEvily

目　　　次

1　破　損　解　析 **1**
　　I.　は　じ　め　に 1
　　II.　破損解析事例研究の例 7
　　III.　ま　　と　　め 27
　　　　　参　考　文　献 28
　　　　　問　　　題 28

2　弾性変形の原理 **31**
　　I.　は　じ　め　に 31
　　II.　応　　　力 31
　　III.　ひ　　ず　　み 37
　　IV.　弾　性　構　成　関　係 40
　　V.　切欠先端の応力状態 49
　　VI.　ま　　と　　め 51
　　　　　参　考　文　献 51
　　付録 2-1　平面問題に対するモール円の式 51
　　付録 2-2　3 次元応力解析 53
　　付録 2-3　単純な荷重条件下における応力式 60
　　　　　問　　　題 62

3　塑性変形の原理 **65**
　　I.　は　じ　め　に 65
　　II.　理論的せん断強度 65
　　III.　転　　　位 66
　　IV.　多軸応力に対する降伏条件 74
　　V.　平面ひずみ変形における切欠先端の塑性域での応力状態 76
　　VI.　ま　　と　　め 81

– xiii –

xiv　　目　　次

	より詳細な文献	. . . .	81
	付録 3-1 フォン・ミーゼスの降伏条件	. . . .	81
	問　　　題	. . . .	83

4　破壊力学の原理 **87**

I.	は じ め に	. . . .	87
II.	Griffith の脆性破壊に対する限界応力の解析	. . . .	87
III.	グリフィスの式の代替導出	. . . .	90
IV.	Orowan–Irwin によるグリフィスの式の修正	. . . .	91
V.	応 力 拡 大 係 数	. . . .	92
VI.	3 つの負荷モード	. . . .	95
VII.	塑性領域寸法の決定	. . . .	95
VIII.	破壊靱性に及ぼす厚さの影響	. . . .	97
IX.	R 曲　　線	. . . .	98
X.	微 小 き 裂 限 界	. . . .	99
XI.	事 例 研 究	. . . .	100
XII.	フェライト鋼の平面ひずみき裂停止破壊靱性 K_{Ia}	.	103
XIII.	弾塑性破壊力学	. . . .	104
XIV.	破損評価線図	. . . .	106
XV.	ま　と　め	. . . .	110
	参 考 文 献	. . . .	110
	問　　　題	. . . .	111

5　合金とコーティング **115**

I.	は じ め に	. . . .	115
II.	合 金 元 素	. . . .	115
III.	周 期 表	. . . .	118
IV.	状 態 図	. . . .	118
V.	コ ー テ ィ ン グ	. . . .	138
VI.	ま　と　め	. . . .	141
	参 考 文 献	. . . .	141
	問　　　題	. . . .	142

目　　次

1　破　損　解　析 **1**
　I.　は じ め に 1
　II.　破損解析事例研究の例 7
　III.　ま　　と　　め 27
　　　参　考　文　献 28
　　　問　　　　題 28

2　弾性変形の原理 **31**
　I.　は じ め に 31
　II.　応　　　　力 31
　III.　ひ　ず　み 37
　IV.　弾 性 構 成 関 係 40
　V.　切欠先端の応力状態 49
　VI.　ま　　と　　め 51
　　　参　考　文　献 51
　付録 2-1　平面問題に対するモール円の式 51
　付録 2-2　3 次元応力解析 53
　付録 2-3　単純な荷重条件下における応力式 60
　　　問　　　　題 62

3　塑性変形の原理 **65**
　I.　は じ め に 65
　II.　理論的せん断強度 65
　III.　転　　　　位 66
　IV.　多軸応力に対する降伏条件 74
　V.　平面ひずみ変形における切欠先端の塑性域での応力状態 76
　VI.　ま　　と　　め 81

– xiii –

xiv　　目　次

| | より詳細な文献 . . . . | 81 |

付録 3-1 フォン・ミーゼスの降伏条件 81

| | 問　　題 . . . . | 83 |

4　破壊力学の原理 **87**

I.	は じ め に	87
II.	Griffith の脆性破壊に対する限界応力の解析	87
III.	グリフィスの式の代替導出	90
IV.	Orowan–Irwin によるグリフィスの式の修正	91
V.	応 力 拡 大 係 数	92
VI.	3 つの負荷モード	95
VII.	塑性領域寸法の決定	95
VIII.	破壊靱性に及ぼす厚さの影響	97
IX.	R 曲　線	98
X.	微 小 き 裂 限 界	99
XI.	事 例 研 究	100
XII.	フェライト鋼の平面ひずみき裂停止破壊靱性 K_{Ia}	103
XIII.	弾塑性破壊力学	104
XIV.	破損評価線図	106
XV.	ま　と　め	110
	参 考 文 献	110
	問　　題	111

5　合金とコーティング **115**

I.	は じ め に	115
II.	合 金 元 素	115
III.	周 期 表	118
IV.	状 態 図	118
V.	コ ー テ ィ ン グ	138
VI.	ま　と　め	141
	参 考 文 献	141
	問　　題	142

6　調査と報告の方法 **145**

I.　は　じ　め　に 145

II.　現場調査のための道具 145

III.　破面調査の準備 146

IV.　目　視　検　査 146

V.　事例研究：ステアリングコラム部品の破損 . . . 147

VI.　光　学　検　査 148

VII.　事例研究：ヘリコプター回転尾翼の破損 149

VIII.　透過型電子顕微鏡 (TEM) 150

IX.　走査型電子顕微鏡 (SEM) 151

X.　レ　プ　リ　カ 156

XI.　分光分析およびその他の化学分析 157

XII.　事例研究：亜鉛ダイカスト製品の破損 158

XIII.　特　殊　分　析　技　術 159

XIV.　X 線による応力測定 160

XV.　事例研究：列車車輪の残留応力 164

XVI.　技　術　報　告　書 165

XVII.　記録の保管と証言 166

XVIII.　ま　　と　　め 170

参　考　文　献 171

問　　　題 171

7　脆性破壊と延性破壊 **173**

I.　は　じ　め　に 173

II.　脆　性　破　壊 173

III.　鋼の脆性破壊例 176

IV.　鋼の延性–脆性挙動 179

V.　事例研究：原子力圧力容器設計規準 186

VI.　事例研究：ローヤルメール船 (RMS) タイタニック号から切出し
た試片の検査 190

VII.　延　性　破　壊 196

VIII.　延性引張破損，くびれ 197

IX.　延性破断に伴うフラクトグラフィ的特徴 203

xvi　　目　　次

X.	ねじりによる破損	205
XI.	事例研究：ヘリコプターボルトの破損	206
XII.	ま　と　め	211
	参　考　文　献	211
	問　　題	212

8　熱応力と残留応力　217

I.	は　じ　め　に	217
II.	熱応力，熱ひずみ，熱衝撃	217
III.	不均一な塑性変形によって発生する残留応力	221
IV.	焼入れによる残留応力	227
V.	残留応力強靭化	228
VI.	浸炭，窒化，高周波焼入れにおいて発生する残留応力	230
VII.	溶接により発生する残留応力	231
VIII.	残留応力の測定	233
IX.	ま　と　め	233
	参　考　文　献	233
	付録 8-1：熱応力による破壊の事例研究	234
	問　　題	235

9　ク　リ　ー　プ　239

I.	は　じ　め　に	239
II.	背　　景	239
III.	クリープの特徴	240
IV.	クリープのパラメータ	243
V.	クリープ破壊のメカニズム	246
VI.	破壊機構マップ	248
VII.	事　例　研　究	249
VIII.	余　寿　命　評　価	254
IX.	応　力　緩　和	257
X.	弾　性　追　従	258
XI.	ま　と　め	259
	参　考　文　献	259

	問　　題	260

10　疲　　労 **263**

I.	は じ め に	263
II.	背　　景	263
III.	設計における考慮	266
IV.	疲労のメカニズム	272
V.	疲労き裂発生に及ぼす影響因子	282
VI.	疲労き裂成長に及ぼす影響因子	285
VII.	疲労き裂進展速度の解析	289
VIII.	疲労破損解析	302
IX.	事 例 研 究	306
X.	熱‒機械疲労	316
XI.	キャビテーション	316
XII.	複 合 材 料	317
XIII.	ま　と　め	318
	参 考 文 献	318
	より詳細な文献	321
	問　　題	322

11　統 計 分 布 **325**

I.	は じ め に	325
II.	分 布 関 数	325
III.	正 規 分 布	326
IV.	疲労統計—統計分布	329
V.	ワイブル分布	330
VI.	ガンベル分布	334
VII.	ステアケース法	341
VIII.	ま　と　め	343
	参 考 文 献	343

付録 11-1　最小 2 乗法 (C.F. Gauss, 1794) 344

	問　　題	347

xviii　　目　　次

12 欠　　陥 **349**

I.　は じ め に 349

II.　溶 接 欠 陥 349

III.　事例研究：溶接欠陥 354

IV.　鋳 造 欠 陥 362

V.　事例研究：連続鋳造中のコーナー割れ 363

VI.　圧 延 欠 陥 363

VII.　事例研究：鍛造欠陥 365

VIII.　事例研究：模造品 366

IX.　間違った合金の使用，熱処理の誤りなど 367

X.　ま　 と　 め 368

参 考 文 献 368

問　　題 369

13 環 境 効 果 **371**

I.　は じ め に 371

II.　定　　義 371

III.　腐食過程の基礎 372

IV.　環 境 助 長 割 れ 377

V.　事 例 研 究 380

VI.　オイルおよびガスパイプラインの割れ 386

VII.　クラックアレスタおよびパイプラインの補強 389

VIII.　め っ き 問 題 389

IX.　事 例 研 究 390

X.　家庭用銅管の孔食 393

XI.　高温における水素に関する問題 393

XII.　高温腐食 (硫化) 393

XIII.　ま　 と　 め 395

参 考 文 献 395

問　　題 396

14 欠 陥 検 出 **397**

I.　は じ め に 397

II.	検 査 性	397
III.	目視検査 (VE)	400
IV.	浸透検査 (PT)	401
V.	事例研究：スー市と DC-10 航空機	404
VI.	事例研究：MD-88 エンジン破損	413
VII.	磁粉粒子による調査 (MT)	414
VIII.	事例研究：航空機クランク軸の破損	417
IX.	渦電流探傷試験 (ET)	421
X.	事例研究：アロハ航空	423
XI.	超音波試験 (UT)	423
XII.	事例研究：B747	428
XIII.	X 線検査 (RT)	430
XIV.	アコースティックエミッション試験 (AET)	432
XV.	検 査 費 用	433
XVI.	ま と め	434
	参 考 文 献	434
	問 題	435

15 摩 耗 … 437

I.	摩 耗	437
II.	摩 擦 係 数	437
III.	Archard の式	439
IV.	凝 着 摩 耗 例	440
V.	フレッティング疲労	440
VI.	事例研究：摩擦と摩耗，ブシュの破損	445
VII.	こ ろ 軸 受	446
VIII.	事例研究：鉄道車軸の損傷	452
IX.	歯 車 損 傷	453
X.	ま と め	457
	参 考 文 献	457
	問 題	458

む す び … 459

xx　目　次

問 題 の 解 答 461

事 項 索 引 509

人 名 索 引 515

破 損 解 析

I. は じ め に

　技術の目覚ましい進歩にもかかわらず，しばしば膨大な人的，経済的損失を伴う破損が発生し続けている．本書の目的は，破損解析の課題を紹介することである．新しい状況が次々と生じるので，遭遇する破損のおのおのについて具体的に取り扱うことは困難であるが，解析を行う際の一般的な方法論が多くの事例研究を通じて示されている．破損解析は事故原因の調査に関連する興味深い課題であるが，正しい結論に導こうとするならば，有能な調査員は可能な破損モードの知識のみならず，関連する系の構成要素の運転モードについても十分理解していなければならない．調査員は，非常に重要な組織に見解を示し，擁護することを要求されるので，見解が健全な事実による根拠にもとづいており，課題の徹底的な把握が反映されていることが不可欠である．適切に行われた調査は，運転者，製作者，整備と検査の組織の責任の所在のみならず，破損に関連した順序について合理的なシナリオを導くはずである．また，成功した調査は，設計，製作，検査方法の改善，および特定の破損の再発防止の改善に帰着する．

　機械および構造物の破損解析は比較的最近の研究分野のように思われるが，よく考えてみると，何千年にも渡ってなされてきたことが明らかである．有史以前から破損はしばしば一歩後退二歩前進で決着してきたが，設計者や建設者に対して時に厳しい結果をもたらした．たとえば，紀元前 2250 年に書かれたハムラビ法典[1]によれば，

> もし，ある建設者が建てた家が頑丈につくられてなく，彼の建てた家が崩れ，家の主人の死を招いたとしたら，その建設者は死刑になる．もし，その家の主人の息子が死んだとしたら，彼らは建設者の息子を死刑にすることになる．もし，財産を破壊した場合には，元通りに直し，彼が家を頑丈に建てなかったために，それは崩れたのであるから．彼は自費で崩れた家を再建することになる．

　橋梁，高架橋，大聖堂などの事故はより良い設計，より良い材料，より良い建

2   1 破 損 解 析

設手順を生み出した．車輪や軸のような機械装置は経験を通して得られる洞察力により改善され，これらの改善はしばしばきわめてうまく機能した．たとえば，インドにおける最近のある計画においては，牛車の車輪設計の改善が指導された．しかし，多くの研究後に，長期間を費やし発展してきた車輪設計の改善は経済的に不適であることがわかった．

　1995 年に発生した兵庫県南部地震による構造物の破損は，高度に発達してきた設計がうまく機能しなかった例である．日本のその地域では長い間地震による被害はなかったが，台風はたびたび襲来していた．台風の猛威に対して建造物を安定させるために，その地方の建築の習慣ではむしろ重い屋根構造を用いることになっていた．不幸なことに地震発生時に，これらの重い屋根の崩壊により，財産とともに，多くの人命が失われた．現在この地域における設計基準は，台風と地震の両方を考慮したものに改訂されてきている．

　一般的な製品設計は，製品をより安全にするために，急速に発展してきた．たとえば，炭酸飲料水のボトルキャップについて考えてみよう．昔は金属製の栓がガラス製のボトルに，堅く締め付けられており，栓を外すのに栓抜きが必要であった．その後，簡単に開放可能なねじり開放型金属製キャップが登場した．このキャップは，ガラス製ボトルのねじ部に適合するように瓶詰め工場の工具により成型されたアルミニウム製薄肉円形部品から製造されていた．もし，このねじ山が，摩耗し，あるいは形状工具の軸精度が適切でなければ，キャップとボトルの締結は弱くなり，たとえば，スーパーマーケットの棚上でボトルからキャップが自然に吹き飛ぶかもしれない．さらに悪い状況として，ねじってキャップを開けるときに，膨張したガスによって締結の弱いキャップが突然吹き飛び，目を傷つけるという事例も多い．この危険性に対処するため，金属製キャップの上部側面に沿い連続した密接な隙間を有する孔を開けるように再設計された結果，キャップとボトルの間の封がねじり開始時に破断し，ガスの圧力が抜け，目を傷つける可能性が最小限に抑えられた．キャップ設計の次なる進歩は，プラスチックボトルとプラスチックキャップを用いることであった．現在の設計では，プラスチックキャップのねじ山上に溝をつけている．その結果，孔の開いた金属製のキャップ同様，キャップがねじられ炭酸ガスが抜け，目を傷つける危険性は低減された．

　応力解析は設計と破損解析の両方において重要な役割を果たしている．産業革命以来，安全な構造についての関心は応力解析の大きな発展を促した．応力とひずみの概念は，1678 年に Hooke の研究から始まり，19 世紀初頭に Cauchy と Saint-Venant によって確立された．それ以来，応力解析の分野は，材料力学，弾

I. はじめに　3

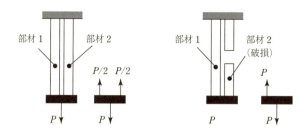

図 1-1　フェイルセーフ負荷構造

性，粘弾性，塑性の理論を包み込むように成長してきた．高速コンピュータの出現は，有限要素法 (FEM) による応力解析における数値計算法の利用で急速な進歩をもたらし，材料挙動に関する知識の向上によって，転位論，塑性，そして破壊機構にもとづいた構成式の発展を促進した．セーフライフやフェイルセーフのような設計思想も，とくに航空宇宙工学の分野で発展してきた．

セーフライフ設計において，構造物はその設計寿命の間，破損することなくもちこたえることを意図した静定構造として設計される．不測の破損事故を防ぐには，機械要素をその運転寿命中に定期的に検査するべきである．

フェイルセーフ設計の手法では，もし構造物の一部が破損したら，少なくとも次の検査まで，別の荷重伝達経路が荷重を支えることのできる (図 1-1) 十分な冗長性が構造に組み込まれるように設計がなされる (ズボンを支えるためにサスペンダーとベルトを両方使用することは，フェイルセーフ，すなわち冗長性のある手法の一例である)．荷重のスペクトル (分布範囲) にも配慮すべきである．構造物はその荷重を支えるように材料の能力のばらつきに関して持ちこたえることが

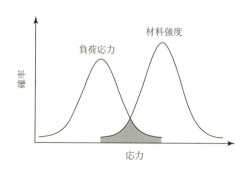

図 1-2　負荷応力と材料抵抗を示す確率頻度分布

4   1 破 損 解 析

表 1.1 基本 SI 単位

物理量	単位名	記号
長さ	メートル	m
質量	キログラム	kg
時間	秒	s
電流	アンペア	A
温度	ケルビン	K
物質量	モル	mol

求められる. 図 1-2 で示されるように, 破損の危険性はこれら 2 つの分布が重なるときに存在する.

さらに, 破壊力学, 疲労研究, 腐食科学, 非破壊試験のような新しい分野が現れてきた. また, 重要な発展も破壊に対する材料の抵抗値を向上させることにおいてなされてきた. 冶金学の分野では, これらの発展は合金設計, 合金の化学的性質のより良い制御, 金属加工や熱処理における改良を通してもたらされた. 破損解析者は, しばしば破損の種類を決定しなければならない. たとえば, 疲労によるものであるとか, 単一の過大荷重によるものであるとか, 多くの場合, 答を得るのに単純な目視検査で十分かもしれない. しかしながら, その他の場合, 破面観察 (フラクトグラフィ) が多くなされ, また光学顕微鏡, 透過型電子顕微鏡, 走査型電子顕微鏡のような実験設備の使用が必要となるかもしれない.

最近の (事故) 調査の多くはかなり費用がかかり, 複雑である. そして手の込んだ実験設備と幅広い専門知識を必要としている. TWA800 便の事故 (中央燃料タンクの爆発) のように事故調査が連邦機関の調査員によって行われることもある.

表 1.2 SI 単位から導出される物理量

物理量	単位名	記号	組立単位
周波数	ヘルツ	Hz	$1/s$
力	ニュートン	N	$kg{\cdot}m/s^2$
圧力	パスカル	Pa	N/m^2
エネルギー, 仕事量, 熱量	ジュール	J	$N{\cdot}m$
電力,	ワット	W	J/s
電圧, 電位差, 起電力	ボルト	V	W/A
電気容量, 発光体, フラックス	ファラッド	F	C/V
電気抵抗	オーム	Ω	V/A
コンダクタンス	ジーメンス	S	A/V
磁束	ウェーバー	Wb	$V{\cdot}s$
磁束密度	テスラ	T	Wb/m^2
インダクタンス	ヘンリー	H	Wb/A

この事故において連邦調査局 (FBI) と国家運輸安全委員会 (NTSB) は事故原因がミサイル攻撃によるものなのか，破壊工作によるものなのか，機械的な破損によるものなのか，あるいは電気的なスパークが燃料に引火したのかを特定しなければならなかった．スリーマイル島の事故 (バルブの欠陥) では原子力規制委員会 (NRC) が，スペースシャトル・チャレンジャー号の事故 (O リング) ではアメリカ航空宇宙局 (NASA) が調査に乗りだした．また，多くの調査は製品の確実な作動を保証するために製造者自身によっても行われる．さらに，現在では製造者や発電所所有者，または訴訟を援助するために破損解析を行う会社が多数存在する．これらの調査結果の多くは公表され，破損の性質や原因についての有益な情報となっている．しかし，残念ながら一部の調査結果は裁判前の示談で公表されず，一般の消費者は特定の製品が引き起こしかねない危険性について知る機会を奪われている．また，企業はリコールを出すよりも多数のクレームを処理するほうがコスト的に安価であるという費用対効果の考えにもとづいて判断を下すことがある．最近多発したタイヤの欠陥による事故のように，この考えが悲惨な結果を招くこともありうる．他にも故障が原因で深刻な火傷を引き起こすということを繰り返した，ある銘柄のシガレットライターの例がある．この製品が裁判にかけられ，製品の危険性が認められ決着したのは，このような事件が 50 件起こった後であった．

表 1.3　よく使われる SI 組立単位

物理量	単位	記号
加速度	メートル毎平方秒	m/s^2
面積	平方メートル	m^2
電流密度	モル毎立方メートル	A/m^2
質量密度	キログラム毎立方メートル	kg/m^3
電荷密度	キログラム毎平方メートル	C/m^3
エネルギー密度	ジュール毎立方メートル	J/m^3
エントロピー	ジュール毎ケルビン	J/K
熱容量	ジュール毎ケルビン	J/K
磁場の強さ	アンペア毎メートル	A/m
モルエネルギー	ジュール毎モル	J/mol
モルエントロピー	ジュール毎ケルビン	J/mol
モル熱容量	ジュール毎モルケルビン	$J/(mol{\cdot}K)$
電力密度	ワット毎平方メートル	W/m^2
速度	メートル毎秒	m/s
動的粘度	パスカル秒	$Pa{\cdot}s$
体積	立方メートル	m^3
波数	毎メートル	$1/m$

6 　　1　破 損 解 析

　破損解析の重要な所産としては，建築規準や材料仕様 [米国材料試験協会 (ASTM)]，製造手順 [労働安全衛生局 (OHSA)]，設計 [米国機械学会 (ASME) のボイラおよび圧力容器設計基準]，構造 (政府や州の基準) や運用 [米航空宇宙局 (NASA)，原子力規制委員会 (NRC)，連邦航空局 (FAA)] に関しての規格の発展である．これらの規格や基準は，原子炉の事例のように今後生じる新たな型の事故から守ると同様に，過去の損傷を繰り返すことのないよう頻繁に改善されてきた．また製鋼法や非破壊検査，分析手法の発展はボイラや圧力容器の安全率を 4 から 3.5 に減少させた[2](引張強さにもとづいた許容応力は引張強さを安全率で除して得られる)．今日，工業製品や構造物の信頼性はこれまでになく高いレベルにあるが，これを維持するためには多くの場合，多額のコストを要する．実際に原子力産業では最高の安全性を求める法規に従うと，原子炉を稼動させられないことを正当化するほど膨大なコストを要する．また製造者は最新の基準だけではなく，最新の技術を知ることも重要である．小型飛行機の製造者数が徐々に少なくなったのは，彼らの製造手法が現在の最高技術水準による安全基準に適合しないことが示された場合に被る製造物責任法の損害賠償のためである．製品の事故から身を守るため，破損解析がスタッフよりもラインの機能より組織されており，破損解析グループのメンバーは製造段階の前にすべての新設計へのかかわりを破棄しなけ

表 1.4 　慣用単位から実用単位への換算率

慣用単位	実用単位	換算率
気圧 (760 mmHg)	パスカル (Pa)	1.01325×10^5
BTU	ジュール (J)	1.055056×10^3
BTU/h	ワット (W)	2.930711×10^{-4}
カロリー	ジュール (J)	4.186800
カ氏温度	セ氏温度	$t°C = (t°F - 32)/1.8$
セ氏温度	ケルビン温度	$t\,K = t°C - 273.2$
インチ	メートル (m)	2.540000×10^{-2}
kgf/cm^2	パスカル (Pa)	9.806650×10^4
kip (1000 lbf)	ニュートン (N)	4.448222×10^3
kip/in^2(ksi)	パスカル (Pa)	6.894757×10^6
ksi$\sqrt{\mathrm{in}}$	MPa$\sqrt{m}$	1.097
重量ポンド (lbf)	ニュートン (N)	4.448222
常用ポンド	キログラム (kg)	$4.535924 \times 1-^{-1}$
lbf/in^2(psi)	パスカル (Pa)	6.894757×10^3
米トン (2000 lb)	キログラム (kg)	9.071847
トル (mmHg, 0°C)	パスカル (Pa)	1.33322×10^2
W·h	ジュール (J)	3.600000×10^3
ヤード	メートル (m)	9.144000×10^{-1}

ればならない.

　本書においては ASTM 規格 E380 により議論された SI 単位が使用される. 表 1.1 から 1.4 は SI 単位の背景を提供するものである

II.　破損解析事例研究の例

　構造物が安全に設計寿命に到達するためには，その寿命の間に設計，試験，製造および検査の相互作用がある．これらの相互作用は図 1-3 に示されている．もし，3 個のうちのどれかが不適切であれば次例で議論するように破損が生じる．

A.　荷重と設計の問題

A.1　風荷重の問題 (設計の問題)　　テイ・ブリッジはスコットランドにあるテイの峡湾に 1878 年に架けられた長さ 3,140 m (10,300 ft) の単線の鉄道橋である[3]. 橋の一部は 13 の錬鉄製径間 (スパン) で構成されており, 長さ 73 m (240 ft), 海面からの高さ 26.8 m (88 ft) 鋳鉄製橋脚により支えられていた. 運命のその日, 1879 年 12 月 28 日, 120 km/h (75 mph) に達する一陣の強風が吹き荒れていた. その晩, 定刻どおりに橋を通過していた旅客列車が 13 の径間 (スパン) もろとも河口に転落し, 75 名の乗客乗員の命が失われた.

　その後の調査によってこの大惨事の主因は，強風によって客車の側面にかかった力が橋の構造部に伝わり倒壊に至ったことが明らかになった．設計の段階でのような風による負荷が正しく考慮されていなかったのである．さらに，この橋は品質の悪い構造用鋼と施工法により弱化していた．この惨事は，安全で信頼の

図 1-3　設計，試験，製造および検査の相互関係

8   1 破 損 解 析

おける構造物を設計するためには，可能性あるすべての負荷条件を考慮しなければならないという明白な事実を浮かび上がらせた.

今日，われわれは構造設計において，風による荷重の重要性をより深く意識している．それにもかかわらず，いまだに時折，問題が生じる．たとえば，1977 年にニューヨークに建てられたシティコープ・タワーは，ビルの正面と直角になる風に対する計算を定めた，建築規則に従うものであった．しかしながら，このシティコープ・タワーは，ビルの敷地の一角を教会が占有していたため，そのまわりを囲んで建てられた珍しい建築物であった．1978 年に，タワーの斜め後方から吹きつける強風の存在によって，タワーが不安定になっていることが明らかになった．すなわち，風がタワーと 45 度の角度でタワーの 2 面に同時に当たっていたのである．タワーには早急に，風によるどのような荷重がかかっても安全を保障するような補強が入れられ，潜在していた災害が起こるのを防いだ.

風による負荷がまさに重大破壊を引き起こした事例として，1940 年に使用後わずか 4 か月で起こったタコマ峡つり橋の破壊があげられる．オリンピック半島とワシントン州本土を結ぶその橋は，長さ半マイルにおよび，狭い 2 車線の中心スパンを有していた．その設計は通常と異なり，風が通り抜けやすいように大きく開いたトラスではなく，風を受け止めてしまう補強桁を使用していた．その設計は低いねじり剛性をもたらし，風の中での大きなたわみ性により，その橋は "Galloping Gertie" として知られていた．風の強さが 62.7 km/h (42 mph) まで増すにつれ，橋の回転，らせん状の動きもまた，橋がばらばらに破壊されるまで増大していった．その破壊の根本的原因は強烈な振動であり，その振動は風が橋を通り過ぎることによって生成される渦の発生と吹出しに加えて乱流風の不規則な動きによって引き起こされた強制振動に起因する．本橋の損傷の結果，世界中のつり橋は強化され，提案される橋の空力学的特徴が架設前に風洞により調査された.

A.2　コメット機の墜落 (設計と試験の問題)　　1950 年代初頭，コメット社の飛行機はジェット機として初めて商用旅客機として導入された．その飛行機はプロペラ機に比べ非常に優れていたため，次世代旅客機としてすぐに市場で多くのシェアを獲得した．しかしながら使用開始後，間もなく 2 機のコメット機が巡航高度への上昇中に機体胴体部に急激な減圧を生じ (その後の調査で明らかにされたが)，その結果，機体とともにすべての乗客の生命が失われた．徹底的な調査によってこれらの墜落は図 1-4 に示されるように，(丸形よりもむしろ) 四角形同然の窓の角周辺における高応力領域で機体に発生した疲労き裂により生じたことが明らか

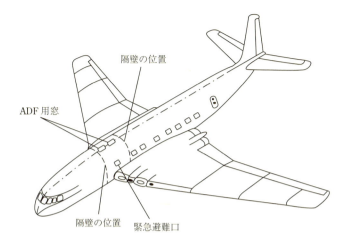

(a)

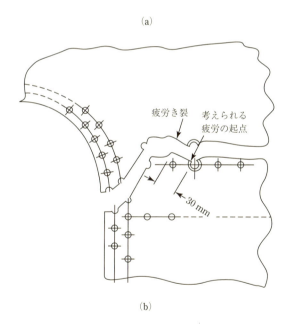

(b)

図 1-4 (a) コメット機. (b) ADF (自動方向探知器) 用の窓の船尾の方にあるコーナー近くに発生した疲労き裂の位置 (Jones[3] より引用. Elsevier Science の許可を得て転載)

10   1 破 損 解 析

になった．この疲労荷重は，繰り返し行われる離陸と着陸において客室の加圧，減圧によるものである．疲労き裂の存在は，破壊した部分の破面を研究することにより裏づけられた．これらの表面には疲労き裂進展を特徴づける破面が発見された[4]．

　調査の過程でまず機体が予想される低水準の圧力荷重を安全に支持することを確認するために同一の試験機体が静的過圧力試験に用いられ，疲労試験においても過圧力試験の結果のように過度に楽観的な結果を生み出していた．その結果は静的過圧力試験では引張りにおいて最大応力点で塑性変形するという理由で過度に楽観的となった．除荷時にこれらの塑性変形域は圧縮残留応力状態になり，疲労試験時の機体の疲労き裂発生および進展抵抗をかなり改善していた．各試験において別々の機体を用いるというより良い方法がとられるべきであった．

　これらの事故は重大な結果をもたらした．まず第一にすべてのコメット機は飛行できなくなり，新たな機体の注文がキャンセルされた．第二に墜落は機体構造における疲労き裂進展の重要性を喚起した．第三に加圧された胴体部は，疲労き裂やエンジン爆発による破片の貫通といった損傷による破滅的な減圧を避ける設計の必要性が認識された．これらの事故の結果，設計思想，疲労き裂進展の影響の考慮，検査手法について機体構造の信頼性向上のために重要な手段が講じられた．

　コメット機の事故に強調されるように，疲労が航空機の設計において重要な考慮すべき事柄となった．ある部品，たとえばタービンブレードには 10^{10} 回の繰返し応力が製品寿命中に負荷されるが，応力は十分に材料の疲労強度以下になるように設計されている．このような部品の設計目標は疲労き裂が寿命中に決して発生しないことである．もし，き裂がタービンブレードに発生すると，それはすぐに危険寸法にまで成長し，そのため定期点検で事故防止前に発見されない可能性がある．機体構造に関する状況は異なる．この場合，繰返し数はエンジン部品よりもゆっくりとしたペースで蓄積されるため，仮にき裂が発生しても，小さなタービンブレードの場合のように，危険寸法は mm ではなく cm の単位で測定される．これは，適切な検査によって，構造物の疲労き裂が危険寸法まで成長する前にそのき裂を発見することが可能である．

　アルミ合金は航空機の構造に広く用いられている．その比重に対する強さ (比強度) が航空機という用途にとって魅力的だからである．しかし，これらの合金は比較的低い疲労強度をもつものとして特徴づけられている．もし機体構造がすべての繰返し応力を疲労限度より下回るように設計されるならば，航空機が経済的に飛行するには非常に重くなるだろう．構造から重さを低減するため，設計上

の繰返し応力は**有限寿命範囲**といわれる疲労強度を上回るように設定されている．これは，もし応力が十分繰り返されれば疲労き裂がいつかは発生することを意味する．実際の負荷状態に関する不確実さと同様に，疲労寿命の統計的な変動のため，設計者は構造物の寿命以内に疲労き裂が発生する可能性も考慮しなければならない．もし疲労試験が実物大の試作品で行われたら，その結果はどこに疲労き裂が発生しやすいかという情報とともに構造物の疲労強度に関する知識も与えてくれるだろう．しかしながら，実際に運転している構造物は試作品とは異なった疲労負荷状態かもしれず，さらには，老朽化しつつある飛行機のように腐食やフレッティングコロージョンによる長期間の影響があるかもしれないが，その影響はプロトタイプ試験では反映されてこない．

先に述べたように，飛行機の疲労き裂問題に対してこれまで2つの異なる設計の手法が発展してきた．構造を静定条件で設計する場合，**セーフライフ設計**が用いられた．この手法では構造部品は飛行機の設計寿命を十分上回る疲労寿命で設計されるが，航空機構造の安全を保証するために疲労き裂の検査が要求される．もう1つの手法は**フェイルセーフ**として知られている．この手法では構造部品が破損したとしても他の構造部品が再分布された荷重を十分に支えられるように，構造に十分な冗長性がある．さらに，これらのより大きな応力が負荷されている残りの部品も，次に予定された検査よりも前には破損の危険がないようにすべきである．原則的には，この手法はセーフライフに比較するとより信頼性を有するが，重量というペナルテイを課する．

A.3 ダンエア航空ボーイング707の墜落[5](設計および検査の問題) 次の事例はフェイルセーフの手法が想定していたようにうまくいかなかった例を示している．1977年，ロンドンからザンビアへの貨物専用機として運航されていたボーイング707-300C型機は，右水平尾翼と昇降舵が飛行中に分解した状態で着陸しようとしていたため，急速に機首を落とし滑走路から2マイル手前で地面に墜落した．操縦士，副操縦士，機関士が死亡した．この飛行機は，旅客と貨物の転換が可能なB-707-300Cシリーズの初代機で，飛行時間は総計47,621時間，着陸回数は16,723回であった．また，最後の検査後，50回の着陸を行っていた．水平尾翼では他の部品と同様に，フェイルセーフの手法を採用した設計がなされていたが，B-707-300Cの水平尾翼の実物大疲労試験は行われていなかった．

しかしながら，フェイルセーフ設計というものは，ある部品が破損したとき，残りの部品にその負荷を支えるだけの十分な残留強度があって初めてフェイルセー

12   1 破 損 解 析

フなのである．この事例のように，単独冗長構造は，主要部品が無傷の間はフェイルセーフである．いったん主要部品が破損すると，セーフライフの原理が適用され，フェイルセーフ部品そのものが疲労，腐食，その他の機構で強度が落ちる前に，主要部品の損傷を発見することが必要になってくる．フェイルセーフが働いているときの強度は無傷構造よりもかなり下回っているので，実際にはその構造物の通常の寿命に比較して短時間で損傷は発見され，しかるべき措置をとられなければならない．

フェイルセーフ設計の構造物を安全に維持するには，主要構造物のあらゆる部品の損傷の発見が，フェイルセーフ設計の構造物の致命的な強度低下が生じる前になされることを保証するために，適切な検査計画が全設計のすべての部分に適用されなければならない．分離した水平尾翼に対する事故後の調査の結果，ファスナーホール (締結穴) からの疲労き裂の成長による水平翼 (スタビライザー) 後部翼桁上部の翼弦の破壊が明らかになった [翼弦(chord) という言葉は航空機構造の専門用語としては 2 つの異なる意味をもっている．エアフォイルの前縁と後縁を結ぶ直線のとして定義されることもあるし，または，ウェブ材によって結合，固定されているトラスの 2 つの外側部材のうちの一方として定義されることもある．ここでは後者の定義が当てはまる．すなわち，スタビライザーの翼弦は翼幅方向に走っていることになる]．後部翼桁は，アルミニウムウェブによって連結された上部翼弦，中部翼弦，下部翼弦により構成されている．名目上無負荷の中部翼弦の目的は，万一疲労き裂が上部翼弦から後部翼桁のウェブに進展した場合に，クラックアレスタとして作用するためのものであった．上部翼弦と中部翼弦との間のウェブの破壊が墜落前の段階で生じたという証拠があった．中部翼弦にはいくつかの疲労き裂があり，その結果，中部翼弦と下部翼弦の両方とも過負荷により破壊した．これは，単発的な事例ではない．なぜならば，このタイプの水平尾翼を備えた 521 B-707 型航空機に対する調査により，7% の後部翼桁に各種の大きさのき裂があることが明らかになったからである．

調査は，(a) 疲労破壊の原因と時期，および (b) なぜ，疲労の結果として上部翼弦が破壊してしまうと，後部翼桁のフェイルセーフ構造が飛行荷重を受けもつことに失敗したのか，ということの立証に向けられた．

調査の結果，疲労き裂の発生と上部翼弦の最終破壊間の総フライト数は 7,200 回のオーダーであることが示された．疲労き裂の付加的な成長が上部翼弦の破壊後に生じ，その結果，上部翼弦の破壊とスタビライザーの離脱との間に，おそらく 100 回に達するフライト数があったと結論づけている．

水平尾翼の検査に費やす推奨時間は，より詳細な検査よりもむしろ目視検査が意図されたように思われる程度の 24 分であった．尾翼上部および底部の翼桁弦は，それらが外部から検査できるように設計されていたので，もしき裂が目に見えるのならば，推奨検査で上部翼弦のき裂の存在を検知できるはずであった．事故後の迅速な調査の結果として発見されたこれらのき裂から，上部翼弦の部分き裂はき裂の正確な位置がわかっていれば肉眼でも確認できるが，実質的には，視覚的に検知できないものであることが判明した．したがって，上部翼弦の破断と翼桁全体の破壊の合間に検査が行われない限り (本事例ではこのように行われなかった)，推奨検査では，翼桁弦のき裂を発見することはできなかった．

調査員は，水平尾翼の翼桁上部弦の破損に続いて，当時の点検スケジュールで破損が発見できるほど，十分長くは構造に重畳して負荷された飛行荷重に構造がもちこたえられなかったと結論した．製造者は水平尾翼をフェイルセーフとなるべく設計していたが，実際は検査手順が不適当であったがために，フェイルセーフ設計ではなかった．その検査は尾翼の水平尾翼の翼桁上部弦の部分き裂を発見するには適切ではなかったが，完全に破断した上部弦の検知には適切であったのであろう．水平尾翼はまだ疲労の傾向を残したままである．英国航空のコンコルド SST は 2000 年に左尾翼の翼桁における疲労き裂の成長が 76 mm (3 in) に達し，墜落した[6]．

A.4 ハートフォード・コロシアムの屋根の崩壊 (設計の問題) 1978 年 1 月 18 日午前 4 時，降雪後の凍てつく暴風雨の中，築後 3 年の構造物が崩壊した．三角形形状の鉄骨格子状鋼構造 110 m (360 ft) × 91 m (300 ft) が屋根を支えており，それ自身は 82 m (270 ft)，64 m (210 ft) の間隔で設置された 4 本の鉄筋コンクリート製のパイロンで支えられていた．Smith と Epstein[7]は支柱の相互作用が，荷重の再分配とその結果として生じた崩壊に関して重要な役割を演じたと結論づけた．彼らは特定の圧縮部材が 1 つの面内に限って座屈に対して支えていたことを指摘した．荷重が増すにつれてその部材は面外座屈を起こし，荷重はほかの部材へと再分配された．時間の経過とともにより多くの上弦材が座屈していき，荷重を支える部材はどんどん少なくなっていった．この状況は残りの部材がその夜にかかった荷重による応力の増大に耐えられなくなるまで悪化していき，ついには突然の崩壊が起きた．これは不適切な構造設計の主たる例である．

A.5 カンザスシティのハイアツトリジェンシー・ホテルの渡り廊下の崩落[8](構造の問題) 1981 年 7 月 20 日，ミズーリ州カンザスシティのハイアットリー

ジェンシー・ホテルの吹抜けで，2つの渡り廊下が崩落し，113人が死亡，186人が怪我をした．死傷者の数からいって，これまで合衆国で生じた最も甚大な構造的破壊であった．2階の廊下は直接4階の廊下に吊るされ，そして，その4階の廊下は吹抜け天井のフレームに3組のハンガーロッドにより吊るされていた．崩壊発生時，2階と4階の廊下は4階の廊下が2階の廊下の上になった状態で，吹抜けの地面に落下した．死傷者のほとんどが吹抜け1階か2階の廊下にいた人々だった．

建設承認時には，ハンガーロッドは4階の箱型梁と2階の箱型梁を貫通することを要求した計画だった．箱型梁は，フランジのある1組の203 mm (8 in)溝形鋼の先端どうしが溶接されていた．図 1-5a のように，梁は梁の下でハンガーロッドのワッシャーとナットの上に載っている．この配列では，それぞれの箱型梁はその荷重を直接ハンガーロッドに分配していた．

しかしながら，建設時，図面は図 1-5b に示すように連続よりも不連続ハンガーロッドの方がいいと要求する鋼組立加工業者により作成された．この変更された設計では，3組のハンガーロッドは4階の箱型梁から天井のフレームに，2階の箱型梁から4階の箱型梁に伸びていた．この配列では，2階の廊下の全荷重がまず4階の箱型梁にかかり，そこでその荷重を4階の荷重の両方が4階の箱型梁を

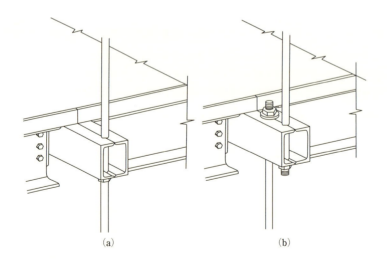

図 **1-5** カンザスシティのハイアット・ホテルの渡り廊下連結部の比較．(a) 当初の設計，(b) 施行完了時 [National Bureau of Standards (米国規格基準局)][8]から引用］．

通して天井のハンガーロッドにかかる．この変更が，4 階の箱型梁とハンガーロッドの組立て連結部にかかる荷重を本質的に 2 倍にした．

　事故後の破損解析では，廊下の崩落は通路の箱型梁–ハンガーロッド接続部で起こったことが指摘された．この事例では，組立て加工業者，構造技術者，建築設計者それぞれが設計変更の重要性を理解せずに設計変更を承認していた．

B. 設計，検査，メンテナンスおよび補修に関する問題

B.1 コネティカット州ミアナス川の崩落 (検査の問題)　　Demers と Fisher[9] は，この橋の一部の崩落について説明している．6 車線の州間高速道路は 6 組の橋脚で支えられており，それらは川の流れに平行になるように傾けられており，コネティカット州グリーンウィッチのミアナス川に架けられている．橋は多くの独立したスパンで構成され，おのおののスパンが外縁を縦長の橋桁で支えている．この橋が 24 年間使用された，1983 年 6 月 28 日の早朝，幸いに交通量の少ない時間帯だったが，東方向車線スパンの 1 つが完全に橋から分離して，川に落下して数人の死者を出した．破損したスパンは図 1-6a に示すように，支えている橋桁から飛び出した隣接スパン間で吊るされていた．破損したスパンは静定構造物であり，スパンの 1 つの主要な構造部材の破損が，スパン全体の崩落を引き起こすことを意味している．冗長な構造とは，1 つの構造要素の破壊が他の部材への荷重再配分を引き起こすが，完全崩落はしないということを思い起こしてみよう．破損したスパンはピンとハンガーの組立て部品を用いて，その東側の角で橋の隣り合う要素の橋桁どうしを連結していた．破損後のスパンの場所から推測すると，崩壊は南東のコーナーから始まった．崩壊の後，南東のコーナーの内側のハンガーは他の接続部が激しく変形していたにもかかわらず，まっすぐ上側のピンに取り付けられていた．内側のハンガーがまっすぐだったことから，下部のピンは崩壊以前に分離しており，外側のハンガー方向に移動していたと結論された．この内側のハンガーの除荷が，外側のハンガーにかかる荷重を 2 倍にした．合わさった上側のピンの上表面の高い軸受圧力は，ピンに疲労き裂の形成を導き，上側のピンの一部がピンから分断した原因となり，それにより上側のピンからハンガーがはずれ，スパンの最終的崩落を起こした．

　事件後の検査により，下側の孔で南東のコーナーの内側のハンガー下部の軸受表面が激しく腐食していることが判明した．下のピンの内部端は激しく腐食し，先細りしており，下端は折れていた．下側のピンが動くには，そのピンを貫通して

16   1 破 損 解 析

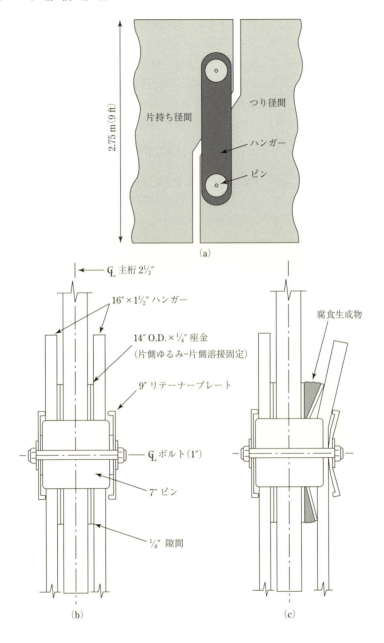

図 1-6 ミアナス河川橋. (a) 破損した吊り径間の支持方法. (b) 施行時のピンとハンガーの組立部. (c) 24 年使用後のピンとハンガー組立部 (図 1-6b, c は Demers と Fisher[9] から引用)

いる拘束ボルトが破損しなければならない．外側の座金の間には大量の腐食生成物が詰まっているのが上下両組立て部品の外側で発見された (図 1-6b と図 1-6c を比較せよ)．これが保持板の塑性変形を引き起こし，ボルトに高引張応力を生じ，破壊に導いたのである．破損はこれらのことが連続して生じた結果であり，大量の腐食生成物がピン上をハンガーが移動した主因と結論づけられた．

　この破損は，効果的な腐食防止策の維持および構造物の健全性を維持するための検査プログラムの重要性を強調している．

B.2　ミネアポリスのミシシッピー川橋 (設計の問題)　　I-35W ミシシッピー川橋は 1964–1967 年に建造されたミネソタ州ミネアポリスのミシシッピー川を横切る 8 車線を有する鋼トラスアーチ橋であった．40 年後，2007 年 8 月 1 日に突然崩落し，13 名が死亡し，145 名が怪我をした．本橋はミネソタで 5 番目に混み合い，1 日に 140,000 台の車両が通過していた．NTSB は破損の主因は板厚 [13 mm (0.5 in)] の小振りのガセットプレートにあることを見いだした．その設計に加えて長年にわたり 51 mm (2 in) のコンクリートが道路表面に加えられるという誤りがあり，死荷重を 20% 増加させていた．さらに，この誤りに加え異常な建造荷重および材料を崩壊時に最弱地点にかけていた．その荷重は砂，水および車両などからなる 262,000 kg (578,000 lb) と見積もられている．NTSB はミナウス川橋の崩壊に比較し，腐食は重要な因子ではなかったと結論した．

B.3　アロハ航空ボーイング 737–200 便の事故[10](検査の問題)　　1998 年アロハ航空によって運航されたボーイング 737–200 便がハワイのヒロからホノルルへ向かう途中で，高度 7,315 m (24,000 ft) に達したとき，激しい減圧と構造部の破壊に見舞われた．入口ドアから尾翼側に乗客フロア上部の約 8.2 m (18 ft) の客室の外殻構造部が図 1-7 のように飛行機から分離した．この飛行機には乗客 89 名と 6 名の添乗員が乗っていた．1 人の客室乗務員が機外に吹き飛ばされ，7 人の乗客と 1 人の客室乗務員が重傷を負った．同機はマウイ島に緊急着陸した．事故の結果，飛行機は修理不能のダメージを受け，解体され，スクラップとして売却された．

　事故に遭遇した B737 機は 1969 年に製造された．事故当時，飛行機は 35,496 時間の飛行時間と 89,680 回の飛行繰返し (着陸) を経て，世界中の B737 機全部の中で 2 番目に多い飛行繰返し数を経ていた．いくつかのアロハ航空の航路では目的地間の距離が短いことにより，すべてのフライトで 52 kPa (7.5 psi) の最大圧力に到達しなかった．それゆえに，最大圧力がかかった飛行繰返し数は 89,680

図 1-7 アロハ航空 737 便が受けた損傷を示す全体写真 (NTSB[10]から引用)

回よりもはるかに少なかった．また，飛行機は腐食を促進させる温かくて湿気の多い海洋空気にさらされていた．

　破損は，"冷間接着"されていた胴体殻における縦の重ね継手に沿って生じたことが判明した．冷間接着の過程では，1枚の厚さが 0.91 mm (0.036 in) の表面パネルの縦の境目を接合するために，エポキシを含浸させて織られたスクリム素材（クロス）を用いた．加えて，その継手は 3 列の皿型リベットを含んでいた．胴体周荷重はより薄い殻に疲労寿命の低下をもたらさないように，リベットよりも接着継手を通して伝達されるよう意図されていた．しかし，B737 の生産初期の使用履歴から接着工程に問題を抱えていたことが明らかになり，1972 年後にその接着工程は中止された．冷間接着されていた，これらの B737 を保護するために，ボーイングは長い間運用者に接着不具合の問題に注意を払うように多くの公報を出し，渦電流非破壊検査 (NDE) 法による接着の不具合に対する検査方法の情報を提供してきた．1987 年に，FAA は接着部の渦電流検査と補修を必要とする航空安全の指示書 (AD) を出し，必要であればボーイングの業務公報に従って実行するようにした．接着部のいくつかは腐食しやすく，環境中での耐久性が低かった．重ね継手のいくつかの領域ではまったく接着しておらず，湿気と腐食はさらなる接着の不具合を起こす一因となった．接着の不具合が起こると，継手を通して伝達する周荷重は 3 列の皿リベットにより支えられる．しかし，皿座ぐりは 0.91 mm (0.036 in) 厚のシート全体に広がっていたので，穴底で形成されるナイフエッジとなり応力を集中させ，疲労き裂を進展させた (図 1-8)．このため，疲労き裂は上

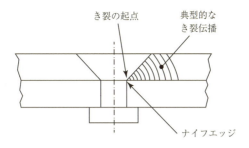

図 1-8 皿リベットとアロハ航空 737 で観察された連結疲労き裂 (NTSB[10] から引用)

部の重ね継手に沿う殻の外層，すなわち，より高い応力がかかるリベット孔の上の列に沿って発生すると予期された．

　NTSB は，事故時の離陸以前に危険な重ね継手の上部リベット列に致命的なき裂が生じていたと信じており，事故の確かな原因は，最終的に重ね継手の破損と機体上部丸屋根の分離を招いた重大な不完全接着および疲労損傷を発見するためのアロハ航空の保守プログラムの欠陥であったと裁決した．この事故は経年機の腐食と疲労の問題のいくつかに目を向けさせたという点においてきわめて重要であった．それは，隣接するリベット孔における疲労き裂の形成と連結の可能性というマルティサイト損傷 (MSD) の問題が注目を集めることにもなった．

B.4　シカゴの DC-10-10 の墜落[11](メンテナンスの問題)　　1979 年 5 月 25 日，シカゴのオヘア国際空港を離陸したアメリカン航空 191 便のマクドネル・ダグラス社 DC-10-10 航空機の左エンジンとパイロン部品が，航空機から分離し，翼の上を越え，滑走路に落ちた．航空機は，地上から約 325 フィートまで上昇し続け，その後左にロールし墜落した．墜落により航空機は大破後炎上し，乗客 271 人と地上にいた 2 人が死亡するというアメリカ航空史上最も多くの生命が失われた．事故を起こした航空機は，1972 年に就航していた．航空機は，累計 19,871 時間飛行しており，オクラホマ州タルサでのメンテナンス後 341 時間が経過していた．

　翼からのエンジンの分離は，パイロンの尾翼近くの隔壁に生じたき裂で，タルサでのメンテナンス中に生じた問題であることがわかった．図 1-9a は，パイロンの部品を示している．上部スパーが尾翼近くの隔壁の前側のフランジに取り付けられていることが着目される (図 1-9b)．このフランジが，一連の事故の中で重要な要素であることが判明した．マクドネル・ダグラス社は，パイロンを翼に取り付ける上部と下部の玉軸受の取り替えを求める業務広報を出していた．この工

20   1 破 損 解 析

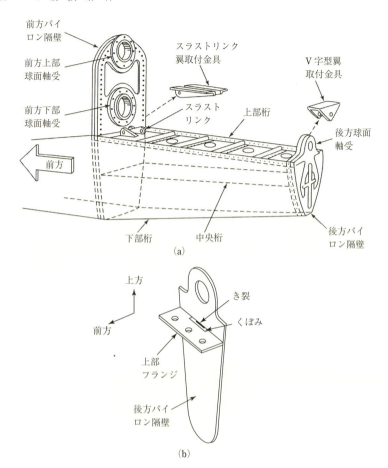

図 1-9　DC-10 のパイロン組立部．上部桁と金属薄板が決定的に重要な船尾側隔壁の前方フランジに取り付けられている [(a) は NTSB[11] から引用]

程で同社は，パイロンを翼から取り外す前に，6,126 kg (13,477 lb) のエンジンを847 kg (1865 lb) のパイロンから取り外すべきだと指示していた．また，このメンテナンスを遂行する手法も述べられていた．しかし，マクドネル・ダグラス社が推薦したメンテナンス手法に対して，アメリカン航空はフォークリフトタイプの支持装置を使ってエンジンとパイロンの組立部品を上げ下げすることを決定した．なぜならこの手法は航空機ごとに約 200 人の延べ時間を節約し，分離回数を79 から 27 へ減らすことができたからである．1978 年にこのメンテナンスの手

法を記述した工程変更指示 (ECO) はアメリカン航空によって出版され，1979 年 3 月 29 日から 31 日までに事故機はこの手法を用いて玉軸受の調節を行った．マクドネル・ダグラス社は，翼の取り付け部分へのエンジンとパイロンを組立てのままにしておくことによってもたらされる危険性があるという理由で，この手法の使用を思いとどまらせようとしたが，顧客のメンテナンス手法に対する是否の権限に欠けていた．また，アメリカン航空のエンジニアリング部門のメンバーたちは翼とパイロンを留めつける組立部品を外す現場に立ち合っておらず，フォークリフトを正確にコントロールすることなどの難しさに気づいていなかった．

　事故後の調査により，尾翼側隔壁の上部前方フランジの一部分がフランジと隔壁面の間の半径範囲のすぐ前方で機内から機外の方向により過負荷により破壊していたことが明らかになった．クレビスとフランジの接触のため，破面のすぐ前方のフランジ中央断面に作用した下向きの曲げモーメントにより破壊は発生していた．この接触により，上部フランジの尾翼側破面は，翼のクレビス下端の形と合致する三日月の形に変形していた．過負荷による破壊の長さは 254 mm (10 in) であった．また，過負荷破壊の両端に疲労き裂があり，その結果，過負荷と疲労の両方によるき裂の全長は 330 mm (13 in) であった．

　事故後の DC10 全機の検査において，アメリカン航空の 4 機とコンチネンタル航空の 2 機にも，パイロン後部バルクヘッドの上部フランジに最長 152 mm (6 in) のき裂があることがわかった．加えて，コンチネンタル航空の 2 機には，一方は 1978 年 12 月に，もう一方は 1979 年 2 月に上部フランジの破壊があったことが発見された．これら 2 つのフランジは，同様のメンテナンス作業により損傷を受けていたが，修理されて使用されていた．マクドネル・ダグラス社にはこれらの問題は通知されていたが，この出来事がメンテナンスの過失であったと考えられたため，FAA も他の航空会社も通知されていなかった．

　メンテナンス過程の調査により尾翼隔壁フランジ上部が翼につけられていたクレビスと接触する可能性がきわめて高いことが明らかになった．破壊を生じた荷重は尾翼隔壁の整備の中で取付け機器の取外し中，またはその後に作用することがあった．パイロンと翼の取付け具が密着していて構造要素に最小の隙間しかないことから，メンテナンスの作業員はパイロンの取外し・取付けはきわめて慎重に行う必要があった．フォークリフト操作員による小さなミスが簡単に尾翼隔壁とフランジ上部に損傷を与える可能性があった．

　パイロンの分離はメンテナンス作業中に引き起こされた破壊に加えて，運行中の疲労き裂成長によって残留強度が低下した後，尾翼隔壁フランジ上部の前方フ

ランジの完全破損が原因で生じた．エンジニアリング部門とメンテナンス部門のエンジニア，FAA と製造業者および航空会社のコミュニケーション不足もこの事故の原因であることが明らかである．

B.5 日本航空ボーイング 747SR 機の墜落，1985 年[12](補修の問題)　　1985 年 8 月，日本航空のボーイング 747SR (Short Range) ジェット旅客機が東京から大阪へ運行していた．高度 7,315 m (24,000 ft) まで上昇中に後部圧力隔壁が破損し，その結果，爆発的な減圧が生じて油圧とパイロットの航空機制御能力を失った．30 分後に飛行機は山に激突した．これは航空史上最悪の単発事故で，乗客 524 人中生還者はわずか 4 人であった．

　この飛行機は 1978 年 6 月に離陸時に滑走路に後端部を打ち付けて，後部圧力隔壁の下半分にダメージを負っていた．この隔壁は半球状をしており，薄いアルミ合金の板でできている．板継手部分では板が重なっていて，**重ね板**(doubler) として知られる付加板材が割り増し強度を出すためにリベット継手を補っている．1978 年の事故後に破損部分の修理のために新しい下半分の隔壁が上半分にリベット付けされた．しかし，この 2 つは互いに適切に重ね継がれていなかった．継手の上側には隔壁の内側に重ね板と補強材が図 1-10 のようにあった．継手の下側

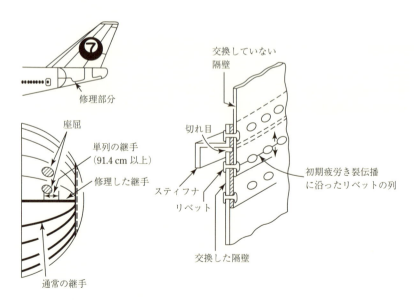

図 **1-10**　　JAL 747 SR の後部隔壁 (Kobayashi[12]，安全工学会誌より引用)

には重ね板があったが，この重ね板は上側の重ね板と一続きではなかったので重ね板の間に隙間が存在し，板材だけが荷重を支持するようになっていた．加えて，荷重を支持する材料の重心は隔壁の内側になった．それゆえに，隙間を橋渡している板にかかる荷重はフープ引張応力のみならず，重ね板と補強材による偏心した荷重状態から生じる曲げによるものも加わっていた．客室が加圧されるたびに隙間を橋渡ししたアルミの板にかかる応力は予測を超えて増加していた．この応力増加の結果，隙間の真下にある下半分の隔壁のリベット孔に疲労き裂が形成された，これは MSD (multiple-site damage) のもう 1 つの例である．これらの疲労き裂は結局連結し，合成された長いき裂が爆発的な減圧を引き起こした．

B.6　チャイナエアライン B747[13](補修の問題)　　2002 年 5 月 22 日チャイナエアライン 611 便が最後の運航日に台湾から香港への通常運航の途中で空中分解し，225 名が投げ出され，死亡した．

　この事故は 22 年前の 1980 年 2 月 7 日の JAL737SR の場合と同様に，香港空港着陸の際に起こした尻餅事故による損傷後の不適切な補修が引き起こした金属疲労によるものである．補修はチャイナエアラインのチームにより 1980 年 5 月に行われた．しかしながら，尻餅事故の修理はボーイングの**修理マニュアル**(Structural Repair Manual) どおりに行われなかった．損傷部は取り除かれず，補修した重ね板は損傷部の 30% 以上をカバーしたと思われるが，全体の構造強度を回復するための全損傷面積をカバーしていなかった．航空機の爆発的な減圧は，航行途中における航空機の完全な崩壊を引き起こす疲労き裂を開口させた．

　災害前の数年間，航空機の検査期間中に撮られた写真の中に金属疲労の証拠の一片が含まれている．その写真には重ね板の周囲に茶色のニコチンのしみが見られる．ニコチンは災害前の約 7 年間，喫煙した人々の煙草からの煙によるものであった (喫煙はその当時は加圧された航空機で許可されていた)．重ね板のあちこちに茶色のニコチンしみがあり，航空機検査のエンジニアによって発見されていた可能性もある．そのしみは重ね板の裏側に金属疲労によって引き起こされたき裂があったことを想像させ，ニコチンは航空機が巡航高度に到達したとき，圧力によって徐々に出てきたのであろう．明らかにそのしみには注意が払われず重ね板に修正はなされなかったため，航行途中で航空機事故を引き起こした．

B.7　エールフランスのコンコルド機の墜落，2000 年 7 月 25 日 (設計の問題)
エールフランス 4590 便，超音速機コンコルド (SST) は，パリ近郊のシャルル・ド・ゴール空港を離陸した直後に墜落し，機中の 109 人と地上にいた 5 人が死亡

図 1-11　事故直前のコンコルドの離陸

した．この事故において集められた証拠は，過去の歴史上，幸運にも大災害には至らなかった類似事故と同様に，離陸時の飛行機の加速中に左側タイヤの破裂が起きたことが決定的な原因であったと指摘されている．コンコルドが離陸する少し前に離陸した飛行機のエンジンから滑走路上に落とされた 406 mm (16 in) の金属片が，タイヤの破裂の原因と思われる．細い金属片とコンコルドの左側タイヤに見つかった切傷が一致したことから，おそらくこの破片がタイヤを傷つけたのであろう．コンコルドのタイヤ破裂はこれまでに 57 回起こったが，そのうち 7 例は破裂により燃料タンクを引き裂き，油圧パイプを切断し，そしてエンジンにも被害を与えている．フランスの調査員は，パリの墜落ではタイヤ破裂後に 3.6 kg (8 lb) のゴムの破片が燃料タンクに突き刺さり，それゆえに燃料が漏れ，すぐ近くの 2 個の左側エンジンに引火したと考えている (図 1-11)．イギリス，フランス両航空当局は，タイヤ破裂事故におけるコンコルドのフェイルセーフ性能のさらに進んだ評価がなされるまでコンコルドの運行を中止した．燃料タンクにライニングを加えることで，タイヤ破裂に関する損傷は最小限に押さえられると考えられている．しかしながら，パリでの墜落と同様に経済的な考慮から 2003 年に永久に運航停止となった．

B.8　カンタス航空 32 便の A380 第 2 エンジン破損，2010 年 11 月 4 日[14](製造の問題)　このエンジンの破損は製造欠陥の結果を提供している．乗員乗客 469 名を乗せた 4 つのジェットエンジンを有するカンタス 380 はシンガポールからオーストラリアに向け離陸し，その数分後に空中でエンジン爆発を起こした．機長は損傷エンジンを止め，爆発後 1 時間半後にシンガポール空港に戻った．事故後，

燃焼室の油管の内部の不規則な中ぐりが管の一方側の金属を薄くしていることが見いだされた (図 1-12). この欠陥が疲労き裂となり, 油が過熱したエンジンに漏れ, タービンディスクを打ち砕き, 航空機の左翼と機体に損傷をもたらしたものと信じられている. 他の 380 機の類似の管は, 類似の影響が他の 380 のエンジンに存在しないことを確認するために高度な特別な検査手段により調査された.

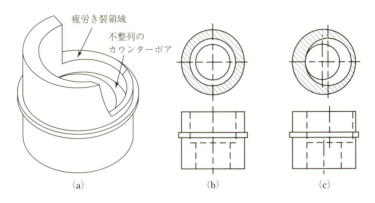

図 **1-12** 油管の破損. (a) 破損部, (b) 同心円状のカウンターボア, (c) 不整列のカウンターボア

B.9 サウスウエスト航空ボーイング 737-300 の機体損傷, 2011 年 4 月 1 日[15]
(製造の問題) ボーイング 737 が 10,360 m (34,000 ft) を飛行中 1.5 m×0.3 m (5 ft×1 ft) のき裂により突然機体の屋根が開き, 客室が減圧され, パイロットは航空機を安全に着陸させた. その後, 上部と下部層のアルミニウム部材のつなぎ

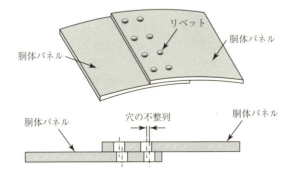

図 **1-13** 不整列のリベット孔

目のリベット孔が加工ミスのために正しく合ってないことが判明した(図 1-13)．このずれがリベットに付加的応力を生じさせ，疲労寿命を減少させた．減圧は，き裂が進展する要因となる客室の圧力を減らし，大きな損傷が生じる前にき裂は停止した．

B.10 グラマン・ターボマラード G-737[16] (メンテナンスと補修の問題) 　 2005年12月19日にマイアミからバハマに向けて離陸したオーシャンエアウェイの47年間運用された水陸両用機が空中分解し，乗務員2名および乗員18名が死亡した．

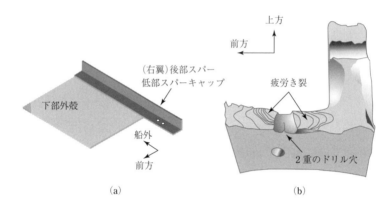

図 1-14 　(a) 後部スパーキャップおよび底部外殻のアセンブリ，(b) 右翼後部スパー低部スパーキャップの破壊．疲労き裂はメンテナンスの間につくられた2重のドリル孔から発生した．

NTSB の調査により後部ストリンガー，低部外板およびスパーキャップにおける疲労き裂が翼を分離させ，崩壊したことが判明した(図 1-14a)．ドリル孔から発生して，後部の低いスパーキャップを通った疲労き裂の例を図 1-14b に示す．2005年8月に低部の右翼部材とストリンガーが交換され，そのときに第2の孔がドリルで開けられている．2つの孔の組合せが，局部応力集中係数を増加させ，疲労き裂を促進させたのであろう．

B.11 USS スレッシャー潜水艦[16](メンテナンスと補修の問題) 　 1963年の潜水試験中に129名の乗員とともに沈んだ原子力潜水艦 USS スレッシャーの事故以来，米国潜水艦は，かなり良い安全記録を有している．試験深さは潜水艦が海上試運転の間操船が許可されている最大深さである．試験深さは，米国海軍潜水

艦については設計深さの 2/3，英国海軍の潜水艦については設計深さの半分より少々深め (4/7) に，ドイツ海軍については設計深さのちょうど半分に決められている．

スレッシャーの水没はエンジン室の海水配管システムにおけるろう付部の折損が引き金になったと考えられている．超音波装置を用いた初期の試験では，試験されたろう付部の約 14% にポテンシャル問題を見いだしたが，そのほとんどは補修を必要とする危険をもたらすものではなかった．このスレッシャーはおそらく深さ 400–610 m (1,300–2,000 ft) で崩壊した [ろう付けという言葉は，温度がろう付けの過程で 425°C (800°F) ぐらいを越えたときに用いられる．母材の溶融なしに母材とろうが拡散し結合する．はんだという言葉は任意の値以下の温度で用いられる].

水没した潜水艦の場合には，ジェット機と逆で外圧が内圧より大きい．1 次近似で深さ 10 m (33 ft) は船殻に別の気圧 (1 bar, 14.7 psi, 100 kPa) を加える．したがって，300 m (1,000 ft) において船殻は 30 atm (30 bar, 441 psi, 3 MPa) の水圧を支えている．船殻は高張力鋼でできているので，潜水深さは 250–400 m (80–1,300 ft) となり，相当する圧力は 3.3–4.0 MPa (0.5–0.6 ksi) である [もしも船殻が高張力チタニウム合金でつくられているとすれば，潜水深さは約 1,000 m，圧力は 10 MPa (1.5 ksi) に増加する].

崩壊深さは潜水艦の船殻が圧力により崩壊する潜水深さである．実際の潜水艦の崩壊深さは設計深さより少し深くあるべきである．

最大潜水深さは潜水艦がいかなる条件下においても (たとえば戦時下)，潜水を許容される最大深さである．

航空機においては，部材は薄く周方向応力は $\sigma_h = pr_i/t$ で与えられる．潜水艦においては，圧力船殻厚さはより大きく，船殻内面の周方向応力は $\sigma_h = 2pr_o^2/(r_o^2 - r_i^2)$ で与えられる．ここで，r_o は船殻の外面の半径，r_i は内面の半径である．

III. ま　と　め

これらの例は設計，メンテナンス，環境および検査の問題が構造物の無傷性を高め，また危険にさらす領域を示している．多くの場合，構造部の破損は設計ミスにより生じるか，あるいは現場における変更，不十分な検査およびメンテナンス方法および不十分な補修作業など，設計者が想像もしなかったような予期せぬ

28   1 破 損 解 析

出来事により生じる．次章から破損機構および調査過程についてさらに詳しく論じられ，追加の事例研究がなされる．

参 考 文 献

[1] R. F. Harper, *The Code of Hammurabi*, University of Chicago Press, 1904.

[2] D. A. Canonico, Adjusting the Boiler Code, Mechanical Engineering, vol. 122, no. 2, Feb. 2000, pp. 54–57.

[3] D. R. H. Jones, *Engineering Material 3: Material Failure Analysis*, Pergamon Press, Oxford, UK, 1993, pp. 291–314.

[4] British Ministry of Transport and Civil Aviation, *Civil Aircraft Accident: Report of the Court of Inquiry into the Accidents to Comet G-ALYP on 10th January 1954 and Comet G-ALYY on 8th April 1954*, HMSO, London, 1955.

[5] British cite causes of 707 Accident, *Aviation Week and Space Technology*, Sept. 24, 1979, vol. 111, p. 189.

[6] J. D. Morrocco, BA Keeps Its Fleet of Concordes Flying, *Aviation Week and Space Technology*, Aug. 7, 2000, p. 31.

[7] E. A. Smith and H. I. Epstein, Hartford Coliseum Roof Collapse, *Civil Eng.-ASCE*, Apr. 1980, vol. 52, pp. 59–62.

[8] *Investigation of the Kansas City Hyatt Regency Walkways Collapse*, National Bureau of Standards Building Science Series 143, NTSB, Washington, D. C., 1982.

[9] C. E. Demers and J. W. Fisher, *A Survey of Localized Cracking in Steel Bridges, 1981 to 1988*, ATLSS Report No. 89–01, Lehigh University, Bethlehem, PA, 1989.

[10] *Aloha Airlines, Flight 243, National Transportation Safety Board Aircraft Accident Report*, NTSB-AAR–89/03, NTSB, Washinton, D. C., 1989.

[11] *American Airlines Flight 191, National Transportation Safety Board Aircraft Accident Report*, NTSB-AAR-79-17, 1979.

[12] H. Kobayashi, On the Examination Report of the Crashed Japan Airlines Boeing 747 Plane; Failure Analysis of the Rear Pressure Bulkhead (in Japanese), J. Japan Soc. Safety Eng., vol. 26, 1987, pp. 363–372.

[13] http://en.wikipedia.org/wiki/China_Airlines_Flight_611 Anon., China Airlines Flight 611.

[14] K. Drew and N. Clark, 3 Airlines Halt A380 Flights over Engine Explosion, *New York Times*, Nov. 4, 2010.

[15] M. Wald, Board Blames F. A. A. and Airline for Crash, *New York Times*, May 31, 2007.

[16] F. Fiorino, Aircraft Accidents, *Aviation Week and Space Technology*, June 4, 2007.

問   題

1-1 この問題はコメット機 (ジェット機) の惨事 (A.2 目) に関するものである．高度 (km) の関数とした大気圧 (水銀柱 cm) は次のように表される．

$$p = 76 - 8.45h + 0.285h^2$$

コメット機の巡航高度は，商用プロペラ推進輸送機の巡航速度の約 2 倍の 10 km であった．コメット機の客室の与圧は，高度 2.37 km における大気圧に等しい圧力に保たれていた．外圧と客室圧力の相違を MPa 単位で求めよ．この相違は機体が支持せねばならぬ圧力である．

1-2 この問題はカンザスシティのハイアットリージェンシー・ホテルの渡り廊下の崩落 (A.5 目) に関するものである．図 1-6 の垂直棒が上部渡り廊下と下部渡り廊下の間で 10^5 N を伝達し，追加の荷重 5×10^4 N が上部渡り廊下と張り出し (オーバーヘッド) 支持の間の棒で伝達されていたとするとき，図 1-6 で示される (a), (b) の場合に対してそれぞれ上部渡り廊下で耐えうる最大荷重を決定せよ．

2
弾性変形の原理

I. はじめに

　破損解析において，破損部に生じていた応力の性質と大きさの決定は調査の重要な局面となる．本章ではいくつかの基本定義，構成式，主応力，主応力，平面応力および平面ひずみモール円，および切欠先端の弾性応力状態について簡単におさらいする．

II. 応力

A. 定義

　物体に外部荷重がかかると平衡状態を維持するために物体内に内部荷重が形成される．図 2-1a のような任意の方位面に，この面に作用する内部合力 P が生じる．応力は力/単位面積で定義される．もとの面積 (あるいは変形前の面積) A_0 が用いられるとき，その応力は**工学的応力**とよばれる．もし，現在の面積 A が用いられるなら，その応力は**真の応力**とよばれる．

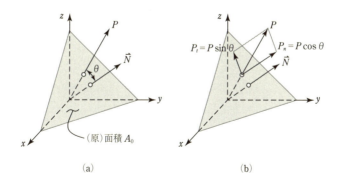

図 2-1　N 方向を法線とする面積 A_0 の面に作用する力 P

内力 P は図 2-1a に示すように，表面法線 $\bar{N}$ とある角度をなし，表面に垂直な P_n と表面に接線方向の P_t の 2 個の因子に分解できる (図 2-1b)．したがって，垂直応力およびせん断応力という 2 個の応力因子があり，それぞれ垂直力 P_n，せん断力 P_t に相当する．工学的垂直応力 σ，工学的せん断応力 τ はそれぞれ式 (2-1) および式 (2-2) で定義される．

$$\sigma = \frac{P_\mathrm{n}}{A_0} \tag{2-1}$$

$$\tau = \frac{P_\mathrm{t}}{A_0} \tag{2-2}$$

真の垂直応力 $\tilde{\sigma}$ と真のせん断応力 $\tilde{\tau}$ はそれぞれ次式で定義される．

$$\tilde{\sigma} = \frac{P_\mathrm{n}}{A} \tag{2-3}$$

$$\tilde{\tau} = \frac{P_\mathrm{t}}{A} \tag{2-4}$$

10% のひずみに対して真応力は工学的応力を約 5% 超える．したがって，10% 以下のひずみに対して 2 応力間の差は重要ではない．

3 次元デカルト座標に物体の同じ点を通る 3 個の互いに垂直な面がある．各面は正および負の面を有する．正の面はより正の値で軸を横切る 1 対の平行面の 1 つである．これらの六面は図 2-2 に示すように無限に小さな立方体を形成する．立方体の各面には座標面に沿って 3 個の成分に分解できる内部力が作用している．これらの力の因子は図 2-2 に示すように 1 個の垂直応力因子と 2 個のせん断応力因子を生み出す．示されているこれらの因子は，それらが立方体の正の面では正の方向に平行に，負の面では逆方向に作用するのですべて正である．最初の添字

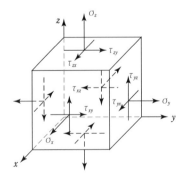

図 **2-2**　立方体要素にはたらく応力

は応力が作用する面と交差する軸を表し，次の添字は応力が作用する軸を表している．応力の 9 個の因子は，式 (2-5) に示すように応力テンソルを構成する．

$$\sigma_{ij} = \begin{pmatrix} \sigma_x & \tau_{xy} & \tau_{xz} \\ \tau_{yx} & \sigma_y & \tau_{yz} \\ \tau_{zx} & \tau_{zy} & \sigma_z \end{pmatrix} \tag{2-5}$$

応力は荷重と荷重に作用する面積を包含した 2 次テンソルである．

図 2-2 には全部で 9 個の異なった応力が示されている．しかしながら，力のモーメントが x 軸で，平衡状態で 0 とすると $\tau_{yz} = \tau_{zx}$ と表すことができる．したがって，添字は交互に変換でき，独立した応力因子の数は 6 に減少し，応力テンソルは左右対称になる．

B. 応力テンソルの分解

全応力テンソル σ_{ij} は 2 個のテンソル因子に分解できる．1 つは体積の変化にかかわる**静水圧因子**σ_{hyd}，もう 1 つは形の変化にかかわる**ねじれ因子**あるいは**偏差応力テンソル**σ_{dev} である．静水圧応力 σ_{hyd} は，

$$\sigma_{\mathrm{hyd}} = \frac{\sigma_x + \sigma_y + \sigma_z}{3} \tag{2-6}$$

で与えられる．

静水圧応力 σ_{hyd} は数値が x, y, z 軸の方位に無関係なスカラー量である．このように σ_{hyd} は不変量である．静水圧テンソルは，

$$\sigma_{\mathrm{hyd}} = \begin{pmatrix} \sigma_{\mathrm{hyd}} & 0 & 0 \\ 0 & \sigma_{\mathrm{hyd}} & 0 \\ 0 & 0 & \sigma_{\mathrm{hyd}} \end{pmatrix} \tag{2-7}$$

で定義される．

偏差応力テンソルは

$$\sigma_{\mathrm{dev}} = \sigma_{ij} - \sigma_{\mathrm{hyd}}$$

で定義される．このようにして，

$$\sigma_{\mathrm{dev}} = \begin{pmatrix} \sigma_x - \sigma_{\mathrm{hyd}} & \tau_{xy} & \tau_{xz} \\ \tau_{xy} & \sigma_y - \sigma_{\mathrm{hyd}} & \tau_{yz} \\ \tau_{xz} & \tau_{yz} & \sigma_z - \sigma_{\mathrm{hyd}} \end{pmatrix} \tag{2-8}$$

一例として単純引張応力下の物体を考える．この応力状態は

$$\sigma_{\text{hyd}} = \frac{\sigma_x + 0 + 0}{3} = \frac{\sigma_x}{3}$$

であるので

$$\sigma_{\text{hyd}} = \begin{pmatrix} \frac{\sigma_x}{3} & 0 & 0 \\ 0 & \frac{\sigma_x}{3} & 0 \\ 0 & 0 & \frac{\sigma_x}{3} \end{pmatrix}$$

また，

$$\sigma_{\text{dev}} = \begin{pmatrix} \sigma_x & 0 & 0 \\ 0 & 0 & 0 \\ 0 & 0 & 0 \end{pmatrix} - \begin{pmatrix} \frac{\sigma_x}{3} & 0 & 0 \\ 0 & \frac{\sigma_x}{3} & 0 \\ 0 & 0 & \frac{\sigma_x}{3} \end{pmatrix}$$

$$= \begin{pmatrix} \frac{2\sigma_x}{3} & 0 & 0 \\ 0 & \frac{-\sigma_x}{3} & 0 \\ 0 & 0 & \frac{-\sigma_x}{3} \end{pmatrix}$$

一般的な応力状態は付録 2-2 の III 節を参照願いたい．

C. 主 応 力

3 個の主応力 $\sigma_1, \sigma_2, \sigma_3$ があり，それらは $\tau = 0$ の面に作用している (図 2-3)．これらの応力を表示する際，慣例で代数的に $\sigma_1 > \sigma_2 > \sigma_3$ となるようにする．すなわち，もし 3 つの主応力が $+10, +20, -30$ ならば σ_1 は $+20$, σ_2 は $+10$, σ_3 は -30 となる．

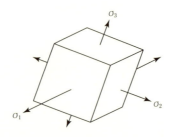

図 **2-3** 主応力

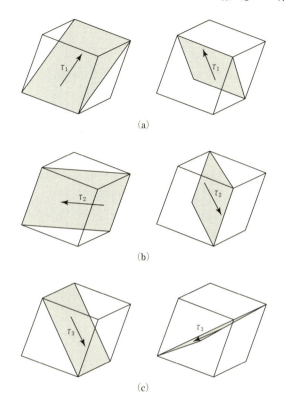

図 2-4 法線が主応力に 45° の面にあるせん断応力.(a) σ_1 と σ_3,(b) σ_2 と σ_3,(c) σ_3 と σ_2.

せん断応力の最大値は σ_1 と σ_3 の主応力方向に対して法線が 45° となる面(図 2-4a)に作用する.このせん断応力の大きさ τ は $\tau_1 = (\sigma_1 - \sigma_3)/2$ と与えられる.σ_2 と σ_1 の主応力方向に対して法線が 45° となる面(図 2-4b)上では,せん断応力は $\tau_2 = (\sigma_1 - \sigma_2)/2$ と与えられ,σ_3 と σ_2 に対して法線が 45° となる面(図 2-4c)上では,せん断応力は $\tau_3 = (\sigma_2 - \sigma_3)/2$ と与えられる.45° の面に作用する垂直応力を得るためには,単純に上記の関係のマイナス記号をプラス記号に置き換えればよい.これらの関係はモール円によって容易に可視化できる.一般的な場合については付録 2-2 の I 節および II 節を参照願いたい.

D. モール円

ある点における応力の状態は都合のよいことにモール円によって表現することができる (導出は付録 2-1 を参照). モール円の軸はせん断応力 τ (縦軸), 垂直応力 σ (横軸) である. その線図における 2 方向間の角度は応力を受ける物体内の実際の角を 2 倍したものであることを思い起こすこと. 引張り, 圧縮, 純粋せん断 (ねじり荷重) に対するモール円の例が図 2-5a から 2-5c にそれぞれ示されている. 純粋せん断 (ねじり) 下の要素に作用する応力は図 2-6 に示されている. 示されているせん断応力は正の面に正の方向, そして負の面に負の方向に作用する場合, 正として定義される (応力の x または y 軸の正方向を向いている面が正の面である). すべてのせん断応力が正なのでモール円の線図上にそれらをどのようにプロットするかという問題が生じる. せん断応力 τ_{yx} は法線が主応力方向から反時計回りに 45° となる面に作用する. したがって, モール円上では, このせん断応力は第 1 主軸 σ_1 から反時計回りに 90° のところにプロットし, そして τ_{xy} は σ_1 から順時計回りに 90° のところにプロットする.

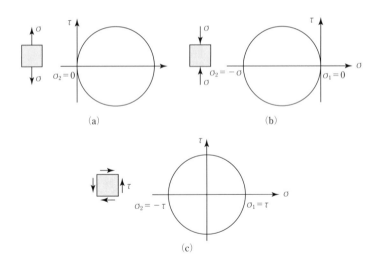

図 2-5 モール円. (a) 単軸引張り, (b) 単軸圧縮, (c) 純粋せん断 (ねじり).

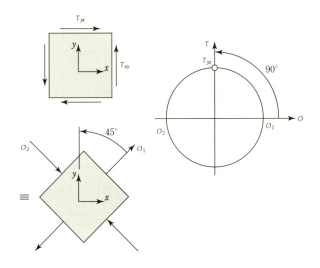

図 2-6　純粋せん断応力状態に対するモール円の構成

III. ひ ず み

物体の変形は形における変化 (図 2-7b) と同様に大きさの変化 (図 2-7a) を伴う．工学的垂直ひずみ ε は次のように定義される (図 2-8 参照)．

$$\varepsilon = \frac{\Delta l}{l_0} \tag{2-9}$$

ここで，l_0 はもとの長さ，Δl は長さの変化量である．

真の垂直ひずみ $\tilde{\varepsilon}$ は次のように示される．

$$\tilde{\varepsilon} = \ln \frac{l}{l_0} = \ln(1+\varepsilon) \tag{2-10}$$

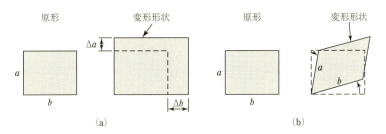

図 2-7　変形の型．(a) 大きさの変化，(b) 形の変化．

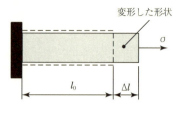

図 **2-8**　主ひずみの定義

$\varepsilon = 0.1$ に対して $\varepsilon_\mathrm{t} = 0.095$ であるから，応力の定義と同様に 10% 以下のひずみに対するひずみの定義には比較的小さな差しかない．

工学的せん断ひずみ γ は次のように定義される．

$$\tan\gamma = \frac{\Delta}{h} \tag{2-11}$$

Δ と h は図 2-9 に定義されている．γ は小さい角なので $\tan\gamma$ は γ と置き換えることができる．ここで γ の単位はラジアンである．すなわち，

$$\gamma = \frac{\Delta}{h} \tag{2-12}$$

純粋せん断の場合は図 2-9b に示される．この場合，xy 面（あるいは z 軸）についての総角度の変化は，

$$\gamma = \frac{\gamma_{xy}}{2} + \frac{\gamma_{yx}}{2} \tag{2-13}$$

それは $\gamma_{xy} = \gamma_{yx}$ で示すことができる．

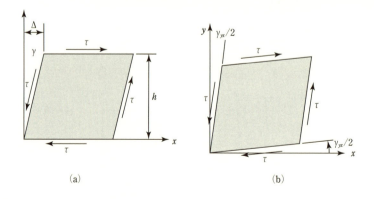

図 **2-9**　せん断変形．(a) 単純せん断，(b) 純粋せん断．

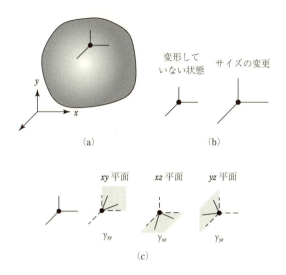

図 2-10　(a) 物体の点における変形のモニタリング，(b) 主ひずみの物理的解釈，(c) せん断ひずみの物理的解釈．

3次元デカルト座標系においては図 2-10a に示すように，物体の同じ線を通る3個の互いに垂直な線がある．図 2-10b において座標軸に沿った個々の線は x, y, z 方向における物体の点で大きさの変化をモニターし，$\varepsilon_x, \varepsilon_y, \varepsilon_z$ で定義されるそれぞれ3個のひずみに導く．2個の垂直な線のどちらかがこれらの2個の線に平行な面の角度の変化をモニターし，$\varepsilon_{xy}, \varepsilon_{xz}, \varepsilon_{yz}$ (同様に $\varepsilon_{yx}, \varepsilon_{zx}, \varepsilon_{zy}$) として定義されるせん断ひずみ因子に導く．図 2-10c は各せん断ひずみ成分の物理的意味合いを示している．

これらの9個のひずみ成分は下記のひずみテンソル ε_{ij} を形成する．

$$\varepsilon_{ij} = \begin{pmatrix} \varepsilon_x & \dfrac{\gamma_{xy}}{2} & \dfrac{\gamma_{xz}}{2} \\ \dfrac{\gamma_{yx}}{2} & \varepsilon_y & \dfrac{\gamma_{yz}}{2} \\ \dfrac{\gamma_{zx}}{2} & \dfrac{\gamma_{zy}}{2} & \varepsilon_z \end{pmatrix} \tag{2-14}$$

わずかに6個の独立したひずみ成分があるということを再度書き留めておくべきである．

40　　2　弾性変形の原理

IV.　弾 性 構 成 関 係

この節では，等方性，均質性および連続性媒体についての構成関係について記す.

A.　仮　　　定

(a) **等方性**：特性は材料における点を通してすべての方向で同様である.

(b) **異方性**：特性は材料における点を通してすべての方向で同様ではない (たとえば，複合材料，単結晶).すべての金属と合金は加工の結果として，ある程度異方性を有する.

(c) **均質性**：特性は物体のあらゆる点で同様であり，成し遂げるのは困難な条件である.たとえば，鋳物は表面で冷却が早く，鋳物の内部より表面で結晶粒が小さくなるので均質ではない.

(d) **連続性**：物体に孔のような不連続部がない.鋳物の気孔はこの定義に違反するであろう.

B.　弾 性 定 数

(a) **ヤング率**：フックの法則は力学における最も初期の構成則で 1670 年までさかのぼる.応力解析分野の基礎である.1670 年，Hooke は時計ばねの設計にかかわっており，このような時代でも英国には特許法が存在した.開発の仕事が進んでいる間にも特許権を守るために，次のようなラテン語によるアナグラムを出版した.

ceiiinosssttuv

10 年後，彼はそのアナグラムは次のような関係であったことを明らかにした.

Ut tension sic vis, それは概訳すると "伸びとともに力あり" である.後に Young は伸びと力に結びつく定数を提案し，1825 年に Cauchy は応力とひずみについての現代の定義を提供することにより弾性分野を系統化した.フックの法則は $\sigma = E\varepsilon$ という親しみやすい表現となった.ここで E はヤング率である.

(b) **ポアソン比**：ポアソン比 μ は一定方向の荷重 (図 2-11) に対して横軸のひずみと縦軸のひずみの比を負にしたものとして定義される.すなわち，

$$\nu = -\frac{\varepsilon_{\text{tran}}}{\varepsilon_{\text{long}}} \tag{2-15}$$

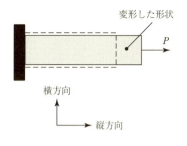

図 **2-11** 単軸荷重

ここで，μ_{tran} は横軸のひずみ，μ_{long} は縦軸のひずみである．

(c) **せん断剛性**：せん断剛性 G は弾性せん断応力とせん断ひずみを関係づけるものである．すなわち $\tau = G\gamma$．

$$G = \frac{E}{2(1+\nu)} \tag{2-16}$$

(d) **体積弾性係数**：体積弾性係数 K は圧力 p と体積ひずみ Δ の比で定義される．Δ は膨張度として知られ，$\Delta = \Delta V/V$ と表される．ここで V は体積，ΔV は体積変化である．体積弾性率を表現するにあたり，各一端が 1.0 に等しい立方体を考える．正の圧力 p (図 2-12) のもとで各端は Δl だけ長さ方向に増加し，ひずみ ε は $\varepsilon = \Delta l/l$ となる．したがって，$\varepsilon = \Delta l$ である．膨張度は

$$\Delta = \frac{\Delta V}{1}$$
$$\Delta = (1+\varepsilon)^3 - 1 \approx \varepsilon_x + \varepsilon_y + \varepsilon_z = 3\varepsilon \tag{2-17}$$

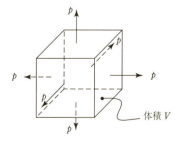

図 **2-12** 圧力下における単位立方体

だから

$$K = \frac{p}{3\varepsilon_\varepsilon} \tag{2-18}$$

しかし,

$$\varepsilon_x = p/E - \nu p/E - \nu p/E = \varepsilon$$

だから,

$$K = \frac{E}{3(1 - 2\nu)}$$

　工学的解析においてはしばしば合理的な近似として材料が等方的,均質的,連続的であると仮定する.近似が採用されるとこれらの材料定数はそれらのわずか2個が独立するように関連づけられる.このことは弾性応力–ひずみ挙動の解析にはわずか2個の材料定数,たとえば E と ν が必要であることを意味している.しかしながら,いくつかの異方性のある異方性結晶においては21に及ぶ定数が応力–ひずみ挙動の解析に必要になるかもしれない.ニッケルおよび銅のような立方体結晶の対称性は高く,わずか3個の材料定数を必要とする.

C.　弾性応力–ひずみ関係

C.1　一般的な応力状態　　次の式は応力が既知の際,ひずみを求めるのに使用される.

$$\varepsilon_x = \frac{1}{E}[\sigma_x - \nu(\sigma_y + \sigma_z)] \tag{2-19a}$$

$$\varepsilon_y = \frac{1}{E}[\sigma_y - \nu(\sigma_z + \sigma_x)] \tag{2-19b}$$

$$\varepsilon_z = \frac{1}{E}[\sigma_z - \nu(\sigma_x + \sigma_y)] \tag{2-19c}$$

$$\gamma_{xy} = \frac{\tau_{xy}}{G} \tag{2-19d}$$

$$\gamma_{xz} = \frac{\tau_{xz}}{G} \tag{2-19e}$$

$$\gamma_{yz} = \frac{\tau_{yz}}{G} \tag{2-19f}$$

次の式はひずみが既知の際,ひずみを求めるのに使用される.

$$\sigma_x = \frac{\nu E}{(1+\nu)(1-2\nu)}(\varepsilon_x + \varepsilon_y + \varepsilon_z) + \frac{E}{1+\nu}\varepsilon_x \qquad \text{(2-20a)}$$

$$\sigma_y = \frac{\nu E}{(1+\nu)(1-2\nu)}(\varepsilon_x + \varepsilon_y + \varepsilon_z) + \frac{E}{1+\nu}\varepsilon_y \qquad \text{(2-20b)}$$

$$\sigma_z = \frac{\nu E}{(1+\nu)(1-2\nu)}(\varepsilon_x + \varepsilon_y + \varepsilon_z) + \frac{E}{1+\nu}\varepsilon_z \qquad \text{(2-20c)}$$

$$\tau_{xy} = G\gamma_{xy} \qquad \text{(2-20d)}$$

$$\tau_{xz} = G\gamma_{xz} \qquad \text{(2-20e)}$$

$$\tau_{yz} = G\gamma_{yz} \qquad \text{(2-20f)}$$

C.2 平面応力状態　　これは $\sigma_z = \tau_{xz} = \tau_{yz} = 0$ のときの特別な 2 次元応力状態である．式 (2-19) における応力–ひずみの関係は，

$$\varepsilon_x = \frac{1}{E}(\sigma_x - \nu\sigma_y) \qquad \text{(2-21a)}$$

$$\varepsilon_y = \frac{1}{E}(\sigma_y - \nu\sigma_x) \qquad \text{(2-21b)}$$

$$\gamma_{xy} = \frac{\tau_{xy}}{G} \qquad \text{(2-21c)}$$

しかしながら，相当する z 軸に相当する垂直ひずみがあるので，

$$\varepsilon_z = -\frac{\nu}{E}(\sigma_x + \sigma_y) \qquad \text{(2-22)}$$

式 (2-21) をひずみで書き換えると，

$$\sigma_x = \frac{E}{1-\nu^2}(\varepsilon_x + \nu\varepsilon_y) \qquad \text{(2-23a)}$$

$$\sigma_y = \frac{E}{1-\nu^2}(\varepsilon_y + \nu\varepsilon_x) \qquad \text{(2-23b)}$$

$$\tau_{xy} = G\gamma_{xy} \qquad \text{(2-23c)}$$

例題 2.1 ジェット機の客室に高度 2.4 km (8000 ft) で大気圧に等しい圧力がかかっている．1 気圧 $= 1.013 \times 10^5\,\text{Pa} = 76\,\text{cmHg}$ である．図 2-13 において高度 2.4 km の大気圧 p は 0.08 MPa である．したがって客室の圧力 p は0.08 MPa である．高度 10 km においては $p = 0.027$ MPa である．したがって客室には内部圧力，$\Delta p = 0.080 - 0.027 = 0.053$ MPa がかかり，機体は

円周方向に 0.2 m (7.9 in) 増加している．機体は内径 $D = 16$ m の薄肉円筒に近似できる．機体はヤング率 $E = 70$ GPa，ポアソン比 $\nu = 0.3$ の高強度アルミニウム合金でできている．円周方向の応力を求めよ (図 2-14 参照).

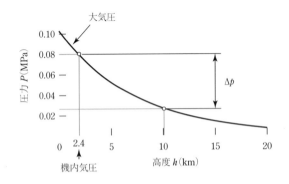

図 2-13 大気圧と高度との関係

解答 2.4 km における機体の円周は $\pi D = 16\pi$．円周方向における垂直ひずみ ε_hoop は $0.20/\pi D = 0.004$．円周応力，長さ方向の応力および半径 (あるいは厚さ) 応力成分は (詳細は付録 2-3 の III 節を参照)

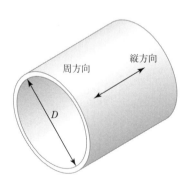

図 2-14 周方向と長さ方向

$$\sigma_{\text{hoop}} = \frac{\Delta p D}{2t} = \frac{0.053 \times 16}{2t}$$

$$\sigma_{\text{long}} = \frac{\Delta p D}{4t} = \frac{\sigma_{\text{hoop}}}{2}$$

$$\sigma_{\text{thick}} = 0$$

式 (2-21a) から x および y 方向における円周および長手方向をそれぞれ定義せよ.

$$\varepsilon_{\text{hoop}} = \frac{1}{E} \left(\sigma_{\text{hoop}} - \nu \sigma_{\text{long}} \right)$$

$$\varepsilon_{\text{hoop}} = \frac{1}{E} \left(\sigma_{\text{hoop}} - \frac{\nu}{2} \sigma_{\text{hoop}} \right) = \frac{0.85}{E} \sigma_{\text{hoop}}$$

$$\sigma_{\text{hoop}} = \frac{\varepsilon_{\text{hoop}} E}{0.85} = \frac{0.004 \times 70 \times 10^9}{0.85} = 330\,\text{MPa}$$

機体の厚さ t は

$$t = \frac{\Delta p D}{2\sigma_{\text{hoop}}} = \frac{0.053 \times 16}{2 \times 330} = 1.3\,\text{mm}$$

高度 20 km で周方向の応力は 470 Pa に増加することに注意せよ.

C.3　平面ひずみ状態　これは $\varepsilon_z = \gamma_{xz} = \gamma_{yz} = 0$ のときの特別な 2 次元応力状態で式 (2-19) における応力–ひずみ関係は,

$$0 = \frac{1}{E}[\sigma_z - \nu(\sigma_x + \sigma_y)]$$

となる. したがって z 方向における相当する垂直応力は

$$\sigma_z = \nu(\sigma_x + \sigma_y) \tag{2-24}$$

σ_z を式 (2-19a) および式 (2-19b) に代入すると

$$\varepsilon_x = \frac{1+\nu}{E}[(1-\nu)\sigma_x - \nu\sigma_y] \tag{2-25a}$$

$$\varepsilon_y = \frac{1+\nu}{E}[(1-\nu)\sigma_y - \nu\sigma_x] \tag{2-25b}$$

そして式 (2-19d) から

$$\gamma_{xy} = \frac{\tau_{xy}}{G} \tag{2-25c}$$

あるいは, 式 (2-25) は次のように書ける.

$$\sigma_x = \frac{E}{(1-\nu)(1-2\nu)}[(1-\nu)\varepsilon_x + \nu\varepsilon_y] \tag{2-26a}$$

$$\sigma_y = \frac{E}{(1-\nu)(1-2\nu)}[(1-\nu)\varepsilon_y + \nu\varepsilon_x] \tag{2-26b}$$

$$\tau_{xy} = G\gamma_{xy} \tag{2-26c}$$

例題 2.2 図 2-15 は幅が厚さの 10 倍以上の薄板を示す．この薄板を曲げると応力勾配ができ，平面ひずみ応力状態となる．x 軸は板厚の方向，y 軸は板に垂直 ($\sigma_y = 0$)，z 軸は幅方向にそれぞれ方位をもたせる．σ_x/ε_x で定義される見かけ上のヤング率を求めよ．

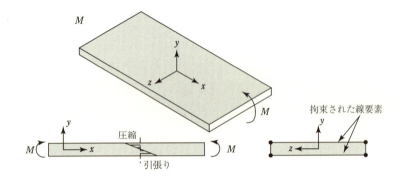

図 2-15 薄板の平面ひずみ曲げ

解答 薄板の曲げにおいては応力勾配が急なので z 方向における収縮が制約され，$\varepsilon_z = 0$ である．

$$\varepsilon_z = \frac{1}{E}(\sigma_z - \nu\sigma_z) = 0$$

このように，

$$\sigma_z = \nu\sigma_x$$
$$\varepsilon_x = \frac{1}{E}(\sigma_x - \nu\sigma_z)$$
$$= \frac{1}{E}(\sigma_x - \nu^2\sigma_x) = \frac{1}{E}\sigma_x(1 - \nu^2)$$

ここで，ε_x は実際のひずみであるから，

$$E_{\text{apparent}} = \frac{\sigma_x}{\varepsilon_x} = \frac{E}{1 - \nu^2}$$

すなわち，平面ひずみ状態であるので見かけのヤング率 E_{apparent} は実際のヤング率より約 10% だけ大きい．

D. ひずみエネルギー密度

弾性体に徐々に増加する外部荷重が負荷されるとき，この物体が初期の状態から最終状態に変形する間に仕事がなされる．熱の形で失われるエネルギーがないと仮定すれば，荷重によりなされる外部の仕事は「ひずみエネルギー」とよばれる内部の仕事に変換される．

ひずみエネルギー密度 U は材料の単位体積あたりのひずみエネルギーとして定義され，応力およびひずみ因子と関係づけることができる．

$$U = \int (\sigma_x d\varepsilon_x + \sigma_y d\varepsilon_y + \sigma_z d\varepsilon_z + \tau_{xy} d\gamma_{xy} + \tau_{xz} d\gamma_{xz} + \tau_{yz} d\gamma_{yz}) \quad (2\text{-}27)$$

E. 弾性定数間の関係

先に述べたように，等方的，均質的，そして連続的な材料には，わずかに 2 個の独立した弾性定数がある．それをここで証明する．

E.1 ε, ν および G　　ねじりがかかった物体 (図 2-16a) を考える．純粋せん断の応力テンソルは

$$\begin{pmatrix} 0 & \tau_{xy} & 0 \\ \tau_{yx} & 0 & 0 \\ 0 & 0 & 0 \end{pmatrix}$$

これに相当するひずみテンソルは

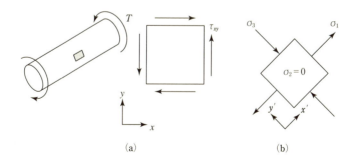

図 **2-16**　応力状態．(a) 純粋せん断，(b) 引張り–圧縮．

48   2 弾性変形の原理

$$\begin{pmatrix} 0 & \gamma_{xy}/2 & 0 \\ \gamma_{xy}/2 & 0 & 0 \\ 0 & 0 & 0 \end{pmatrix}$$

上述のせん断応力とせん断ひずみに伴うひずみエネルギー密度は

$$U = \frac{1}{2}\tau_{xy}\frac{\gamma_{xy}}{2} + \frac{1}{2}\tau_{yx}\frac{\gamma_{yx}}{2} = \frac{1}{2}\tau_{yx}\gamma_{yx} = \frac{1}{2}\frac{\tau_{xy}^2}{G}$$

純粋せん断下における応力状態は主座標における平衡系に変換できる (図 2-16b).
主応力は，$\sigma_1 = \tau_{xy}$, $\sigma_2 = 0$, $\sigma_3 = -\tau_{xy}$ である．したがって，応力テンソルは

$$\begin{pmatrix} \sigma_1 & 0 & 0 \\ 0 & 0 & 0 \\ 0 & 0 & \sigma_3 \end{pmatrix}$$

式 (2-19a) から式 (2-19c) より

$$\varepsilon_1 = \frac{\sigma_1}{E} - \nu\frac{\sigma_3}{E} = \frac{\sigma_1}{E}(1+\nu)$$

$$\varepsilon_2 = 0$$

そして

$$\varepsilon_3 = -\frac{\sigma_1}{E}(1+\nu)$$

したがって，相当するひずみテンソル (主座標における) は，

$$\begin{pmatrix} \varepsilon_1 & 0 & 0 \\ 0 & 0 & 0 \\ 0 & 0 & \varepsilon_3 \end{pmatrix}$$

上述の垂直応力および垂直ひずみに伴うひずみエネルギー密度は，

$$U = \frac{1}{2}\sigma_1\varepsilon_1 + \frac{1}{2}(-\sigma_1)(-\varepsilon_1) = \sigma_1\varepsilon_1$$

$$U = \sigma_1\left[\frac{\sigma_1}{E}(1+\nu)\right] = \frac{\sigma_1^2}{E}(1+\nu)$$

せん断ひずみおよび引張–圧縮応力状態は同等であり，おのおのの状態に伴うひ
ずみエネルギー密度は等しい．

$$\frac{\sigma_1^2}{E}(1+\nu) = \frac{1}{2}\frac{\tau_{xy}^2}{G}$$

ねじりにおいては σ_1 は数値的に τ_{xy} に等しいので，

$$G = \frac{E}{2(1+\nu)}$$

E.2 E, ν および K 式 (2-19a) から

$$\varepsilon = \frac{1}{E}[p - \nu(p + p)]$$

$$\varepsilon = \frac{p}{E}(1 - 2\nu)$$

式 (2-18) に代入すると

$$K = \frac{E}{3(1 - 2\nu)} \tag{2-28}$$

V. 切欠先端の応力状態

　引張荷重下においては切欠，あるいはき裂が存在しない板の厚さは板の応力状態にまったく影響を及ぼさない．しかしながら，板に切欠，あるいはき裂が存在すれば，以下に議論されるように，応力状態は切欠と同様に板厚の影響を受ける．

　もし独立した応力因子の数が 6 個から少数に減少することができるなら，解析はより簡単になることは明らかである．たとえば，独立した応力成分が 1 つの面にのみ存在するとすれば，3 個の独立した応力，すなわち 2 個の垂直応力および 1 個のせん断応力が存在する．面内状態には 2 つのタイプがある．1 つは**平面応力**，もう 1 つは**平面ひずみ**として知られている．面内状態の解析において x および y 軸は面上に，z 軸は面に垂直にとられる．

　平面応力において，$\sigma_z = \tau_{xz} = \tau_{yz} = 0$，すなわち平面に垂直方向の応力因子は 0 である．残る 3 個の応力因子は $\sigma_x, \sigma_y, \tau_{xy}$ である．平面ひずみにおいて $\varepsilon_z = \gamma_{xz} = \gamma_{yz} = 0$，すなわち z 方向のひずみ成分は 0 である．平面ひずみにおいても，平面に 3 個の独立した応力因子がある．しかしながら，応力 σ_z は弾性および塑性変形の両方に関する拘束のゆえに，z 方向に存在する．板幅に比較し小さい半径 a の孔を有する板 (図 2-17a) を考える．この板は荷重方向に y 軸に引張りが，荷重方向の横向きに x 軸に弾性的に負荷されている．切欠底において σ_y は主応力 σ_1 で $K_T\sigma$ に等しい．ここで K_T は応力集中係数，σ は負荷応力である．ポアソン効果ゆえに切欠底における材料は図 2-17b のように，z (厚さ) 方向に収縮しようとする．しかしながら近傍で，切欠底周囲の厳しい応力状態にない材料においてはそれほど収縮せず，もっとも高い応力状態の材料の能力に支えられて収縮しようとする．この拘束が z 方向に展開する引張応力となる．この応力は板の表面でゼロでなければならぬが，たちまち定数値に上昇する．

　同様に切欠底における材料は図 2-17c のように収縮しようとするが，再び拘束

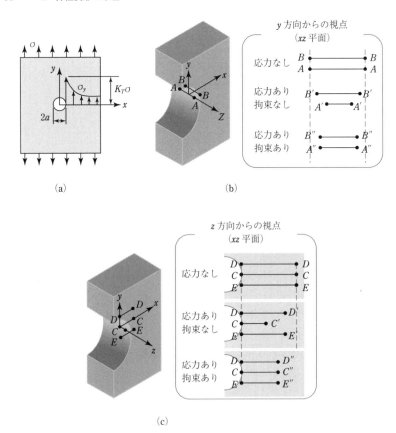

図 2-17 (a) 切欠底先端の y 方向における法線応力分布，(b) z 方向における拘束，(c) x 方向における拘束．

が x 方向に引張応力 σ_x を生み出すようになる．この場合，応力 σ_x は切欠で 0 でなければならないが，低下する前に x 方向に最大まで上昇する．板の孔の場合，この応力の最大値は孔の中央から半径の $\sqrt{2}$ 倍に等しい地点で測定した負荷応力の 0.375 である．平面応力および平面ひずみにおける解は材料定数 E および ν に依存しないということに留意すべきである．応力 σ_x は z 方向に展開される拘束に導かれ，z 方向における合応力は $\sigma_z = \nu(\sigma_x + \sigma_y)$ で与えられる．

これらの z および x 方向の拘束は切欠で一軸引張応力を 3 軸引張応力状態に変える．切欠先端における静水圧応力は平面応力におけるよりも平面ひずみにおい

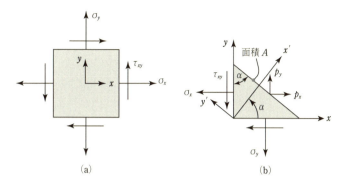

図 2A-1 (a) 2次元応力状態，(b) 傾斜面における応力ベクトル．

て高く，この理由により破壊抵抗に有害な影響を与えることに留意すべきである．

VI. ま と め

本章では弾性応力およびひずみを定義し解析する基本的な方法についておさらいした．主応力およびモール円の使用について議論され，平面応力と平面ひずみが区別された．最後に取り上げた課題は応力–ひずみ関係であった．本章の情報は多くの破損解析における応力–ひずみに関連した問題を理解するための十分な基礎となるはずである．しかし，場合によっては，たとえば有限要素法を用いたより詳細な応力解析が必要となることがある．

参 考 文 献

[1] G. E. Dieter, Jr., *Mechanical Metallurgy*, 3rd ed., McGraw-Hill, New York, 1986.
[2] I. Le May, *Principles of Mechanical Metallurgy*, Elsevier, Oxford, 1981.
[3] P. C. Chou and N. J. Pagano, *Elasticity*, D. Van Nostrand Co., New York, 1967.

付録 2-1　平面問題に対するモール円の式

問題 (1) σ_x, σ_y, τ_{xy} (図 2A-1) が与えられるとき，図 2A-1b を参照し，y 軸と角度 α をなす平面の応力を見いだせ．この図において p_x および p_y は傾斜面に作用する x および y 方向における応力ベクトルを示す．

x 方向の力の平衡から $\sum F_x = 0$

$$p_x A - \sigma_x A \cos \alpha - \tau_{xy} A \sin \alpha = 0$$

あるいは

$$p_x = \sigma_x \cos \alpha + \tau_{xy} \sin \alpha \tag{2A-1}$$

同様に，y 方向において

$$p_y = \sigma_y \sin \alpha + \tau_{xy} \cos \alpha \tag{2A-2}$$

x' 面における垂直応力は x' 方向に p_x および p_y を投影することにより，

$$\sigma_{x'} = p_x \cos \alpha + p_y \sin \alpha \tag{2A-3}$$

式 (2A-1) に代入し

$$\sigma_{x'} = \sigma_x \cos^2 \alpha + \sigma_y \sin^2 \alpha + 2\tau_{xy} \sin \alpha \cos \alpha \tag{2A-4}$$

同様に，

$$\tau_{x'y'} = p_y \cos \alpha - p_x \sin \alpha$$

あるいは

$$\tau_{x'y'} = (\sigma_y - \sigma_x) \sin \alpha \cos \alpha + \tau_{xy}(\cos^2 \alpha - \sin^2 \alpha) \tag{2A-5}$$

応力 $\sigma_{y'}$ は $\sigma_{x'}$ に関する式の α に $(\alpha + \pi/2)$ を代入することにより

$$\sigma_{y'} = \sigma_x \cos^2 \left(\alpha + \frac{\pi}{2}\right) + \sigma_y \sin^2 \left(\alpha + \frac{\pi}{2}\right) + 2\tau_{xy} \sin \left(\alpha + \frac{\pi}{2}\right) \cos \left(\alpha + \frac{\pi}{2}\right)$$

$$\sin \left(\alpha + \frac{\pi}{2}\right) = \cos \alpha \quad \text{および} \quad \cos \left(\alpha + \frac{\pi}{2}\right) = -\sin \alpha$$

であるから

$$\sigma_{y'} = \sigma_x \sin^2 \alpha + \sigma_y \cos^2 \alpha - 2\tau_{xy} \sin \alpha \cos \alpha \tag{2A-6}$$

下記の三角関数の恒等式により

$$\sin 2\alpha = 2 \sin \alpha \cos \alpha \tag{2A-7a}$$

$$\sin^2 \alpha = \frac{1}{2}(1 - \cos 2\alpha) \tag{2A-7b}$$

$$\cos -2\alpha = \frac{1}{2}(1 + \cos 2\alpha) \tag{2A-7c}$$

したがって，

$$\sigma_{x'} = \frac{\sigma_x + \sigma_y}{2} + \frac{\sigma_x - \sigma_y}{2} \cos 2\alpha + \tau_{xy} \sin 2\alpha \tag{2A-8a}$$

$$\sigma_{y'} = \frac{\sigma_x + \sigma_y}{2} + \frac{\sigma_x - \sigma_y}{2} \cos 2\alpha - \tau_{xy} \sin 2\alpha \tag{2A-8b}$$

$$\tau_{x'y'} = \frac{\sigma_y - \sigma_x}{2} \sin 2\alpha + \tau_{xy} \cos 2\alpha \tag{2A-9}$$

付録 2-2　3 次元応力解析　　53

最大および最小垂直応力の面方位の決定のため $\sigma_{x'}$ は α に関して微分され，導関数をゼロに等しいとすると，

$$\frac{d\sigma_{x'}}{d\alpha} = -(\sigma_x - \sigma_y)\sin 2\alpha + 2\tau_{xy}\cos 2\alpha \qquad (2\text{A-}10)$$

あるいは

$$\tan 2\alpha = \frac{2\tau_{xy}}{\sigma_x - \sigma_y} \qquad (2\text{A-}11)$$

この式は 180° 離れた 2 つの根を有する．したがって，α の 2 つの値は 90° だけ異なる．

さらに，$\tau_{xy}\cos 2\alpha = -[(\sigma_y - \sigma_x)/2]\sin 2\alpha$ であるから，これらの 2 つの面で $\tau_{x'y'}$ となる．せん断応力が 0 の面は主応力面であり，これらの面の垂直応力は主応力である．

式 (2A-8a) および式 (2A-9) を書き換えると

$$\sigma_{x'} - \frac{\sigma_x + \sigma_y}{2} = \frac{\sigma_x - \sigma_y}{2}\cos 2\alpha + \tau_{xy}\sin 2\alpha$$

$$\tau_{x'y'} = \frac{\sigma_y - \sigma_x}{2}\sin 2\alpha + \tau_{xy}\cos 2\alpha$$

これらの表の両方を 2 乗し，加えると

$$\left(\sigma - \frac{\sigma_x + \sigma_y}{2}\right)^2 + \tau^2 = \left(\frac{\sigma_x - \sigma_y}{2}\right)^2 + \tau_{xy}^2$$

ここで $\sigma = \sigma_{x'}$ および $\tau = \tau_{x'y'}$ である．

これは円についての方程式，すなわち σ 軸の中心で，原点の右側に $(\sigma_x + \sigma_y)/2$ 単位移動した半径 $\sqrt{[(\sigma_x - \sigma_y)/2]^2 + \tau_{xy}^2}$ を有し，座標 (σ, τ) における応力に対するモールの円である．

ひずみに対するモールの円は同様に導かれる．軸は図 2-9 における各 τ_{xy} に伴うせん断ひずみゆえに，γ よりもむしろ ε および $\gamma/2$ が用いられる．

付録 2-2　3 次元応力解析

A.　主応力および応力不変量

図 2A-2a に示す面と座標面を形成する無限に小さな 4 面体の平衡について考える．座標面に作用する応力は既知である．ABC 面に作用する応力は知られていない．ABC 面の法線は ON であり方向余弦は x, y, z 軸に関してそれぞれ $l, m,$

n である．三角形 ABC の面積は dA とする．面の面積 AOB, COB, AOC はそれぞれ $m\,dA$, $l\,dA$, $n\,dA$ に等しい．図 2A-2b に示すように ABC に作用する応力ベクトルを S, その x, y, z 因子を S_x, S_y, S_z とする．x 方向における力の平衡については，

$$S_x dA = \sigma_x l\,dA + \tau_{yx} m\,dA + \tau_{zx} n\,dA \tag{2A-12}$$

あるいは

$$S_x = l\sigma_x + m\tau_{yx} + n\tau_{zx} \tag{2A-13a}$$

同様に，y および z 方向における力の平衡は

$$S_y = l\tau_{xy} + m\sigma_y + n\tau_{zy} \tag{2A-13b}$$

$$S_z = l\tau_{xz} + m\tau_{yz} + n\sigma_z \tag{2A-13c}$$

もし l, m, n が l_1, l_2, l_3 で，S_x, S_y, S_z が S_1, S_2, S_3 で置き換えられると式 (2A-2) は指数記法形に書き換えることができる．

$$S_j = \sigma_{ij} l_i \tag{2A-14}$$

dA に作用する垂直応力を得るために応力 S_x, S_y, S_z を法線 ON (図 2A-2a を参照) に投影し

$$S_n = lS_x + mS_y + nS_z \tag{2A-15}$$

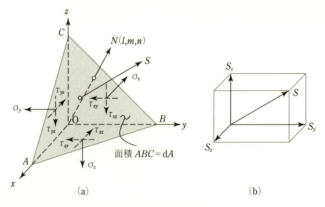

図 **2A-2** 斜面における応力ベクトル

付録 2-2　3 次元応力解析　　55

式 (2A-13) を代入し,

$$S_n = l^2\sigma_x + m^2\sigma_y + n^2\sigma_z + 2(lm\tau_{xy} + mn\tau_{yz} + nl\tau_{zx}) \tag{2A-16}$$

この面に左右する合せん断応力 S_s を求めると

$$S_s = S^2 - S_n^2 = S_x^2 + S_y^2 + S_z^2 - S_n^2 \tag{2A-17}$$

もし $S = S_n$ なら, $S_s = 0$ である. したがって, この面は**主面**とよばれ, その法線は主方向となり, S は**主応力**とよばれる物体のあらゆる点に 3 個に主応力があり, そのうちの 1 個以上が 0 に等しい.

もし ABC が主面であれば, S は法線と同様に同方向余弦を有する. 応力因子は

$$S_x = lS$$
$$S_y = mS$$
$$S_z = nS \tag{2A-18}$$

式 (2A-2) は

$$l(\sigma_x - S) + m\tau_{yx} + n\tau_{zx} = 0$$
$$l\tau_{xy} + m(\sigma_y - S) + n\tau_{zy} = 0$$
$$l\tau_{yx} + n\tau_{yx} + n(\sigma_x - S) = 0 \tag{2A-19}$$

あるいはテンソル記法で

$$l_i(\sigma_{ij} - \delta_{ij}S) \tag{2A-20}$$

ここで, δ_{ij} は**クロネッカーのデルタ**として知られ, δ_{ij} は $i = j$ で 1, $i \neq j$ で 0 となる.

式 (2A-20) に関し l, m, n の解を求めるために行列式の係数はなくなり, その結果,

$$|\sigma_{ij} - \delta_{ij}S| = \begin{vmatrix} \sigma_x - S & \tau_{yx} & \tau_{zx} \\ \tau_{xy} & \sigma_y - S & \tau_{zy} \\ \tau_{xz} & \tau_{yz} & \sigma_z - S \end{vmatrix} \tag{2A-21}$$

行列式の結果を S についての立方式に拡張すると

$$S^3 - I_1 S^2 - I_2 S - I_3 = 0 \tag{2A-22}$$

ここで，

$$I_1 = \sigma_x + \sigma_y + \sigma_z$$

$$I_2 = \tau_{xy}^2 + \tau_{yz}^2 + \tau_{zx}^2 - (\sigma_x\sigma_y + \sigma_y\sigma_z + \sigma_z\sigma_x)$$

$$I_3 = \sigma_x\sigma_y\sigma_z + 2\tau_{xy}\tau_{yz}\tau_{zx} - (\sigma_x\tau_{yz}^2 + \sigma_y\tau_{zx}^2 + \sigma_z\tau_{xy}^2) \tag{2A-23}$$

式 (2A-22) は 3 個の実根を有する．したがって，$\sigma_1, \sigma_2, \sigma_3$ で称される 3 個の主応力がある．式 (2A-23) における値は座標軸とは無関係であることに注意する．

特定の主応力に相当する l, m, n の値を見いだすために，主応力を式 (2A-19) に代入し，$l^2 + m^2 + n^2 = 1$ の関係を用いる．もし 3 個の主応力が異なるならば，3 個の相当する方位はただ 1 つで直交する．もし主応力の 2 つが等しいならば 1 方向がただ 1 つで，他の 2 方向はどちらかの 2 つの方向を有し直交する．もし主応力のすべてが等しいならば主方向は 1 つも存在せず，3 方向のどれかとなる．これは静水圧応力状態に相当する．

式 (2A-23) における I_1, I_2, I_3 の値は x, y, z 軸の方位とは無関係である．したがって I_1, I_2, I_3 はそれぞれ第 1，第 2，第 3 の**応力テンソルの不変量**として知られている．もし，座標軸が主応力方向と一致すれば，

$$I_1 = \sigma_1 + \sigma_2 + \sigma_3$$

$$I_2 = -(\sigma_1\sigma_2 + \sigma_2\sigma_3 + \sigma_3\sigma_1)$$

$$I_3 = \sigma_1\sigma_2\sigma_3 \tag{2A-24}$$

B. 最大および八面体せん断応力

モールの円 (図 2A-3 参照) から最大面内せん断応力は，

$$\tau_1 = \pm\frac{1}{2}(\sigma_1 - \sigma_3)$$

$$\tau_2 = \pm\frac{1}{2}(\sigma_1 - \sigma_2)$$

$$\tau_3 = \pm\frac{1}{2}(\sigma_2 - \sigma_3) \tag{2A-25}$$

最大せん断応力面に伴う垂直応力は

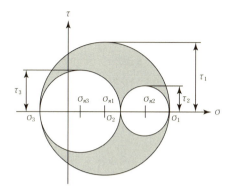

図 2A-3 3次元応力状態に対するモール円

$$\sigma_{n1} = \frac{1}{2}(\sigma_1 + \sigma_3)$$
$$\sigma_{n2} = \frac{1}{2}(\sigma_1 + \sigma_2)$$
$$\sigma_{n3} = \frac{1}{2}(\sigma_2 + \sigma_3) \tag{2A-26}$$

もし関心のある面が主座標に関して (111) 面であれば,それは八面体面であるので (図 2A-4 参照)

$$l = m = n = \pm\frac{1}{\sqrt{3}} \tag{2A-27}$$

この面に作用する垂直応力は,

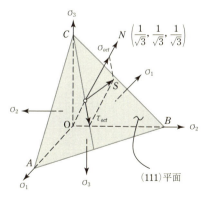

図 2A-4 8面体面における応力ベクトル

$$S_n = \frac{1}{3}(\sigma_1 + \sigma_2 + \sigma_3) = \sigma_m \equiv \sigma_{\text{oct}} \tag{2A-28}$$

相当する八面体せん断応力の2乗は,

$$
\begin{aligned}
S_s^2 &= \frac{1}{3}(\sigma_1^2 + \sigma_2^2 + \sigma_3^2) - \frac{1}{9}(\sigma_1 + \sigma_2 + \sigma_3)^2 \\
&= \frac{1}{3}[(\sigma_1 - \sigma_m)^2 + (\sigma_2 - \sigma_m)^2 + (\sigma_3 - \sigma_m)^2] \equiv \tau_{\text{oct}}^2
\end{aligned}
\tag{2A-29}
$$

応力不変量については,

$$\tau_{\text{oct}} = \frac{\sqrt{2}}{3}\sqrt{I_1^2 + 3I_2} \tag{2A-30}$$

ある点における主応力の関数であり,それぞれが不変量であり,x, y, z 軸の方位に無関係なので,八面体せん断応力が不変量であることは驚くにはあたらない.しかしながら,八面体せん断応力についての表現は,理解されるように,興味深いものである.

主応力に関する八面体せん断応力は,

$$\tau_{\text{oct}} = \frac{1}{3}\sqrt{(\sigma_1 - \sigma_3)^2 + (\sigma_2 - \sigma_1)^2 + (\sigma_3 - \sigma_2)^2} \tag{2A-31}$$

非主応力に関する八面体せん断応力は,

$$\tau_{\text{oct}} = \frac{1}{3}\sqrt{(\sigma_x - \sigma_y)^2 + (\sigma_y - \sigma_z)^2 + (\sigma_z - \sigma_x)^2 + 6(\tau_{xy}^2 + \tau_{yz}^2 + \tau_{zx}^2)} \tag{2A-32}$$

C. 応力偏差テンソル

塑性変形の解析において,応力テンソルは**球形応力テンソル**と**応力偏差テンソル**の2つの部分に分けられる.球形テンソルはその要素が応力テンソルである

$$\sigma_m \delta_{ij} = \begin{bmatrix} \sigma_m & 0 & 0 \\ 0 & \sigma_m & 0 \\ 0 & 0 & \sigma_m \end{bmatrix} \tag{2A-33}$$

ここで,$\sigma_m = \frac{1}{3}(\sigma_1 + \sigma_2 + \sigma_3) = \frac{1}{3}(\sigma_x + \sigma_y + \sigma_z) = \frac{1}{3}I_1 = $ 静水圧応力σ_{hyd} である.応力偏差テンソルは下記のように定義される.

$$S'_{ij} = \sigma_{ij} - \sigma_m \delta_{ij} \tag{2A-34}$$

付録 2-2　3 次元応力解析　　59

あるいは

$$S'_{ij} = \begin{bmatrix} \sigma_x - \sigma_m & \tau_{xy} & \tau_{xz} \\ \tau_{xy} & \sigma_y - \sigma_m & \tau_{yz} \\ \tau_{xz} & \tau_{yz} & \sigma_z - \sigma_m \end{bmatrix}$$

$$S'_{ij} = \begin{bmatrix} \dfrac{2\sigma_x - \sigma_y - \sigma_z}{3} & \tau_{xy} & \tau_{xz} \\ \tau_{xy} & \dfrac{2\sigma_y - \sigma_z - \sigma_x}{3} & \tau_{yz} \\ \tau_{xz} & \tau_{yz} & \dfrac{2\sigma_z - \sigma_x - \sigma_y}{3} \end{bmatrix} \tag{2A-35}$$

主応力であれば，応力偏差テンソルは

$$S'_{ij} = \begin{bmatrix} \sigma_1 - \sigma_m & 0 & 0 \\ 0 & \sigma_2 - \sigma_m & 0 \\ 0 & 0 & \sigma_3 - \sigma_m \end{bmatrix}$$

$$S'_{ij} = \begin{bmatrix} \dfrac{2\sigma_1 - \sigma_2 - \sigma_3}{3} & 0 & 0 \\ 0 & \dfrac{2\sigma_2 - \sigma_3 - \sigma_1}{3} & 0 \\ 0 & 0 & \dfrac{2\sigma_3 - \sigma_1 - \sigma_2}{3} \end{bmatrix} \tag{2A-36}$$

応力偏差テンソルの不変数を求めるには式 (2A-22) において S を $S' + (1/3)I_1$ に置き換えて

$$S'^3 - J_1 S'^2 - J_2 S' - J_3 = 0 \tag{2A-37}$$

ここで，

$$\begin{aligned} J_1 &= 0 \\ J_2 &= \frac{1}{3}(I_1^2 + 3I_2) \\ J_3 &= \frac{1}{27}(2I_1^3 + 9I_1 I_2 + 27I_3) \end{aligned} \tag{2A-38}$$

これらの J 項について J_2 にとくに関心がある場合，J_2 は応力因子の項で表現され

$$J_2 = \frac{1}{6}[(\sigma_x - \sigma_y)^2 + (\sigma_y - \sigma_z)^2 + (\sigma_z - \sigma_x)^2 + 6(\tau_{xy}^2 + \tau_{yz}^2 + \tau_{zx}^2)] \tag{2A-39}$$

あるいは主応力で

$$J_2 = \frac{1}{6}[(\sigma_1 - \sigma_2)^2 + (\sigma_2 - \sigma_3)^2 + (\sigma_3 - \sigma_1)^2] \tag{2A-40}$$

式 (2A-38) における J_2 を式 (2A-30) における τ_{oct} についての表現と比較すると

$$J_2 = \frac{3}{2}\tau_{\text{oct}}^2 \tag{2A-41}$$

付録 2-3　単純な荷重条件下における応力式

A. 梁の曲げ

図 2A-5 に示す矩形断面を有する梁について考える．軸の深さは d である．梁の幅は b である．外部モーメント M が梁に負荷される．抵抗モーメント M_R は外部モーメントとつり合わねばならない．曲げ応力は軸の中立軸から表面に直線的に変化し，一方の面で引張り，他の面で圧縮となると仮定する．d に平行な中立軸からの距離を y とし，y の最大値は $d/2$ である．

高さ dy，幅 b の材料の微小な層を考える．この層にかかる抵抗モーメントは dM_R である．dM_R はこの層に作用する力 dF にモーメントアーム y をかけたもので，$dF = [y/(d/2)]\sigma_{\max} b dy$，$dM_R = (2y^2/d)\sigma_{\max} b dy$ となる．

全抵抗モーメントは上述の表現を $-d/2$ と $d/2$ 間で積分することにより求められる．

$$\begin{aligned}
M_R &= \int_{-d/2}^{d/2} dM_R = \int_{-d/2}^{d/2} \frac{2y^2}{d}\sigma_{\max} b\, dy \\
&= \left[\frac{2y^3}{3d}\sigma_{\max} b\right]_{-d/2}^{d/2} = 2 \times \frac{2(d/2)^3}{3d}\sigma_{\max} b = \frac{\sigma_{\max} b d^2}{6}
\end{aligned}$$

あるいは

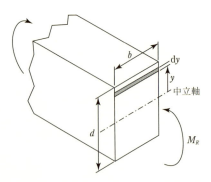

図 **2A-5**　純曲げ下のビームの自由物体図

$$\sigma_{\max} = \frac{6M}{bd^2} \tag{2A-42}$$

B. 円筒軸のねじり

半径 R を有し外部トルクが負荷された軸を考える (図 2A-6). 抵抗するトルク T_R は負荷されたトルクと均衡を保たねばならない.

軸のせん断応力は軸中央の 0 から軸表面に最大値まで直線的に変化すると仮定する. 軸の中央から半径方向の距離を r とする.

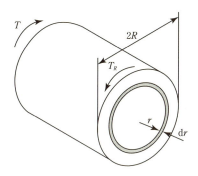

図 2A-6 ねじり下における円筒シャフトの自由物体図

r の最大値は R である. 半径 r と厚さ dr の微分面積を考える. この面積にかかる抵抗トルクは dT_R である.

$$\begin{aligned}
dT_R &= (\tau_{\max} 2\pi r\, dr)\, r\left(\frac{r}{R}\right) \\
&= \frac{2\pi \tau_{\max}}{R} r^3 dr \\
T_R &= \int_0^R \frac{2\pi \tau_{\max}}{R} r^3 dr = \left[\frac{2\pi \tau_{\max}}{R}\frac{r^4}{4}\right]_0^R = \frac{1}{2}\pi \tau_{\max} R^3
\end{aligned}$$

あるいは

$$\tau_{\max} = \frac{2T}{\pi R^3} \tag{2A-43}$$

C. 薄肉円筒

内圧 p が作用する薄肉円筒を図 2A-7 に示す. この円筒は内径 D, 肉厚 t を有する横断面の垂直応力成分は σ_{long} で示される**縦方向の応力**として知られている.

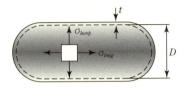

図 **2A-7** 内圧を受ける薄肉円筒

縦方向の応力成分は σ_{hoop} で示される**フープ応力**，あるいは**周応力**として知られている．縦方向の応力の決定に用いる自由物体線図を図 2A-8 に示す．縦方向における力の平衡状態を考えると，

$$\pi D t \sigma_{\text{long}} = \frac{\pi D^2}{4} p$$

あるいは

$$\sigma_{\text{long}} = \frac{pD}{4t} \tag{2A-44}$$

フープ応力の決定に用いる自由物体線図を図 2A-8b に示す．横方向における力の平衡状態を考えると

$$2st\sigma_{\text{hoop}} = pDS$$

あるいは

$$\sigma_{\text{hoop}} = \frac{pD}{2t} \tag{2A-45}$$

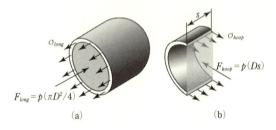

図 **2A-8** (a) 長手方向応力下の自由物体図，(b) 円周応力下の自由物体図．

問　題

2-1 円周方向 (フープ) 応力 σ_h は $\sigma_h = pD/2t$ で与えられる．コメット機の外板は厚さ $t = 0.91\,\text{mm}$ の高力アルミ合金製であった．外板の直径はおよそ 3.7 m，長さは 33 m であった．標準大気圧は $1{,}013 \times 10^5\,\text{Pa}$ である．

(a) 問題 1-1 における巡航高度 10,000 m (32,800 ft) のコメット機 (図 1-4a) の外板のフープ応力を求めよ．

(b) 設計の細目に応力集中係数 3 が導入されることを仮定し，発生する最大応力を計算せよ．

2-2 薄肉の箱型桁が使用中に同位相の繰返し曲げとねじり応力を受けた．しばらくすると，横断方向に対して 30° のき裂が箱形桁の下部壁に発見された (図 2P-1)．この状況に対して，モールの応力円を用いて，曲げ応力とせん断応力の比を決定せよ．

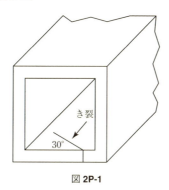

図 **2P-1**

2-3 3 枚の同じ 2 mm (0.08 in) 厚さの平らな鋼製 [$E = 207$ GPa (30,000 ksi), $\nu = 0.25$] 引張試験片の中央に，厚さ方向に軸をもつ半径の貫通孔があるとする．面内の x, y 座標系の原点を孔の中心にとり，y 軸を試験片の負荷方向にとる．試験片にそれぞれ引張りで 69 MPa (10 ksi) の応力まで負荷する．$(\pm a, 0)$ の点に生じる応力は 207 MPa (30 ksi) で $(0, \pm a)$ の点に生じる応力は -69 MPa (10 ksi) である．試験片に無関係に負荷したときは，厚さ方向の応力は 0 とする (平面応力)．

(a) 上述の座標位置に生じるひずみはいくらか?

(b) 次に 3 枚の試験片を平面に沿ってしっかり貼りあわせ，一緒にして単一の引張試験片をつくる．そして接合面で平面を維持したまま，この試験片に 69 MPa (10 ksi) まで負荷する．上述の座標位置の板厚中央における応力はいくらか?

2-4 体積膨張率 Δ が $\varepsilon_x + \varepsilon_y + \varepsilon_z$ に等しいことを示せ．

3
塑性変形の原理

I. はじめに

　金属における塑性変形は「転位」として知られる線欠陥の運動の結果を生じる．これらの転位は理論的なせん断応力に対して，比較的低いせん断応力で動く．本章では転位の特徴を簡単に記述する．き裂先端の塑性域における応力状態と同じく，多軸応力に対する降伏条件について議論する．

II. 理論的せん断強度

　塑性変形にかかわる基本的対象は転位であり，それはせん断応力に呼応してせん断面上の結晶 (結晶粒) を連続的に境界を突き抜け，線から線に移動する線欠陥として知られている．転位の運動は理論的せん断強度よりはるかに低いすべり面のすべての境界が同時に，非連続的に破られるという仮定のもとに決められた実際のせん断強度に帰結する．理論的せん断強度は，以下に示すように $G/10$ 程度であるが，実際のせん断強度はおおむね $G/100$ 程度である．理論的せん断強度は下記のように見積もられる．

　図 3-1a に示すように，せん断力 F_s と隣接する結晶面のせん断変位間のおよそ

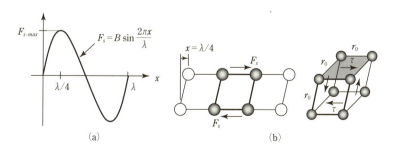

図 3-1　すべりの間に展開されるせん断力

66　3　塑性変形の原理

の関係を考えると,

$$F_s = B \sin \frac{2\pi x}{\lambda} \approx B \frac{2ßx}{\lambda} \qquad (x \ll \lambda) \tag{3-1}$$

$$x = \lambda/4$$

$$F_s \equiv F_{s-\max} = B \tag{3-2}$$

ここで, $F_{s-\max}$ は F_s の最大値.

図 3-1b から,

$$\tau_{\max} = \frac{B}{r_0^2} \tag{3-3}$$

式 (3-1) から

$$dF_s = B \frac{2\pi}{\lambda} dx \tag{3-4}$$

$$d\tau = \frac{B}{r_0^2} \frac{2\pi}{\lambda} dx \tag{3-5}$$

せん断ひずみ γ の定義により,

$$\gamma = \tan \frac{x}{r_0} \approx \frac{x}{r_0} \qquad (x \ll r_0) \tag{3-6}$$

$$d\gamma = \frac{1}{r_0} dx \tag{3-7}$$

せん断剛性 G の定義により,

$$G = \frac{d\tau}{d\gamma} = \frac{\dfrac{B}{r_0^2} \dfrac{2\pi}{\lambda} dx}{\dfrac{1}{r_0} dx} = \frac{2\pi B}{r_0 \lambda} \tag{3-8}$$

ここで,

$$\lambda = r_0, \qquad G = 2\pi \tau_{\max} \tag{3-9}$$

よって,

$$\tau_{\max} = \frac{G}{2\pi} \approx \frac{G}{10} \tag{3-10}$$

III.　転　　位

　もし理論的せん断応力に関する上述の表現を金属単結晶の場合に適用するとすれば, せん断面直上のすべての原子が一致して 1 つの方向に動き, せん断面直下

III. 転　位　　67

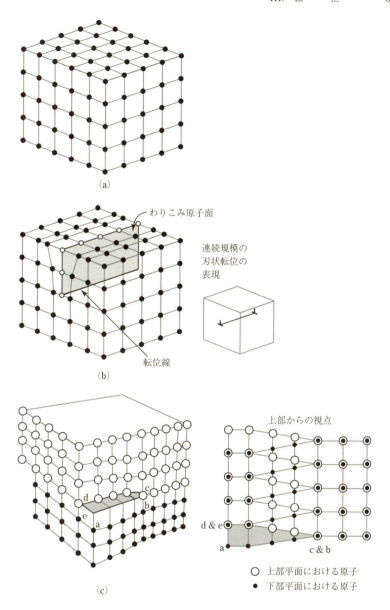

図 3-2　転位．(a) 完全結晶，(b) 刃状転位，(c) らせん転位．

のすべての原子が一致して逆方向に移動すると想定される．もし，そうであるとすれば金属の強度はわれわれが知っている以上に高くなるであろう．それでは，なぜ金属のせん断強度が $G/10$ よりも $G/100$ 程度なのか？ この疑問は Orowan，Taylor，Polyani という 3 名の研究者が 1934 年にそれぞれ別々に提案した**刃状転位**の概念で説明できる．1939 年に Burger はらせん転位の概念を導入した．刃状およびらせん転位ともに結晶中の線欠陥であり，基本対象は説明しているように塑性変形がこれらの線欠陥の運動によって，理論的強度よりもはるかに低い応力で生じることを示すことである．

　図 3-2a に欠陥のない完全結晶格子を示す．

　図 3-2b に**正の刃状転位**として知られる線欠陥を含む結晶の位置を示す．

　原子の余分な半面，図 3-2b で t の網かけ部が刃状転位を含んでいる．もしも余分な半面がすべり面の下に位置すれば，その線欠陥は**負の刃状転位**とよばれる．

　図 3-2c は**左向きらせん転位**として知られる線欠陥を含んでいる．この図の下側には原子がどのようにらせん転位の周囲に整列しているかを示している．

　左向きらせん転位の周囲の原子配列の詳細は図 3-3 に示されている．ここでは 2 面の原子が示されており，上面の原子は○で，下面の原子は●で示されている．転位から離れると格子は完全となり，●は○の直下にある．しかしながら，らせん転位の近傍では完全格子は存在しない．

　図をみると，原子 1 は下面にあり，原子 2 はそのすぐ上の上面に位置している．ここで，らせんの動きが原子 1 から始まったとすると，そこから原子 2 の位置へ上がるに伴い，上面の 4 つの原子が紙面の上側へ上がってくる．次に，この 4 つの原子は下面へと下り，紙面の下側に移動する．そして，出発点の原子 1 に戻ってきたとしよう．しかし，もし下面の原子 1 から再び出発し，原子 2 の位置へ上がり，原子 5 までの 3 原子分の距離を移動し，下面の原子 6 の位置へ下がり，原子 9 までの 3 原子分の距離を移動したとすると，出発点である原子 1 の位置までは戻れていないことに気づく．原子 9 から原子 1 までのベクトルはらせんの回路を閉じるために必要である．このベクトルは**バーガース・ベクトル**として知られ，常にすべり方向に向いている．

　図 3-4 は図 3-3 の下側の部分に類似しており，原子の 2 個の平行面を図式的に描いている．○が上面にある原子を示し，●はその下面にある原子を表している．この図には転位ループが示されている．転位ループが刃状とらせんから構成されていることに留意する．この図でループの刃状成分は図の上部と下部で水平方向に走っており，らせん成分は図の側面で垂直方向に走っている．上の刃状転位の

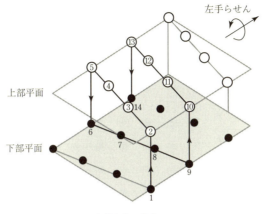
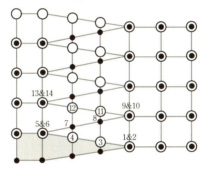

図 3-3 左手らせん転位のまわりの原子配置

向きは下の刃状転位と反対で，しかも，ループの一方のらせん転位成分の方向も他方に反対である．上面が紙面の上側に，下面が紙面の下側にせん断されるように負荷されたせん断応力の作用下で転位ループは拡張する．この過程において転位ループに沿った原子は上面と下面でわずかにその位置を変える．もし，せん断の方向が逆になったら転位ループは縮み，ついには消滅する．

　転位ループの特徴はバーガース・ベクトルが一定ということである．バーガース・ベクトルは刃状部分に垂直であるのですべり面が定義され，刃状部分はこの面を動くように制限される．しかしながら，らせん部分はバーガース・ベクトルに平行で，すべり面のみを動くようには制限されない．実際にらせん部分は**交差すべり**として知られる主スリップ面と交差するすべり面を動く．この過程はすべ

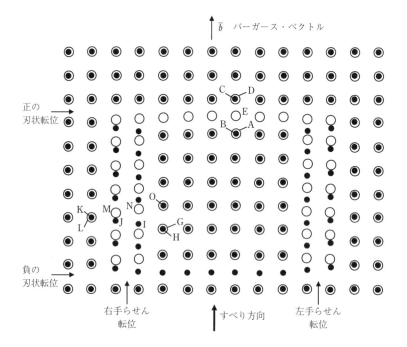

図 3-4　転位ループの模式図．転位ループの右手らせん転位 (RHS) 部は図の左側でベクトル方向に移動する．転位ループの左手らせん転位 (LHS) 部は図の右側でベクトル方向に移動する．正の刃状転位は水平方向の図の上側にあり，負の刃状転位は底部にある．

り帯の拡大および疲労き裂の生成において重要である．すべり面における転位を**すべり転位**，非すべり面における転位を**不動転位**とよぶ．

　結晶面と方向はミラー指数によって示される．立方系における面に対するミラー指数は結晶軸がその面と交わった値の逆数として与えられ，最小の整数で表し，括弧の中に書かれる．( ) は特定の面の同定に，{ } は類似のすべり面の分類の記述に，[ ] は特定の方向の同定に，〈 〉は類似の方向の分類の記述に用いられる．図 3-5 に A(111) 面を示す．方向はその立方体軸に沿った成分によって明記され，ふたたび最小の整数で，[ ] の中に記入される．A[1$\bar{1}$0] 方向も図 3-5 に示されている．すべり面とすべり方向の組合せは**すべり系**として知られており，面心立方 (fcc) 結晶にはすべり系が 12 個存在する．すなわち，1 面あたりに 3 つの方向をもった 4 つの面である．それを (111)[10$\bar{1}$] 型と書く．4 つの面は規則正しい四面体の面を構成しており，すべり方向は四面体の稜となる．引張ひずみがかかって

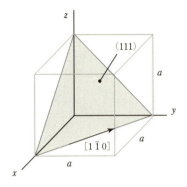

図 3-5　八面体面 (網かけ部) とすべり方向

いる間，くびれの形成のような複雑な塑性変形過程を実行するためには，少なくとも5個の独立したすべり系が活動できなければならないと一般には考えられている．面心立方結晶で12個の独立した系があるという事実は，極低温においてさえも一般的にそのような結晶が高い延性を有していることと符合している．しかし，イオン単結晶には2つの独立したすべり系しかない．そのような結晶は10%程度まで塑性変形で伸びるが，破壊が起きるときには{100}面でへき開による脆性破壊を起こす．亜鉛結晶やβニッケルアルミナイドのような他の材料の低温脆性挙動もすべり系が5個以下ということに関係している．しかし，より高温においてこれらの材料はそれ以上の結晶面ですべりを生じ，その材料は延性的に挙動するため，脆性–延性遷移温度というものが定義される．

　結晶上での分解せん断応力は，図 3-6 に示すように，結晶のすべり面上をすべり方向に作用しているせん断応力である．単結晶の引張試験の塑性変形の開始は多くの場合，引張軸に対する結晶方位に無関係なせん断応力のある臨界値で生じる．円筒の単結晶の断面積に対して，ϕを試験片軸とすべり面法線とのなす角度とすると，すべり面の面積は$A/\cos\phi$で与えられる．λが試験片軸とすべり方向とのなす角度とすると，すべり方向に作用する軸荷重Pの成分は$P\cos\lambda$となる．その分解せん断応力τ_{res}は次のように与えられる．

$$\tau_{\mathrm{res}} = \frac{P\cos\lambda}{A/\cos\phi} = \sigma\cos\phi\cos\lambda \tag{3-11}$$

ここでσは引張応力である．単結晶の引張試験において塑性変形が生じたとき，隣接した平行面のすべり活動によりすべり段が表面に発生する．通常，狭い間隔の平行した面が集団で関係しているので単段ではなく，**すべり帯**とよばれる段の

集団が形成される．これらの多くのすべり帯は結晶の表面に存在しており，その数はひずみの増加とともに増える．

ミラー指数は結晶の面と方向を示すために使用されるだけでなく，単結晶にかかわる計算を実行するのにも役立つ．たとえば，立方系内の結晶面間の距離 d は次のように与えられる．

$$d = \frac{a}{\sqrt{h^2 + k^2 + l^2}} \tag{3-12}$$

ここで，a は格子定数．すなわち，単位胞の立方体の稜の一辺の長さである．そして h, k, l はその面のミラー指数である．他の例として式 (3-11) の余弦項はミラー指数を用いて次のように表現できる．

$[h_1 k_1 l_1]$ を荷重方向のミラー指数
$[h_2 k_2 l_2]$ をすべり面法線方向のミラー指数
$[h_3 k_3 l_3]$ をすべり方向のミラー指数

とすると，

$$\cos \phi = \frac{1}{\sqrt{h_1^2 + k_1^2 + l_1^2}\sqrt{h_2^2 + k_2^2 + l_2^2}}(h_1 h_2 + k_1 k_2 + l_1 l_2) \tag{3-13}$$

および

$$\cos \lambda = \frac{1}{\sqrt{h_1^2 + k_1^2 + l_1^2}\sqrt{h_3^2 + k_3^2 + l_3^2}}(h_1 h_3 + k_1 k_3 + l_1 l_3) \tag{3-14}$$

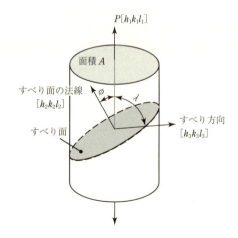

図 **3-6** 分解せん断応力

となる.

このような関係は，たとえば単結晶タービン翼の解析において重要である．しかし，通常，多結晶合金の塑性変形を扱うにあたって巨視的な連続体の手法が使用され，そこでは多くの個々の結晶の挙動は平均化される．引張試験は材料の機械的性質に対して基本的なデータを与える．そのような試験で得られる情報はヤング率，降伏強度，引張強さ，特定の標点に対するパーセント伸び，パーセント絞りである．低炭素鋼の試験では，上・下降伏点が現れるが，一般的には降伏強度として下降伏点が用いられる．低炭素鋼における上・下降伏点の現象は転位と炭素の相互作用によるものである．この相互作用は転位が炭素原子の拘束を断ち切り，新しい転位が自由に形成される上，降伏点に達するまで転位の運動を妨げる．塑性変形は通常応力集中により少し高い応力を受ける試験片の肩部で 0.001 のオーダーのひずみから開始する．それからその塑性変形は下降伏点でリューダース帯として知られる 1 組の平行な帯となって試験片の残りの部分に広がる．0.01 のオーダーのひずみで試験部は完全にこれらの平行な帯で満たされてしまい，下降伏挙動が終わる．さらにひずませると転位の相互作用を起こす．そして結果としてひずみ硬化が起こる．ひずみ硬化は最大引張強さに達するまで，さらに大きな変形に必要な応力の増加を表している．その後，応力は破壊応力まで下がり，試験片は破断する．低炭素鋼の引張試験の間には 3 つの不安定な状態が発生する．1 つ目は上降伏点から下降伏点への遷移で生じる．2 つ目は最大応力で生じる．そして 3 つ目は破壊応力で生じる．破壊応力は真の材料特性ではないが，それは試験後半の脱荷重の能力を決定する試験機の剛性を反映している．たとえば，剛性ゼロに対応する荷重の典型である死荷重の下では，その破壊応力は最大引張強さに一致する．一方，非常に剛性の高い試験機では，非常に低い値まで破壊応力が減少する可能性がある．

低炭素鋼の上・下降伏点の特性はほとんどの合金では観察されない．そのような場合に降伏応力を定義するために，0.002 (0.2%) のような特性の大きさのひずみだけずらして弾性荷重の線に平行に線を引くオフセット法が使用される．降伏応力は，この線が応力-ひずみ曲線と交わった点として定義される．

塑性変形の数学的取扱いにおいては，応力解析の複雑さを軽減するある簡素化が行われる．1 つの基本的な仮定は体積が一定を保つということである．すなわち $\Delta V = 0$．塑性変形過程は，体積変化に関わらず材料のある要素間のすべりにかかわるせん断過程であるから，これは合理的な仮定である．その体積率は次のようになる．

74   3 塑性変形の原理

$$\Delta = \varepsilon_x + \varepsilon_y + \varepsilon_z \tag{3-15}$$

塑性変形では $\Delta V = 0$ であるから，$\Delta = 0$ である．ε_z が 0 になる平面ひずみでは，当然 $\varepsilon_x = -\varepsilon_y$ である．モール円の直径がこれら 2 つのひずみの差として与えられているから，平面ひずみ塑性変形では，独立したひずみ成分はたった 1 つしかない．同様に，もし加工硬化を無視すれば，塑性域で最大せん断応力を材料定数 k とおくことにより，そこにはたった 1 つの独立した応力しか残らない．

純粋塑性変形に対するポアソン比の値は Δ が 0 という推定を用いることで評価することもできる．引張試験では横方向のひずみは $\varepsilon_y = \varepsilon_z = -\nu\varepsilon_x$ となる．そうすると $\Delta V = \varepsilon_x - 2\nu\varepsilon_x$ である．体積一定より $\Delta V = 0$，したがって $\nu = 1/2$（$nu < 1/2$ となる弾性域に対しては引張りで体積膨張，圧縮で体積収縮があることに留意せよ）．

したがって，平面ひずみ塑性変形において式 (2-20c) は以下のようになる．

$$\sigma_z = \frac{1}{2}(\sigma_x + \sigma_y) \tag{3-16}$$

そして，式 (2-18) は

$$\sigma_{\mathrm{hyd}} = \frac{1}{3}\left[\sigma_x + \sigma_y + \frac{1}{2}(\sigma_x + \sigma_y)\right] = \frac{1}{2}(\sigma_x + \sigma_y) = \sigma_z \tag{3-17}$$

IV. 多軸応力に対する降伏条件

過度の塑性変形はそれ自身ある種の破損と考えられる．単純な引張荷重に対して塑性変形にかかわる問題を避けるためには降伏応力以下に引張応力を維持しさえすればよい．しかし，多くの要素は多軸応力を受けているので，そのような応力状態における降伏条件は設計や解析のために必要である．この節ではもっとも一般的に使用される 2 つの降伏条件を取り扱う．

A. せん断ひずみエネルギー説

多軸応力状態に対して，せん断ひずみエネルギー条件（あるいはフォン・ミーゼスの条件）は，組合せ応力状態のせん断ひずみエネルギーが単純引張りの降伏におけるせん断ひずみエネルギーと等しくなったときに降伏が生じる．この仮定の結果，次式が得られる（導出の詳細は付録 3-1 に示す）．

$$\frac{1}{\sqrt{2}}\sqrt{(\sigma_1 - \sigma_3)^2 + (\sigma_2 - \sigma_1)^2 + (\sigma_3 - \sigma_2)^2} = \sigma_{\mathrm{Y}} \tag{3-18}$$

V. 平面ひずみ変形における切欠先端の塑性域での応力状態   75

　左辺の値は $\bar{\sigma}$ で示され，これは混合応力状態での**相当応力**として知られており，単純引張りでの降伏に等しくなる．$\bar{\sigma}$ はまた，ひずみ硬化が重要とされる降伏ひずみを越えた塑性変形を取り扱うために**流動応力**とよばれている．すなわち，その降伏強度は塑性ひずみの関数となる．

　純粋せん断において $\sigma_1 = -\sigma_3 = k$, $\sigma_2 = 0$ である．k は純粋せん断での降伏せん断応力である．したがって，$\bar{\sigma} = \sqrt{3}k$ または $k = \bar{\sigma}/\sqrt{3}$ となる．これは相当せん断応力を導き出す．

$$\bar{\tau} = \sqrt{\frac{1}{6}[(\sigma_1 - \sigma_3)^2 + (\sigma_2 - \sigma_1)^2 + (\sigma_3 - \sigma_2)^2]} \tag{3-19}$$

相当ひずみは次のように定義される．

$$\bar{\varepsilon} = \sqrt{\frac{1}{2(1+\nu)^2}[(\varepsilon_1 - \varepsilon_3)^2 + (\varepsilon_2 - \varepsilon_1)^2 + (\varepsilon_3 - \varepsilon_2)^2]} \tag{3-20}$$

塑性変形に対して $\nu = 1/2$ となるので相当ひずみは次のようになる．

$$\bar{\varepsilon} = \sqrt{\frac{2}{9}[(\varepsilon_1 - \varepsilon_3)^2 + (\varepsilon_2 - \varepsilon_1)^2 + (\varepsilon_3 - \varepsilon_2)^2]} \tag{3-21}$$

純粋せん断に対して $\varepsilon_1 = -\varepsilon_3 = \gamma/2$, $\varepsilon_2 = 0$, したがって $\bar{\varepsilon} = (2/\sqrt{3})\varepsilon_1$, あるいは $\varepsilon_1 = (\sqrt{3}/2)\bar{\varepsilon}$, あるいは $\gamma = \sqrt{3}\bar{\varepsilon}$. これから次式が導かれる．

$$\gamma = \sqrt{\frac{2}{3}[(\varepsilon_1 - \varepsilon_3)^2 + (\varepsilon_2 - \varepsilon_1)^2 + (\varepsilon_3 - \varepsilon_2)^2]} \tag{3-22}$$

B. 最大せん断応力説

　トレスカの説

$$\bar{\tau} = \frac{\sigma_1 - \sigma_3}{2} \tag{3-23}$$

は最大せん断応力判定条件であり，σ_2 に依存しない．一般にミーゼスの説が好んで用いられるが，トレスカの説は，主応力による簡単な式の形をしているので，説明用には有効である．

　図 3-7 は，3 つの主応力のうちの 1 つが 0 である．2 次元応力空間でのミーゼスの降伏説とトレスカの降伏説の図である．この線図では，引張りの降伏強度が共通の基準点にとってある．

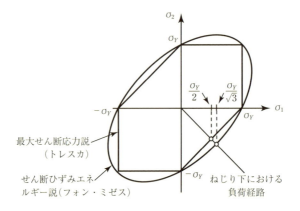

図 3-7 平面応力状態におけるトレスカとフォン・ミーゼスの降伏条件

V. 平面ひずみ変形における切欠先端の塑性域での応力状態

弾性域では，切欠先端の応力状態の決定に弾性論を用いることになり，比較的複雑な問題である．対照的に，平面ひずみ荷重条件のもとで切欠先端の塑性域の応力状態を決定することは比較的簡単である．この応力状態の解析は，なぜ破壊過程が切欠やき裂の平面ひずみ荷重状態によって促進されるかについて見通せる．

塑性変形に対して，体積は保存され，ポアソン比 ν は $1/2$ に等しいということを思い起こしてみよう．モール円から最大せん断応力面に作用する垂直応力は $\sigma_n = (\sigma_1 + \sigma_3)/2$ と与えられることがわかる．平面ひずみ状態では，この垂直応

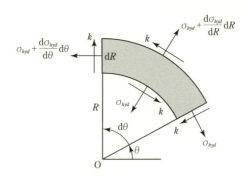

図 3-8 塑性域内の要素に作用する応力成分．塑性変形に必要な最大せん断応力は k で表示されている．

力は σ_2 にも等しく，静水応力 σ_{hyd} である [式 (3-17)]．図 3-8 に，この静水圧応力が最大せん断応力の面に対して垂直な曲がり要素の半径と接線方向に作用しているのが示されている．材料は剛完全塑性材料と考える．すなわち，弾性ひずみおよびひずみ硬化は無視する．

そして，塑性域で最大せん断応力面の軌跡は**すべり線**として知られている．塑性域で最大せん断応力の大きさは k によって示される．これは平面ひずみ状態下のせん断（ねじり）の降伏応力である．引張降伏強度を基準の尺度としてとると，k の値は降伏条件に依存する．3 個の主応力の 1 つが 0 に等しいとき，図 3-7 に示すようにフォン・ミーゼスの降伏条件に対する降伏面が伸長楕円として現れ，トレスカの条件に対する降伏面はフォン・ミーゼスの楕円の中に内接する伸長六角形として現れる．ねじり（純粋せん断）における降伏応力において σ_1 は k で示される．フォン・ミーゼスの条件では $k = \sigma_{\mathrm{Y}}/\sqrt{3}$，トレスカの条件では $k = \sigma_{\mathrm{Y}}/2$ となる．

図 3-8 では，θ の値は反時計回りに正にとっている．原点まわりのモーメントを考えることによって次の式が得られる．

$$\sum M_{\mathrm{O}} = 0$$

$$\frac{d\sigma_{\mathrm{hyd}}}{d\theta}(d\theta)\,dR\left(R + \frac{dR}{2}\right) + k(R + dR)\,d\theta(R + dR) - kR\,d\theta\,R = 0 \quad (3\text{-}24)$$

これから次式が導かれる．

$$\frac{d\sigma_{\mathrm{hyd}}}{d\theta} + 2k = 0 \tag{3-25}$$

または

$$d\sigma_{\mathrm{hyd}} + 2k\,d\theta = 0 \tag{3-26}$$

これを最大せん断応力の曲面上で積分すると，次のようになる．

$$\sigma_{\mathrm{hyd}} + 2k\theta = \text{一定} \tag{3-27}$$

静水応力は R に独立しており，θ のみに依存していることがわかる．これはすべり線がある位置から別の位置へ進展する際の接線の回転量である．もし，そのすべり線が直線ならば θ に変化がないので，静水応力に変化はない．

平面ひずみ状態（図 3-9a）に対するモール円からわかるように，σ_{hyd} は円の中心にあり，$\sigma_1 = \sigma_{\mathrm{hyd}} + k$, $\sigma_3 = \sigma_{\mathrm{hyd}} - k$ となる．

式 (3-27) から $\sigma_{\mathrm{hyd}} + 2k\theta = $ 一定 となる．その定数は図 3-10 で見られるように切欠の自由表面で $\sigma_3 = 0$ と見積もられる．この点ですべり線に沿って $\theta = 0$ と

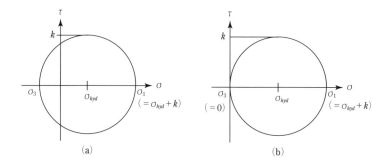

図 3-9 (a) 任意の平面ひずみ塑性変形に対するモール円，(b) 自由表面における平面ひずみ変形に対するモール円．

おくと未知定数が σ_{hyd} に等しくなる．これはこの点で今度は k と等しい (図 3-9b を参照).そして次のような式が書ける.

$$\sigma_{\text{hyd}} = k - 2k\theta \tag{3-28}$$

応力の静水成分が θ の変化とともに変化することがわかる．したがって，σ_1 と σ_3 はともに降伏レベルに応力状態を維持するため，θ とともに変化しなければならない．どのすべり線も x 方向が最大主応力であるので角度 $\pi/4$ ラジアンで x 軸に交差しなければならない．図 3-10 において切欠からすべり面に沿う中央線への θ (ラジアン) における最大の変化は $\pi/2$ である．この場合の静水応力に対する

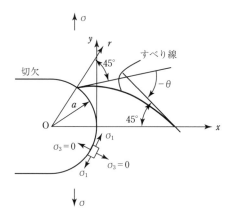

図 3-10 引張荷重が負荷された切欠の自由表面に作用する主応力

V. 平面ひずみ変形における切欠先端の塑性域での応力状態　　79

最大値は次のようになる (θ は負).

$$\sigma_{\text{hyd}} = k + 2k\frac{\pi}{2} = k(1 + \pi) \tag{3-29}$$

そして

$$\sigma_1 = k + \sigma_{\text{hyd}} = 2k\left(1 + \frac{\pi}{2}\right) \tag{3-30a}$$

また

$$\sigma_3 = \sigma_1 - 2k = 2k\left(1 + \frac{\pi}{2}\right) - 2k = k\pi \tag{3-30b}$$

　上述のように，k の値は平面ひずみの降伏条件に依存する．トレスカの説では $k = \sigma_y/2$ (σ_y は単純引張りでの降伏強度) であるので，$2k(1+\pi/2) = 2.57\sigma_y$ となる．すなわち3軸性は切欠先端での降伏に対する局所応力をほとんど 2.57 倍まで上げる!

　ミーゼスの説では $k = \sigma_Y/\sqrt{3}$ であるので，したがって $2k(1+\pi/2) = 2.96\sigma_y$ となり，その結果，降伏に対する局所応力はほとんど3倍まで上がる! この理由のため，鋼の低温脆性破壊における切欠の役割を評価するにあたり，U字型切欠 ($\pi/2$ ラジアン) 付き丸棒の局所降伏応力は3倍まで増加すると考えることができる．もし，切欠角度が $\pi/2$ より小さければ，低温における鋼の脆性破壊に対する切欠の役割を評価するにあたり，切欠先端の最大応力に相当する減少があるであろう.

　次に，切欠先端の x 軸に沿った σ_1 の値に対する一般式を求める．x は等しい曲率半径をもつ切欠先端から測定した x 軸に沿った距離とおく．切欠からの距離を関数として y 方向に作用する最大応力の式をつくるために，対数らせん式を使用する.

　距離 r は一定半径 a の切欠の曲率中心から測定された半径方向距離である．第 1 主応力 σ_1 の軌道は切欠と同心円の円弧に沿っている．σ_3 の軌道はこの円弧に直角でなくてはならない．すなわち，それらは放射線である．最大せん断応力の軌道は 45° で両方の線に交わるはずである．対数または等角らせんは図 3-11a の半径ベクトルに対して一定角をつくる曲線であり，したがって，σ_1 の軌道に対しても同じである.

　図 3-8 の曲がり要素は，数学的に次のように表される対数らせんの部分ととることができる.

$$\frac{r}{a} = e^{-(\cot\phi)\theta} \tag{3-31}$$

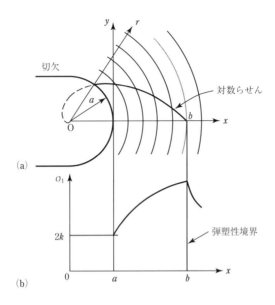

図 3-11 (a) 引張荷重を受ける切欠における対数らせんと主応力線,(b) 引張荷重を受ける切欠前方の弾塑性領域内における x 軸に垂直な主応力.

この場合 $\cot 45° = 1$ なので次のようになる.

$$\frac{r}{a} = e^{-\theta} \tag{3-32}$$

(反対方向のらせんは $r/a = e^{\theta}$ となる.)

らせんが切欠に交わる点では $r = a$ である.この点におけるらせんの θ は 0 になる.切欠表面上の交点から x 軸上の b 点まで進むらせんの回転角を反時計まわりに正をとって θ_b とする.らせんが x 軸と交わる点まで距離 b は $b = ae^{-\theta_b}$ と与えられる.距離 b を $a + x$ に等しくおき,x を x 軸に沿って切欠から測った距離とすれば,$a + x = ae^{-\theta_b}$ となる.したがって次のようになる.

$$1 + \frac{x}{a} = e^{-\theta_b}$$

または

$$\ln\left(1 + \frac{x}{a}\right) = -\theta_b \tag{3-33}$$

x 軸に沿った σ_1 の式を求めるため,θ_b に対する式を式 (3-30a) に代入すれば次のようになる.

$$\sigma_1 = 2k + 2k \ln\left(1 + \frac{x}{a}\right) = 2k\left[1 + \ln\left(1 + \frac{x}{a}\right)\right] \tag{3-34}$$

この関係をグラフに示したものが図 3-11b である．σ_1 の値は切欠先端からの距離が増えるにつれて $2k$ から最大値まで増加することがわかる．平行に並ぶ切欠に対して $\theta_b = -\pi/2$ で最大値に達したら，弾塑性境界に達するまでその応力はそれ以上の x の増加に対して一定になる．それから先，応力は x の増加につれ減少する．この切欠先端の塑性域内の応力分布は σ_1 が切欠底で最大となる弾性挙動と著しく異なる．切欠前方の塑性域内における最大応力の増加は，切欠材の破壊の起点の位置と密接に関係している．

平面応力荷重下で，塑性変形は面内よりむしろ厚さ方向に y–z 面に対して 45°の面上に起こる．すべり面が直線であるため，静水応力は塑性域内で一定である．結果として塑性域における最大応力は一定で σ_Y と等しい．

VI. ま　と　め

本章においては塑性変形の原理として転位の重要性について議論し，降伏に対する臨界分解せん断応力の概念について紹介した．多軸応力状態下で降伏に対するミーゼスおよびトレスカの条件について議論されている．これに関する詳細はこの章の付録を参照されたい．最後に平面塑性ひずみ条件下で負荷されるき裂先端の応力状態についても考察がなされている．

より詳細な文献

[1] G. E. Dieter, Jr., *Mechanical Metallurgy*, 3rd ed., McGraw-Hill, New York, 1986.
[2] A. Mendelson, *Plasticity: Theory and Application*, Macmillan, New York, 1968.
[3] I. Le May, *Principles of Mechanical Metallurgy*, Elsevier, Oxford, 1981.
[4] V. Dias da Silva, *Mechanics and Strength of Materials*, Springer, Berlin, 2006.

付録 3-1 フォン・ミーゼスの降伏条件

主応力方向に一直線に並んだ座標軸をもつ 3 次元応力空間において降伏表面は，降伏に対するフォン・ミーゼスの条件と一致する．原点を通り座標軸と等しい角度を有する線を考える．[111] 方向における線において，この方向における応力は [111] 方向に分解された 3 個の主応力成分の合計である．すなわち，

$$1_{11}1_{11}\sigma_1 + 1_{21}1_{21}\sigma_2 + 1_{31}1_{31}\sigma_3 = (\sigma_1 + \sigma_2 + \sigma_3)/3 = \sigma_{\text{hyd}} \tag{A3-1}$$

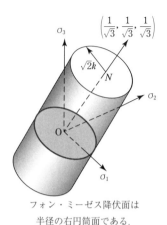

図 **3A-1** フォン・ミーゼス降伏表面の模式図

ここで l_{11}, l_{21}, l_{31} は応力軸と [111] 方向の間の方向余弦である．したがって，[111] 方向に沿った距離が増加するにつれて相当する静水圧応力も増加する．

偏差応力は [111] 方向に垂直な面上にある．偏差応力の大きさは [111] からこ

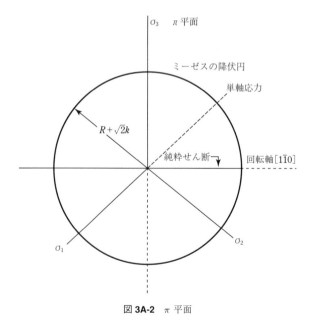

図 **3A-2** π 平面

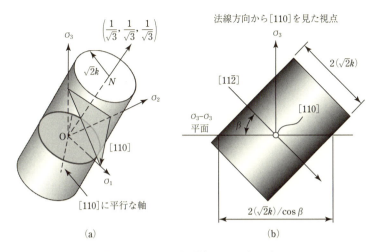

図 3A-3 σ_1–σ_2 面に対する π 平面の回転

の面における距離とともに増加する．降伏はこの面における半径ベクトルが臨界フォン・ミーゼス条件に到達し，この面における半径ベクトルの方位に無関係であるときに生じる．全降伏面はそのために，図 3A-1 に示すように，軸が [111] 方向にある右回り円筒の形をとる．原点を通りその垂線が [111] 方向におけるフォン・ミーゼス降伏円筒を通る横断面は，図 3A-2 に示すように π 平面として知られている．もし，π 平面が σ_3 方向が紙面に垂直になる方向まで約 [1$\bar{1}$0] 回転し，回転面の円周が降伏円筒と接触するならば図 3-7 に示される楕円 2 次元降伏面が得られる．図 3-7 は σ_1 および σ_2 を含む平面応力問題を取り扱うのに有益である．σ_3 は $\sigma_1 = -\sigma_2$ である純粋せん断の場合にのみ 0 である．他の場合には，静水圧応力が π 面で 0 であるので，$\sigma_3 = \sigma_1 + \sigma_2$ である．回転面におけるの長さは $\sqrt{2}k$ である (図 3A-3)．したがって，[1$\bar{1}$0] の長さが回転の間不変なので，π 面における降伏円の半径も $\sqrt{2}k$ である．

問 題

3-1 フォン・ミーゼスの条件は非主応力を用いて次のように表すことができる．

$$\frac{1}{\sqrt{2}}\left[(\sigma_x - \sigma_y)^2 + (\sigma_y - \sigma_z)^2 + (\sigma_z - \sigma_x)^2 + 6(\tau_{xy}^2 + \tau_{yz}^2 + \tau_{zx}^2)\right]^{1/2} = \sigma_0$$

ここで，σ_0 は単純引張りにおける降伏応力である．引張りとねじりの両方を負荷した薄肉円筒の場合は，この式は次のようになる．

$$(\sigma_x^2 + 3\tau_{xy}^2)^{1/2} = \sigma_0$$

ここで x 方向は円筒の軸に沿ってとる．

(a) σ_x/σ_0 と τ_{xy}/σ_0 を両軸として用いて，この関係の第 1 象限を作図せよ．

(b) ミーゼスの表現

$$(\sigma_x^2 + 3\tau_{xy}^2)^{1/2} = \sigma_0$$

に等価なトレスカの式を求めよ．

また，(a) にプロットし，ミーゼスの条件と比較せよ．

3-2 V 型切欠を付した標準シャルピー試験片の開き角は 45° で，切欠先端半径は 0.25 mm (0.01 in) である．

(a) シャルピー・バーの材料は弾塑性と仮定する (ひずみ硬化はなし)．フォン・ミーゼスの条件およびトレスカの条件に従って，切欠先端の塑性域に存在する最大応力を単軸降伏応力の関数として決定せよ．

(b) 切欠底からどれだけの距離にこの応力が最初に存在するか？

3-3 平面ひずみにおける初期降伏の際の静水圧応力は数値的にせん断降伏応力 k に等しい．次の両条件にもとづいて引張りにおける降伏の際のモールの応力円を書け．

(a) トレスカの条件

(b) フォン・ミーゼスの条件

3-4 降伏応力が 275 MPa (39.8 ksi) の板材に主応力 300 MPa (43.5 ksi) および 150 MPa (21.7 ksi) の 2 軸応力が負荷されている．トレスカの条件により材料は降伏する．ミーゼスの条件により材料は降伏するか？ 各条件の個々についてモール円を描け．

3-5 直径 2.5 m (8.2 ft)，厚さ 5 mm (0.2 in)，降伏応力 1,000 MPa (145 ksi)，弾性係数 200 GPa (29,000 ksi) およびポアソン比 0.33 の合金鋼製の薄肉の球形タンクがある．この容器は圧力 5 MPa (0.72 ksi) の窒素ガスの貯蔵に用いられる．

(a) ミーゼスの条件を用い，この薄肉容器が降伏するかどうか決定せよ．

(b) 降伏しないために安全係数 4.0 が用いられるとすれば，容器の降伏力は十分高いといえるか？

3-6 電動モーターで駆動する軸がインペラの回転に用いられている．軸とインペラは図 3P-1 に示されているようにキーとフィレットにより連結されている．インペラを回転させるのに必要な合力が 5,000 N (11.1 kips)，円筒フィレットのせん断力が 400 MPa (58.0 ksi) とする．直径 10 mm (0.4 in) のフィレットはせん断降伏を防ぐのに十分であるか？ もし，安全係数 4.0 が降伏を防ぐのに用いられるとすれば，フィレットの寸法は十分か？ 最後に，フィレット，軸およびインペラの破損防止に何が考えられるか？ 設計を改善するのに何をすべきか？

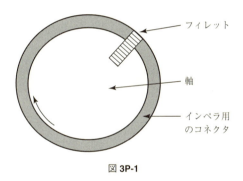

図 3P-1

3-7 水素貯蔵材料の貯蔵性研究のために円筒形圧力容器が製造された．その研究には 20 MPa (2.9 ksi) の水素圧を有する容器の加圧，排気 $[0.13 \times 10^2 \text{Pa}$ (0.1 Torr) まで減圧] および 1,000 回の加圧・排気が要求される．この圧力容器はこの種の実験に最低 1,000 回使用できるよう設計されている．圧力容器のスケッチが図 3P-2 に示されている．容器は 6 個のボルトによって蓋で密閉されている．円筒形容器の内径は 25 mm (1 in) である．
(a) 容器の水素圧が 20 MPa (2.9 ksi) のとき蓋にかかる合力はいくらか？
(b) 水素圧が 20 MPa (2.9 ksi) とすれば，各ボルトにおける引張力はいくらか？
(c) ボルトの公称面積が $50 \text{ mm}^2 (4 \text{ in}^2)$ とすれば各ボルトにおける引張応力はいくらか？
(d) ボルトの降伏応力が 400 MPa (58.0 ksi) とすると容器に 20 MPa (2.9 ksi)

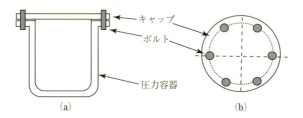

図 **3P-2** (a) 圧力容器の断面図，(b) 圧力容器の平面図．

の水素圧をかけたとき，6本のボルトは塑性変形するか？
(e) 降伏防止のため安全係数4をとると6本のボルトは安全か？
(f) 実験室において学生が(c)で計算した引張応力で6本のボルトを締めることを話し合っている．これは，どのような利点があるのか？

4
破壊力学の原理

I. はじめに

Griffith と Irwin の業績にもとづいた**破壊力学**として知られている比較的新しい分野は，き裂に関連した破壊の問題を定量的に取り扱うことに用いられる．本章ではこの分野の基本を示し，破損解析において破壊力学を効果的に用いるために満足すべきいくつかの条件について議論する．

II. Griffith の脆性破壊に対する限界応力の解析

Griffith[1]は，非常に脆い材料であるシリカガラスの破壊挙動について研究した．室温において，このタイプのガラスの応力–ひずみ曲線は破壊に至るまで直線となる．このガラスの理論強度はおおよそ $E/10$ であるが，小さなき裂が存在すると，破壊応力はそのガラスの理論強度よりもはるかに低くなる．Griffith の解析は，なぜそうなるのかを説明することに成功し，また破壊力学の分野の基礎となった．

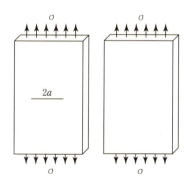

図 4-1　引張荷重を受けるき裂がある板とき裂がない板

Griffith の研究は，閉じた系においてエネルギーは保存されるという，熱力学の第 1 法則にもとづいている．ひずみエネルギーと表面エネルギーの 2 種類のエネルギーを考える．図 4-1 に示されるような引張応力 σ を受けている 2 つの薄板の試験片を考えてみよう．一方の試験片には板幅に比べて長さが非常に短いき裂があり，もう一方の試験片には，き裂を含まないとする．同じ変位となるよう，それぞれの試験片が引張りの負荷を受けると，荷重と変位の関係をプロットしたものにわずかな違いが生じるであろう．その訳は，き裂を含まない試験片よりき裂を含む試験片の方が，一定の量だけ伸ばすのにより少ない荷重ですむからである．これらをプロットしたものを図 4-2 に示す．ここでは，その両者間の違いをわかりやすくするため，誇張して書いている．一定の変位 Δ におけるそれぞれの試験片に蓄えられた弾性エネルギーは，対応する線の下にある部分の面積で与えられ $\frac{1}{2}P\Delta$ に等しい．ここで，き裂を含んだ試験片に対する P の値はき裂を含まない試験片に対する P の値よりも小さい．Griffith はこの蓄えられた弾性エネルギーの違いを利用して，脆性破壊の理論を展開した．き裂を含まない状態からき裂を含んだ状態に移る際，弾性エネルギーが減少するのみならず，新たなき裂面ができることにより，表面エネルギーが増加すると推論した．長さ $2a$ のき裂がき裂を含まない物体に含まれると，単位厚さあたりに蓄えられた弾性エネルギーの総減少量 ΔW_e は次式で与えられる．

$$\Delta W_\mathrm{e} = -\frac{\pi a^2 \sigma^2}{E} \qquad (4\text{-}1)$$

ここで，a はき裂長さの半分であり，E はヤング率である．しかしながら，この系においては単位面積あたり γ_s のエネルギーをもった新たな表面となる面ができ

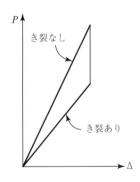

図 4-2　図 4-1 に示したき裂付板とき裂なし板に対する荷重とたわみの線図

たことによるエネルギーの増加もある．表面エネルギーの総増加量 ΔW_s は次式で与えられる．

$$\Delta W_e = 4a\gamma_\mathrm{s} \tag{4-2}$$

ここで，γ_s は単位面積あたりの表面エネルギーであり，材料定数である（4 という数字はき裂の長さが $2a$ であり，かつ上側と下側の面があることからきている）．

さて，Griffith の解析の次の段階にたどり着いた．試験片にすでにき裂が入っていたとしよう．そのき裂が進展するためにどのような条件が満たされなければならないであろうか．Griffith は，ひずみエネルギー解放率が，新たなき裂面の形成によってエネルギーが吸収されていく変化率にちょうど等しくなったときにき裂の進展が起こると推論した．この条件は次のように表すことができる．

$$\frac{d}{da}\left(-\frac{\pi a^2 \sigma^2}{E} + 4a\gamma_\mathrm{s}\right) = 0 \tag{4-3}$$

または，

$$-\frac{2\pi a \sigma^2}{E} + 4\gamma_\mathrm{s} = 0 \tag{4-4}$$

これより，次式が導かれる．

$$\sigma_\mathrm{c} = \sqrt{\frac{2E\gamma_\mathrm{s}}{\pi a}} \tag{4-5}$$

ここで，σ_c は脆性き裂が伝播するのに必要な限界応力である．この臨界値よりも小さな応力に対しては，き裂は進展しないことがわかる．なぜなら，実際にき裂が進展するときに解放されるひずみエネルギーは，新たな表面を形成するのに必要とされるエネルギーよりも小さいからである．

Griffith は脆性ガラスの試験をして，式 (4-5) にもとづいた予測に一致するという結果を見いだした．

式 (4-5) は次のようにも書ける．

$$\sigma_\mathrm{c}\sqrt{\pi a} = \sqrt{2E\gamma_\mathrm{s}} \tag{4-6}$$

ここで外部からの量である σ_c と a はその式の左辺にあり，内部にある量である E と γ_s はその式の右辺にある．$\sigma_\mathrm{c}\sqrt{\pi a}$ は破壊力学で出会う一般に知られた組合せの項であり，K_c で示される．K は**応力拡大係数**として一般的に知られており，構成部の幾何形状，応力レベル，き裂長さに依存している．Griffith の幾何学に対しては次のようになる．

$$K = \sigma\sqrt{\pi a} \tag{4-7}$$

式 (4-6) における添字 c は，K の値が破壊の限界レベルであることを表すのに使われており，つまり次のようになる．

$$K_c = \sqrt{2E\gamma_s} \tag{4-8}$$

K_c はしばしば**破壊靱性**とよばれる．

線形弾性範囲において，引張りを受けているき裂の前方の応力は応力拡大係数で支配され，次式のように表される．

$$\sigma_y = \frac{K}{\sqrt{2\pi r}} \tag{4-9}$$

ここで，r はき裂先端から測定された距離である．

III. グリフィスの式の代替導出

引張応力 σ のもとで荷重方向に垂直に長さ $2a$ の貫通き裂を有する平板試験片を考える．き裂進展に伴う単位厚さあたりの表面エネルギーの増加を da で示すと，図 4-3 では $4\gamma_s da$ となる．弾性ひずみエネルギーにおける相当する変化は，

$$\frac{d}{da}(\Delta W_E) = -\frac{d}{da}\left[\frac{\pi\sigma^2(a+da)^2}{E} - \frac{\pi\sigma^2 a^2}{E}\right]$$

$$\frac{d}{da}(\Delta W_E) = -\frac{2\pi\sigma^2 a\,da}{E}$$

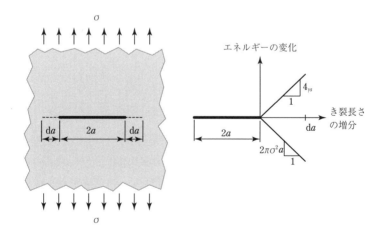

図 4-3 グリフィスの式の導出におけるエネルギーバランスの代替図

き裂はエネルギーが表面の新しい要素を形成するために必要なときに進展し，$4\gamma_{\mathrm{s}}da$ はひずみエネルギーの増加を開放することにより供給される．すなわち，そのときに

$$4\gamma_{\mathrm{s}}da + \left(-\frac{2\pi\sigma^2 a\,da}{E}\right) = 0$$

したがって上述のように，

$$\sigma_{\mathrm{cr}} = \frac{2E\gamma_{\mathrm{s}}}{\pi a}$$

IV. Orowan–Irwin によるグリフィスの式の修正

後に Orowan[2] と Irwin[3] によって行われた脆性鋼の破壊の研究において γ_{s} の実験値は，期待したものよりはるかに高い値であるということがわかった．彼らは，見かけは鋼の脆性破壊の間に，塑性変形が生じており，その結果，関連した塑性仕事が表面エネルギー γ_{s} を大きく上回っていると推論した．そこで，線形弾性 Griffith 規定を維持するために，$\sqrt{2E\gamma_{\mathrm{s}}}$ を $\sqrt{2E\gamma_{\mathrm{p}}}$ と書いた．ここで γ_{p} は破壊の間の単位面積あたりになされた塑性仕事である．

式 (4-4) は次のように書ける．

$$2\gamma_{\mathrm{p}} = G_{\mathrm{c}} = \frac{\sigma_{\mathrm{c}}^2 \pi a}{E} \tag{4-10}$$

ここで，G_{c} はき裂先端における**限界ひずみエネルギー解放率**とよばれている（高分子材料の破壊を取り扱う際には，K_{c} よりもむしろ G_{c} の方を破壊靱性と考える）．

一般的に G は次のようにも表される．

$$G = \frac{\Delta W - \Delta U}{B\,da} \tag{4-11}$$

ここで，W は外部仕事，U は内部（ひずみ）エネルギー，B は厚さである．変位が固定された条件の場合，$\Delta W = 0$ であり，G は次のように書くことができる．

$$G = -\left(\frac{dU}{B\,da}\right) \tag{4-12}$$

平面応力条件のもとでは，K_{c} と G_{c} は次式で関係づけられる．

$$K_{\mathrm{c}} = \sqrt{EG_{\mathrm{c}}} \tag{4-13}$$

これより，

$$G_{\mathrm{c}} = \frac{K_{\mathrm{c}}^2}{E} \tag{4-14}$$

平面応力と平面ひずみにおける応力拡大係数は同じであり，ポアソン比 ν とは無関係である．しかし，モードIの負荷における平面ひずみの破壊靭性 K_{Ic} はポアソン比に依存し，次式のようになる．

$$K_{\mathrm{Ic}} = \sqrt{\frac{EG_{\mathrm{Ic}}}{1-\nu^2}} \tag{4-15}$$

これは，平面ひずみ条件における有効ヤング率が $E/(1-\nu^2)$ に等しくなるためである．

V. 応力拡大係数

これまで議論されてきた唯一の試験片の形状は1つの小さなき裂を含んだ幅の広い薄板である．幅に比べて，き裂長さがかなり大きくなると，応力拡大係数の有限幅補正がなされなければならない．図 4-4 は中央き裂板に対する補正係数をプロットしたものである．この場合，応力拡大係数は次のように表すことができる[4]．

$$K = \sigma\sqrt{\pi a}\sqrt{\sec\frac{\pi a}{W}} \tag{4-16}$$

図 4-5 は半円形の表面き裂であり，圧力容器を取り扱う際の重要な欠陥のタイプである．この場合の表面での応力拡大係数はおおよそ次式で与えられる．

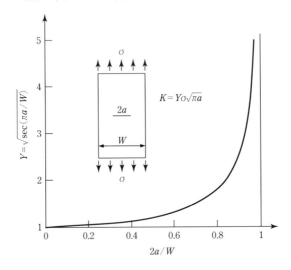

図 **4-4** 中央にき裂を有する帯板の応力拡大係数の有限幅補正[4, 15]

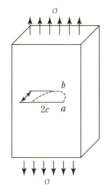

図 4-5 無限版における半円表面き裂，圧力容器取り扱う際の重要なタイプの欠陥

$$K = 1.12 \left(\frac{2}{\pi}\right) \sigma \sqrt{\pi a} \tag{4-17}$$

一方，最大深さ a のところでは応力拡大係数はわずかに小さく次式となる．

$$K = \frac{2}{\pi} \sigma \sqrt{\pi a} \tag{4-18}$$

表面欠陥の形状が半円よりも半楕円に近いと

$$K = \frac{1.12}{I_2} \sigma \sqrt{\pi a} \sqrt{\frac{a}{c}} \tag{4-19}$$

ここで，a は最大き裂長さ，c は表面き裂長さの $1/2$ であり，最大深さにおける応力拡大係数は，

$$K = \frac{1.12}{I_2} \sigma \sqrt{\pi a} \tag{4-20}$$

ここで I_2 は第2種の楕円積分で c/a に依存する．c は表面き裂長さの $1/2$，a は最大き裂長さである．I_2 は a/c により下表のような値となる．

a/c	0.0	0.1	0.2	0.3	0.4	0.5	0.6	0.7	0.8	0.9	1.0
I_2	1.000	1.016	1.1051	1.097	1.151	1.211	1.277	1.345	1.418	1.493	$\pi/2$

図 4-6 に示すように，小さな貫通片側き裂を有する帯板の応力拡大係数は

$$K = 1.12 \sigma \sqrt{\pi a}$$

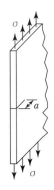
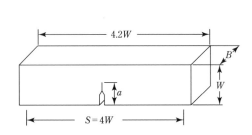

図 4-6　広い板における小さな貫通片側き裂

図 4-7　3 点曲げ試験片

　図 4-7 に示されるような支持間距離が S である 3 点曲げ試験片に対する応力拡大係数は，ASTM 指定 E399 で次のように与えられている．

$$K = \frac{PS}{BW^{3/2}} f\left(\frac{a}{W}\right) \tag{4.19a}$$

ここで，P は負荷荷重で，$f(a/W)$ は次のように与えられる．

$$f\left(\frac{a}{W}\right) = \frac{3\left(\frac{a}{W}\right)^{1/2}\left\{1.99 - \left(\frac{a}{W}\right)\left(1 - \frac{a}{W}\right)\left[2.15 - 3.93\left(\frac{a}{W}\right) + 2.7\left(\frac{a}{W}\right)^2\right]\right\}}{2\left[1 + 2\left(\frac{a}{W}\right)\right]\left(1 - \frac{a}{W}\right)^{3/2}} \tag{4.19b}$$

図 4-8 に示されるようなコンパクト試験片に対する応力拡大係数は ASTM 指定 E399 で，

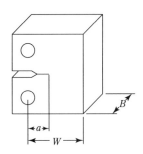

図 4-8　コンパクトテンション試験片

$$K = \frac{PS}{BW^{1/2}} f\left(\frac{a}{W}\right) \tag{4.20a}$$

で与えられる.ここでは次のように与えられる.

$$f\left(\frac{a}{W}\right) = \frac{\left(2 + \frac{a}{W}\right)\left[0.886 + 4.64\left(\frac{a}{W}\right) - 13.32\left(\frac{a}{W}\right)^2 + 14.72\left(\frac{a}{W}\right)^3 - 5.6\left(\frac{a}{W}\right)^4\right]}{\left(1 - \frac{a}{W}\right)^{3/2}} \tag{4.20b}$$

ある範囲の幾何学的形状と負荷条件に対する応力拡大係数に関するさらなる情報は,多くのハンドブック[5-8]に見いだすことができる.

VI. 3つの負荷モード

1個のき裂を有する要素に対して,3つの異なるモードで,負荷を与えることができる.これらのモードは図4-9に示されている.モードIは引張りの開口モードであり,このモードに関する応力拡大係数はK_Iと表す.モードIIは面内せん断モードであり,このモードに関する応力拡大係数はK_IIと表す.モードIIIは面外せん断モードであり,あるときには**面外ひずみモード**とよばれる.モードIIIに関する応力拡大係数はK_IIIと表す.

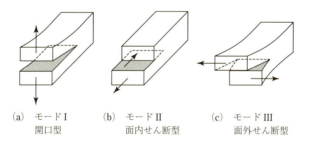

(a) モードI 開口型   (b) モードII 面内せん断型   (c) モードIII 面外せん断型

図4-9　3つの荷重モード.(a) モードI (開口型), (b) モードII (面内せん断型), (c) モードIII (面外せん断).

VII. 塑性領域寸法の決定

IrwinはGriffithが創始した線形弾性破壊力学(LEFM)の手法は塑性変形がある場合でさえも使えるということを示した.しかしながら,LEFMの手法が有

効であるためには，塑性変形域の大きさに限度がある．き裂先端で金属中に広がる塑性域の寸法がき裂長さに比べて小さいことが必要である．き裂先端の平面応力塑性域寸法の第1 (近似) 概算は，式 (4-9) を変形することにより，次のようになる．

$$r = \frac{K^2}{2\pi\sigma_y^2} \tag{4-21}$$

これより，σ_y が降伏応力 σ_Y に等しいとすると，塑性域寸法 $r_{\mathrm{pzs},P\sigma}$ は次のようになる．

$$r_{\mathrm{pzs},P\sigma} = \frac{K^2}{2\pi\sigma_Y^2} \tag{4-22}$$

より詳しい解析で，Dugdale[9]は引張りの負荷を受け中央にき裂が入った薄板に対する，平面応力塑性域寸法を次式のように見いだした．

$$r_{\mathrm{pzs},P\sigma} = a\left[\sec\left(\frac{\pi}{2}\frac{\sigma}{\sigma_Y}\right) - 1\right] \tag{4-23}$$

σ が σ_Y より非常に小さい場合，式 (4-23) は，

$$r_{\mathrm{pzs},P\sigma} = \frac{\pi^2}{4}\left(\frac{K^2}{2\pi\sigma_Y^2}\right) \tag{4-24}$$

と書くことができ，式 (4-22) で与えられた第1概算よりも約 2.5 倍大きいものとなる．

ASTM 指定 E-399 では，線形弾性解析のための条件を満たすためには，き裂長さは $r_{\mathrm{pzs},P\sigma}$ の 16 倍でなければならないとしている．もしそうでなければ，弾塑性破壊力学や何らかの修正がその解析においてなされるべきである．Irwin[10]は，塑性域寸法に比べてき裂長さが短いとき，解析に対する線形弾性の枠組みを維持するために，き裂長さを塑性域寸法の 2 分の 1 だけ増やすことを提案した．もし塑性域寸法に対する Dugdale の値を用いると，有効き裂長さは Irwin の提案に従って，次のようになる．

$$a_{\mathrm{eff}} = a + \frac{1}{2}a\left[\sec\left(\frac{\pi}{2}\frac{\sigma}{\sigma_Y}\right) - 1\right] = \frac{a}{2}\left[\sec\left(\frac{\pi}{2}\frac{\sigma}{\sigma_Y}\right) + 1\right] \tag{4-25}$$

式 (4-25) は降伏応力に比べて高い応力レベルにおいて微小き裂を取り扱う際に便利である．き裂長さに対して塑性領域が大きい状況において，応力拡大係数は次のように表される．

$$K = Y\sigma\sqrt{\pi a_{\mathrm{eff}}} \tag{4-26}$$

ここで，Y は考えている対象となる特定の幾何形状によって決まる．式 (4-23) を使うと，式 (4-26) は次のように書くことができる．

$$K = Y\sigma \sqrt{\frac{\pi}{2}a \left[\sec\left(\frac{\pi}{2}\frac{\sigma}{\sigma_Y}\right) + 1 \right]} \tag{4-27}$$

Irwin[10] は，平面ひずみでの塑性域寸法 $r_{\text{pzs},P\varepsilon}$ は平面応力での塑性域寸法 $r_{\text{pzs},P\sigma}$ の 3 分の 1 であると見積もった．このことは，平面応力に比べて，平面ひずみの方による大きな塑性拘束があることと一致している．

VIII. 破壊靱性に及ぼす厚さの影響

材料の破壊靱性は通常，図 4-8 (ASTM 指定 E399) に示される型の疲労予き裂を有する平板試験片を使って求められる．破壊靱性の大きさに影響を与えている重要な因子は試験片の厚さである．図 4-10 は厚さを関数とした破壊靱性の典型的な変化を示している．厚さが平面応力塑性域寸法の 16 倍以上のとき，つまり $16(K^2/2\pi\sigma_Y^2) = 2.5(K^2/\sigma_Y^2)$ のとき，試験片は平面ひずみ状態となり，破壊靱性は厚さに関係なく一定になるが，最小の値となる．き裂長さ a がこの値よりも大きく，き裂長さが塑性域寸法と比べて長いことを保証し，線形弾性破壊力学 (LEFM) による解析が適用できるということを保証することもまた必要である．さらに，スターター切欠と疲労き裂との合計長さは幅 W の 0.45 倍と 0.55 倍の間になるように指定されている．これによって，き裂前方のリガメント部の寸法も指定している．このモード I の平面ひずみ破壊靱性は K_{Ic} と表す．厚さがより小さくなると拘束がなくなり，平面応力条件が効いてくるため，破壊靱性は増加

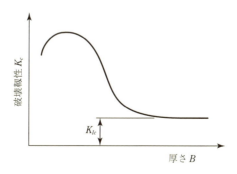

図 4-10 厚さを関数として表した破壊靱性

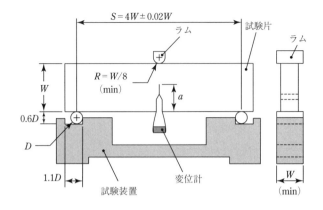

図 4-11 曲げ試験におけるクリップゲージによるき裂口変位測定用の配置

する．この範囲において，破壊靱性は K_C と表される．

破壊靱性を決定するもう1つの方法は，疲労予き裂の入った切欠試験片 (ASTM 指定 E1290) のき裂先端開口変位 (CTOD) を評価する方法である．本法の1つの目的は，不安定脆性き裂進展の開始に相当するき裂開口変位を決定することである．図 4-11 のように切欠口にクリップゲージが取り付けられ，荷重–き裂口変位の記録が得られる．そのき裂口変位は対応する CTOD の値に変換され，脆性破壊の場合には，脆性破壊開始時のき裂開口変位の値は次の関係式で破壊靱性に関係づけられる．

$$\mathrm{CTOD_c} = \frac{\pi}{4}\frac{K_{\mathrm{Ic}}^2}{\sigma_Y E} \tag{4-28}$$

この手順は材料が十分延性に富んでいるときや，ASTM 指定 E399 の条件に従って試験するのに十分な寸法がないときに便利である．

IX. R 曲線

特に平面応力状態での延性材料において，荷重増加試験条件のもとでは，最大荷重以下の荷重レベルでき裂進展が開始する．き裂が安定して進展していくある荷重の範囲，すなわち安定き裂成長範囲では，不安定き裂成長に対する抵抗力はき裂進展とともに増加する．平面ひずみ条件の負荷のもとでも，不安定き裂成長が始まる前に安定き裂成長が少し増加することがある．この増加した抵抗力は，き裂の進展に伴うき裂先端の鈍化のほかに，き裂先端における塑性域の増加と関

X. 微小き裂限界

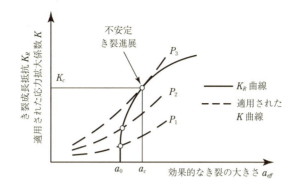

図 4-12 初期き裂長さ a_0 に対して，荷重 P_3 の下における K_C での不安定性と限界き裂長さ a_c を予測するための R 曲線と K 曲線を表した模式図

係がある．この種の挙動は試験片の厚さ，温度，ひずみ速度に依存している．R 曲線は負荷された応力拡大係数 K とき裂寸法との関係をプロットしたものであり，R 曲線決定の基準となる方法は ASTM 指定 E561[17] で与えられる．図 4-12 に示されるように，R 曲線を負荷される K 曲線群と対比させて，K_C で不安定き裂成長を引き起こすのに必要な荷重を見積もることができる．この見積りの際，R 曲線は破壊開始時のき裂長さ a_0 や R 曲線が展開される試験片の形状とは無関係であるかのようにみなされる．特定の材料や試験片の厚さや試験温度に対して，R 曲線はき裂進展量 Δa だけの関数のように見える．不安定性を予測するために R 曲線は図 4-12 の起点が初期き裂長さ a_0 と一致するように位置づけられることがある．負荷 K 曲線は，負荷する荷重または応力を仮定して，K の値をき裂長さの関数として計算することにより作成することができる．R 曲線と接線をなす曲線は，不安定破壊の開始を引き起こす限界の荷重や応力を定義する．

き裂長さの関数としての試験片のコンプライアンスを与えるコンプライアンス・キャリブレーション曲線とともに，除荷コンプライアンス特性は，き裂長さとそれに対応する K レベルを決定するのに使用される．

X. 微小き裂限界

応力拡大係数は応力とき裂長さの平方根との積である．き裂長さの減少に対して K をある一定の値に維持しなければならないとしよう．そのためには，それに応じて応力を増加する必要があるだろう．しかしながら，き裂長さを十分に短

くすると，応力は材料の引張強さを越えるレベルに達するであろう．したがって，1 mm (0.04 in) 以下の長さのき裂を取り扱う際に，そのままの線形弾性破壊力学は使えず，何らかの補正が必要となる．このことは，疲労における微小き裂の挙動を解析する際に，特に重要な考えである．

XI. 事 例 研 究

A. 砲 身 の 破 損

大砲から砲弾が発射される際，大砲内壁の摩耗が起こる．第 2 次世界大戦中，何発も発射したあとに，蓄積された摩耗が度を越すと，その砲身は使えなくなった．この摩耗の多くは，当時使われていた砲弾の種類と関係があったが，ベトナム戦争のときまでに改良が施されてきて，摩耗速度は大幅に減少した．しかしながら，新たに深刻な問題が生じた．というのは，砲身はその耐用期間中により多くの発射を経験するようになり，これらの発射は別の厳しい疲労の繰返しとなった．結果として，砲身の内部に疲労き裂が形成され，それらが限界寸法にまで進展したときにその大砲が爆発し，砲手をよく死亡させた．これらの爆発は，その大砲に使われた鋼の平面ひずみ破壊靱性が比較的小さく，そのため大砲の破壊に対する限界き裂長さがその砲身の壁の厚さよりも短かったためである．この問題に対処するため，より高い破壊靱性の鋼が開発され，それにより，もし疲労き裂が伝播しても，まだ大砲の壁の内部にある間は限界のき裂長さに達することはなかった．そのかわり，き裂は大砲の外側にまで貫通していき，その結果，爆発を起こすよりもむしろ蓄積した圧力が発散した．すべての圧力容器には，破壊する前に圧力容器壁のき裂の貫通が起こるような十分高い破壊靱性があることが望ましい．この判定基準を満たす圧力容器は，"破裂する前に漏れる"であろう．

下式は，圧力容器の解析で使われる関係のいくつかを示している．

薄肉管において，円周方向の応力 σ_h は次式で与えられる．

$$\sigma_\mathrm{h} = \frac{p_\mathrm{i} D}{2t} \tag{4-29}$$

ここで，p_i は内圧であり，D は直径，t は壁の厚さである．

砲身は厚肉管である．厚肉管において，円周応力は次式で与えられる．

$$\sigma_\mathrm{h} = \frac{D_\mathrm{i}^2 p_\mathrm{i}}{D_0^2 - D_\mathrm{i}^2} \left(1 + \frac{D_0^2}{4r^2} \right) \tag{4-30}$$

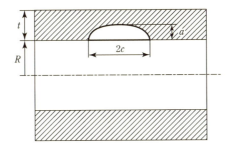

図 4-13　内部半楕円表面き裂を有する厚肉円筒

厚さが t の厚肉の圧力容器において，深さが a で長さが $2c$ の部分貫通半楕円形の縦方向内部き裂 (図 4-13) に対して，最深点での応力拡大係数は次式[5]で与えられる．

$$K_\mathrm{I} = \frac{p_\mathrm{i} R}{t}\sqrt{\frac{\pi a}{Q}} F\left(\frac{a}{t}, \frac{a}{2c}, \frac{R}{t}\right) \tag{4-31}$$

ここで，

$$F = 1.12 + 0.053\xi + 0.0055\xi^2 + (1 + 0.02\xi + 0.0191\xi^2)\frac{(20 - R/t)^2}{1400} \tag{4-32}$$

および $\xi = (a/t)(a/2c)$, $Q = 1 + 1.464(a/c)^{1.65}$ であり，a は欠陥の深さ，$2c$ は欠陥の長さである．この式は $5 \leq R/t \leq 20$ かつ $2c/a \leq 12$ かつ $a/t \leq 0.80$ のときに有効である．

B.　ポストテンション鋼棒の破損

この事例研究は破壊力学がどのように破損の研究を支え，損傷許容の考えにもとづき設計改善のヒントを与えるための手段として用いられるかということを実証している[19]．図 4-14 に示すように，鋼製枠にプレストレスを与えるために鋼の棒が用いられた．直径 36 mm のこれらの高張力鋼の棒には最大引張強さの 60% の 1,300 MPa の負荷が意図されていた．しかしながら，棒の 1 つは予定していた破断荷重の 30% (490 kN) で，また他の棒は 46% (598 kN) で破損した．破面解析の結果，両破損の場合ともに図 4-15 に示すように小さな半楕円形の表面き裂が破壊の起点となったことがわかった．ASTM 指定 E399[16]に従い破壊靱性試験が行われ，K_Ic 値 33 MPa$\sqrt{\mathrm{m}}$ が得られた．この K_Ic 値は非常に低く，なぜこの棒が非常に小さな欠陥を含んでいるにもかかわらず不安定破壊に敏感であった

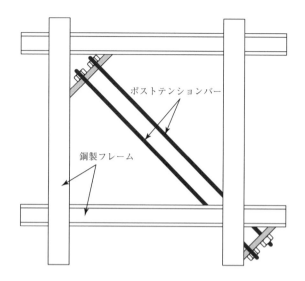

図 4-14 市販のポストテンションバー

かということを説明している．引張荷重下で半楕円形の表面き裂を含んだ円筒形の棒の応力拡大係数は a/b の値が小さいと

$$K = \frac{4P}{D\sqrt{\pi D}}\left\{\sqrt{\frac{a}{D}}\left[1.0806 + 0.6386\left(\frac{a}{D}\right) - 2.444\left(\frac{a}{D}\right)^2 + 13.463\left(\frac{a}{D}\right)^3\right]\right\} \tag{4-33}$$

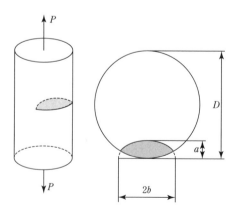

図 4-15 表面き裂を含んだ丸棒の形状と表示

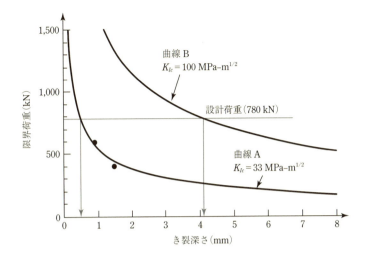

図 4-16 き裂深さの関数としての破断荷重

で与えられる．P は軸力，D は棒の直径，a はき裂深さである．

$K_{Ic} = 33\,\mathrm{MPa}\sqrt{\mathrm{m}}$ に対するき裂深さの関数としての臨界荷重は図 4-16 の曲線 A で示される．この図において 2 つの破断棒の破壊におけるき裂深さと臨界荷重の関係がプロットされており，破壊力学による予測とよく一致している．設計荷重 780 kN に対する臨界き裂深さは，わずか 0.5 mm (0.02 in) であり，検知は難しい．棒の設計を改善するために破壊力学的アプローチはより高い破壊靱性値を有する鋼の採用を示唆している．たとえば K_{Ic} を $100\,\mathrm{MPa}\sqrt{\mathrm{m}}$ にすると図 4-16 における曲線 B が得られ，臨界き裂深さは 4 mm (0.16 in) という容易に検知可能な長さに増加する．

XII. フェライト鋼の平面ひずみき裂停止破壊靱性 K_{Ia}

7 章でより十分に議論されるが，フェライト鋼は低温においては，低靱性で破壊するので脆性的である．一方，高温においては，高靱性で破壊するので延性的である．ある種のき裂停止試験では，応力を受ける平面ひずみ試験片に温度勾配が設けられており，低温領域から高温領域に向かって，き裂は伝播する．温度の増加とともに，破壊靱性が増加するため，き裂は停止する．き裂が停止した地点での応力拡大係数は K_{Ia} と表し，その停止地点での温度は，その負荷条件に対する

き裂停止温度とよばれる．負荷条件を変えることにより，K_{Ia} と温度とのプロットを作成することができる．この試験は安全な構造物の設計において重要である．なぜなら，停止温度以上では，K_{Ia} 以下の応力拡大係数をもったき裂は進展することができないからである．

き裂停止靱性は一定温度においても得ることができる．この試験の手順は ASTM 指定 E1221 に与えられている．この仕様書の要求を満たすために，ある選定温度において，コンパクト試験片はくさび負荷を受け，進展するき裂が形成される．強制的な一定変位の荷重条件のもとで応力拡大係数はき裂の進展とともに低下するため，このき裂は停止する．

XIII. 弾塑性破壊力学

上記の線形弾性破壊力学 (LEFM) の手法は塑性変形がき裂先端の小さな領域に限られるときのみ適用できる．有効な K_{Ic} を決定するための必要条件の 1 つは，試験片の厚さが次の条件を満たすことである．

$$B, a \geq 2.5 \frac{K_{\text{Ic}}^2}{\sigma_{\text{Y}}} \tag{4-34}$$

B および a は英単位ではインチ，SI 単位ではメートルが用いられる．

原子炉の圧力容器の領域で使用されている鋼に対して，K_{Ic} は $220\,\text{MPa}\sqrt{\text{m}}$ であり，σ_{Y} は $345\,\text{MPa}$ (50 ksi) であろう．

線形弾性平面ひずみ条件に対する B の必要条件は 40 in となり，あまりにも大きすぎる．K_{Ic} の有効な見積りを行うために，弾塑性の手法を使って，厚さがわずか $0.025\,\text{m}$(1 in) 程度しかない試験片に対して弾塑性破壊靱性の尺度である J_{Ic} の値を決める．しかしながら，このタイプの試験においても，平面ひずみ条件を維持するための必要条件がある．

$$B \geq 25 \frac{J_{\text{Ic}}}{\sigma_{\text{Y}}} \tag{4-35}$$

J_{Ic} は G_{Ic} と弾塑性的に等価であることが実験的に示されている．J_{Ic} 試験において，き裂先端には大きな塑性変形があり，負荷と変位とのプロットはもはや線形とならない．それゆえ，破壊靱性を決定するためには LEFM の手法に修正が必要となる．修正された手法では，解析目的のため，弾塑性の挙動は非線形の弾性挙動と等価と考えることができると仮定する．図 4-17 では異なる 2 つのき裂長さ a と $a + da$ に対する線形と非線形の弾性挙動における負荷–変位曲線の比較を

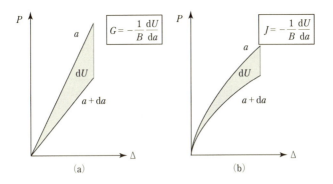

図 4-17 変位固定状態で,き裂進展によって開放されるひずみエネルギー.(a) 線形弾性材の場合,(b) 非線形弾性材の場合.

行っている.ある固定された変位でのひずみエネルギー解放率 G は図 4-17a の曲線の間の面積である.図 4-17b における非線形挙動に対する単位厚さ B あたりの等価ひずみエネルギー解放率は J で表し,次式で与えられる.

$$J = -\frac{dU}{B\,da} \tag{4-36}$$

ここで U はひずみエネルギーである.J はき裂先端のまわりの経路に独立な積分として数学的に表せることが示されてきた[11].

ASTM 指定 E813[18]ではき裂成長開始付近での J の値である J_{Ic} の実験的決定に関する手法が論じられている.1つの手法は,疲労予き裂の入ったコンパクト試験片の荷重に対する荷重線変位の挙動を決定することに関するものである.J の表現は弾性と塑性の成分で構成される.すなわち,

$$J = J_{el} + J_{pl} \tag{4-37}$$

ここで

$$J_{el} = \frac{K^2(1-\nu^2)}{E} = \frac{K^2}{E'} \tag{4-38}$$

および,

$$J_{pl} = \frac{\eta A_{pl}}{B_N b_0} \tag{4-39}$$

定数 η は試験片の種類に依存する.コンパクト試験片に対しては,$\eta = 2 + 0.522 b_0/W$ であり,ここで B_N は試験片の正味厚さであり,W は荷重線から測っ

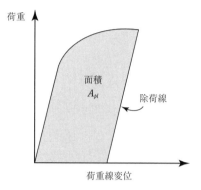

図 4-18 J を決定する際の A_{pl}

た試験片の幅であり，b_0 は疲労き裂の前方のき裂を含んでいないリガメント部の長さである．A_{pl} は図 4-18 に示される面積である．

延性金属の場合，不安定なき裂成長は J_{Ic} において生じない．K–R 曲線の場合に先に議論したように，J–R 曲線を弾塑性挙動に対して作成することができる．ASTM 指定 E1152 にはこの種の曲線を作成する手順が記述されている．き裂駆動力 J がき裂抵抗力 J_R に等しくなったとき，不安定き裂成長点に到達する．

クリープき裂の成長速度も破壊力学を使って研究されてきた．式 (4-12) から類推して，J は次のように表される．

$$J = -\frac{1}{B}\left(\frac{dU}{da}\right)_\Delta \tag{4-40}$$

この表現の時間に関する導関数は C^* として知られており，次のようになる．

$$C^* = -\frac{1}{B}\left(\frac{dU}{da}\right)_\Delta \tag{4-41}$$

C^* は定常クリープき裂進展データをよりうまく関連づけるパラメータの 1 つであることがわかっている．

XIV. 破損評価線図

破損評価線図は，欠陥 (き裂) がある際に，運転条件が安全であるか安全でないかを示すプロットである．これらの線図において，破壊は，全面降伏 (崩壊) もしくは，急速破壊のいずれかによって起こると考える．式 (4-26) から平面応力条件

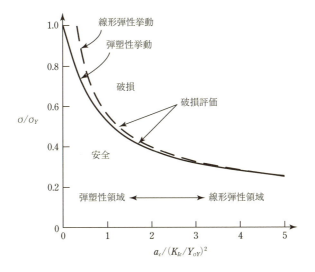

図 4-19　破損評価線図

に対する弾塑性応力拡大係数 $K_{\text{EP-}P\sigma}$ は次のように表すことができる．

$$K_{\text{EP-}P\sigma} = Y\sigma\sqrt{\frac{\pi}{2}a\left[\sec\left(\frac{\pi}{2}\frac{\sigma}{\sigma_Y}\right)+1\right]} \quad (4\text{-}42)$$

塑性領域の寸法が平面応力の塑性領域の寸法の 1/3 にとられている平面ひずみ条件のもとでは，平面ひずみ条件に対する $K_{\text{EP-}P\varepsilon}$ は次のように書くことができる．

$$K_{\text{EP-}P\varepsilon} = Y\sigma\sqrt{\frac{\pi}{3}a\left[\sec\left(\frac{\pi}{2}\frac{\sigma}{\sigma_Y}\right)+2\right]} \quad (4\text{-}43)$$

もし，$K_{\text{EP-}P\varepsilon}$ が K_{Ic} と等しいとおくと，限界き裂長さ a_c は次のように与えられる．この式は次のように書き直される．

$$a_c = \frac{C_{\text{I}}^2}{\dfrac{\pi}{3}\left(\dfrac{\sigma}{\sigma_Y}\right)^2\left[\sec\left(\dfrac{\pi}{2}\dfrac{\sigma}{\sigma_Y}\right)+2\right]} \quad (4\text{-}44)$$

ここで，C_{I} は $K_{\text{Ic}}/Y\sigma_Y$ に等しい．式 (4-43) は図 4-19 に示すような σ/σ_Y と a_c/C_{I}^2 とのプロットをつくる際に使うことができる．すなわち，それは図 4-19 に示したような破損評価曲線である．$K_{\text{LE}} = Y\sigma\sqrt{\pi a}$ を用いた線形弾性解析にもとづいた予測との比較も示している．大きな値の a_c では，線形弾性による予測は線

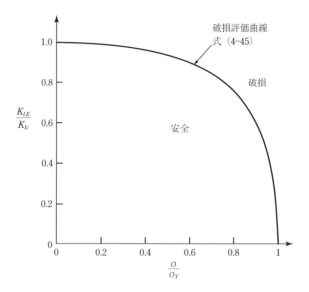

図 4-20 平面ひずみ破損評価線図

形弾塑性による予測に近いが，短いき裂長さでは，弾塑性の場合において安全領域が減少する．

もう1つの破損評価線図は軸を $K_{\mathrm{LE}}/K_{\mathrm{EP}-P\sigma}$ と σ/σ_Y にとることにより作成することができる．もし，$K_{\mathrm{EP}-P\varepsilon}$ を K_{Ic} に等しいとすれば臨界き裂長さ a_c は次式から求まる．

$$\frac{K_{\mathrm{LE}}}{K_{\mathrm{LP}-P\varepsilon}} = \frac{K_{\mathrm{LE}}}{K_{\mathrm{Ic}}} = \frac{Y\sigma\sqrt{\pi a_c}}{Y\sigma\sqrt{\frac{\pi}{3}a_c\left[\sec\left(\frac{\pi}{2}\frac{\sigma}{\sigma_Y}\right)+2\right]}}$$

$$\frac{K_{\mathrm{LE}}}{K_{\mathrm{Ic}}} = \frac{\sqrt{3}}{\sqrt{\sec\left(\frac{\pi}{2}\frac{\sigma}{\sigma_Y}\right)+2}} \tag{4-45}$$

図 4-20 は上述の式によって与えられた破損評価図である．

R6 法として知られているやや類似の解析法は，原子力発電所の安全性を評価する際に使用するため，イギリスで開発されてきた[12]．R6 法においては，比 $K_{\mathrm{LE}}/K_{\mathrm{Ic}}$ (あるいは応力状態が平面ひずみでなければ K_c) は**基準応力拡大係数**とよばれ，σ/σ_Y は**基準荷重**とよばれ L_r で示される．したがって，破損評価曲線は $K_r = f(L_r)$ という関数の形をとる．この方法では破損評価曲線には3個の選択

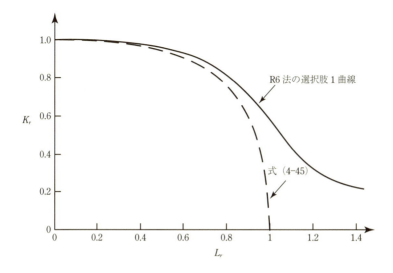

図 4-21 R6 法の選択肢 1 の破損評価曲線

肢がある．選択肢 3 の曲線に対しては，K_r は J 積分因子にもとづき導かれ，J_{Ic} (あるいは応力状態が平面ひずみの場合 J_c) は次のように式 (4-38) から，

$$K = \sqrt{J_{el}E'}$$

破壊靱性 K_c は

$$K_c = \sqrt{J_c E'}$$

から計算できる．したがって，

$$K_r = \sqrt{\frac{J_{el}}{J_c}} \tag{4-46}$$

選択肢 2 の曲線に対しては，$\sqrt{J_{el}/J_c}$ が考えられている材料の詳細な応力–ひずみ曲線に必要とされる参考応力法として概略に用いられる．選択肢 1 の曲線は選択肢 2 の低い方の曲線と経験的に適合する．

$$K_r = (1 - 0.14L_r^2)[0.3 + 0.7\exp(-0.65L_r^6)] \tag{4-47}$$

これは材料，要素の形状，荷重形式およびき裂に関する情報に無関係な式 (4-45) についての曲線と同じ意味を有する普遍的 (一般的) な曲線である．図 4-21 に選択肢 1 の曲線と式 (4-45) により与えられた曲線を比較して示す．

110   4 破壊力学の原理

XV. ま　と　め

本章では，後続の章で必要とされる破壊力学の基本的背景を取り上げた．文献 [13-15] は破壊力学に関する情報をより深く提供している．

参 考 文 献

[1] A. A. Griffith, The Phenomena of Rupture in Solids, *Phil Trans. Royal Soc.* London, vol. A221, 1921, pp. 163–197; The Theory of Rupture, *Proc. 1st Int. Congress Appl. Mechs.*, 1924, pp. 55–63.

[2] E. Orowan, Energy Criteria for Fracture, *Welding J.*, vol. 34, 1955, pp. 157s–160s.

[3] G. R. Irwin, Fracture Dynamics, in *Fracturing of Metals*, ASM, Material Park, OH, 1948, pp. 147–166.

[4] C. E. Fedderson, Discussion, in Plane Strain Crack Toughness Testing, *ASTM STP 410*, 1967, pp. 77–79.

[5] H. Tada, P. C. Paris, and G. R. Irwin, *The Stress Analysis of Cracks Handbook*, 2nd ed., Paris Productions, Inc. St. Louis, 1985.

[6] G. C. Sih, *Handbook of Stress Intensity Factors*, Institute of Fracture and Solid Mechanics, Lehigh University, Bethlehem, PA, 1973.

[7] D. P. Rooke and D. J. Cartwright, *Stress Intensity Factors*, HSMO, London, 1976.

[8] *Stress Intensity Factors Handbook*, ed. by Y. Murakami, S. Aoki, N. Hasebe, Y. Itoh, H. Miyata, H. Terada, K. Tohgo, M. Toya, and R. Yuuki, Society of Matterrials Science, Kyoto, Japan, 1987.

[9] D. S. Dugdale, Yielding of Steel Sheets Containing Slits, *J. Mech. Phys. Solids*, vol. 8, 1960, pp. 100–108.

[10] G. R. Irwin, Plastic Zone Near a Crack and Fracture Toughness, *Proceedings of the 7th Sagamore Conference*, Syracuse University Press, Syracuse, NY, 1960, p. IV–63.

[11] J. R. Rice, A Path Independent Integral and the Approximate Analysis of Strain Concentrations by Notches and Cracks, *J. Appl. Mech.*, vol. 35, 1968, pp. 379–386.

[12] I. Milne, R. A. Ainsworth, A. R. Dowling, and A. T. Stewart, *Assessment of the Integrity of Structures Containing Defects*, Central Electricity Generating Board Report R/H/R6-Rev 3, London, UK, May 1986.

[13] T. L. Anderson, *Fracture Mechanics*, CRC Press, Boca Raton, FL, 1991.

[14] M. F. Kanninen and C. H. Popelar, *Advanced Fracture Mechanics*, Oxford University Press, Oxford, 1985.

[15] D. Broek, *The Practical Use of Fracture Mechanics*, Kluwer Academic Publisher, Boston, 1988.

[16] ASTM, *1990 Annual Book of ASTM Standards*, ASTM E399–83, West Conshohocken, PA.

[17] ASTM, *1990 Annual Book of ASTM Standards*, ASTM E561–86, West Conshohocken, PA,.

[18] ASTM, *1990 Annual Book of ASTM Standards*, ASTM E813–89, West Conshohocken, PA.

[19] A. Valiente and M. Elices, Premature Failure of Prestressed Steel Bars, *Eng. Failure Anal.*, vol. 5, no. 3, 1998, pp. 219–227.

問 題 111

問　題

4-1 ASTM 指定 E399「金属材料の平面ひずみ破壊靱性標準試験法」にもとづいて，次式によって，図 3-6 に示す汎用コンパクト試験片の応力拡大係数 K_{I} が与えられる (切欠の深さは $0.2W$ である).

$$K_{\mathrm{I}} = \frac{P}{BW^{1/2}} f\left(\frac{a}{W}\right)$$

ここでは次のように与えられる.

$$f\left(\frac{a}{W}\right) = \frac{\left(2 + \frac{a}{W}\right)\left(0.866 + 4.64\frac{a}{W}\right) - 13.32\left(\frac{a}{W}\right)^2 + 14.72\left(\frac{a}{W}\right)^3 - 5.6\left(\frac{a}{W}\right)^4}{\left(1 - \frac{a}{W}\right)^{3/2}}$$

$a/W = 0.25$–0.75 の値に対して $K_{\mathrm{I}}/(P/BW^{1/2})$ の比をプロットせよ.

4-2 中央にき裂を有する帯板の K_{I} は

$$K_{\mathrm{I}} = \sigma\sqrt{\pi a}\sqrt{\sec \pi a/W}$$

で与えられる. 同じ B に対して，コンパクト試験片 $[W = 50\,\mathrm{mm}\ (1.97\,\mathrm{in})$, $a/W = 0.5]$ と中央き裂を有する帯板 $[W = 200\,\mathrm{mm}\ (7.87\,\mathrm{in})$, $a/W = 0.25]$ とで，K_{I} が同じ値となるために必要な荷重を比較せよ.

4-3 中央き裂を有するアルミ合金 $[\sigma_{\mathrm{YS}} = 350\,\mathrm{MPa}\ (50.7\,\mathrm{ksi})$, $K_{\mathrm{IC}} = 50\,\mathrm{MPa}\sqrt{\mathrm{m}}$ $(45.5\,\mathrm{ksi}\sqrt{\mathrm{in}})$, $W = 0.254\,\mathrm{m}\ (10\,\mathrm{in})]$ 帯板について，$a/W = 0.25$–0.75 の値に対して，線形破壊力学を用いて残留強度線図 ($\sigma_{\max}$ と a の関係) を決定せよ.

4-4 提案された円筒圧力容器に存在する深さ a $[0.01\,\mathrm{m}\ (2.54\,\mathrm{in})$ に等しい] の半円傷 (き裂) の応力拡大係数は $0.71\sigma\sqrt{\pi a}$ で与えられる. 内圧は $15\,\mathrm{MPa}$ $(2.2\,\mathrm{ksi})$ の予定である. 圧力容器の全体積は $1,000\,\mathrm{m}^3$ $(35,000\,\mathrm{in}^3)$ となっている. 3 種の鋼が使用可能で，それらの特性は下表に与えられている. 構造物の重量と安全性が主たる検討事項である. 破壊応力と使用応力の比にもとづいて，最大応力は $\sigma_{\mathrm{YS}}/2$ であらねばならず，安全率 1.1 となるべきことが要求されている. どの鋼を選択すべきであるか?

鋼	厚さ, m (in)	σ_{YS}, MPa (ksi)	K_{Ic}, MPa$\sqrt{\mathrm{m}}$ (ksi$\sqrt{\mathrm{in}}$)
A	0.08(3.15)	965(140)	280(255)
B	0.06(2.36)	1,310(190)	66(60)
C	0.04(1.57)	1,700(246)	40(36)

4-5 直径 2.5 cm (1.0 in) の鋭い 1 セント型のき裂がある固体の上に埋められている．700 MPa (100 ksi) の応力が負荷されたとき壊滅的な破壊が生じる．
(a) この材料の破壊靱性値はいくらか?
(b) もし，この材料の薄板が，板幅 $w = 30$ cm (11.8 in), $2a = 7.5$ cm (2.95 in), 板厚 $B = 0.75$ cm (0.29 in) を有する破壊靱性測定のために準備されたとしたら，破壊靱性値は有効か (材料の降伏応力は 1,100 MPa (160 ksi)?
(c) 有効な K_{Ic} 測定のための十分な厚さはどのくらいか?

4-6 大きな直径を有するタービンロータが図 4P-1 に示すように温度に依存する降伏応力と破壊靱性値を有する Cr–Mo–V 鋼で製造されている．このロータは 100°C で，応力がその温度で降伏応力の 40%で運転されるように設計されている．蒸気管の破損による非定常停止の間に現場技術者がロータに最大応力方向に垂直に方位する 2.5 cm 深さの半円形の表面き裂を発見した．管理者は次回予定されている全面的点検までロータの補修を延期することにした．蒸気管の補修には時間を要するので，ロータを作動させたい彼は時間のかかる起動ではなく冷態時の起動を選択した．管理者の判断は正しかったか? 答を正当化するために計算せよ．

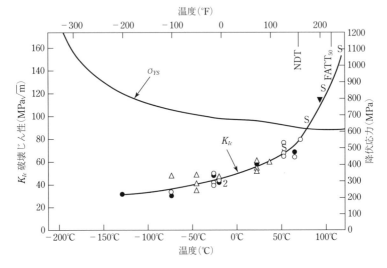

図 **4P-1**

この問題に関するヒントを下記に示す.

(1) 推奨される起動方法は，(i) 通常のロータ設計回転数レベル (ω_{op}) の 50% でロータを起動，(ii) ロータの温度が 100°C に到達した後，通常の使用状態 $\omega = \omega_{\text{op}}$ に戻す前にロータの保証試験のために，回転数を 10 分間 $1.15\omega_{\text{op}}$ まで増加する.

(2) 冷態時の起動方法：(i) ただちに室温 (10°C) (すなわち $\omega = 1.15\omega_{\text{op}}$) まで保証試験状態を導入し，10 分間保持，(ii) その後，$\omega = \omega_{\text{op}}$ まで回転数を減少させ通常使用状態に戻す.

(3) ロータの運転応力は ω^2 によって変化するが，次式で計算できる.

$$\frac{\sigma}{\sigma_{\text{des}}} = \frac{\omega^2}{\omega_{\text{op}}^2}$$

ここで，ω_{des} は 100°C におけるロータ設計応力 (すなわち，その温度における鋼の降伏応力の 40%) である.

5
合金とコーティング

I. は じ め に

破損に関連した材料の特性は，破損解析を行う上で明らかに重要である．本章ではミクロ組織の特徴および合金化や熱処理によって影響を受けるいくつかの普通の合金の平衡状態図と等温変態図に関連した問題を概説する．また，高温下で適用されるコーティングの性質についても議論する．

II. 合 金 元 素

図 5-1 は元素の周期表である．固体の形において元素は硬い球形の秩序ある配列を有する結晶構造により特徴づけられる．3 個の主たる結晶構造は単位胞あたり 4 原子を有する，アルミニウムや銅のような面心立方 (fcc)，単位胞あたり 6 原子を有する亜鉛やマグネシウムのような稠密六方 (hcp) および単位胞あたり 2 原子を有する鉄のような体心立方 (bcc) である．これらの結晶構造の単位胞は図 5-2 に示している．もし格子に原子が存在しないと**空孔**として知られる点欠陥が存在する．空孔は，これから見ていくように，拡散過程において重要な存在である．

純元素の降伏応力は通常きわめて低く，構造物への適用には不適当である．元素の組合せは合金として知られている．合金化の主たる目的は強度特性の増加である．合金化の付加的な目的は腐食抵抗，摩耗特性および高温特性の改善を含む．同様に合金化に対する他の理由もある．たとえば，もし硫黄が鋼に存在すると熱処理の間に硫黄原子が結晶粒界に拡散し焼き戻し脆化を起こす．これを防ぐために鋼にマンガンを加えると硫黄原子は選択的にマンガンと結合し，硫化マンガン粒子を形成し脆化の傾向を減少させる．

通常の単相合金には**置換型**および**侵入型**の 2 つがある．置換型合金においては原子 A が原子 B に格子で置き換わる．侵入型合金においては H, C, N, O のような合金元素は格子空間に入りこめるように十分小さい．工業合金は非常に多くの

– 115 –

族 → / ↓ 周期	1	2	3	4	5	6	7	8	9	10	11	12	13	14	15	16	17	18
1	1 H																	2 He
2	3 Li	4 Be											5 B	6 C	7 N	8 O	9 F	10 Ne
3	11 Na	12 Mg											13 Al	14 Si	15 P	16 S	17 Cl	18 Ar
4	19 K	20 Ca	21 Sc	22 Ki	23 V	24 Cr	25 Mn	26 Fe	27 Co	28 Ni	29 Cu	30 Zh	31 Ga	32 Ge	33 As	34 Se	35 Br	36 Kr
5	37 Rb	38 Sr	39 Y	40 Zr	41 Nb	42 Mo	43 Tc	44 Ru	45 Rh	46 Pd	47 Ag	48 Cd	49 In	50 Sn	51 Sb	52 Te	53 I	54 Xe
6	55 Cs	56 Ba		72 Hf	73 Ta	74 W	75 Re	76 Os	77 Ir	78 Pt	79 Au	80 Hg	81 Tl	82 Pb	83 Bi	84 Po	85 At	86 Rn
7	87 Fr	88 Ra		104 Rf	105 Db	106 Sg	107 Bh	108 Hs	109 Mt	110 Ds	111 Rg	112 Cn	113 Uut	114 Fl	115 Uup	116 Lv	117 Uus	118 Uuo
ランタノイド元素				57 La	58 Ce	59 Pr	60 Nd	61 Pm	62 Sm	63 Eu	64 Gd	65 Tb	66 Dy	67 Ho	68 Er	69 Tm	70 Yb	71 Lu
アクチノイド元素				89 Ac	90 Th	91 Pa	92 U	93 Np	94 Pu	95 Am	96 Cm	97 Bk	98 Cf	99 Es	100 Fm	101 Md	102 No	103 Lr

図 5-1　元素周期表

II. 合金元素　117

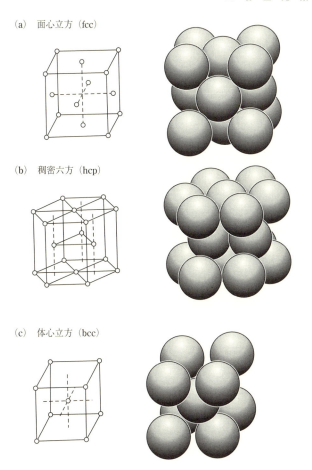

図 5-2　空間格子．(a) 面心立方 (fcc)，(b) 稠密六方 (hcp)，(c) 体心立方 (bcc)．

ランダムな方位を有する結晶で，**多結晶合金**とよばれる．しかしながら，ジェット機のガスタービンエンジンに用いられる単結晶のような重要な例外もある．多くの他の合金は単相合金ではないが，炭素鋼のように体心立方の α 鉄と Fe_3C のような金属間化合物 2 相あるいはそれ以上の相からなっている．

III. 周 期 表

図 5-1 参照.

IV. 状 態 図

状態図は，ミクロ組織と特性の関係を理解する上での出発点である．これらの線図は，準安定または安定して存在するような相領域の組成の限界を示している．次節では，鉄–炭素系，アルミニウム–銅系，チタン–アルミニウム系およびニッケル–アルミニウム系などといった重要な状態図について考える．さらに，オーステナイトからフェライト，パーライト，ベイナイト，マルテンサイトといった鋼の変態の時間依存性についても議論する.

A. 鋼

鋼に対して，図 5-3[1] に示す鉄–炭素平衡状態図や，図 5-4[2] に示すその等温変態図は，この合金系で展開されるミクロ組織と付随する性質の多様性を理解するための鍵を与えてくれる．図 5-5 から図 5-9 は共析温度 723°C (1,333°F) 以下の炭素濃度と保持時間の関数として発生するミクロ組織の変化の例を提供する.

これらの状態図に関係するいくつかの定義は次のごとくである.

(a) フェライト：体心立方 (bcc) 鉄における 1 つ以上の元素の固溶体．鉄–炭素系では，オーステナイトの領域で分離された，2 つのフェライト領域がある．上の領域は δ フェライト，下の領域は α フェライトである．針状フェライトは非等軸フェライトであり，ベイナイトを形成するすぐ上の温度範囲で冷却される際に，拡散とせん断の組合せによって形成される．低炭素鋼では，フェライト結晶粒径が降伏強度に重要な影響を及ぼす．すなわち，結晶粒径が小さいほど降伏強度は高くなる．結晶粒径 d が降伏強度 σ_Y に及ぼす効果は，ホール–ペッチの関係式で表現される.

$$\sigma_Y = \sigma_i + k_y d^{-1/2} \tag{5-1}$$

ここで，σ_i は格子の塑性変形に対する固有の抵抗力の大きさであり，k_y は定数である．0.2% 炭素鋼に対して降伏点での σ_i の値は 70 MPa (10.1 ksi) で，この値は下降伏点における最大ひずみである 0.01 のひずみでは 300 MPa (43.5 ksi) に増加する．これに相当する k_y の値は 0.75 および 0.40 MPa$\sqrt{\text{m}}$ (0.68 および

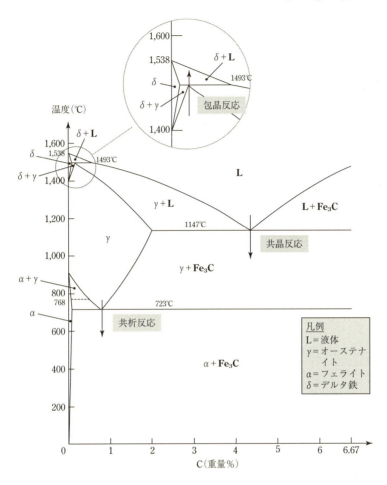

図 5-3 鉄–炭素平衡状態図 (*Smithells Materials Reference Book*[1] より引用)

$0.36 \, \text{ksi}\sqrt{\text{in}})$ である．ひずみに伴う転位密度の増加によりひずみとともに定数は変化する．

(b) **オーステナイト**：面心立方 (fcc) 鉄における 1 つ以上の元素の固溶体．鉄–炭素系では，γ 相として知られている．低炭素鉄に 18% の Cr と 8% の Ni を添加すると，**オーステナイトステンレス鋼**として知られる合金の種類を形成し，それは室温でもオーステナイト状態である．腐食に対する抵抗が顕著であり，それは保護酸化被膜によるものである．しかし，溶接後の冷却中に一部のクロムが溶

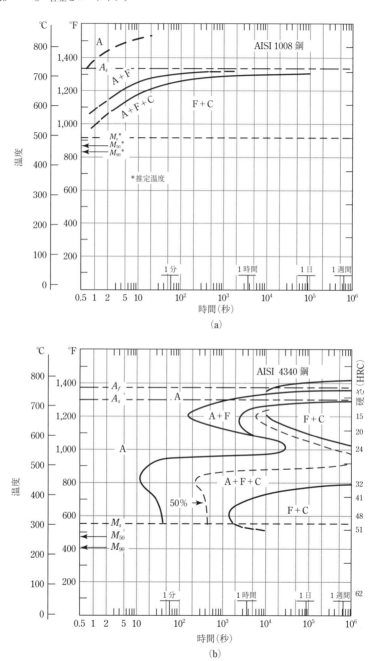

図 5-4 等温変態図. (a) 低炭素鋼 AISI1008, (b) 低合金鋼 AISI4340 (*Isothermal Transformation Diagrams*[2] より引用)

IV. 状 態 図   121

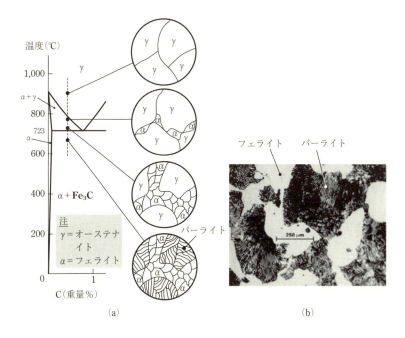

図 5-5 (a), (b) 過共晶鋼 (< 0.8% C) をオーステナイト (γ) 領域から徐冷して得られたフェライト (α) とパーライト (図は著者作成, 写真の出典は http://accessscience.com/content/Heattreatment(metallurgu)/311200)

体化して粒界炭化物を形成する. その結果, 溶接部のすぐ近傍の保護酸化被膜の有効性が低減し, 粒界腐食の一形態である"ナイフライン"アタックを引き起こす.

(c) **セメンタイト**:組成式 Fe_3C で表される鉄と炭素の化合物で, 鉄炭化物としても知られている.

(d) **包晶反応**:加熱時, γ 相が液相と δ (bcc) 相に分かれる.

(e) **共析反応**:冷却時, γ 相が α 相と Fe_3C 相に分かれる.

オーステナイトが分解した後に存在する各相の量はてこの原理の助けにより決定できる. 図 5-1 から α 相に存在する炭素の重量% は 0.0025 である. 鉄の原子重量は 55.85, 炭素の原子重量は 12.011 である (原子重量は無次元量であることに留意し, 元素の原子の平均重量の炭素の重量の 1/12 に対する比は 12). Fe_3C における炭素の重量% は $12.011/(3 \times 55.85 + 12.011) \times 100 = 6.7$ w/o. 共析鋼における炭素の重量%は 0.8.

α 鉄における炭素の分量は $XC_\alpha = X (0.0025)$ に等しい. ここで, X は α 鉄

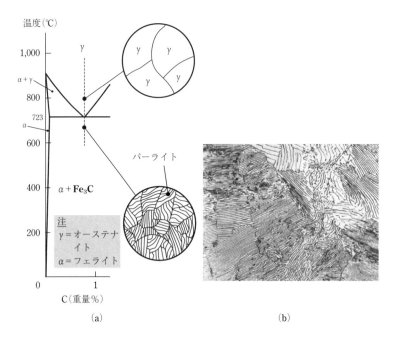

図 5-6 (a), (b) オーステナイト領域から徐冷した共析鋼 (0.8%C) のミクロ組織 (図は著者作成,写真の出典は William F. Smith, Javad Hashemi, *Foundations of materials science and engineering*, 4th ed., McGraw-Hill International Edition, 2006, p. 367)

の分量である.Fe$_3$C 相における炭素の分量は $(1-X) \times 6.7$ である.α 鉄と Fe$_3$C における炭素分量の合計は $1.0 \times$ 共析合金における炭素量 に等しく 0.80 w/o である.したがって,

$$XC_\alpha + (1-X) \text{Fe}_3\text{C における C の量} = \text{共析合金における C 量}$$

$$XC_\alpha - X\text{Fe}_3\text{C における C の量} + \text{Fe}_3\text{C における C の量}$$
$$= \text{共析合金における C の量}$$

$$X(C_\alpha - \text{Fe}_3\text{C における C の量}) + \text{Fe}_3\text{C における C の量}$$
$$= \text{共析合金における C の量}$$

$$X = \frac{\text{Fe}_3\text{C における C の量} - \text{共析合金における C の量}}{\text{Fe}_3\text{C における C の量} - \alpha \text{ 鉄における C の量}}$$

$$X = \frac{6.7 - 0.8}{6.7 - 0.0025} = \frac{5.9}{6.7} = 0.88$$

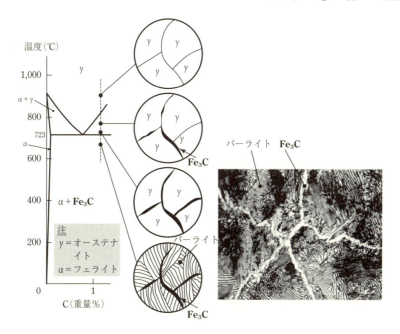

図 5-7 オーステナイト領域から徐冷した過共析鋼 ($> 0.8\%$ C) のミクロ組織 (図は著者作成, 写真の出典は William F. Smith, Javad Hashemi, *Foundations of materials science and engineering*, 4th ed., McGraw-Hill International Edition, 2006, p. 372)

すなわち, 分解した合金のわずか 12% が Fe_3C である. 残りは $0.0025\,\text{wt}\%$ 炭素を含む α 鉄である. これがてこの原理の使用例である.

(f) **共晶反応**: 冷却時, 液相が γ 相と Fe_3C 相に分かれる.

(g) A_1: これは, 低い方の変態温度である.

(h) A_3: これは, 高い方の変態温度である.

(i) **変態範囲**: これは状態図において A_1–A_3 の間の領域である.

(j) **パーライト**: これは, 鋼や鋳鉄で生じる, フェライトとセメンタイトの層状集合体である.

(k) **ベイナイト**: これは, フェライトとカーバイドの集合体から成っており, パーライト, マルテンサイトの中間の温度範囲で形成される, オーステナイトの分解生成物である.

(l) **マルテンサイト**: これは, M_s (マルテンサイト開始) 温度以下のオーステナ

124   5 合金とコーティング

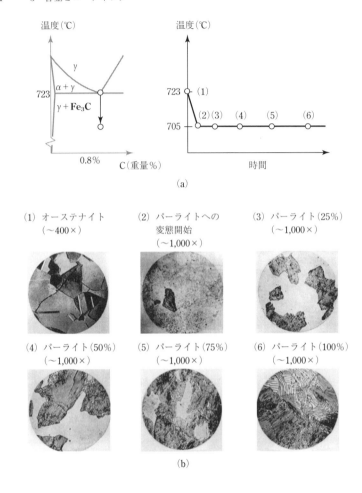

図 5-8 (a) 過共晶鋼の等温変態に関係する温度および保持時間を示す図，(b) 等温変態時に生成したミクロ組織 (図は著者作成，写真は Pat L. Mangonon, *The principles of materials selection for engineering design*, Prentice-Hall, International Edition, 1999, pp. 813–815)

イトの無拡散変態生成物である．低炭素マルテンサイトは体心立方晶で，延性的なラス状のミクロ組織をもつ．高炭素マルテンサイトは体心正方晶で，より脆性的な平板状のミクロ組織をもっている．マルテンサイトが形成される際には，1–3%の体積膨張が起こり，マルテンサイトは著しく変形する．その結果マルテンサイトは高密度の転位を含み，それが高い強度に寄与している．M_s 温度は合金の含

IV. 状 態 図 125

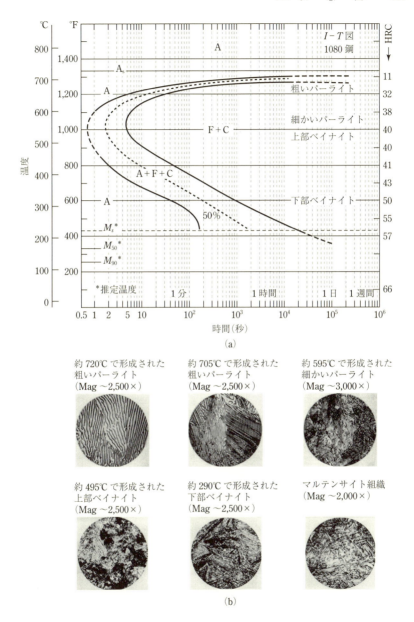

図 5-9　(a) 過共晶鋼の等温変態図，(b) 異なる保持時間におけるミクロ組織 (Pat L. Mangonon, *The principles of materials selection for engineering design*, Prentice-Hall, International Edition, 1999, pp. 815–816)

126   5 合金とコーティング

有量に依存する．次式は M_s 温度と炭素鋼や低合金鋼の組成を関係づけるために
つくられた代表的な経験式である[3]．

$$M_s(^\circ\text{F}) = 930 - 570 \times \% \ \text{C} - 60 \times \% \ \text{Mn} - 50 \times \% \ \text{Cr}$$
$$- 30 \times \% \ \text{Ni} - 20 \times \% \ \text{Mo} - 20 \times \% \ \text{W} \qquad (5\text{-}2a)$$
$$M_s(^\circ\text{C}) = 499 - 317 \times \% \ \text{C} - 33 \times \% \ \text{Mn} - 28 \times \% \ \text{Cr}$$
$$- 17 \times \% \ \text{Ni} - 11 \times \% \ \text{Mo} - 11 \times \% \ \text{W} \qquad (5\text{-}2b)$$

炭素が特に M_s 温度に強く影響することがわかる．

(m) **残留オーステナイト**：これは，冷却時に変態しなかったオーステナイトで
ある．

(n) **鋳鉄**：オーステナイト域で C が過剰に溶け込んだ鉄が共晶温度で存在する．
普通の鉄‐炭素合金の場合，共晶温度でオーステナイトにおける炭素の溶解度は
4.3 wt % である．したがって，もし炭素量が 4.3% を越えるとその合金は鋳鉄と
考えられるべきである．

熱処理と加工作業に共通する項目に次のようなものがある．

(a) **再結晶**：加工された金属内に存在する結晶組織からの新しい無ひずみの結
晶組織の形成．

(b) **熱間加工**：動的な再結晶が起き，ひずみ硬化がない十分高い温度での金属
の変形．

(c) **冷間加工**：再結晶温度以下の温度での金属の変形．

(d) **熱間鍛造**：通常 1,100–1,150°C (2,000–2,100°F) の温度範囲での金属の
鍛造．

(e) **焼なまし**：A_3 のすぐ上の温度からの炉冷．

(f) **焼ならし**：A_3 のすぐ上の温度からの空冷．

(g) **焼入れ性**：図 5-4 の等温変態曲線によれば，焼入れ性は，オーステナイトの
冷却時にフェライト–パーライトの変態を避け，かわりにベイナイトやマルテンサ
イトに変態させるための有効な時間に関連している．有効時間が長ければ長いほ
ど，焼入れ性が大きくなる．鋼を合金化する主な理由の 1 つは，焼入れ性を増大
させることであり，これは図 4-2a と図 4-2b の比較から明らかである．マルエー
ジング鋼のようないくつかの鋼の焼入れ性は十分高く，大型部品がオーステナイ
ト領域からの冷却で，マルテンサイトに変態する．オーステナイト結晶粒径の増
大は変態開始箇所数を減少させるので，焼入れ性を増大させる．

図 5-10　中炭素鋼の帯状化の例．(a) 倍率 ×50，(b) 倍率 ×400 (S. Crosby の提供による)

(h) **焼戻し**：必要な性質に変化させるために，焼入れを施した合金を変態温度範囲以下の温度まで加熱すること．合金の破壊抵抗は，熱処理と加工のパラメータに大きく依存する．たとえば，潜水艦の船殻に使われる合金である HY80 鋼は，結晶粒径や析出物の分布の相違に起因して，焼なまし状態よりも焼入れ，焼戻し状態で靭性が高い．

(i) **球状化**：層状セメンタイトが球状になる A_1 のすぐ下の温度で行う熱処理．

(j) **応力除去**：残留応力を軽減するために，通常数時間，650°C (1,200°F) 付近の温度に保つこと．溶接の場合には，溶接部のミクロ組織は焼戻される．

(k) **浸炭**：オーステナイト鋼の表面層に炭素を拡散させる過程であり，通常 925–980°C (1,700–1,800°F) の温度で，1 時間程度で行われる．

(l) **窒化**：フェライト鋼の表面層に窒素を拡散させる過程であり，通常 480–540°C (900–1,000°F) の温度で，8–24 時間行われる．

(m) **帯状組織**：加工方向に平行に並んだ繊維状または板状の偏析をもつ不均質なミクロ組織．図 5-10 に例を示す．

(n) **溶接の予熱**：溶接後の冷却速度を低下させて，マルテンサイトの形成を妨げるために，溶接する領域を溶接前に加熱すること．推奨される予熱温度は，鋼の炭

素含有量で変化する．0.2% 炭素鋼には 95°C (200°F)，0.7% 炭素鋼には 315°C (600°F) であろう．

熱間加工および熱処理工程に伴ういくつかの問題は次のとおりである．

(a) 熱脆性：これは，γ 鉄中の銅の溶解度が 9% 程度の熱間加工範囲で，銅含有鋼に現れるある種の脆性である．熱脆性に起因した割れは，表面から内部に向けて生じる．酸素の存在下で 3 層の鉄酸化物が形成される．外側の酸化物はヘマタイト Fe_2O_3 で，赤茶色から黒色である．中間層はマグネタイト Fe_3O_4 で黒色である．内側層はヴスタイト FeO でこちらも黒色である．高温では，ある金属相 (95% Cu, 5% Fe) が FeO 内に現れる．この相は，900°C 近くの比較的低温では，FeO に分散したままであるが，1,050–1,200°C の温度では金属と酸化物の境界に沿ってほぼ連続的な相として集中して存在する．銅の融点は 1,084°C であるから，液相もしくは液相に近い銅リッチな相のオーステナイト結晶粒界への有害な浸入が急速に起こる．熱脆性を懸念し，良質鋼の製造においてはす高銅含有自動車の鉄くずの量を制限している．

(b) 焼戻し脆化：焼戻し脆化は，青熱脆性よりも高い温度で起こり，旧オーステナイト粒界における，アンチモンやリンのような元素の偏析によるものである．

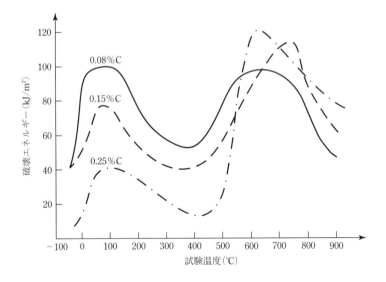

図 5-11　300°C (662°F) 付近で青熱脆性が起きる低炭素鋼の衝撃エネルギー曲線 (Reinhold[13] より引用)

大型部品の熱処理での温度上昇時，下降時のいずれかにおいて，比較的低速の温度変化は，有害な形の偏析が起こるのに十分な時間を与えるので，焼戻し脆化の危険がある．類似の脆化が高温で長時間使用される間に起こりうる．たとえば，ある加熱炉の煙道は，かなり高い値の 0.09% リンを含有した鋼でつくられていて，430°C で 30,000 時間使用後，その鋼は激しく脆化することが判明した[4]．室温における鋼のシャルピー・エネルギーは初期値の 80 J から 4 J まで低下した．モリブデンを添加すれば，リンによる脆化の影響を相殺できるが，モリブデンはこの鋼の合金元素ではなかったので，脆化は高いリン含有量が原因とされた．

(c) **青熱脆性**：この型の脆化は，350°C 付近の温度において，ひずみ時効や炭化物の析出に起因して生じる．この反応は繰返しまたは一方向の塑性変形で促進されるので，この温度範囲における鋼の加工は推奨されない．図 5-11 は，いくつかの低炭素鋼において，この範囲で生じる靱性低下の程度を示している．この型の脆化は，鋼表面に形成される酸化物の色から，**青熱脆性**とよばれている．

(d) **焼割れ**：鋼を焼入れする目的は，マルテンサイト範囲以上の温度での変態を防ぐことである．焼割れに対する感受性は，焼入れの度合いと炭素の含有量により増加する．炭素の影響は，主に M_s 温度に及ぼすその効果によるものである．M_s 温度は 0.2% C における 425°C (800°F) から，1.0% C における 150°C (300°F) まで下がるので，M_s 温度が減少するにつれて，変態によって引起こされる体積膨張は増加する．もしも焼入れ性が十分高いなら，内部が変態しているとき，すでに変態した比較的脆い表面は引張り状態になり割れるかもしれない．さらに割れの可能性は，応力集中部の存在によって増大する．焼入れ後の遅れ割れを避けるために，焼入れに続いて焼戻しを即座に行うべきである．十分焼入れされた部品に焼戻しを行わずに一晩中放置しておくと，き裂発生の可能性は増加する．

B. アルミニウム合金

アルミニウム合金には熱処理型と非熱処理型の 2 つのクラスがある．前者の部類は焼入れと時効の過程を経て強度特性を得るが，一方，後者の部類は冷間加工によって強化される．典型的な熱処理型合金である Al–Cu 系の平衡状態図を図 5-12[5] に示す．この型の市販合金はシリコンや鉄，マンガン，マグネシウム，リチウム，亜鉛のような合金元素も含有している．このような銅が主要な合金元素である合金では銅の量は約 4% である．図 5-12 から，この銅の量では 500°C において固溶体であることがわかる．しかしながら，この温度範囲からの冷却に

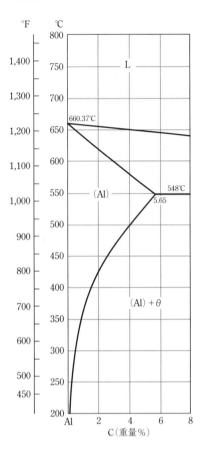

図 5-12 Al–Cu 状態図 (L は液相)(*ASM Metals Handbook*[5] より引用)

おいて相界面を交差し，室温で自然に，あるいはわずかに高温で人工的に析出が生じる．時効の間，最初に現れる析出物は銅の濃度の高い不安定な領域で，ギニアープレストン (**GP**) ゾーンとして知られている．これには 2 つの型があり，最初に現れるのは GP I として知られており，さらなる時効により，GP I ゾーンは GP II ゾーンへと進展する．これらの析出相はどちらも母相の fcc 格子に十分に整合している．つまり，格子定数はわずかに異なっているかもしれないが，ゾーンの結晶面が母相の格子と 3 次元的に連続しているということである．結果として，十分高いせん断応力下では，転位が母相から移動して，整合した析出相をせん断することができる．さらに時効が進むと，半整合相 θ' が現れ，またさらに時

効が進むと，独自の結晶構造をもつ非整合な安定相 θ (CuAl$_2$) が現れる．GP II ゾーンと θ' 相の両方が存在するとき，最高強度に達する．析出物が θ のとき，強度は時効のピーク時よりも低く，その系は過時効の状態と考えられる．

フェライト–パーライト系とは対照的に，結晶粒径はアルミニウム合金の強さを決定付ける因子ではない．むしろ，塑性変形に必要なせん断応力 τ を支配している析出物の間隔がその因子である．その式は次のようになる．

$$\tau = \frac{\mu b}{l} \tag{5-3}$$

μ はせん断係数，b はバーガース・ベクトル，l は粒子間隔である．典型的な過時効状態である数ミクロンの間隔では，l に対する b の比は約 10^{-4} である．せん断係数 23 GPa (3.4×10^6 psi) に対して，τ の値はわずか 2.3 MPa (340 psi) であり，無視できる大きさである．粒子の強度に効果を及ぼすには，l の値は非常に小さくなければならない．

C. チ タ ン 合 金

チタンの密度は 4.507 gm/cc で，鋼の密度 7.87 gm/cc とアルミニウムの密度 2.699 gm/cc の中間の値である．チタンのヤング率はアルミニウムの 69 GPa (10×10^6 psi) よりも大きく，116 GPa (16.8×10^6 psi) であり，540°C (1,000°F) まで高温な環境でも長期間使用でき，また腐食に対する抵抗も大きい．すべてのこのような性質によって，チタンとその合金を航空宇宙関係での適用において魅力的なものとしており，ジェットエンジン内で中程度の温度までで用いられたり，航空機の主要構造部品として用いられたりしている．3 つの主な合金として，α 型合金，α–β 型合金，β 型合金が知られている．

純チタンでは，885°C (1,625°F) において，低温での六方晶系の α 相から高温での bcc 構造の β 相に同素変態が生じる．合金元素であるアルミニウム，スズ，炭素，酸素，窒素は α 相を安定化させ，Ti–5Al–2.5Sn は重要な α 型合金の例である．酸素，炭素，窒素はチタンの中の不純物と考えられるが，少量の酸素はほとんどの合金で強化剤として用いられる．しかし，侵入型元素を極力少なくした合金 (ELI) は必要であれば利用できる．バナジウム，ジルコニウム，モリブデン元素は β 相を安定化し，885°C (1,625°F) よりかなり低い温度で安定した相として存在させる．実際，Ti–4.5Sn–6Zr–11.5Mo 合金は，室温で安定な β 相であり，このことから β 型合金として知られている．

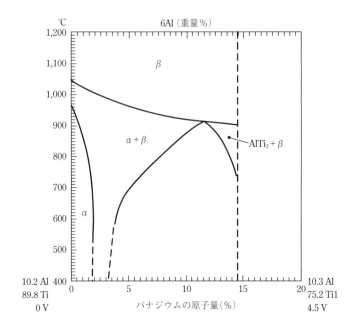

図 5-13 (Ti–6Al)–V 相平衡状態図 (*Handbook of Ternary Alloy Phase Diagrams*[6] より引用)

図 5-13 は (Ti–6Al)–V 系の擬 2 元系平衡状態図である[6]．この系では，アルミニウムとバナジウム原子は β トランザスより下では固溶体内に存在する．チタンに α 安定化アルミニウムを添加すると，α 相の領域が増大するが，バナジウムは反対に β 相の領域を拡大させる．これらの元素はどちらも，もっとも一般的な (α–β) 型合金である Ti–6Al–4V(重量%) または，Ti–10Al–4V (原子%) に存在している．鋼に見られるように，さまざまなミクロ組織が組成と冷却速度に依存してチタン合金中に形成される．Ti–6Al–4V は β トランザスの上あるいは下から，焼入れにより適度な高温での時効により強化される．しかし，β トランザス以上の温度では β 結晶は急速に成長するため β トランザス以上での熱処理は望ましくないようである．そこで，その合金は β トランザスよりも 15°C(59°F) ほど低い温度で熱処理して α 相の量を減らすことが多い．それから，急速に冷却して，いくらかの β 相をマルテンサイトに変態させてから，約 700°C で時効する．このタイプの熱処理は**溶体化・時効** (STA) 熱処理とよばれる．もしも時効処理がある程度高い温度で行われると，その材料は**溶体化・過時効** (STOA) 状態にあると

いわれる．これらの時効処理の間，微量な体積の α が β 内に形成される．510°C (950°F) 以下での時効熱処理によって，β から ω へと変態させることができる．ω 相はチタン合金を脆化させるが，十分な時間，たとえば 8 時間の時効は，ω 相を除去し，延性を回復する．

硬 α といわれる好ましくない窒素安定化相が Ti–6Al–4V に存在することがあり，比較的容易なき裂が発生箇所として活動する．この相の存在を防ぐために，3 重真空再溶解処理が用いられる．その他に好ましくない相として **α ケース** が知られている．この相は熱処理の雰囲気が酸素を含む場合，いくらか厚みのある表面酸化物として形成されることがある．それはその硬く脆い性質のために好ましくない．

D. ニッケル基超合金

ニッケル基超合金は，ガスタービンエンジンの高温部分で広く用いられる．それらは，鍛造か鋳造された多結晶合金，鋳造して方向性をもつように凝固させた合金，鋳造された単結晶の形で存在する．一方向凝固と単結晶を用いることは，クリープ範囲における粒界の有害な影響を最小化，排除することが狙いである．

ニッケル基超合金の独特なミクロ組織は，合金をほぼ融点に近い温度（たとえば

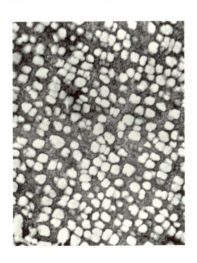

図 5-14　立方形 γ′ の例

134　　5　合金とコーティング

$0.8T_M$) で短期間使用することを可能にしている．ミクロ組織は γ–γ' として知られている 2 相系を基本としている．ここで，γ は fcc のニッケルリッチな母相であり，γ' は析出相である．γ' 相は Ni_3Al 組成にもとづいた規則的 fcc 相である．γ' 相の単位胞は立方体角のアルミニウム原子と立方体面中心のニッケル原子からなっている．この規則相は母相と整合しており，図 5-14 に示すように，しばしば直方体の形をしている．γ の格子定数は，個々の合金と高温の相の安定性に寄与する因子である温度に依存して，母相の格子定数よりもわずかに大きくあるいは小さくなることがある．整合ひずみも，これらの合金の強度に寄与すると考えられる．γ' 相が規則的であるので，相を突っ切る転位のすべりが対で起こる．最初の転位がすべると，すべり面に沿った原子の整列した配列が邪魔されるので，2 番目の転位で規則性を回復する必要がある．γ–γ' 合金の塑性変形に対する比較的高い抵抗力が，最初の転位が γ 相から γ' 相に入ることを難しくする．γ 相を迂回する転位の上昇運動も，高温では可能である．

　ニッケル–アルミニウム系の状態図が，図 5-15[7] に示されており，γ' 相 (86.7wt% Ni, 13.3wt%Al) は包晶温度 1,395°C (2,543°F) に対して規則的である．しかし，市販の 2 相合金は 13.3 wt% 以下のアルミニウムしか含有しておらず，また，多くの添加合金元素に加えてチタンも含んでいるので，γ と γ' 相の混合したものとなっている．下表のように，合金の組成は，合金が多結晶と単結晶のどちらで使用されるのかということに依存している．単結晶の場合は含有している合金元素が少ない．なぜならば，多結晶合金中の元素の多くは当然単結晶の場合には存在しない結晶粒界を強化するために含有されているからである．単結晶合金のタービン翼は製造時に鋳物巣に対する検査が行われる．しかし，未検出の気孔を有するタービン翼が使用された場合，気孔が疲労き裂形成の核となる可能性がある．考えられるその他の原因として，飛来粒子による表面損傷があり，損傷領域が多結晶の形で再結晶して，未損傷の単結晶よりき裂が発生する傾向が大きくなる．その結果，クリープと疲労の特性が非常に低下することがある．

　多結晶，単結晶のニッケル基超合金ではいずれも，合金元素が固溶体である高温領域が現れる．γ' ソルバス (固体溶解度曲線) はこの領域の低い方の平衡境界

MAR–M200 の組成

	Cr	W	Co	Al	Ti	Nb	C	B	Zr	Ni
単結晶	9.0	12.0	10.0	5.0	2.0	1.0	—	—	—	残
多結晶	9.0	12.0	10.0	5.0	2.0	1.0	0.15	0.15	0.05	残

IV. 状 態 図　135

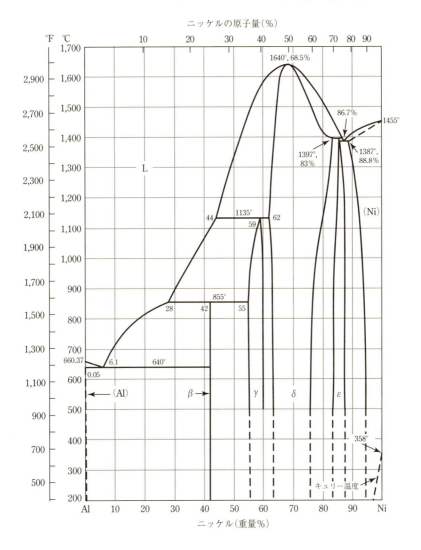

図 5-15　Al–Ni 状態図 (*ASM Metals Handbook*[7] より引用)

線を引いている．γ′ ソルバスの温度はアルミニウムとチタンの重量パーセントの和に依存する．和が 4 wt% においては，ソルバスは 1,038°C (1,900°F) のところであり，和が 8 wt% においては 1,150°C (2,100°F) のところである．γ′ ソルバス以下の時効で析出する．典型的な時効処理は，ソルバスより 20°C 低い温度

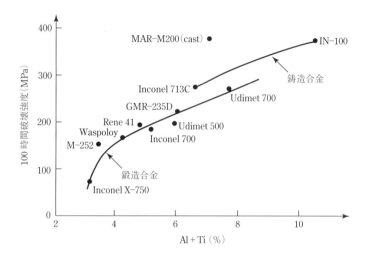

図 5-16 870°Cにおけるニッケル基超合金の100時間クリープ破断強度に及ぼす (Ti + Al) 含有量の影響 (Cross[8] より引用)

で数時間時効して初析を生じ，さらに，ソルバス温度よりも約200°C (392°F) 低い温度で20時間までの間時効させて2次析出物の形成をもたらす．2次析出物は，初期のものに比べて小さく，これがクリープ強度を改善するといわれている．

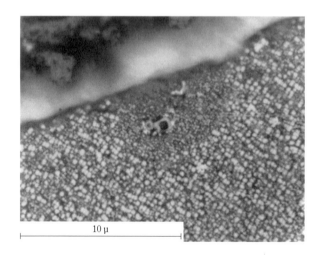

図 5-17 再析出した γ'

IV. 状 態 図　137

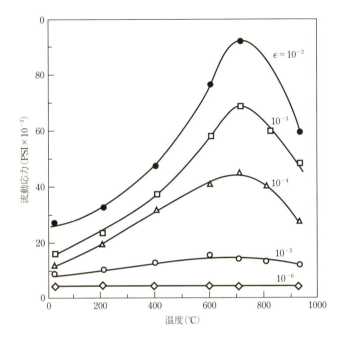

図 5-18　Ni$_3$Al に関する微小ひずみ降伏応力 (Thornton ら[9]より引用)

図 5-16[8]は 870°C (1600°F) における，いくつかのニッケル基超合金の 100 時間クリープ破断強度に及ぼすアルミニウムとチタンの含有量の影響を示している．

　万一，対流冷却の不足や不適切な作動条件などが原因で使用中にタービン翼の温度が上昇すれば，γ' ソルバスを越える可能性がある．γ' 相は固溶体に戻り，ゆっくり冷却して微細な γ' として再析出する．図 5-17 にこの例を示す．したがって，タービン翼の熱履歴についてのいくつかの情報はミクロ組織の調査から得られることがある．

　約 850°C (1,560°F) まで γ' 粒子は直方体の形状を保ち，変形中に転位によって切断される．さらに高い温度では γ' 析出物はラフトとして知られている板状の粒子に変態しやすい．ラフトは単軸応力下のほとんどの超合金に対して，引張応力の軸に垂直か，または圧縮応力の軸に平行に存在する[8]．通常，これらのラフトはクリープ速度を加速させ，クリープ強度を低下させる．ラフトが応力軸に垂直になって存在すると，疲労き裂伝播速度も高められる．逆にラフトが繰返し応力の軸に平行なときは，その速度が低下する．

単結晶 γ' (Al$_3$Al) の興味ある特性は図 5-18[9]に示すように，降伏応力がひずみと温度の関数であることである．ひずみ 10^{-6} で降伏応力は温度に無関係であるが，ひずみ 10^{-2} で降伏応力は温度約 700°C (1,300°F) で低下する前まで，温度とともに著しく上昇する．温度とともに降伏応力が増加することは不動転位である {1000} 面上のすべり転位 {100} 面からのらせん転位の交叉すべりに起因している[10]．しかしながら，700°C (1,300°F) 以上の温度では転位は {100} 面上をすべることができ，降伏応力は温度の増加とともに減少する．

V. コーティング[9]

ジェット機のエンジンや定置発電装置のタービン翼や羽根は，保護の理由からしばしばコーティングされる．溶体化熱処理後，γ' ソルバス以下の高温においてコーティングを施す処置が行われる．そのため，コーティングが施されるにしたがい，初期の γ' 相が析出する．コーティング処理後はさらに低温でも 2 次的な析出が起こることがある．その結果，図 5-19 のように，コーティング処置の間の析出に関連した大きな析出物寸法および低温における時効に関連した小さな析出物寸法を含んだ γ' 相寸法の双峰分布が現れる．最適な γ' の大きさは 0.5 μm から 1.0 μm の範囲にあると考えられている．

図 **5-19** 再析出 γ'

V. コーティング

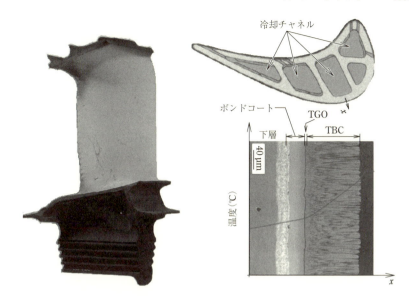

図 5-20　ジェットエンジンタービン翼．翼における冷却通路および遮熱コーティング (TBC) の組織に注意．

　ニッケル基超合金の最高使用温度は約 950°C (1,740°F) で，この温度より高いと γ' 相は粗くなり，それに伴う特徴をなくす．さらに γ' 相間の非整合性の度合いにもよるが粒子間の隙間が破壊される傾向にある．

　ガスタービンエンジンの高温部分において部品を保護するために行われるコーティングには，(a) 耐酸コーティングと (b) 遮熱コーティング (TBC) の 2 つのタイプがある．後者は構成部品の壁を通過する熱流束を少なくすることによって，タービン翼や羽根の作動温度を下げるために用いられる．TBC の特徴とタービン翼が図 5-20 に示されている．超合金壁そのものはわずか 1 mm の厚さである．TBC は外側のコーティング，使用中に熱により成長する酸化物，外側のコーティングと基板の付着を促進するボンドコートからなっている．見てのとおり，冷却ガスの冷却路は翼横断面の大部分を占めている．

　耐酸コーティングは，もっとも進化したガスタービンの 1 段，2 段の超合金製の翼や羽根のほかに，タービン翼のより熱い部分の内部冷却路にも使われる．2 つの標準的なコーティングがある．1 つは拡散コーティングで，アルミナイドおよび改良アルミナイドを含む．もう 1 つは MCrAlY のオーバーレイコーティング

で，M はニッケル，コバルト，または，この 2 つの組合せに相当する．拡散コーティングはコーティング元素を表面に被覆する表面改質処理であり，コーティング物質が表面下層に拡散し，一般的には深さ 10–100 μm の保護層を形成する．保護酸化物スケールにアルミニウムを供給する相は β–NiAl である．アルミニウム拡散コーティング中に白金を混合すると，酸化，高温腐食および硫化物に対する抵抗を改善することができる．

MCrAlY オーバーレイコーティングは，しばしばプラズマ溶射によって被覆するが，拡散コーティングとは反対に基板材料を消費しない．しかしながらボンドコートは通常関与しており，ボンドコートと基板の間に拡散反応がある．オーバーレイコーティング (TBC) が基板材料を消費しないという事実は拡散コーティングをはぎ取る際に，被被覆金属をかなり消失するので補修や取り替えに有利である．平均すると TBC は 2,000 時間使用後取り替え，取り替え工程はタービン翼のような要素では使用寿命の間 3 回行われる．一般的に，オーバーレイコーティングはアルミナイドコーティングに比較し機械的な性質に優れている．

遮熱コーティングは，MCrAlY か，もしくはセラミックのトップコートとともにボンドコートとして知られるプラチナ改質アルミナイドの拡散コーティングで形成される．電子線物理的気相蒸着 (EB-PVD) コーティングでは，連続的で薄い (1 μm) 熱成長酸化物 (TGO) 層がセラミックスの被覆に先立って形成される．この層は TBC によい付着効果を発揮し，酸化や腐食から被被覆材料下層を保護する．トップコートが 6–8wt% のイットリア安定化ジルコニア (YSZ) のセラミック外層は，EB-PVD によって被覆されることがある．このトップコートはボンドコート上に柱状結晶の形で成長する．タービンブレードの TBC の厚さは，通常125–200 μm である．結晶は基板に強く接着するが，その他への接着は弱く，良好な熱ひずみ許容性を示す．しかしながら，使用中に SiO_2，Al_2O_3，MgO の灰粒子が結晶間に蓄積し，互いに浸透し，ひずみ許容性を減少させる．

大気プラズマ溶射 (APS) コーティングも用いられている．これらのコーティングは層状に被覆され，そのミクロ組織は柱状構造ではないが，そのかわりに溶射の過程で小滴が表面に衝突して形成された 1 つ 1 つが小さな板状の物質からできている．APS コーティングに対しては，使用状況においてトップコートとボンドコートの間に TGO が形成される．

使用の際，耐酸コーティングによって保護された部品の耐用寿命はしばしば保護層の早期割れによって制限される．これは，被被覆合金が初期割れや酸化雰囲気暴露による熱機械的な疲労や熱衝撃によるものである．熱機械的荷重下での割

れの傾向は，コーティングと下層間の熱膨張係数 (CTE) の差のほかに，コーティングの厚さの関数でもある．それは，厚いコーティングは，薄いコーティングに比べて小さなひずみで破損するからである．一方 TBC では，しばしばコーティングと下層の間の界面が弱い連結部を呈する．セラミックのトップコートが下のボンドコートから剥落することにより，この界面割れが大規模な剥離につながることがある．破損の過程において，CTE の相違は再度重要な因子となる．それはトップコートの剥離がラチェッティングの結果，ボンドコートに形成される小さな座屈を引き金に生じるからである．

VI. ま　と　め

　本章では広く用いられる合金とコーティングについて，いくつかの重要な特徴を簡単におさらいした．破損解析にあたっては，調査される材料のミクロ組織が明確であるという条件が特に重要になる．もしそうでなければ，その矛盾の原因は明らかにされなければならず，本書の中で示したものより詳細な材料に関する知識が必要になるであろう．ASM メタルハンドブックシリーズの多くの巻は，そのような価値のある情報源である．

参　考　文　献

[1] *Smithells Reference Book*, 6th ed., ed. by E.Å. Brandes, Butterworth, London, 1983, pp. 11–143.

[2] *Isothermal Transformation Diagrams*, US Steel, Pittsburgh, PA, 1963.

[3] P. Payson and S. H. Savage, Matensite Reactions in Alloy Steels, *Trans. ASM*, vol. 33, 1944, pp. 261–275.

[4] D. R. H. Jones, "Failures of Structures and Components Which Failure Mechanics Would Have Prevented," in *Fracure Mechanics: Applications and Challenges*, ed. by M. Fuente, M. Elices, A. Martin-Meizoso, and J. M. Martinez-Esnaola, ESIS Pub. 26, Elsevier, Oxford, 2000, pp. 29–46.

[5] *ASM Metals Handbook*, vol. 8, ASM, Materials Park, OH, 1973, p. 259.

[6] *Handbook of Ternary Alloy Phase Diagrams*, vol. 4, ed. by P. Villars, A. Prince, and H. Okamoto, ASM, Materials Park, OH, 1973, p. 4389.

[7] *ASM Metals Handbook*, vol. 8, ASM, Materials Park, OH, 1973, p. 262.

[8] H. C. Cross, *Metals Progress*, vol. 87, 1965, p. 67.

[9] P. R. Thornton, R. G. Davies, and T. L. Johonson, The Temperature of the Flow Stress of the γ' Phase Based upon Ni_3Al, *Metallurgical Trans.*, vol. 1, 1970, pp. 207–218.

[10] B. H. Kear and H. G. F. Wilsdorf, *Trans. TMS-AIME*, 1962, vol. 224, pp. 382–386.

142 5 合金とコーティング

[11] H. Mughrabi, in *Fracture Mechanics, Applications and Challenges*, ed. by M. Fuentes, M. Elices, A. Martin-Meizoso, and J. M. Martinez-Esnaola, ESIS Pub. 26, Elsevier, Oxford, 2000, pp. 13–28.

[12] J. Bressers, S. Peteves, and M. Steen, in *Fracture Mechanics, Applications and Challenges*, ed. by M. Fuentes, M. Elices, A. Martin-Meizoso, and J. M. Martinez-Esnaola, ESIS Pub. 26, Elsevier, Oxford, 2000, pp. 115–134.

[13] O. Reinhold, The Material Properties of Ingot Iron and Steel at Defferent Temperatures, *Ferrum*, vol. 13, 1916, pp. 97–107.

問　題

5-1 なぜリサイクルされた自動車の車体スクラップの量は製鋼で制限されているか?

5-2 D5 工具鋼製の十字孔付き鍛造金型がわずかな使用期間後に破損した. 破損原因は極端な炭素の偏析によるものと判明した. 顧客はこの問題の解決法を求めた. このリクエストに応えるべく, まず (a) から (c) について説明し, その考えを述べよ.

(a) D5 鋼の通状の組成をしらべよ.

(b) この鋼はこの適用に合っているか? なぜか?

(c) なぜ D5 鋼は極端な炭素の偏析を生じやすいのか?

(d) 問題の解決に関する考えを述べよ (材料変更, 熱処理スケジュールの改善あるいは他に考えられる解決法を推薦せよ. このことは現実問題なので解答はどれにも制限されない).

5-3 ホール–ペッチの関係式を導き, 軟鋼について, $\sigma_i = 70.6\,\mathrm{MPa}$, $\sigma_y = 0.74\,\mathrm{MPa}\sqrt{\mathrm{m}}$, 降伏応力を $d^{-1/2}$ の関数として求め, σ_y と $d^{-1/2}$ の関係をプロットせよ. また, 相当する定数が 15.691 および 0.007 であるアルミニウム合金と比較せよ.

5-4 フォークリフトメーカーが吊上げフォークアームが早期に破壊したので数千台のフォークリフト車の吊上げフォークアームの交換というリコールを抱えていた. 吊上げフォークアームは EN25 鍛鋼製で使用中に衝撃荷重がかかる. 金属組織試験では破界面に図 5P-1 に示す粗いベイナイトが見いだされた.

　この破損の理由を決定するためにどのような実験が必要か? 製造段階で何かよくないことがあったのか? 正しい製造条件は何か?

問　題　143

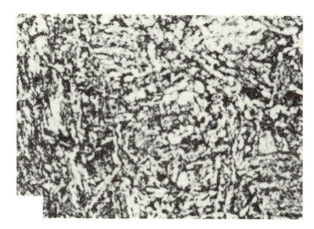

図 5P-1　EN25 鋼製損傷フォークアームの粗いベイナイト組織

6
調査と報告の方法

I.　は　じ　め　に

　破損解析の重要な側面は，証拠の保管と記録，寸法特徴の測定，合金の識別，破面の調査 (フラクトグラフィ)，X線分析による残留応力の測定である．材料の検査に使用される道具のいくつかは非常に単純なものであり，金属が強磁性をもつかどうかを測定するのに用いる小さな永久磁石のようなものがある．その一方，フラクトグラフィ的な詳細の測定に用いる走査型電子顕微鏡のような非常に精巧な道具もある．この章では，現場と研究室の両方において，材料と破面の検査に用いられるいくつかのより一般的な方法について述べる．加えて，報告の準備と証言の原則についても論じる．

II.　現場調査のための道具

　現場の調査に必要な機器はそれぞれの状況によって異なるだろう．非常に役立つ品目のいくつかは次の通りである．

(a) ビデオカメラ

(b) ポラロイドカメラ

(c) 接写レンズ付きの 35mm カメラやデジタルカメラ

(d) 部品が強磁性 (鋼) であるかどうかを明らかにするための永久磁石

以下もあればよい．

(e) 様々な大きさのマイクロメーター

(f) 定規

(g) 巻尺

(h) 業務日誌

(i) 文書作成機器

146   6 調査と報告の方法

(j) 研磨，エッチング，レプリカ採取用機器
(k) 染色浸透剤
(l) 拡大レンズ
(m) テープレコーダー

III. 破面調査の準備

　破面調査に関わる複雑な問題の1つは，破壊後の腐食がフラクトグラフィ的な特徴をわかりにくくしてしまうということである．炭素鋼と鋳鉄は湿った空気中で急速にさびるので，特に炭素鋼および鋳鉄製部品において問題となる．幸なことにアルミニウム合金やステンレス鋼は腐食しにくい．何件かの訴訟では，鋼製部品が数年間屋外に保管され，調査の前にひどくさびで覆われてしまっていた．もし破面を覆っているさびが少ないときは，ネイバルゼリーのような市販のさび取りで磨き，数分後にふき取ることによって，破面からさびを取り除くことができる．それでも，鋭いフラクトグラフィ的な特徴は丸められる可能性がある．さびの多い所は，重要なフラクトグラフィ的特徴がさび層の除去によってなくなってしまうことがある．

　超音波洗浄は破面から破片やほこり，油膜を除去するために用いられる．超音波洗浄はアルカリ，酸あるいは有機溶剤といった液体洗剤を非常に高い周波数で通過する音波を利用する．超音波の通過によって，洗浄する部分にこすってみがく作用をもたらす微小な気泡が活発に生じる．この作用は効率の良い洗浄過程をもたらし，緩く付着している粘着性の破片を取り去った後の最終的な洗浄方法としてのみ使われる．

IV. 目　視　検　査

　目視検査はフラクトグラフィにおける最も重要な段階の1つではあるが，観察にあたり常識的な注意事項がいくつかある．たとえば2つに破断した部品の検査においては，どのように破面が合うかを見るために，壊れた部品をもう一方の部品とはめ合わせるようなことはすべきではない．なぜならその破面の表面に含まれているフラクトグラフィ的情報が変わる恐れがあるからである．指先の水分に含まれている塩分が腐食を引き起こす恐れがあるので，破面には触れるべきではない．できればその後の腐食を避けるために，除去可能な油製皮膜かプラスチッ

ク化合物製被膜を表面に施すこと.

目視検査に使用される器具には，直接観察できない内部表面の検査に用いられる歯科医用鏡や内視鏡，フレキシブル光ファイバースコープがある．鋼製定規，巻尺，キャリパーおよび溶接ゲージは破損部品寸法の特徴をしらべるための道具である．ポラロイドカメラやビデオカメラなどの種々のカメラは，破損の巨視的特徴を記録するために使用される．観察時あるいは写真撮影時に記録と一連の写真をそれぞれの写真の内容とともに詳細な日誌として保存しておくことが重要である．テープレコーダーもこの点で役に立つ.

破壊の性質に関する多くの情報は目視検査を通して得ることができる．人間の目は十分な被写界深度をもっており，たとえ破面が粗くても，観察者には焦点が合っているように見える．色の違い，腐食や摩耗の証拠を発見することができ，塑性変形やネッキングの範囲も観察することができ，疲労の証拠もしばしば肉眼で観察できる．目視検査の主な限界は細部を解像できないということである．解像限界に対するレイリー基準は，2つの点像が 250 mm の距離でちょうど解像できる線形分離度 z (はっきりした像を得る最小の距離) を次のように与える.

$$z = \frac{0.61\lambda_0}{\mathrm{NA}} \tag{6-1}$$

ここで，λ_0 は目が最も感じやすい波長の 550 nm であり，NA は目の開口数である．NA は $n \sin u$ で表され，n は屈折率指数であり，空気中では 1.0 に等しい．$\sin u$ は目から 250 mm の点から目に入る光の円錐角の 2 分の 1 の正弦である．瞳孔の半径は 1 mm であるので，NA の値は 0.004 となる．したがって，z の値は約 0.1 mm または約 100 μm となる．参考までにいえば，これは，おおよそ人間の髪の直径であり，金属学的なミクロ組織を議論する上で共通の長さの基準となるミクロンの 100 倍以上大きい.

V. 事例研究：ステアリングコラム部品の破損

火災が発生して 2 名が死亡した自動車衝突事故の調査過程において，ステアリング装置の鋼製要素で浸炭焼入れされたピニオンギアの歯が破壊していたことがわかった．部品破面の目視検査で，2 つの明瞭に異なった色のパターンが明らかになった．破壊の起点となった浸炭焼入れされた歯端では，破面は平坦で濃い青色を呈していた．さらに歯内部に向かって，破面の平坦な部分に対してある角度をなしたせん断破壊が生じていた．せん断領域の色は紫がかったピンクであった．

これら2つの異色のパターンが同一破面上に存在していたことから、その部分が使用履歴中に2回高温に暴露されていたということが強く主張された。最終熱処理前の製造中に、部品にき裂が発生し、熱処理中に酸化物がき裂の表面に形成されたに違いないと主張された。さらに、このき裂が部品を破損させ、それによって事故を引き起こしたと主張された。この主張は、古い破面と新しい破面の両方とも、後の火災の最中に酸化したが、古い破面は2度の高温酸化状態にさらされたために異なる外観をもったというものであった。

これらの主張を確かめるために、ピニオンギアを同一要素から分離し、350°Cに20分間暴露した。この1回の熱に暴露することで、破損したピニオンギアの歯で観察されたものと類似色のパターンが生じることがわかった。これらの観察を裏付けるために、疲労予き裂を挿入した鋼製試験片を用いた追加実験が行われた。試験片に疲労予き裂を挿入し、平坦な破面に相当する短い疲労き裂を作成した。残りのリガメントには過負荷をかけて破壊し、粗い破面をつくった。それから、これらの試験片を空気中で350°Cまで加熱した。平坦な疲労き裂の領域は青い酸化物が現れるのに対して、過負荷に関連した粗い破面は紫がかったピンク色の酸化物が現れることがわかった。このような試験にもとづいて、ピニオンギアの歯の破壊は衝突の原因ではなく、むしろ結果であったことが示された。

VI. 光 学 検 査

単純な拡大レンズの倍率は次のように与えられる。

$$M = \frac{250}{f} \tag{6-2}$$

ここで f は単位を mm で表したレンズの焦点距離である。50 mm の焦点距離に対しては、5倍の倍率が得られる。小さな拡大レンズは破面の検査において役立ち、目視検査のみで得られる以上の詳細が得られる。

双眼実体顕微鏡は50倍までの倍率を有し、破面検査において有用な道具である。このタイプの顕微鏡は十分な焦点深度を持ち、カメラを取付けると破面のマクロ写真を撮影するのに役立つ。

光学顕微鏡は約400倍までの、はるかに高い倍率を得ることができる。倍率が高くなると詳細さが増すのではなく、大きな像をより簡単に見ることができる。油レンズを使えば、開口数 NA を 1.60 に上げることができ、解像限界 z [式 (6-1)参照] は $0.2\mu m$ となる。これは光の半波長のオーダーであり、目の解像限界より

500 倍優れている．主たる欠点は，倍率を上げると焦点深度が減少し，焦点を合わせて見るために非常に平坦な試験片でなければならないということである．樹脂に取り付け，研磨した試験片は冶金的な目的に適い，後者の要求を満たすことができるが，ほとんどの破面の粗さは高倍率における光学顕微鏡の有益さを制限する．

破面の検査においては，陰影効果をつくることによって細部を明らかにするのに，傾斜照明の利用が有益である．直射照明は色や組織の違いを観察するのには役立つが，傾斜照明で得られるほどの位相幾何学的な差異を生じないために，フラクトグラフィには勧められない．検査する破面に対する最良の光源の傾斜角を見つけることは試行錯誤の過程になるだろう．試験片を回転させることは細部を明らかにすることに役立ち，フラクトグラフィ的特徴の識別の助けとなるだろう．

VII. 事例研究：ヘリコプター回転尾翼の破損

乗客 3 名とパイロット 1 名を乗せたヘリコプターの遊覧飛行中に，回転尾翼の羽根がヘリコプターから脱落した．回転尾翼の羽根には，主回転翼の羽根によって生じるトルクを相殺する目的があり，回転尾翼の羽根を失うとヘリコプターはきりもみ状態になる．このきりもみ状態を緩和するためにパイロットは回転翼から主回転翼の羽根の連結を解き，主回転翼の羽根を風車のようにする訓練を受ける．通常はこれでヘリコプターを安全に着陸させることができる．しかしながら，この事例ではパイロットはこれを行わなかった．その結果，1 人の乗客がきりもみ状態のヘリコプターから振り落とされて死亡し，他の 3 人の乗員はその後の墜落によって負傷した．事故後の調査によって，回転尾翼をエンジンに接続している要素が疲労破損しており，この破損が回転尾翼を脱落させたことがわかった．

何がこの要素の疲労破損を引き起こしたのか？　不十分な設計のためか，あるいは他の要因があったのだろうか？　回転尾翼の羽根は回収され，羽根の先端に接触損傷の形跡があることがわかった．このタイプの損傷は離陸や着陸のとき，地面付近でヘリコプターを操縦すると生じる可能性があり，FAA(連邦航空局) の規則ではこのような欠陥の許容深さを明記することによって，ちょっとした小さな引っかき傷やへこみを許容している．

観察された引っかき傷やへこみの深さをしらべるために，目盛り付きのレンズ鏡筒がついた 100 倍の光学顕微鏡が用いられた．このような顕微鏡は有限の焦点深度をもつので，最初に回転尾翼の羽根の表面端部に焦点を当て，次に欠陥の底

150   6　調査と報告の方法

に焦点を当てることによって，その深さを測定することができた．このような検査の結果から，多数の引っかき傷やへこみの深さは許容範囲を超えるものであったことが明らかとなり，尾部をぶつけたことが，要素の破損につながるような異常に高い疲労荷重を誘発したと結論づけられた．この事例では，小さな焦点深度が欠点ではなくむしろ利点となった．また，いくつかのヘリコプターの製造業者が，羽根の先端を先端衝突から守るために回転尾翼を格納していることも特に言及された．

VIII.　透過型電子顕微鏡 (TEM)

　走査型電子顕微鏡 (SEM) の出現する前は TEM が破面形状の研究に使用されてきた．通常，これはその表面を転写した薄いレプリカを用いて行われた．これらのレプリカに電子ビームを透過させて，レプリカの厚さの変化に応じた像コントラストをつくることができる．コントラストを大きくするために，レプリカは金属蒸着装置での金属蒸着によって陰影をつけられる．今日ではそういった研究には走査型 TEM の方が好まれる．走査型 TEM は，表面の像とその下にある転位の微小構造の像の両方を得る目的で，破面を含む金属薄片の調査研究に使用される．

　電子顕微鏡の基本的特徴の模式図を図 6-1 に示す．電子源と電子銃，電子ビームを試料に集束させるための一連の電磁レンズがある．電子ビームによる短い波長のために，電子顕微鏡の解像力はきわめて高い．式 (6-1) から，λ が小さくなるほど解像できる点の分離度も小さくなることがわかる．電子は次式で与えられる運動量 mv と関係した波長をもつと考えることができる．

$$\lambda = \frac{h}{mv} \tag{6-3}$$

ここで h はプランク定数で 6.62×10^{-34}J·s, m は電子の質量で 9.11×10^{-31}kg, v は電子の速度である．電子の速度は次のように表すことができる．

$$v = \sqrt{\frac{2eV}{mv}} \tag{6-4}$$

ここで V は加速電圧であり，e は電子の電荷で 1.602×10^{-19}C である．これから次式が導かれる．

$$\lambda = \frac{h}{\sqrt{2meV}} = \frac{1.224}{\sqrt{V}} \text{ nm} \tag{6-5}$$

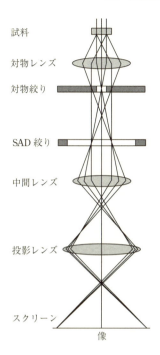

図 6-1 透過型電子顕微鏡の基本的な特徴を示した模式図 (SAD は選択領域回折) (Williams と Carter[2] より引用)

加速電圧が 100,000 V の場合は，λ の値は 0.0038 nm であり，可視光線の波長より小さいオーダーである．TEM 像の理論解像度は投射電子の波長に近くなるが，球面収差や色収差，開口回折といったレンズの欠陥ために，この解像度には達しない．最新の TEM で得られる典型的な解像度は約 0.2 nm である．

IX. 走査型電子顕微鏡 (SEM)

破損解析において最も役立つ道具の 1 つである SEM の基本要素を図 6-2 に示す．TEM と同様に，電子源と検査面に電子ビームを集束させる一連のレンズがある．TEM に比較し，対物レンズがなく，その結果 SEM における電子ビームは非常に狭い．このことから，焦点深度が深く，10–20 nm という解像度の良さからフラクトグラフィに有用であることになる．図 6-3 は SEM において生じる電子と試片の相互作用について示している．SEM は通常，付属のエネルギー分散型 X

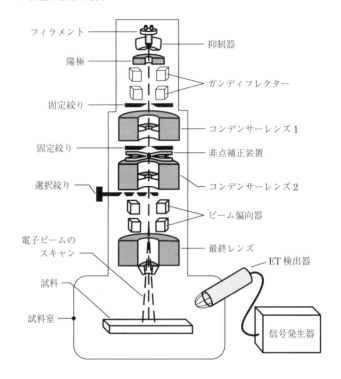

図 6-2　走査型電子顕微鏡の基本要素

線分光法 (EDS) 装置が装備されている．これで試験片表面下約 $2\mu m$ の深さから放射された X 線の特性エネルギーを分析することによって，化学成分の定量的な情報を得ることができる．1 次電子が元素内の電子軌道上から内部電子を弾き飛ばし，外殻電子がそこに置き替わるとき，これらの特性 X 線が放射される．この情報は X 線強度と波長の関係としてグラフに表示され，ふつうに合金元素を識別するには十分である．炭素や窒素，酸素といった軽元素の検出には，特別な「窓なし」検出器やエネルギーよりも波長に感度の良い検出器が使用される．X 線の情報はまた，結晶粒内の元素分布を示す地図として表示することができる．

　破面の検査では，倍率は通常 100–5000 倍のオーダーである．SEM の 1 つの限界は，検査される試験片の大きさに上限があるというものである．その上限は一般的に 15 cm×5 cm×5 cm であるが，いくつかの特殊な装置はもっと大きなサンプルに対応している．検査される試験片に対して使用できる空間が小さすぎる

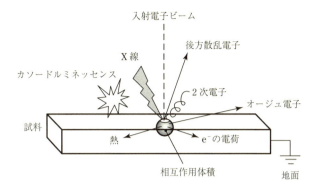

図 6-3　SEM 試料に生じる電子と試料の相互作用

のときは，レプリカ法が使用できる．この方法は現場で破面の情報を得るのにも便利である．

SEM では，電子ビームが試験片の表面を隅々まで走査し，像は 1 次電子の後方散乱か 2 次電子の放出のどちらかによって形成される．後方散乱電子は SEM の対物レンズの磁極片の真下に位置する固体素子によって集められ (図 6-4 参照)，そして像の明るい領域が平均原子番号の高い材料を表すため，組成分析に役立つ．これらの電子は，多結晶における個々の結晶粒の配向を測定する際に，電荷結合素子によって検出することもできる．

2 次電子は 1 次電子か後方散乱電子のどちらかの相互作用により弾き飛ばされた電子である．これらの電子は破面の形状を明らかにするのに重要である．1 次電子のエネルギーは通常 10–25 keV の範囲であるのに対して，2 次電子のエネル

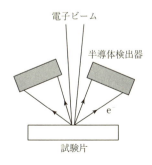

図 6-4　磁極片の下に位置する後方散乱電子の集電装置

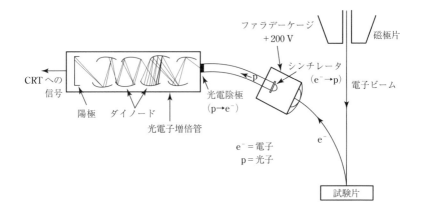

図 6-5 ET 検出器．試験片表面からの電子は可視光線を発生するシンチレータに引き込まれ，光ファイバーを通して光電陰極に移動する．そこで，光は電子に再変換される．電気信号は光電子増倍管 (PM) 内で数個の電極によって増幅され，陰極線管 (CRT) に送信される (Williams と Carter[2]より引用)．

ギーはそれよりはるかに小さく，たとえば 10–50 eV である．放出された 2 次電子は Everhart–Thornley (ET) 検出器によって集められる．この ET 検出器は +200 V のバイアス電圧を印加したシンチレータと光電子増倍管からなる (図 6-5 参照)．集められた 2 次電子が形成する像は，陰極線管 (CRT) 上に表示され，デジタル方式で集めたり，また写真を撮ることができる．像のコントラストは電子検出器に対する表面部分の傾斜から生じる電子の集積の違いによるものである．電子検出器の方に傾いている領域は強調された信号を発生させるが，一方，表面が検出器から離れて傾いている場合，信号は減少する．さらにコントラストはビームと表面の傾斜角の変化による放出の差異のために生じる．セラミックのような非電導性と同様に，ひどく酸化した材料の表面粗さは，SEM 観察の間に，画像の質を損ねる電荷を増す傾向にある．低い作動電圧や表面の金属被膜の蒸着は電荷増加の程度を減少させるのに役立つ．

ET 検出器は 2 次電子 (SE) と後方散乱電子 (BS) の両方の信号を集めるが，SEM の位相幾何学的コントラストに影響を与えるこれらの信号の特性に違いがある．SE 信号は比較的弱く，空間に対称的に分布している．ET 検出器は電界によりこの信号を引き寄せるので，その信号は指向性を失い，その結果コントラストは低くなり，像は (灰色に非常に近い範囲内で) 単調に見えるが，細部は明らかになる．一方，高エネルギーの BS 信号は強い方向性をもつ．その結果，ET 検出

器は SE 電子だけでなく,「視線」となる BS 電子も集める. 検出器の方に傾いている端部や表面は明るいコントラストを生じ, 全体像 (SE と BS) は (検出器の方向に) 傾斜した端部や表面が明るい線で表され, ビームに対して平坦で垂直な部分が灰色で単調なコントラストで表される. この全体の状況は観察者が光学顕微鏡にもとづいて予想していたものではないコントラストになる可能性があり, しばしば光学顕微鏡によって得られたコントラストとは逆になる場合がある. たとえば, 孔は粒子のように見えるかもしれない. したがって, 光学顕微鏡使用者は SEM の像を解釈するとき, これを考慮する必要がある.

SE 電子と BS 電子の発生は原子番号とともに増加する. そしてこの事実は原子番号のコントラストを引き起こし, これは組成分析に用いられる. しかしながら, もし観察者が原子番号のコントラストによって組成像を得ようと試みているとき, 傾斜した表面や鋭い端部が強い BS 信号を発生させると, 重い元素 (Z) も強い信号を発生させることから, それらを大きい原子番号 (Z) の領域と間違ってしまう可能性がある.

SEM の解像度は主に倍率や CRT 画面上の線の間隔, プローブの寸法によって決まる. CRT 上での線の間隔は通常約 0.1 mm であるが, これは画素寸法であり, 目の解像度に近い. 像を画面上に解像するためには, 試験片上における倍率をかけたプローブの寸法はこの解像限界, すなわち線の間隔と等しくなければならない. 1,000 倍の倍率で最適なプローブの大きさは $0.1/1000 = 10^{-4}$ mm $= 100$ nm である. 2 次電子と小さなプローブによる解像度は通常 10–20 nm のオーダーである. 10 nm の解像度に対して, 10 nm を肉眼が CRT 画面上で解像できる大きさの 100 μm まで拡大するような必要最小倍率は約 10,000 倍である. 1,000 倍の倍率ではわずか 100 nm の解像度しか必要ではない.

SEM における焦点深度 D は次のように表される.

$$D = 0.2 \frac{1}{\mathrm{NA} \times M} = 0.2 \frac{W}{R \times M} \ \mathrm{mm} \tag{6-6}$$

ここで NA は開口数, W_{D} は作動距離 (顕微鏡の最終段開口部下の焦点距離, 約 5–25 mm), R は顕微鏡の絞りの半径で 0.050–0.200μm, M は倍率 (10,000 倍以下) である. 式 (6-6) は長い作動距離や小さい口径を用いることで, 焦点深度を大きくできることを示している (高解像度に対しては短い作動距離が要求される). $M = 1,000$, $R = 100\mu$m, $W_{\mathrm{D}} = 25$ mm の場合, D の値は 50μm となり, 光学顕微鏡で得ることのできる焦点深度よりもはるかに大きい. たとえば, 開口数 1.6, 作動距離 1 mm, 倍率 400 倍の油浸レンズの場合, 焦点深度はわずか 0.3 μm

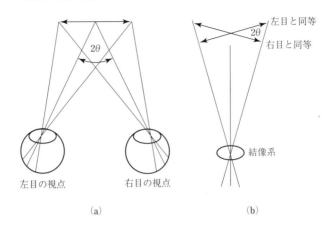

図 6-6 立体写真．左と右の目によって観察した 1 対の像 [図 (a)] は，試験片を既知の角度を傾ける前後で記録した画像対 [図 (b)] に等価である (Brandon と Kaplan[1] より引用)

である．

　SEM を用いて粗い表面を観察する際，立体写真法がフラクトグラフィ的な特徴の 3 次元的性質を理解するのに役立つ．通常，われわれの距離知覚は，両方の目がそれぞれわずかに異なる角度から対象を見ることによるものである．立体写真法においては，図 6-6 に示すように，2 つの顕微鏡写真が 1 つはビーム方向に対して時計回りに 5° 回転させ，2 つ目は反時計回りに 5° 回転させて得られる．3 次元の像を観察するために，2 つの顕微鏡写真は，左目で一方の顕微鏡写真，右目で他方の顕微鏡写真を重ねて見ることができるビューワーを用いて見る．

X. レプリカ

　表面の限定領域のレプリカ採取は大きな要素の検査に有効な非破壊的な方法である．レプリカ採取の繰返しは疲労試験の場合など，ある時間を通して注目領域の履歴の記録を取るのに使用できる．$10\,\mu m$ 程度の長さの微小な疲労き裂はこの方法によって見つけられる．

　破面のレプリカ作成には 1 段または 2 段レプリカが用いられる．どちらの方法も第 1 段階はさび，緩く付着している破片および油質の堆積物を取り除くためにレプリカを採取して，表面をきれいにすることである．アセトンのような溶剤は

XI. 分光分析およびその他の化学分析　　157

しばしばこの目的に適っている.

　きれいな表面が得られたら, レプリカを採取するため, セルロースアセテート
フィルム細片の片側にアセトンを浸して柔らかくし, そして柔らかくなった側を
破面に軽く押し付けて乾かす. この過程には約5分を要する. それからフィルム
を破面から注意深くはがす. 場合によっては, ミクロ組織の特徴を引き出すため
に, レプリカを採取する場所は, アセテートを貼る前に, 研磨したりエッチング
したりすることがある. レプリカが得られたら, それを光学顕微鏡で観察するこ
とができるが, 特徴であるコントラストを強調するために, 金やクロムといった
金属により金属蒸着器でフィルムに陰影をつけることができる. レプリカは光学
顕微鏡や走査型電子顕微鏡で観察することができる. しかし1段式レプリカは,
高エネルギー電子ビームに耐えることができないため, 透過型電子顕微鏡に適し
ていない. この問題を回避するため, 2段レプリカ法が発達した. この手法では,
1段レプリカを上記のように準備する. その後, 電子ビームのコントラストを高
めるために, レプリカを金属蒸着器内に置き, レプリカを上にしてゲルマニウム
などの金属で45°方向から陰影をつける. 次にプラスチックレプリカ上に垂直の
入射角で薄い炭素の層を堆積させる. そして最初のセルロースアセテートフィル
ムをアセトン内で溶解除去して出来上がった陰影をつけた炭素フィルムが透過型
電子顕微鏡での検査に使用される. 炭素はセルロースアセテートフィルムよりも
効果的に熱放射をするため, 電子ビーム下では1段レプリカよりも2段レプリカ
のほうがはるかに頑丈となる. 現場で得られる金属組織観察用レプリカの製作と
評価はASTM指定E1351で取り扱われている.

XI.　分光分析およびその他の化学分析

　もしEDS法より正確な化学成分分析が望まれるときは, ある形式の分光学的
分析が通常使用される. 分光法は放出スペクトルと吸収スペクトルを取り扱う学
問であり, 定量化学分析に広く用いられている. プリズム分光器では, 小さな合
金試料を蒸発させると, 存在するそれぞれの元素の電子が低いエネルギーの軌道
に落ち, その元素の波長特性で可視光や紫外線の範囲にある電磁放射線が放出さ
れる. 物質の屈折率は物質中での光速と真空中での光速との比として定義される.
屈折率は波長にも依存しており, 波長が短くなるほど屈折率は大きくなる. これ
は紫色の光に対するより大きな屈曲や, 赤色の光に対するより小さな屈曲となる.
分光器では, 放出された放射線はプリズムを通過し, 存在する様々な波長を回折

158   6 調査と報告の方法

し，分離し，合成スペクトルが撮影される．スペクトル線の強さと回折角の測定は
合金内に存在するそれぞれの元素の性質や量を明らかにするのに使用される．こ
の技術は，ナトリウムおよび周期表でそれより高い元素に対してよく機能する．
したがって，炭素や窒素，酸素のような軽元素量の測定に関しては他の方法が使
用される．たとえば，ある市販の装置は炭素を酸素と結合させて CO を生成させ
ることによって鋼の炭素含有量を測定する．生成させた CO の量は炭素含有量を
決定するのに用いられる．

　様々なアルミ合金に対するエッチング特性は組成に対して敏感であり，この事
実は，特定の試料がたとえば Al–Zn–Mg か Al–Cu のような別の種類かを明らか
にするのに用いられる．

　鋼中の硫黄の相対量や分布が重要となることがある．サルファプリントは硫黄
介在物の分布を得るための肉眼図法である．サルファプリントを得るために，写
真用ブロマイド印画紙を希硫酸水溶液中に 3–4 分間浸漬する．次にシートの感光
乳剤側を研磨した鋼に中程度の圧力で 1–2 分間押し付ける．そのシートを表面か
らはがし，すすいでから，約 15 分間写真定着液に浸して画像を定着させる．サル
ファプリントは鋼の用意した表面における硫黄介在物の位置と範囲を表示するだ
ろう．ASTM 指定 E1180 には，マクロ組織検査用サルファプリントの準備のた
めの詳細な説明がなされている．

　研磨した鋼表面の巨視検査は，一般的に介在物の種類，数および分布について
の情報をもたらす．ASTM チャートは介在物分布の性質を特徴づけるのに用いら
れる．定量金属組織学の最新の方法もそのような分布の分析に使用される．

XII.　事例研究：亜鉛ダイカスト製品の破損

　亜鉛合金製のダイカスト製品は比較的安価で，各種の用途がある．ある事例で
は，きわめて寒冷な天候状況下で一晩中自動車のエンジンを温めるため，82°C
(180°F) の水を循環する電気加熱式装置に亜鉛ダイカスト製品が使用された．あ
る日，車の所有者は，亜鉛ダイカスト製品が漏れているのに偶然気付き，過って
ダイカスト製品を押してしまった．それは破壊し，やけどするほどの熱湯が彼に
噴出してきた．

　亜鉛ダイカスト製品に関してよく知られている問題の 1 つは，鉛が合金内に存
在すると，粒界への鉛の偏析によって弱くなることがあるということである．実
際，図 6-7 の Pb–Zn 系状態図から，鉛は亜鉛中にほとんど固溶しない．したがっ

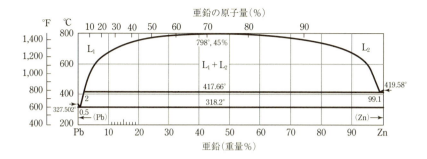

図 6-7 Pb–Zn 系の平衡状態図 (*ASM Metals Handbook*[3] より引用)

て鋳造中,合金が溶融状態から冷却されるとき,存在する鉛が粒界に偏析する.鉛に対する懸念から亜鉛合金中の鉛の量は 0.005 wt % 以下に制限されている.不運なことに,しばしば鉛は亜鉛鉱石とともに見つかっており,それゆえに精錬過程でそれらを分離することが重要である.

亜鉛ダイカスト製品内の鉛含有量を測定するために,分光分析が行われた.その結果,鉛が 0.009 wt % 存在しており,十分に許容レベルを超えていたことがわかった.

鉛の融点は 318°C,亜鉛の融点は 418°C である.90°C の作動温度では,循環水系統で発生する応力に粒界の鉛が持ちこたえることができず,最終的な破損の原因となる粒界割れが発生した.

XIII. 特殊分析技術

(a) スモールスポット電子分光法 (EPS) は,サンプルの表面から 2 nm の組成分析と化学結合分析を行う表面分析法である.EPS は水素とヘリウムを除くすべての元素を検出できる.破損解析において腐食生成物や表面の化学的変質を測定するのに役立つ.

(b) フーリエ変換赤外分光法 (FTIR) は,化学成分あるいは有機材料,高分子材料,多くの無機材料の結合部の性質を決定するのに使用される.

(c) 走査型オージェ微量分析 (SAM) またはオージェ電子分光法 (AES) は,表面から 2–3 nm 内部の組成の測定に使われる方法である.水素とヘリウムを除くすべての元素を検出できる.試料は 20–2,500 eV の低エネルギーのオージェ電子

160   6 調査と報告の方法

を表面から放出させるために収束された電子ビームで走査される．表面上部数層の元素分析を行うために，放出されたオージェ電子のエネルギーが測定される．

(d) 電子プローブ微量分析 (EPMA) は，細かく集束させた電子ビームを用い，X 線を発生させて，1 立方ミクロン程度の小さな体積の組成を分析する．たとえば，研削割れ内に堆積した窒化層の組成はこの方法で分析できる．

(e) 電子エネルギー損失分光法 (EELS) では，電子を金属薄膜に透過させる．電子が試験片内の原子と相互作用すると電子はエネルギーを失うので，そのエネルギー損失量は電子と相互作用した原子の特性となる．電子のエネルギー分布の分光分析は試験片の化学分析に使用できる．この方法は原子番号が 10 あるいはそれ以下の元素の検出によく適している．

(f) 2 次イオン質量分析法 (SIMS) は，100 nm の解像度で，表面の数原子層内に存在する元素に関する高感度の空間情報を得るのに使用され，水素の検出に特異な能力をもつ．SIMS では，高真空中で集束させたイオンビームを表面に向ける．これらの 1 次イオンは表面の原子や分子のスパッタを起こす．スパッタしたイオンは 2 次イオンとよび，質量分光計を使って質量分析を行う．磁気セクター型質量分析計とともに焦点を合わせたガリウムイオン銃が使われる．表面の 2 次イオン像がつくられ表面の空間的な解像分析が行われる．2 次電子も放出され，2 次電子像を得るために ET 電子検出器を使用することもできる．

(g) 走査原子間力顕微鏡 (AFM) は原子スケールの解像度で $30\,\mu m \times 30\,\mu m$ 領域の表面形状の研究を可能にする．先端に 1 個の原子があるプローブは薄い片持ちはりによってぶら下げられている．プローブは表面を走査し，表面形状の変化に反応して支持はりが曲がる．はりのたわみは光学的か，またはコンデンサーで測定できる．この方法は，たとえば疲労繰返し中のすべり帯の形状変化を周期的にモニターすることに使用されてきた．

XIV. X 線による応力測定[4]

弾性範囲で応力が物体に作用すると，弾性ひずみが生じ，これは原子面間の垂直な分離距離の変化として，原子レベルで現れる．X 線回折法は物体表面でのこの変化を測定するのに使用される．この変化はひずみに変換され，そしてひずみはフックの法則を修正して対応する応力に変換される．残留応力は，疲労や応力腐食割れによる破損を促進する役割を果たす可能性があるので，製造過程や使用中に導入される残留応力はしばしばこの方法で調査される．次の解析は，X 線技

XIV. X 線による応力測定 161

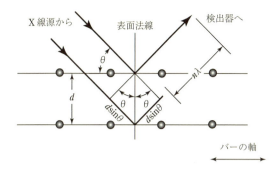

図 6-8　X 線回折とブラッグの法則

術による応力解析で用いられる方法の本質を示す．

　引張りが負荷された多結晶体の試験片を考える．X 線で軸方向のひずみを測定するためには，軸に垂直な面からの回折が必要となる．これは通常不可能であるので，かわりにポアソン収縮が測定される．類似の考えは 2 軸応力状態下で負荷された平面に適用される．

　ブラッグの法則 (図 6-8 参照) が解析で用いられる．この法則は，次式で表される．

$$n\lambda = 2d\sin\theta \tag{6-7}$$

ここで n は波長の数，λ は波長，d は面間隔，θ は反射角つまり面の接線と反射ビームの間の角度である．格子がある量 $\Delta d/d$ のひずみを生じると，$\sin\theta$ に変化があるだろう．この方法の感度を上げるために，できるだけ θ の変化を大きくすることが要求される．式 (6-7) を微分すると，この条件は次のように表すことができる．

$$d\cos\theta\Delta\theta + \Delta d\sin\theta = 0$$

または

$$\Delta\theta = -\frac{\Delta d}{d}\tan\theta \tag{6-8}$$

したがって，特定の d の変化に対しては，θ の値が大きくなるほど，測定される θ の変化量が大きくなる．これは，入射角はできる限り調整して 90° に近い角度にするべきだということを意味している．

　次に X 線応力解析の実行に関係する原理を示す．表面に 2 軸応力が存在する自由表面を考える (図 6-9)．表面に垂直な方向のひずみは主ひずみであり，次のよ

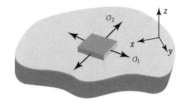

図 6-9 2 軸応力場

うに書くことができる.

$$\varepsilon_3 = -\frac{\nu}{E}(\sigma_1 + \sigma_2) \tag{6-9}$$

ここで σ_1 と σ_2 は表面内の主応力である.この式は次のように書き直すことができる.

$$\frac{\Delta d_z}{d_z} = -\frac{\nu}{E}(\sigma_1 + \sigma_2) \tag{6-10}$$

そして式 (6-8) から,次のように表される.

$$\Delta\theta = \frac{\nu}{E}(\sigma_1 + \sigma_2)\tan\theta \tag{6-11}$$

　一般に,垂直入射で得られる回折パターンから主応力の和だけが得られる.荷重状態や残留応力の状態に関する情報があれば,σ_1 と σ_2 の値を決定することが可能なことがある.たとえばショットピーニングされた表面の圧縮残留応力は表面のすべての方向で等しい.

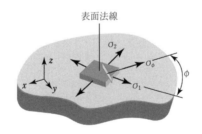

図 6-10 X 線応力解析の角度関係

　主応力の和を求めるのではなくて,表面の指定した方向に働く応力を測定することが要求されるならば,異なる方法をとらなければならない.図 6-10 は測定される応力 σ_ϕ,主応力 σ_1 と σ_2,任意の x, y, z 軸の間の角度の関係を示している.この方法では,表面法線および法線の面内にあり要求した方向の 1 つ以上の角度

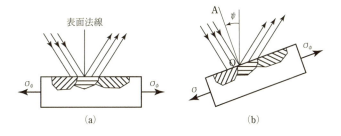

図 6-11 (a) 垂直入射パターン, (b) 傾斜入射パターン.

ψ の回折ピークが測定される (図 6-11). ここでは説明のために ψ の値の 1 つだけを考える. 垂直入射パターンはほぼ表面に垂直な方向のひずみを測定し, 傾斜入射パターンはほぼ OA に平行な方向のひずみを測定する. したがって, 測定されたひずみはそれぞれ σ_3 と ε_ϕ にほぼ等しくなる. ここで ε_ψ は表面法線と角度 ψ をなす方向のひずみである.

次の関係がこれら 2 つのひずみの差を与えることを示すことができる.

$$\varepsilon_\psi - \varepsilon_3 = \frac{\sigma_\phi}{E}(1+\nu)\sin^2\psi \tag{6-12}$$

しかし,

$$\varepsilon_\psi = \frac{d_i - d_0}{d_0} \tag{6-13}$$

そして,

$$\varepsilon_z = \frac{d_n - d_0}{D_0} \tag{6-14}$$

ここで d_i は, ほぼ OA に垂直な傾斜した反射面 $\{hkl\}$ の間隔, d_n は応力がかかった状態での垂直入射に対する反射面 $\{hkl\}$ の間隔, d_0 は応力がかかっていない状態での同じ面 $\{hkl\}$ の間隔である. 式 (6-12), (6-13), (6-14) を組み合わせると, 次の式が得られる.

$$\frac{d_i - d_0}{d_0} - \frac{d_n - d_0}{d_0} = \frac{d_i - d_n}{d_0} = \frac{\sigma_\psi}{E}(1+\nu)\sin^2\psi \tag{6-15}$$

小さな誤差で d_0 は d_n で置換できるので, 式 (6-15) は次のように書くことができる.

$$\sigma_\psi = \frac{E}{(1+\nu)\sin^2\psi}\left(\frac{d_i - d_n}{d_n}\right) \tag{6-16}$$

その結果, d_0 の値を知る必要はなくなる.

164　　6　調査と報告の方法

　最新の X 線応力解析の回折計は少なくとも 5 つの異なる ψ の状態で読み取りを行うようにプログラムされている．実験的，解析的手順は上記と似ているが，さらに正確な σ_ϕ の評価ができる．

　また，残留応力の測定を行う他の方法もある．たとえば ASTM 指定 E837 には，孔加工ひずみゲージ法によって残留応力を測定する方法が扱われている．その方法は半破壊的なものであり，等方性弾性材料の表面近くの残留応力を測定する．選んだ場所に 3 成分ロゼット形式のひずみゲージを接合し，深さが孔直径の 1.2 倍以上の孔をロゼットの中心にあける．孔加工によって孔の近くで残留応力が緩和され，この軽減されたひずみが記録される．この測定から最初の状態の残留応力を計算することができる．

XV.　事例研究：列車車輪の残留応力

　鍛造鋼の車輪の 1 つが破損したために旅客列車が脱線した．化学分析で車輪が旅客用車輪の Class A の仕様を満足していたことがわかった．その炭素含有量は 0.56 wt ％ であった．これに対して，貨物車の車輪の炭素含有量はむしろ 0.75 wt ％ に近い．車輪は製造業者によってショットピーニングされ，大きさが 172–207MPa (25〜30 ksi) で 2 軸圧縮の残留応力を車輪のリムとプレートの両方に発生させてある．運転中に初期の残留応力が緩和され破損の一因となったのではないかという懸念があった．そこでクロム $K\alpha$ を用いた X 線法で破損車輪の残留応力状態を測定することになった．残留応力はまだ製造業者が導入した最初の範囲にあることがわかり，したがって残留応力の緩和がこの破損において役割を果たしたわけではなかった．この決定は引張試験や破壊靭性試験，疲労試験，サルファプリント分析，介在物調査，ミクロ組織の金属顕微鏡学的測定にもとづいて行われ，このいずれもが車輪自体は，決して欠陥品ではないということを示した．実際の破損の原因は，張り出しているブレーキシューによって，リムの角に発生した疲労き裂の存在にあったことを突き止めた．普段ブレーキシューはリムの角から離れた，車輪の踏面上に設置されている．ブレーキがかかっている間，踏面シューの接触面で，鋼がオーステナイト領域まで十分に加熱されるような温度上昇が起こる．その後の冷却で，エッチングで白い層として現れる焼戻されていないマルテンサイトに変態する．さらに，ヒートチェック (細かいき裂) が発生することがある．ブレーキシューが適切な位置にあるときは，これらのヒートチェックは踏面の中心部にあり，それが破壊の臨界寸法に達する前に摩耗してしまう．し

かし，張り出したブレーキシューによってリムの角にき裂が発生すると，その後この位置では摩耗がないので，この事例で起こったように，き裂は臨界寸法まで成長することがある．張り出したブレーキシューの問題を監視するために，車輪の目視検査やブレーキシューの設置が一定の間隔で行われる．もし張り出しによるリムの角の変色に気づけば，もっと注意深く車輪にき裂の存在の対する検査が行われるはずである．しかしながら上記のような事例では，この検査方法でこの問題の発見が間に合うようにうまく行なわれずに，事故が発生した．

XVI. 技 術 報 告 書

技術報告書の準備は調査の重要な側面である．次の節では報告書の準備に関係して行われる処置の概要を説明する．

A. 技術報告書の準備に対する概要

1. 緒言
   A. 問題は何か?
      a. 身近な事例に最初にかかわったときの様子と日付
      b. 破損に関係する既知の状況
      c. 受け取った要素の記述と受け取った日付 (「証拠の連鎖」を保持するために重要なことである．)
      d. 受け取った証拠書類 (宣誓供述書，技術文献，マニュアルなど)
      e. 調査の目的
   B. 破損に関して何がわかっているか?
      a. 全体写真を含む，破損した要素に対するさらに多くの詳細と全体の説明
      b. 要素の履歴 (荷重や環境など)
   C. 何をするつもりか?
      a. 解析の間に行われる取組み (硬さ試験，化学分析，SEM 作業，現場視察など)
2. 調査
   A. できるならば，現場の観察と関連写真
   B. 実験室における解析 (SEM，顕微鏡写真，化学分析，硬さなど)
      a. 製造物責任の訴訟では，一般的に調査者がすべての写真を撮ることが望

まれる．それが容易でない場合，写真が撮影される時に調査員はその場にいるべきである．これは SEM 作業を含む．もし観察する人物が調査員でないならば，観察の日付と場所とともに観察者の氏名もリストに載せるべきである．

   b. 営利を目的とする研究所で行われる化学分析においては，提供されたサンプルの記述と要求される検査の種類を記録すべきである．

 C. 応力解析

   a. 調査員自身が応力解析を行うことが好ましい．もしそうでないときは，実際の解析を行った人物や組織を明らかにすべきである．

3. 証拠の現状

 A. 証拠を返したのか，それともまだ所有しているのか?

4. 結言：上記の観察にもとづいて次のように結論される．

 A. 破損の種類は（「疑いなく」または「十中八九」）_____ である．

 B. 破損の原因は（「疑いなく」または「十中八九」）_____ によるものである．

XVII. 記録の保管と証言

特に法的な問題に関しては，役立つ記録の保管の重要性を強調しすぎるということはない．製造物責任に関する訴訟における裁判証言の準備のために取られるべき手順のいくつかを次節で概説している．

A. "管理の連鎖" の維持

(a) 必ず証拠の断片を受け取った日付と誰から受け取ったのかを記録に残すこと．部品をあなたに渡した訴訟当事者に受領書を渡し，そのコピーをファイルに取っておくべきである．"受け取ったときの" 状態を示すために部品の写真を撮っておくこと．

(b) 部品を返却するとき，ファイルに日付と受取人の氏名を記入し，受領書を受け取ること．移転のときに再度その状態を示すために部品の写真を撮ることは，良い習慣である．

(c) 部品をあなたが管理している間，行った検査の種類と関連する日付を記録すること．

XVII. 記録の保管と証言　　167

B. 写真とその他の記録

(a) 一連の写真を撮ったとき, ボイスレコーダーを使ってそれぞれの写真を番号で識別し, 内容を示すこと.

(b) 印刷物を受け取ったときは, その内容確認と日付を記したラベルをそれぞれの印刷物につけること. 訴訟事件簿といっしょに保管すること.

(c) 印刷物のコピーを訴訟の相手方に渡す場合は, 受取人の氏名と渡した日付を記録すること.

(d) EDS の読み出し情報には日付と内容を記したラベルを貼り, 訴訟業務日誌の中に入れるべきである.

(e) SEM 写真は日付を入れて識別し, 訴訟事件簿に保管すべきである.

C. あなたの研究所 (または公共の研究所) における検査

(a) 最初は非破壊型の検査 (NDE) のみを用いること. 破壊検査が要求される場合には, 必ずあなたの弁護士から検査の具体的な方法に関して文書で許可を得ること. 弁護士は対立する側にも検査の許可を取るために連絡しなければならないことがある. たとえば破面のよりよい観察のためのさびの層の除去は弁護士の許可があるときに限って行うべきである. 同様に硬さ試験の圧こんも破壊であると一部の人々に見なされることがあり, したがって, このような試験を行う前に許可を得ておくべきである. 明らかに, 部品の切断には事前の許可が必要である.

(b) 行った試験の日付と種類を業務日誌に記録しておくこと.

(c) 得られた全データの一覧表を作成すること. 写真, 硬さの値, 化学成分, SEM 作業など.

D. 保　　管

あなたが管理している間, 受け取ったどんな部品も安全で安心できる場所に保管すること. できれば鍵のかかるキャビネットか安全を保証された部屋に保管する. 時々, 1 年以上部品があなたの保管のもとにあるかもしれない. 部品を腐食から守ること. たとえば, 鋼製試験片の破面に軽油を塗る.

168　　6　調査と報告の方法

E. 証言録取書

　もしあなたが裁判前に証言する場合は，必ずすべての質問にできるだけ率直に簡潔に答えなければならない．もし答をさらに明確にすべきと感じたときは，休憩を求めてその問題をあなたの弁護士と議論すること．対立する弁護士が割り当て分の質問を終えた後で，あなたの弁護士は説明のためあなたに質問する機会を得ることになる．準備を整えておくこと．不明確なこと，不的確なこと，矛盾はあとで裁判で持ち出されることがある．

F. 裁判前の準備

　ほとんどの法廷弁護士は技術的な訓練を受けておらず，技術に関する訴訟では，問題の技術的側面の詳細をすべて完全に把握していないかもしれない．彼らの理解不足は，あなたが専門家として自分の意見の正しさを陪審員に納得させたい要点を必ずしもすべて明らかにするとは限らない質問を彼らにさせることがある．この問題を避ける方法は裁判の前に弁護士と会い，論理的で完成されたやり方であなたの証言を展開させる質問の一覧表を提供することである．次のような質問リストを提案する．

(a) あなたの氏名は？

(b) あなたの勤務先の住所は？

(c) あなたの学歴は？

(d) 特に本件に関係した，あなたの雇用経歴と顧問経験を説明して下さい．

(e) あなたの発表論文の数と全般的な内容について述べて下さい．

(f) 以前に裁判で専門家証人として認められたことはありますか？　だいたい何回？　どの程度の期間？

(g) 現在の訴訟に関係するテーマについて研究したり，コンサルタントになったことがありますか？

(h) いつ，どのようにしてこの訴訟事件に関係することになりましたか？

(i) あなたは何の書類を受け取りましたか？

(j) この訴訟に関連して，あなたはどんな技術的性質をもつ会合に出席しましたか？　（これらの会合は訴訟でのあなたの側のコンサルタント達との，または製造業者の代表者との会合であったかもしれない．また工場や現場の視察であったかもしれない．）

XVII. 記録の保管と証言　　169

(k) 検査のためにどんな要素を受け取りましたか?

(l) どんな種類の調査を行いましたか? (裁判の最中でこの質問に答えたとき，あなたが示した写真や化学分析，類似の訴訟事件などは証拠として位置づけされる．)

(m) あなたは単なる 1 つの要素というよりもむしろ全体の設備を調査しましたか?

(n) あなたは類似の設備を調査しましたか?

(o) 全体の証拠と事実にもとづいたあなたが突き止めた事柄は何ですか? (たとえば「その部品は疲労によって破損した」)

(p) あなたは自身の結論に到達する助けをした他の誰かとその突き止めた事柄について議論しましたか? (専門家，技術者，機械工など)

(q) あなたの結論は何でしたか?

(r) あなたはこれらの結論にどのようにしてたどり着きましたか? (破損解析では，しばしば最終的な破損に至るまでの連続して起こる事象が存在する．ほとんど確実といえるその順序について，あなたの意見を述べなくてはならなくなるかもしれない．)

　これらの質問は，個々の訴訟に合うようにわかりやすく修正されることがある．しかし，あなたとあなたの弁護士が適切な一覧表と一連の質問に前もって合意し，裁判であなたの弁護士がそれに従うならば，あなたはより良い備えとより大きな自信をもって証人台に立てるだろう．

　それに加えて，

(a) もしあれば，裁判の前に，訴訟で対立する側の証言録取書を検討すること．

(b) 反対尋問において，あなたの弁護士が尋ねる質問の一覧表を用意すること．

G.　裁　判　証　言

　(a) 十分身繕いをすること：専門家らしい服装をすること (男性はワイシャツ，ネクタイ，ビジネススーツ，女性は同等のふさわしい服装)

　(b) F 節の一覧表から最初の 7 つの質問に答えた後，対立する弁護士はあなたの専門知識がこの特定の訴訟に適しているかについて異議を申し立てることがあり，裁判官が最終決定を下すことになるだろう．ふつうは裁判の問題に関係のある破損解析の専門家ならば問題はなく，上記の質問に答えることで十分に資格があるとされるはずである．明らかにあなたが電子工学の分野で働いたことがない

170   6 調査と報告の方法

ならば，その分野での専門家として自分自身を推薦したくないだろう．いったん専門家証人としての資格があると認められれば，問題の技術面に関するあなたの意見をいつでもいうことが許可される．

(c) 裁判の最中に，裁判官はあなたの証言に関連していくつかの意見をいうかもしれない．注意深く聞き，邪魔をしてはいけない．一部の裁判官はかなりぶっきらぼうで短気に見えることがある．深呼吸し，狼狽しないように努めること．質問には落ち着いて，正確に，率直に答えること．

H. 反 対 尋 問

質問には簡単で率直に答えること．あなたが答を知らない場合にはそのようにいうこと．論争を試みてはいけない．もしうまくいけば，あなたの弁護士は裁判の再直接尋問でさらに質問して反対尋問の中で提示した答を明確にする機会をあなたに与えるかどうかを判断できるであろう．たとえば，反対尋問で，あなたは部品がある程度破損する可能性があったといってしまうかもしれない (あなたが起こりそうにないと考えていても)．再直接尋問の中で，あなたの弁護士は，その破損の一般的な状況では，そのようなことが起こる可能性がきわめて小さいことをあなたの意見としてはっきり述べる機会をあなたに与える質問をするかもしれない．

I. 最後の重要な点

裁判の中で，もしあなたが対立する側の証言のために出席する場合は，あなたの弁護士が対立する側の証人の反対尋問で使うために，この証言に関連した意見や想定質問の一覧表を準備すること．

XVIII. ま と め

この章では，破損調査を行う際において用いられる最も共通した多くの手法の概要を述べた．これらの手法はかなり単純なものから高度に洗練されたものにまで及ぶ．調査員は，これらの能力を承知し，定められた分析の中で適切なものを使用することが必要である．妥当な証拠管理の維持，記録の保管，報告書作成，結果のプレゼンテーションの重要性を強調しすぎるということはない．

参 考 文 献

[1] D. Brandon and W. D. Kaplan, *Microstructural Characterization of Materials*, Wiley, New York, 1999.

[2] D. B. Williams and C. B. Carter, *Transmission Electron Microscopy*, Plenum, New York, 1999.

[3] *ASM Metals Handbook*, 8th ed., vol. 8, ASM, Material Park, OH, 1973, p. 330.

[4] B. D. Cullity, *Elements of X-ray Diffraction*, Addison-Wesley, Reading, MA, 1956.

問　　題

6-1　2 ビーム X 線応力解析を, $E = 200\,\mathrm{GPa}$, $\nu = 0.25$ の高強度鋼部品について行う. その部品は 2 軸残留応力系を含んでいて, 特定の方向で残留応力を測定する必要がある. 垂直入射と $\psi = 45°$ 入射に対する (511) 面間隔の値はそれぞれ $0.0550\,\mathrm{nm}$ と $0.0522\,\mathrm{nm}$ である. 応力を決定せよ.

7

脆性破壊と延性破壊

I. は じ め に

多結晶材料では破壊の様式が2つで，粒内破壊か粒界破壊のいずれかである．引張荷重下では粒内モードは脆性破壊と延性破壊に分類される．繰返し荷重下で生じる破壊は通常粒内破壊であるが，長期間のクリープ破壊は粒界モードで発生する．応力腐食割れのような他の型の破壊は粒内モードか粒界モードのいずれかで起こる．

この章では，脆性破壊と延性破壊について論じ，温度が低温から高温へと上昇するにつれて鋼で生じる脆性破壊から延性破壊への遷移についても論じる．

II. 脆 性 破 壊

鋼の粒内脆性破壊は，へき開として知られる分離過程によって特徴づけられる．このへき開は，フェライトの {100} 結晶面に沿って発生する．もし，脆性的に破損した鋼の試片を肉眼もしくは，低出力の顕微鏡で検査すると，鏡のように輝く反射を見ることができる．これらの平坦で輝きのあるファセットは {100} へき開面である．顕微鏡レベルでは，これらのファセットはたいていテアラインを含んでおり，それは図 7-1 に示すように，倍率 100 倍で見ることができる．これらは，き裂前縁がある1つの結晶粒からもう1つの結晶粒へ通り過ぎるにつれて結晶粒界で形成される．なぜなら，1つの結晶粒の (100) 面は一般にその隣の結晶粒の (100) 面にそろっていないからである．これらのテアラインは，平行な (100) 面をつなぐ一結晶粒内の段であり，それらの形成は破壊に要するエネルギーを増す．き裂前縁がさらに結晶粒内へ進むにつれて，テアラインの数が融合して，消失する傾向があり，それは，リバーパターンとして知られる川の支流と本流との合流の模様を形成する．これらのリバーパターンはき裂進展の局所的方向を定めるのに有用な手助けとなる．テアラインはき裂前縁に対して垂直となる傾向があるの

– 173 –

174   7 脆性破壊と延性破壊

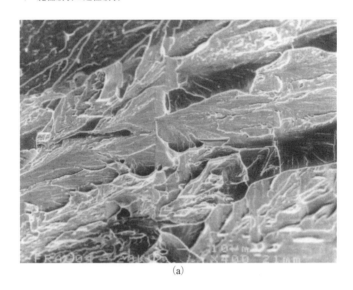
(a)

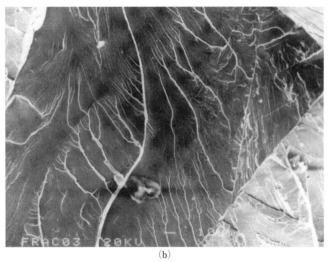
(b)

図 7-1   脆性破壊の例. (a) へき開ファセット, (b) リバーパターン (J. Gonzalez 博士の提供による).

で, テアラインの融合は局所的なき裂前縁の湾曲がき裂進展方向に対して凸であったことを示す. テアラインの形成は, エネルギーの消費を必要とするので, き裂

II. 脆性破壊　175

図 7-2　1988 年に起きたペンシルバニア州アレゲーニー郡オイルタンク倒壊に関与した 25 mm 厚鋼板の破面上のシェブロン模様の例．破壊起点は左にある (I. Le May 博士の提供による).

進展に抵抗となり，その結果，き裂前縁の局所的な形状にも影響を及ぼしうる．

巨視的レベルにおいて，鋼板の脆性破面はいわゆるシェブロン模様で特徴づけられる．シェブロンの先端は破壊の起点を向いているので，これらの模様は破損解析に役立つ．一例が図 7-2 に示してある．これらのシェブロン模様は巨視的なテアラインであり，それらは湾曲したき裂前縁に対して垂直に走り，き裂が進展するにつれて分岐する．き裂前縁の湾曲は，平面ひずみ状態である内部領域より，平面応力状態である表面領域でのき裂進展速度の方が遅いということにより起こる．

鋼の脆性き裂は高速度で，すなわち，鋼中の弾性波の速度の 0.1 から 0.2 倍で

図 7-3　鋼の粒界破壊 (J. Gonzalez 博士の提供による)

進む．このことは，き裂前縁に沿ったひずみ速度は極度に高いということを意味している．以下で議論されるように，低温と同様に高ひずみ速度は鋼の脆性傾向に寄与する．また脆性は，延性変形の不足があることを意味している．図 7-2 の破面はかなりフラットであり，引張くびれに類似した過程が生じる場合にあるような，側面の収縮がないということに注意しなければならない．

粒界破壊も脆性破壊である．そのような破壊は結晶粒界の弱さのせいで起こり，それは，しばしば加工や熱処理の結晶粒界への不純物要素の偏析に起因する．ロックキャンディという用語は，図 7-3 のような粒界破壊の様相を特徴づけるために使われている．低倍率では，粒界破壊している領域は，その平坦なロックキャンディ状の地形のために明るく見えるが，へき開破壊を連想させる結晶学的な平面性はない．

これらの 2 つの脆性破壊と比較して，延性破壊は非結晶学的であり，塑性せん断変形によって起こる．結晶学的なファセットがないために，その様相は脆性破面より光沢が少ない．

III. 鋼の脆性破壊例

良く知られた鋼の脆性破壊例のいくつかを以下に示す．

(a) 1919 年 1 月ボストンで 2,300,000 ガロンの糖蜜が入った鋼製タンクが突然崩壊した．そのあとに続いた糖蜜の激しい流出によって，数頭の馬とともに 12 人が水死したり，怪我のために亡くなったりした[1]．

(b) 1930 年代ヨーロッパで，数本のトラス橋が低温で破損した．続発したその破壊は溶接欠陥から発生したことが判明した．シャルピー衝撃試験によってその橋に使われていた鋼は室温で脆性になることがわかった[1]．

(c) 第 2 次大戦中，1942 年 2 月から 1946 年 3 月までに調査された 4694 隻の商船のうちの 970 隻に修理の必要がある成長したき裂が発見された．1942 年から 1952 年の間，200 隻以上の船が危険なものとして分類される破壊を生じ，少なくとも 9 隻の T-2 タンカーと 7 隻のリバティー船が脆性破壊により真っ二つに破壊した．これらの出来事は，このような破壊の数を急速に減少させる調査に結びついた．1944 年 4 月にはひと月で 130 件の破壊が起こったのに対し，1946 年 3 月には，船の総数はほぼ 2 倍になったが，ひと月にわずか 5 件の破壊が生じたのみであった．実施された改良点には，構造物の材料に対する衝撃必要条件のみならず設計の変更 (ハッチにおける角ばったコーナーの除去など)，製作工程の変

111. 鋼の脆性破壊例

図 **7-4** 写真左上にある半径 3 mm と 1.5 mm の 2 つの欠陥.問題となったポイントプレザント橋のアイバーの破壊前に存在していた (NTSB[3] より引用).

更および改善などがあった[1,2].

(d) 1967 年 12 月 15 日午後 5 時,ウエストヴァージニア州ポイントプレザントとカノーガをつなぐオハイオ川にかけられたつり橋が突然崩壊した.46 人がその事故で亡くなった.破壊の原因は,サスペンションシステムを構成するために連結されたアイバーのうちの 1 つに存在した半径 2–3 mm オーダーの 2 個の近接した小さな半円型の欠陥 (図 7-4) だということがわかった.これらのアイバーはせいぜい 9.1 m (30 ft) の長さであり,1 つのピン結合で 4 つのバーが合わさり 1 組にそろえられている (図 7-5).しかしながら,その構造には冗長性がなく,1 つの部材が破壊した場合,その連結部分にかかる合荷重は破壊を引き起こすのに十分であった.一方の欠陥の半径は 3.2 mm (1/8 in) で,他方は半径 1.6 mm (1/16 in) であった.これらの欠陥は腐食ピットから発生し,腐食疲労と応力腐食割れの組合せによって成長した.1927 年に設計された時点では,このような損傷過程が橋で生じることは知られていなかった.不幸にも,これらの欠陥は構造物の点検しにくい部分で発生した.その鋼は,552 MPa (80 ksi) の降伏強さを有していたが,破壊靱性不足のために,小さな欠陥から崩壊につながる脆性破壊が発生した[3].

(e) 1988 年の 1 月 2 日,ペンシルヴァニア州アレゲーニー郡にある大きな地上

178   7 脆性破壊と延性破壊

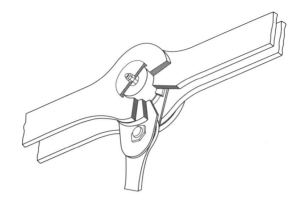

図 7-5　ポイントプレザント橋の典型的なアイバーチェーン継手 (NTSB[3]より引用)

燃料貯蔵タンクが突然崩壊し，390 万ガロンものディーゼル油が流出した．その波の波頭は，近くの土製の堤防に打ち寄せ，その結果たくさんの油がモノンガヒラ川とオハイオ川へ流れた．その壊れたタンクの鋼製の殻はねじ曲げられ，大きな鋼製の支柱と他の内部の補助的な柱は曲げられ，それらはもとあった場所から何フィートも飛ばされていた．その殻自体は，もとあった場所から東へ約 36.6 m (120 ft) の場所にあった．このタンクはもともと他の敷地に設置してあったものを分解し，ペンシルバニア州の敷地で再び組み立て，そして，1 回目の充填で破壊した．しかしながら，再組み立てに起因した構造欠陥は，実質的にはタンクの崩壊の原因ではなかった．むしろ，崩壊の直接の原因は次のようなことであることがわかった．

1. 1 階における鋼板の上端近くに位置する切断または溶接のトーチの焼きによる何十年来の古い欠陥 (焼きが入ることにより，鋼は初期の溶解もしくは粒界酸化により永久的に損傷を受ける)．
2. 使用鋼が脆性破壊しやすいような十分に低い周辺温度．
3. タンクを許容された容量まで満たすことによる静的な応力．

さらに，タンクは再組み立て後，完全な水圧試験を受けていなかった．

　(f) 1985 年 3 月コネティカット州ハートフォードで新しい給水管が試験された．外気温度は 5°C (41°F) でコントロールバルブが突然閉じられたとき水があふれ出し，その結果，給水管が破裂した．シェブロンマークが管の破面に明らかに存在し，破壊の起点を示していた．破面起点部に欠陥はまったく観察されなかった．

この破損は流体運動が突然止まった時に水圧により発生する**水撃作用**として知られている現象によるものである．ほとんどの場合，水撃作用は管系に叩き騒音を生み出すが，極端な場合破断が生じる．2012 年 8 月，外気温度 28°C (82°F) のハートフォードにおいて，1 台のトラックが衝突し，消火栓を破壊した．衝撃を受けて安全弁がただちに閉まり，それにより圧力水が発生し，3 個の連結された水圧本管において 4 個の脆性型破壊が生じた．

IV. 鋼の延性‒脆性挙動

A. シャルピー試験

鋼と同様にその他の多くの材料も，ある領域以下の温度では脆性挙動で破壊し，それ以上の温度では延性挙動で破壊する．一方，アルミニウム合金および銅合金は，極端に低い温度でさえ延性のままである．シャルピー V 型切欠 (CVN) 衝撃

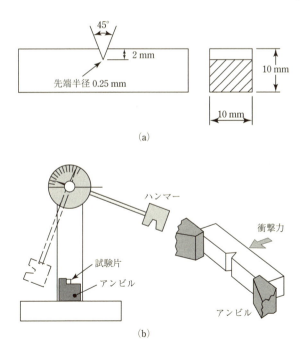

図 7-6　(a) シャルピー V ノッチ試験片，(b) 振り子型衝撃試験機．

試験，ASTM(米国試験材料協会) 指定 E23，は延性–脆性遷移の研究によく利用
される．この試験に使われる共通試験片を図 7-6a に示す．この試験片は，断面
10 mm×10 mm，長さ 55 mm の四角柱であり，長手の中央部に棒に直角に切欠が
付いている．切欠は，深さ 2 mm，先端角 45°，先端半径は 0.25 mm である．場
合によっては衝撃試験前に，繰返し荷重により試験片に予き裂を導入することが
ある．

　試験中，その試験片は (もしあれば) 冷却媒体もしくは加熱媒体から離され，V
型切欠が垂直になるように，振り子型の衝撃試験機の試験片支持台に水平に置か
れる (図 7-6b)．冷却または加熱した試験片をセットした後 5 秒以内に，振り子
はあらかじめ決められていた高さから放たれ，その位置エネルギーは運動エネル
ギーに変わる．振り子のハンマーは，試験片の切欠の反対側を打撃し，通常試験
片は破断する．試験片破断後に，振り子が上昇した高さと最初の高さを比較し，
その差を衝撃過程で吸収されたエネルギーを決定するために用いる．ハンマーに
は，破壊過程中の荷重–時間の読出しを行うために，ひずみゲージが備えつけられ
ることがある (計装化シャルピー試験)．もし，疲労予き裂の入った試験片を使え
ば，この情報をその材料の動的破壊靭性を決めるために用いることができる．

　シャルピー試験は，より高価な破壊力学型試験と関連させ，また，それらのかわ
りに用いられることがある．次の事例[4]を考えてみよう．ある鋼生産者は，海洋構
造物プラットホーム用鋼板を供給する契約を結んでいる．その板の材料は安全性
と最終製品の信頼性の根拠のために，非常に厳密な機械的性質を満たす必要があ
る．注文品のフルスケール製造を始める前に，鋼供給業者は購入業者対し，その
材料がそのような基準を満たしうるということを示す必要がある．このことを成
し遂げることで，供給業者はその材料を事業計画に適格にすることができる．そ
の過程は鋼に等級をつけ，すべての要求を満たすかどうかを決めるためにその板
の一部を試験することによって始まる．製鋼工場の設備によっては，板の寸法に
制限がある．したがって，かなりの深さに到達できるような長さにするためには，
個々の板材を現場で溶接して合わせる必要がある．サンプル板の小さな断面を互
いに溶接し，破壊力学試験を行って，溶接熱影響部 (HAZ) 内の溶接金属が母材
に接する溶融線に沿ったき裂端開口変位 (CTOD) 靭性を決める．それから，鋼供
給業者は，CTOD の結果を CVN50% 延性–脆性遷移温度 (DBTT) と関係づけ
るかもしれない．合意の上で，この関係にもとづき，鋼供給業者はより高価で時
間のかかる CTOD 試験のかわりに，シャルピー試験を使うことができる．CVN
試験結果と K_{Ic}, K_{Id} (高ひずみ速度で得られる破壊靭性) 値の経験的な相関関係

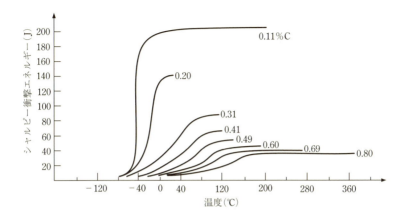

図 7-7 温度の関数として表したシャルピー V ノッチエネルギーに及ぼす鋼の炭素含有量の影響 (Burns と Pickering[14] より引用)

は，Rolfe と Barsom[1] によって，特定の等級の鋼に対して温度の関数として求められている．橋用鋼に対する設計基準がこのような相関法にもとづいているということは注目される．

シャルピー試験で吸収した全エネルギー量に及ぼす温度と炭素含有量の影響の例を図 7-7 に示す．与えられた鋼に対する遷移温度領域の真ん中の点は，いわゆる延性-脆性遷移温度 (DBTT) の基準である．他の遷移温度の基準は試験片の圧縮側における横膨出量，破面上のせん断破面量 (ピクチャーウィンドウ) と関係していることがある．他の場合，遷移温度はたとえば 41 J (30 ft-lb) といった吸収エネルギーレベルの関数として表されることがある．

第 2 次世界大戦中に，−1°C (30°F) のオーダーの温度における溶接船の破壊によって，脆性挙動に結びつく因子への関心が高まった．鋼が脆性挙動あるいは延性挙動を示すかどうかは，多くの因子に依存し，主なものでは化学成分，強度レベル，厚さ，温度およびひずみ速度が挙げられる．鋼中の炭素，リン，モリブデンおよびヒ素の含有量が多いと遷移温度を上昇させるが，ニッケル，シリコン，マンガンおよび銅は遷移温度を低下させる．もし，破壊が開始する以前に，課せられたひずみ速度に適応するように鋼中の転位が移動し増加するような荷重条件であれば鋼は延性挙動を示し，そうでなければ脆性挙動を示す．鋼中において低温での転位移動は格子の相互作用に強く影響される．この相互作用は，**パイエルス力**として知られ，それは，アルミニウム合金や銅のような面心立方格子材料よ

182　　7　脆性破壊と延性破壊

り，フェライト系鋼のような体心立方格子材料や，亜鉛のような稠密六方格子材料においてずっと顕著である.

　鋼は，その低温強度がひずみ速度に依存しているということにより，**ひずみ速度に敏感な材料**といわれている. これに対して，銅とアルミニウムの強度性能は，ひずみ速度にほとんど依存しない. このひずみ速度敏感性は，破壊に関してだけではなく，高速成形のような他の分野に関しても重要である. 与えられたひずみ速度と温度 T のもとで，転位を動かすのに必要な応力を求める1つの簡単な式を導くことができる. その過程は，熱的に活性でアレニウス型の挙動に従うものとして，活性化エネルギー Q は，活性体積 v の中の作用応力によって減少すると仮定する. その結果，次のような式が導かれる.

$$\dot{\varepsilon} = A e^{-(Q-\nu\sigma)/RT} \tag{7-1}$$

ここで，A は**頻度因子**とよばれ，R は普遍気体定数 ($8.314\,\mathrm{J\,mol^{-1}K^{-1}}$)，T は絶対温度である.

　すなわち，

$$\ln\frac{\dot{\varepsilon}}{A} = -\frac{Q-\nu\sigma}{RT} \tag{7-2}$$

この式は次のように表すことができる.

$$\sigma\frac{\nu}{R} = \frac{Q}{R} - T\ln\frac{A}{\dot{\varepsilon}} \tag{7-3}$$

　式 (7-3) は，与えられたひずみ速度のもとで転位を動かすための応力は，温度の上昇とともに減少し，ひずみ速度の上昇とともに増加することを示している. $T\ln A/\dot{\varepsilon}$ は**速度–温度パラメータ**として知られ，温度とひずみ速度の関数であり，それは，図 7-8 に示すように，鋼の降伏強度の挙動と対応させるために用いることができる. ここでは，$A = 10^8\,\mathrm{s^{-1}}$ を用いている. ひずみ速度敏感性が降伏強度の増加とともに減少していることに注目すべきである.

　液体窒素中で試験された平滑材の引張に対する破壊応力が，圧縮下で測定された降伏点に等しいという事実によって示されるように，公称の完全な脆性破壊に対してさえ，ある限られた量の塑性変形が鋼で通常起こることは注目される[5]. これは，塑性変形が脆性破壊を誘発するために必要であることを意味していると解釈される. この塑性変形が起こると，障害物における転位の妨害 (転位の集積) により局所的な高応力が発生する. 炭素鋼において，これらの応力は，転位に対する障害として作用している結晶粒界炭化物の局所的破壊を引き起こす.

IV. 鋼の延性–脆性挙動   183

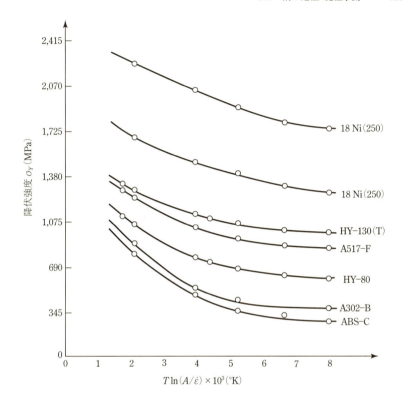

図 7-8 パラメータ $T \ln A/\dot{\varepsilon}$ $(A = 10^8 \text{ s}^{-1})$ と絶対温度 $T(\text{K})$ の関数として表した種々の鋼の降伏強度 (Rolfe と Barsom,[1] Bennett と Sinclair[13] より引用)

鋼における脆性破壊過程を見る 1 つの方法は，鋼は温度やひずみ速度とは無関係に，ある決まった局所的な破壊強度をもっていると考えることである．要素内の応力がまさにこの値に到達すると，脆性破壊が起こる．3 章において，ミーゼス条件を使うことにより，平面ひずみ条件のもとでの U 型切欠前方の降伏応力は降伏点の 3 倍まで拘束によって増加しうることがわかった．V 型切欠シャルピー試験片の場合は V 型切欠の側面は互いに平行ではなく 45° であるから，いくぶん小さい 2.5 倍である．もし，局所的な降伏応力 σ_Y が破壊応力 σ_f と等しいとき鋼における低温での脆性破壊が起こると仮定すれば，シャルピー試験片の脆性破壊は，脆性破壊に必要な破壊応力の 1/2.5 倍の応力で起こるだろう．すなわち，図 7-9 における点 C の応力は点 B の応力の 1/2.5 倍である．これは，試験片が

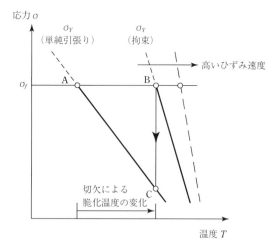

図 7-9 脆性遷移温度に及ぼす切欠の影響

脆性である温度が，切欠のない試験片の脆性温度と比較してより高い値に移動する効果となる (図 7-9).

同様に，ひずみ速度の増加は炭素鋼のようなひずみ速度敏感な材料の降伏点を上昇させるので，遷移温度を上昇させる．したがって，シャルピー切欠衝撃試験は，切欠による拘束と高ひずみ速度の両方に関連するので，遷移温度の保守的な基準を与える．

結晶ごとにすべり系の方向が異なるため，結晶粒界それ自体は，塑性変形がひとつの結晶から隣の結晶へ進展するのを妨げる．結果として，結晶粒径 d は，析出が

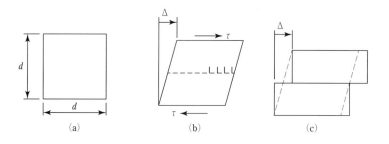

図 7-10 (a) 正方形の結晶，(b) せん断応力のかかった正方形の結晶，(c) 転位の運動によって弾性ひずみが緩和される前後のせん断を受ける正方形の結晶．

IV. 鋼の延性–脆性挙動　　185

ない焼きなました多結晶合金の降伏点に影響を及ぼしうる. 簡単のため, 図 7-10a に示すような横断面が四角形の結晶を考える. 負荷せん断応力の作用のもとで, せん断ひずみ γ は次のように与えられる (図 7-10b).

$$\gamma = \frac{\tau}{G} = \frac{\Delta}{d} \tag{7-4}$$

塑性変形がこの結晶内で起こると, 弾性変位は緩和され塑性変形に置き換わる. すなわち,

$$\Delta = \left(\frac{\tau}{G}d\right)_{\mathrm{el}} = (nb)_{\mathrm{pl}} \tag{7-5}$$

ここで, n は転位の数, b はそれらのバーガース・ベクトルである. これらの転位は結晶粒界で阻止され集積する. そして, 結果として応力集中が発生し, その大きさ τ_{maxc} は簡単な式で与えられる.

$$\tau_{\mathrm{max}} = n\tau \tag{7-6}$$

したがって, 式 (7-6) に出ている n という量は τ_{max}/τ で置き換えることができ, 次式を導く.

$$\tau_{\mathrm{Y}} = (Gb\tau_{\mathrm{maxc}})^{1/2} d^{-1/2} \tag{7-7}$$

ここで, τ_{Y} はせん断降伏応力, τ_{maxc} は隣の結晶粒にすべりを発生させるために必要な集積転位の先端における局部応力である. この式は引張降伏応力を使って書き直される.

$$\sigma_{\mathrm{Y}} = \sigma_{\mathrm{i}} + k_y d^{-1/2} \tag{7-8}$$

ここで $k_y = 2(Gb\tau_{\mathrm{max\ c}})^{1/2}$, σ_{i} は格子摩擦, すなわち単結晶中で転位を動かすのに必要な応力である. この式は, **ホール–ペッチの関係**として知られている.

　この導出式のひとつの興味深く有用な所産は, 単相材料もしくは, 主に軟らかいフェライト相に塑性変形が生じるフェライト–パーライトミクロ組織をもつ炭素鋼では, 結晶粒径の減少により降伏点が上昇するということである. さらに, もし結晶粒界炭化物の破壊が起こりうる前に, あるレベルの τ_{maxc} に到達しなければならないのなら, τ_{Y} の増加が結晶粒径の減少に必要である. それゆえに, 降伏強度と破壊抵抗は両方とも, 結晶粒径が減少することにより上昇する. これは特異な結果である. というのは, 与えられた合金の降伏点を上昇させる改良は結果として, 破壊抵抗の低下を引き起こすからである.

　試験温度が, 鋼が完全に脆性である最高温度以上に上昇すると, 脆性–延性遷移が起こる. シャルピー衝撃試験の結果を図 7-11 に模式的に表す. アッパーシェル

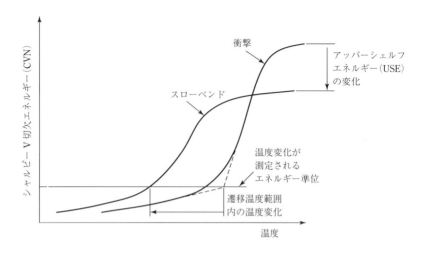

図 7-11 ひずみ速度上昇によるシャルピー V 切欠遷移温度とアッパーシェルフエネルギーレベルの上方移動を表した模式図 (Barsom と Rolfe[1] より引用)

フという用語は，図 7-11 の遷移領域より上の領域のことをいい，**ロウアーシェルフ**という用語は，遷移領域以下の線図の部分をいう．遷移温度以下での高ひずみ速度は，転位の動きや増加に利用できる時間を少なくすることにより脆性挙動を促進する．一方，遷移温度以上での高ひずみ速度は，破壊に対する抵抗すなわち破壊靱性を上昇させる．これは，破壊靱性が強度レベルや延性（破壊までの延び）に依存するからである．それゆえに，降伏点を上昇させる延性範囲での高ひずみ速度は，図 7-11 に示すように，実際に靱性を上昇させることがある．

V. 事例研究：原子力圧力容器設計規準

A. 脆性破壊の防止[4]

原子力発電所では，通常の運転と過渡運転の両方の条件のもとで，圧力容器の健全性維持を保証するように原子炉が運転されることが必須である．このことは，限界の欠陥を仮定し，線形弾性破壊力学 (LEFM) を用いることにより，加熱，冷却そして漏洩流体試験中の許容冷却材温度 (T) と圧力 (P) を計算して成し遂げられる (P–T 曲線)．P–T 限界線は圧力容器に対する中性子損傷を説明するために発電所の使用寿命を通じて定期的に修正される．一定期間にわたって，原子炉の

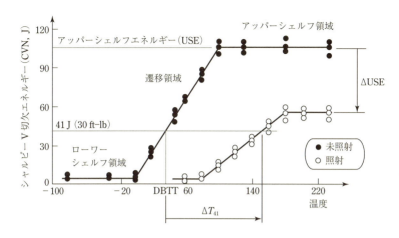

図 7-12 中性子照射がシャルピー衝撃挙動に及ぼす影響を示した模式図 (Manahan ら[4] より引用)

ベルトライン区域での中性子衝撃は，41 J (30 ft-lb) のエネルギーレベルによって測定されるような延性‒脆性遷移を高温側に移動させる．そして，図 7-12 に示すように，この延性‒脆性遷移の移動量は，中性子衝撃による脆化の影響を説明するために ASME 基準応力拡大係数 (K_{IR}) 曲線を高温の方へ移動させるために使われる．

原子力発電所の寿命期間中に，大きな破壊靱性試験片を試験することは実行不可能なので，中性子誘起の脆化を探知するための監視プログラムにはシャルピー試験片と引張試験片が用いられる．原子力産業界は，延性‒脆性遷移温度 (DBTT) を定義するために 41-J 指数を用いる．中性子照射は，遷移領域をより高温側へ移動させる (ΔT_{41})．そして，原子力規制委員会 (NRC) は発電所の寿命中に発生することが許される遷移領域の最大変化量にスクリーニングの限度を設けている．もし，スクリーニングの限度を超えたら，発電所は閉鎖されるか，もしくはその材料の性質を回復させるために焼きなましが行われなければならない．

延性破壊に対する原子力圧力容器の性能は，アッパーシェルフエネルギー (USE) によって判断される．破壊靱性試験が広く行われる前につくられた古い発電所では，シャルピー試験が個々の材料の加熱処理を決めるために用いられた．ASME コードと連邦規則のコードにより，運転前に満足されるべき最低限の板材の性質が規定されている (たとえば，運転前はアッパーシェルフにおいて，少なくとも

102 J のエネルギーが必要).もし,シャルピー USE が発電所の運転期間中に 68 J 以下まで下がることが予想されると,NRC は詳細な破壊力学的査定を要求する.もし,シャルピー試験のデータを使うことができて,発電所の寿命が初期の設計寿命を超えて 1 年伸びたとすると,発電所の所有者は 150,000,000 ドルもの大きな収入を得ることができる.さらに,容器の破壊による支出の回避は,10 億ドル単位であることが予測される.今日までのところ,NRC はシャルピー試験のデータ傾向の結果として,1 つの発電所 (Yankee Rowe: ヤンキーロー) を閉鎖した (それは,監視試験片が圧力容器に使われた板材と同一加熱処理でつくられたものではないという懸念があったためである).この発電所の圧力容器は類似鋼 (少量ではあるが許容値を超える高い Cu を含有し,288°C (550°F) にて照射脆化を引き起こす) からつくられているが,アメリカの全原子炉を代表するものではない.

指定される靱性の必要条件は,シャルピー V 型切欠試験片を使い,無延性遷移温度 (NDTT) を以下に述べるようにして測定することで得られる.NDTT は,巨視的な塑性変形を伴わずに破壊が起こる最も高い温度である.その導出には,RT_{NDT} で表される参照温度と参照破壊靱性曲線 K_{IR} を必要とする.

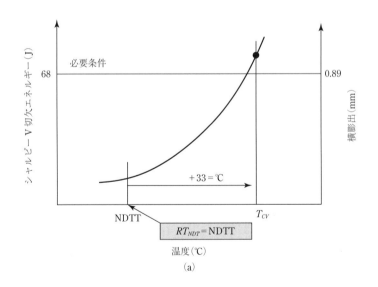

図 7-13 原子力圧力容器に対する靱性の要求.(a) NDTT = RT_{NDT} として参照温度を用いた決定 (RT_{NDT} 法),(b) NDTT $\neq RT_{NDT}$ のときの参照温度を用いた決定,(c) 参照破壊靱性 K_{IR} 曲線を用いた決定.詳細は文献 [4] を参照.

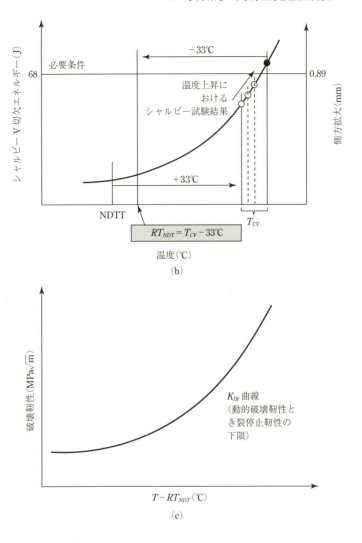

図 **7-13** (続き)

　RT_{NDT} の値は，15.9 mm (5/8 in) より厚い鋼の落重 NDTT を測定することにより得られる．25.4 mm (1 in) 厚さの板材に対する NDTT 温度 (ASTM 指定 E208) を決定するために，356 × 89 mm (14 × 3.5 in) の試験片が使用される．63.5 mm (2.5 in) 長さの単層のクラックスタータ溶接部が板材の中心に縦方向に走

るように盛られ，1つの切欠がその溶接部につくられる．その板材は落重試験装置に溶接側を下にして取り付けられ，関心がある温度において 816 J (600 ft-lb) の運動エネルギーをもった落下重量物によって衝撃を受ける．数本の試験片が NDTT を決定するのに必要である．NDTT 以上では塑性変形が起こり試験片は破断しない．NDTT では，試験片は塑性変形せずに破断する．

NDTT の決定後，温度に伴う靱性の上昇の確認のために，3 本のシャルピー V 型切欠試験片を 1 組として，NDTT より 33°C(600F) 高い温度で試験を行って靱性を測定する．68 J (50 ft-lb) のシャルピー・エネルギーと 0.89 mm (35 mil) の横膨出量が要求される．もし，シャルピー試験の結果がこれらの必要条件に適うかあるいは超えていたら，NDTT は RT_{NDT} になる．もしそうでなければ，その必要条件が満足されるまで温度を (10°F ずつ) 上昇させながら追加試験が行われる．その後，RT_{NDT} はこの温度より 33°C 低い温度に指定される (図 7-13 参照).

そして，K_{IR} 曲線は RT_{NDT} を参照して表される．下限関数である K_{IR} 曲線を構築するために用いたデータは，下端の動的破壊靱性と上端を決めるき裂停止靱性の結果を用いた．そのデータは 345 MPa (50 ksi) 以下の降伏点をもった鋼に対してのみ使われる．K_{IR} 曲線の式は次のように表される．

$$K_{IR}(\mathrm{ksi}\sqrt{\mathrm{in}}) = 26.777 + 1.223\exp\{0.014493[T(°F) - (RT_{NDT}(°F) - 160)]\}$$
$$(7\text{-}9\mathrm{a})$$

$$K_{IR}(\mathrm{MPa}\sqrt{\mathrm{m}}) = 24.36 + 1.129\exp\{0.2029[T(°C) - (RT_{NDT}(°C) - 91.4)]\}$$
$$(7\text{-}9\mathrm{b})$$

VI. 事例研究：ローヤルメール船 (RMS) タイタニック号から切出した試片の検査[6]

1912 年 4 月，RMS タイタニック号が 20 ノット強で進行中に氷山に衝突し，3 時間たたないうちにニューファンドランド沖に沈み，1,500 人以上もの人命が失われた．その残骸は 1985 年まで捜し当てられなかったが，1991 年に一片の船体材料が回収され，そのサンプルから加工した試験片のシャルピー試験が行われた．その鋼は，氷海水温度下において 100% 脆性様式で破壊することが判明した．これらの結果から氷山への衝突によって脆い船体板が粉砕し，その結果船内への急速な浸水が起こったという推測がなされた．1996 年には，船体部といくつかの船殻と隔壁のリベットが回収され，冶金学的および機械的特性の分析が行われた．船

VI. 事例研究：ローヤルメール船 (RMS) タイタニック号から切出した試片の検査 191

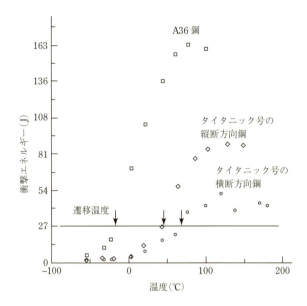

図 7-14 タイタニック船体の鋼から圧延方向に縦断および横断して採取した試験片に対するシャルピー衝撃エネルギーと温度の関係．比較のために現代の鋼 A36 に対する結果を示している．遷移温度は任意に 27 J のレベルに定めている (Foecke[6]より引用)

体鋼の破片は使用温度に関してかなり高い延性–脆性遷移温度を有しており，氷海水温度ではその材料は脆性になるということが改めてわかった (図 7-14)．この脆性は，化学組成およびミクロ組織的要因に起因していると考えられた．以下に示す表は船体用鋼の化学的およびミクロ組織的性質に関する情報を提供している．

A. 化 学 組 成

表 7.1 はタイタニック号に使われた船体鋼の組成を重量パーセントで示し，この組成に匹敵する最近の鋼の組成と比較して示している．硫黄とリンはともにアッパーシェルフの靱性を低下させる．タイタニック号の船体に使われた鋼板における硫黄とリンの含有量がいずれも最近の鋼 (硫黄含有量は 0.002％，リン含有量は 0.01％ 以下というのが一般的) よりかなり高いということが特筆される．最近の鋼はマンガン含有量が低い．硫黄に対するマンガンの割合が 1.71 である MnS 粒子の形で硫黄 (原子量 32.06) と結合するのに十分なマンガン (原子量 54.93) が

192   7 脆性破壊と延性破壊

表 7.1

元　素	タイタニック	ANSI 1018
炭素	0.21	0.18–0.23
硫黄	0.065	最大 0.05
マンガン	0.48	0.6–1.0
リン	0.027	最大 0.04
ケイ素	0.021	—
銅	0.025	—
窒素	0.004	0.0026
酸素	0.013	—
希土類	—	
Mn/S 比	7.4:1	12:1-20:1
Mn/C 比	2.3:1	3:1–7:1

なければ，その鋼は脆化する．しかしながら，タイタニック号に使われた船体用鋼の場合は，MnS の形で硫黄と結びつくマンガンが十分あった．マンガンはまた固溶体化元素であり，船体用鋼における比較的少ない総マンガン量は，炭素に対するマンガンの比率が低いのと同様に，衝撃靱性に悪い影響を及ぼした可能性がある．

B. 引張試験による性質

　表 7.2 の結果は，この船体用鋼が機械的性質の規格を満たしていることを示した．

表 7.2

降伏強さ	276 MPa (40 ksi)
引張強さ	427 MPa (62 ksi)
パーセント伸び	30 [ゲージ長さ 50 mm(1.97 in)]

C. ミ ク ロ 組 織

　図 7-15 にタイタニック号に使われた船体用鋼のミクロ組織を示し，その船体用鋼と類似組成の最近の鋼と比較している．そのミクロ組織は，大きくて粗いパーライト群 (層厚およそ 0.2 μm) と大きなフェライト結晶粒 (ASTM 結晶粒度 4–5，直径 100–130 μm) から成っている．ASTM の結晶粒度 n は倍率 100 倍で見える

VI. 事例研究：ローヤルメール船 (RMS) タイタニック号から切出した試片の検査 193

(a)

(b)

図 7-15 　(a) 現代の 1018 鋼の縦断面微視組織，(b) タイタニック船体の鋼の組織．結晶寸法 (パーライトラメラ間隔) と MnS 粒子寸法はタイタニック船体鋼においていずれも大きい (Foecke[6] より引用)

平方インチあたりの結晶粒数 N^* と次の式により関連づけられる.

$$N^* = 2^{n-1} \tag{7-10}$$

そして

$$n = 3.32 \log 2N^* \tag{7-11}$$

そのミクロ組織には,圧延方向への大量の帯模様が見られる.MnS と酸化物粒子が材料中いたるところに存在しそれらはかなり大きく,長さが $100\,\mu m$ を超えるものもある.MnS 粒子は一続きの引き伸ばされたストリンガー (針状介在物) にならずに,レンズ状の形に変形しており,これは圧延温度が低いことのあかしである[6].大きな結晶粒径と粗いパーライトは,その板材が 1900 年代初頭では標準であった低速圧延機による製造と同様の熱間圧延後空冷によりつくられたということを示している.結晶粒径が大きいことは,脆性域において有害である.なぜなら,転位がパーライトや炭化物のようなミクロ組織の障害において堆積する場所での応力の拡大は,結晶粒径の増加とともに増大するからである.一方,結晶粒径が小さいことは,堆積サイズを減少させることによって靱性を向上させるだけでなく,降伏点も上昇させる.降伏点はホール–ペッチの関係式 (7-8) によって結晶粒径の関数として表すことができる.

高速圧延作業でつくられる最近の鋼は,タイタニック号に使われた船体鋼と比較して,結晶粒径がはるかに小さく,パーライトが非常に細かい.船体用鋼において,大きなフェライト粒径とパーライトの粗い層状組織が高い遷移温度と,低いアッパーシェルフ靱性の一因となった.また 20 ノット強での氷山への衝突による高ひずみ速度も,その鋼のひずみ速度敏感性によって脆性挙動の一因となってしまった.

D. フラクトグラフィ

0°C で破壊したタイタニックから採取したシャルピー試験片の破面形態は,95% がへき開破面で 5% が延性破面であった.粒界破壊を示す証拠は見つからなかった.へき開破壊した面積の 10% が MnS 粒子を起点として破壊していた.

VI. 事例研究：ローヤルメール船 (RMS) タイタニック号から切出した試片の検査   195

E. 腐　　食

　腐食は沈没の因子ではなかった．しかしながら，残骸が横たわっていた深さ
3,658 m (12,000 ft) では，腐食を進行させるのに十分な酸素があり，大きな鐘乳
石状のさびである錆つらら (rusticules) が観察された．もともと 60,000 トンの鋼
からできている船は腐食により 1 日 1 トンずつ鋼が消失していると見積られてい
る．その割合でいくと，西暦 2076 年までにその船体は完全に消失してしまうだ
ろう．

F. リ　ベ　ッ　ト

　1997 年調査員団は船体の主要な損傷は板材の分割によるものであり，提唱さ
れていたような脆性鋼板における 90 m の割れによるものではなく，その損傷に
はリベットの破損が役割を果していることを示唆していると結論づけた．(全部
で 3,000,000 個あるうち) 2 つの船体リベットだけが詳細に調査され，これらのリ
ベットの機械的性質から船の急速な浸水に結びつく一連の事象に関してさらに推
測がなされた．錬鉄は通常比較的純度の高い鉄から成っており，珪酸鉄スラグを
体積で 2–3% 含んでいる．しかしながら，図 7-16 に示すリベットの金属組織学
的分析によると，それは期待されるレベルの 3 倍以上となる 9.3% のスラグを含
んでいることが明らかになった．このスラグのいくつかは，長さ 200 μm 以上の
ストリンガーの形をしていた．これらのストリンガーは，母材と結合せずに低温
で破壊し，鉄中にき裂を発生させる．建造時に錬鉄リベットは油圧により船体板
を貫通し内側にかしめられた．冷却中にリベット中に引張残留応力が発生するの
で，これらの応力によりリベットの破壊に対する抵抗が減少した．
　錬鉄の機械的性質はかなりの異方性をもっている．ストリンガーの方向に対し
て，錬鉄は軟鋼と同じ程度の強さである．しかしながら，ストリンガーに垂直な
方向では格段に弱く，ストリンガーに垂直な方向で測定された延性は，縦方向で
測定したものより 1 オーダー以上小さいことがある．回収された 2 個のリベット
は，内側の方の頭部を失っていたが，そのことは，リベット頭部でストリンガー
を横切って作用する引張応力成分によって衝撃で急に破断したことを示している．
したがって，調査員らは船体板の脆性破壊よりむしろ，リベットの破壊とその結
果としての継ぎ目の分断がタイタニックの沈没に関与した決定的要因であったと
いうことをさらなる情報が入るまでの結論とした．

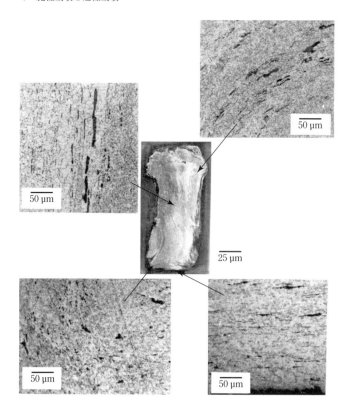

図 7-16　タイタニック船体のリベット横断面内のいろいろな位置でのケイ酸塩スラグの方位．右下の写真には，内側のリベット頭が取れた際にできた破面の近くで，内側の頭を形成する際の変形によってストリンガー (針状欠陥) が引張り軸直角方向に向いているのが示されている (Foecke[6] より引用)．

VII. 延 性 破 壊

　巨視的尺度，微視的尺度の両方における延性破断の過程は，大規模な塑性変形が関係するという点で脆性破断と異なっている．**延性破損**という用語は，分断過程だけでなく，ある成形作業におけるくびれ過程も含んでいる．この章では，真応力と真ひずみの概念の使用がからむくびれの話題と延性分離の話題を扱う．延性破面のミクロ組織的特徴についても議論する．

VIII. 延性引張破損，くびれ

　板の成形において，金属は著しく変形する．自動車ボディ外板の成形のような作業中において変形の程度に課された成形限界の1つは，くびれは成形作業中に発生すべきでないということである．それゆえに，くびれの原因に対する理解は，製造におけるこの潜在的な問題を取り扱うために必要である．

A. 棒材のくびれ条件

　図 7-17 の荷重–伸び線図上において，くびれが始まる点は $P_{\max}$ である．単位面積あたりの荷重伝達能力の増加率は，次の式で与えられる．

$$\frac{dF}{A\,d\varepsilon} = \frac{d\sigma}{d\varepsilon} \tag{7-12}$$

ここで，σ は真応力，ε は真ひずみである．断面積の減少による単位面積あたりの荷重伝達能力の減少率は，次の式で与えられる．

$$\frac{dF}{A\,d\varepsilon} = -\frac{\sigma\,dA}{A\,d\varepsilon} \tag{7-13}$$

　次に，純粋な塑性変形では体積は一定であるという事実を利用し，あらゆる弾性膨張は無視する．したがって，$d(V) = 0$ であり，l を要素の長さとおくと，$V = Al$ なので，次のように書くことができる．

$$dV = d(Al) = A\,dl + l\,dA = 0 \tag{7-14}$$

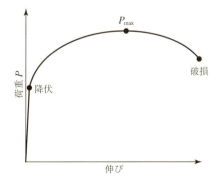

図 7-17　くびれの解析で用いた荷重 (P) と伸び (Δ) の線図

198　　7　脆性破壊と延性破壊

または,

$$\frac{dA}{A} = -\frac{dl}{l} = -d\varepsilon \tag{7-15}$$

式 (7-12) は次のように書き直される.

$$\frac{dF}{A\,d\varepsilon} = \sigma \tag{7-16}$$

　$P_{\max}$ において, ひずみ硬化による荷重伝達能力の増加率はもはや面積減少率を補正できなくなり, 不安定性が発生する. その条件は次のようになる.

$$\frac{d\sigma}{d\varepsilon} = \sigma \tag{7-17}$$

　この式は次のようにしても表すことができる. $P_{\max}$ では $\Delta P = 0$ であり, σ を真応力, A をそのときの横断面積とすると $P = \sigma A$ であるので, 次のようになる.

$$\sigma\,dA + A\,d\sigma = 0 \quad \text{または} \quad \frac{d\sigma}{\sigma} = -\frac{dA}{A} \tag{7-18}$$

したがって,

$$\frac{d\sigma}{\sigma} = d\varepsilon \quad \text{または} \quad \frac{d\sigma}{d\varepsilon} = \sigma \tag{7-19}$$

これは, 式 (7-17) で与えられた棒状のくびれ条件と同じである.

　真応力–真ひずみ線図は, Ludvik による次の式で近似することができる.

$$\sigma = \sigma_0 + k\varepsilon^n \tag{7-20}$$

ここで n はひずみ硬化指数である. 今の場合で仮定されているようなひずみでは, σ_0 は無視される. ここで

$$\frac{d\sigma}{d\varepsilon} = nk\varepsilon^{n-1} \tag{7-21}$$

もし, $d\sigma/d\varepsilon$ に対するこの式にくびれ条件を代入すれば, くびれにおけるひずみは次のようになることがわかる.

$$\varepsilon_{\mathrm{n}} = n \tag{7-22}$$

すなわち, ひずみ硬化指数が大きいほど, くびれまでのひずみは大きくなる.

　塑性変形の解析にしばしば用いられる別の応力–ひずみ関係は, **ランバーグ–オスグッドの式**(Ramberg–Osgood equation) として知られている. すなわち,

$$\varepsilon = \frac{\sigma}{E} + k_{\mathrm{RO}}\left(\frac{\sigma}{E}\right)^m \tag{7-23}$$

ここで, k_{RO} と m は材料定数である.

B. ひずみ局在化

94%という高い降伏比(降伏点と引張強さの比)を有するように処理された4340鋼において,塑性変形が生じる際,特に水素が鋼中にある場合は,有害な形の不均一な局所変形が塑性不安定のために発生する.図7-18に示すように,塑性変形した領域内に不規則な溝ができ,その結果一事例として,ヘリコプターの墜落が回転翼のスピンドルラグにおけるそのような模様の発生のために起こった.応力集中部として働くこれらの溝から起こった疲労き裂進展が,墜落を引き起こした[7].その有害な塑性変形は,緊急着陸の訓練中に受けた厳しい荷重条件のもとで発生したものと考えられた.

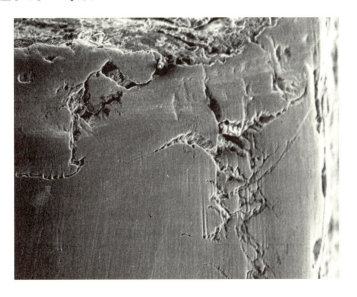

図 7-18 4340鋼の局所塑性変形の跡(引張強さに対する降伏強さの比は0.94)(*Materials Characterization*, vol. 26, A. J. McEvily and I. Le May, Hydrogen assisted cracking, pp. 253–268, ⓒ1991, Elsevier Science の許可を得て転載)

C. くびれにおける軸対称応力

丸棒にくびれが形成されると,くびれの最小断面における材料は最小断面のすぐ上と下の材料よりも多く縮まろうとする.その結果,最小断面の上と下の材料

は，最小断面での材料が自由に収縮するのを抑えるので，静水応力の3軸状態がくびれ内部で発生する．せん断応力は静水応力の状態と関係ないので，この静水応力は塑性変形に寄与しないが，静水応力は，塑性流れに必要な引張真応力 P/A をまさに増加させる．最大引張応力の増加により，静水応力は粒子や界面の破壊を促進し，そのことが破壊過程に影響を及ぼす．

引張丸棒試験片のくびれの最小断面において，応力の静水圧成分は次式によって与えられる．

$$\sigma_{\theta\theta} = \sigma_{rr} = \sigma_z - \bar{\sigma} \tag{7-24}$$

Bridgman[8]は，くびれた丸棒試験片の最小断面において各点に作用する局所的

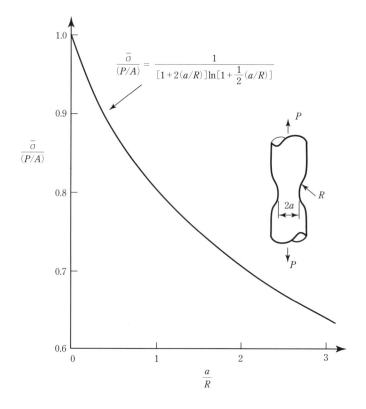

図 7-19 くびれを生じた引張試験片の公称応力に対する有効応力の比．ここで，$2a$ はくびれの位置の丸棒直径，R はくびれ半径 (Bridgman[8] および McClintock と Argon[9] より引用)

VIII. 延性引張破損，くびれ　　201

な応力は，3軸性の効果を超えるために流動応力以上に増加するに違いないということから，その大きさを示す次の関係を導いた.

$$\frac{\sigma_z}{\bar{\sigma}} = 1 + \ln\left(\frac{a}{2R} + 1 - \frac{r^2}{2aR}\right) \tag{7-25a}$$

$$\frac{\sigma_{\theta\theta}}{\bar{\sigma}} = \ln\left(\frac{a}{2R} + 1 - \frac{r^2}{2aR}\right) \tag{7-25b}$$

ここで，$2a$ はくびれた部分の直径，r は最小断面の中心線からの距離，R はくびれ半径である.

$\sigma_{\theta\theta}$ は表面で 0 であり，丸棒試験片の中心線上で最大値をとることがわかる.

上式は，塑性流れを得るために，負荷引張応力が丸棒試験片寸法とくびれ半径の関数としてどれくらい上昇する必要があるかを決定するために用いられる. 相当降伏応力を求めるために，静水応力が全応力から差し引かれなければならない. 図 7-19[9] はくびれた引張試験片における相当応力 $\bar{\sigma}$ の全公称真応力 P/A に対する割合を示している. 平均負荷応力は，横断面積にわたって $\sigma_z 2\pi r\, dr$ を積分して全荷重を求め，それから面積で割って平均応力を得ることにより計算される. 非静水成分は単に $\bar{\sigma}$ である.

D. 引張り下の薄板のくびれ

引張りを受ける薄板には，2 のタイプのくびれが発生しうる. 一方は **拡散くびれ**，他方は **局所的くびれ** という. 拡散くびれの条件は，丸棒に対してのものと同じであり，このタイプのくびれは局所くびれの形成より先に起こる. 局所くびれは平面ひずみ変形の一形態であり，くびれ方向に沿ったひずみはゼロである. 引張荷重を受ける薄板では，局所くびれが横方向には発生せず，むしろ横方向に対してはっきりと傾いて発生することは興味深い. もし局所くびれが横方向に発生すれば，塑性変形に対する拘束が起こり，ミーゼスの条件により，さらに変形するには引張応力が $2/\sqrt{3}$ 倍増加することが必要となるだろう. 板の全面変形を引き起こすために必要な軸応力よりも高い軸応力が，くびれにおける局所変形を引き起こすために必要であるだろう. したがって，横方向に局在化は起こらない. 局所変形が起こりうるくびれ方向を求める必要がある. 図 7-20a のモールのひずみ円から，軸方向に対して 54.7° の方向ではひずみはゼロであるということがわかる. 図 7-20b のモールの応力円から，ひずみがゼロとなる方向に対して平行な方向の応力と垂直な方向の応力の比は 1：2 であり，それは，平面ひずみ塑性変形に

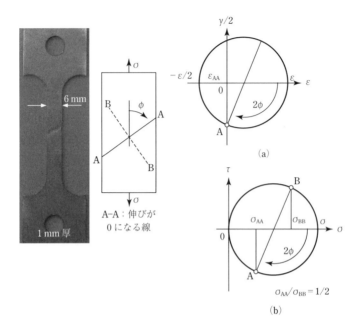

図 7-20 鋼の局所くびれの条件．(a) モールのひずみ円，(b) モールの応力円．

必要な応力状態に一致しているということになる．次のような条件に達したとき，局所くびれが発生するということが解析[10]により示されている．

$$\frac{d\sigma}{d\varepsilon} = \frac{\sigma}{2} \tag{7-26}$$

ルドヴィックの関係を使うことにより，局所くびれにおいては $\varepsilon_n = 2n$ であるということ示される．したがって，局所くびれは拡散くびれの成形に必要なひずみの2倍のひずみで発生することが予想される．このことは，板の拡散くびれは許容できるが，局所くびれは特にその発生のすぐあとに破壊するので許容できないといういくつかのシート成形作業において重要である．

低炭素鋼に対する成形限度線図の一例が図 7-21 に与えられる．この線図を使うことで，最小工学ひずみの最大工学ひずみに対する割合を，与えられた成形作業に対して決めることができる．この割合によって，起点からひかれた線の傾きが決まる．線図上でこの線が，拡散くびれ，局所くびれ，もしくは成形限度 (破壊) の線のいずれかと交わるところで相当する成形限度に到達し，それは与えられた成形作業に関連した個々の考察に依存する．2軸引張ひずみに対して局所くびれ

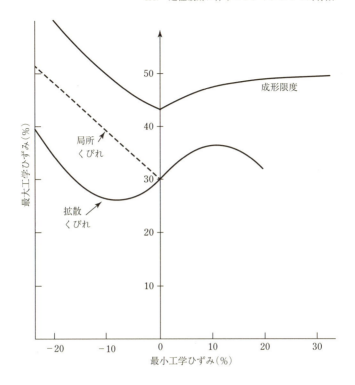

図 7-21 シートメタル (薄板金属) の成形限度線図 (FLD) の例 (Hosford と Caddell[10] を改変)

は起こらない．なぜなら，この荷重条件ではひずみがゼロとなる方向は存在しないからである．

IX. 延性破断に伴うフラクトグラフィ的特徴

炭化物や酸化物などを含む合金において，くびれで発生した3軸応力状態の結果，粒子が破壊したり，粒子と母材の間の界面が分離することがある．どちらの過程においても粒界，非結晶学的ボイドがくびれの中心部分内で形成される．変形が進行するとともにこれらのボイドは成長して結合し，それによって有効断面積が減少し，最終的な破断を引き起こす．破断した引張丸棒試験片の最終的な全体の外観は通常カップアンドコーンの形状をしている．それはボイドの結合過程によって発生した中心における破面の平らな部分と，3軸応力が低い表面でのせ

204   7 脆性破壊と延性破壊

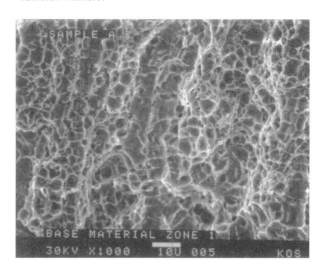

図 7-22　延性引張り破壊中に形成される等軸ディンプル

ん断変形過程によって発生した外側のコーンからなる．

　微視的レベルにおいて，これらの結合したボイドは**ディンプル**として知られる特有のフラクトグラフィ的様相を生じさせる．破面の平らな部分では，これらの

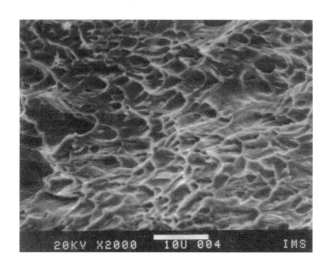

図 7-23　延性せん断破壊中に形成される伸長ディンプル

ディンプルは円形をしており，せん断が支配的である破断面のコーン部分では，ディンプルが引き延ばされている．図 7-22 と図 7-23 は，両方の形態の例を示している．これらの形態は通常 SEM での観察が最も適しているサイズである．それらは通常光学顕微鏡では観察されない．

これらのディンプルはそれぞれ粒子を核として形成される．これらのフラクトグラフィ的特徴は，たとえばアルミニウム，銅およびニッケル合金といった面心立方格子合金の引張破断面上で常に見られる．それらはまた，延性–脆性遷移温度よりも上の温度において，引張りで破壊した鋼の破面上にも見られる．

普通の市販の銅試験片では，酸化物が銅中に分散しているので，引張試験においてこれらの酸化物を核としてボイドが発生し，ディンプルが形成され，そしてカップアンドコーン型の破壊が結果的に生じる．面白いことに，もし例外的な高純度の銅が引張試験されると，最終的な破断過程はかなり異なる．くびれの開始時にボイドの核となるべき粒子が存在しないので，その試験片は伸びつづけ，最終的に破断する前はタフィー[*1]のようになるまでくびれる．流動応力がかなり小さくなる十分に高い温度では，市販の純度をもった銅でさえこのような挙動を示しうる．なぜなら，応力は低く，ひずみ硬化は動的再結晶によって除去され，その結果くびれる際に発生する 3 軸応力は，くびれた領域内でボイドを形成するのに十分な応力ではないからである．

材料の破壊靱性は，強度，弾性係数および破断伸びの関数である．炭素の含有量がかなり低い炭素鋼に対して，大気溶解から真空溶解までの変化は，強度や弾性係数にほとんど影響を及ぼさない．しかし，炭化物粒子，酸化物粒子の除去は，パーセント伸びとパーセント絞りで測定されるように，延性の増加につながり，靱性を向上させうる．この延性の増加は，ボイドの核となる粒子が欠如するために起こる．

X. ねじりによる破損

低炭素鋼の丸棒は破壊するまで数回転ねじることができ，そのようにすると，破壊は最大せん断応力の作用する面で，軸に対して直角に起こる．この場合，面積減少はほとんどなく，伸びは，たとえあるにしてもほとんどないに等しい．他方，ねずみ鋳鉄のような脆性材料の丸棒を破壊するまでねじると，必要とするひずみ

---

*1　(訳注) 砂糖，バター，牛乳を使ってつくった軟らかめのお菓子.

206　7　脆性破壊と延性破壊

はかなり少なく，その破壊はらせん状になる．破面は引張主応力の作用する方向に対して垂直となり，丸棒の軸に対して45°傾く．工具鋼の硬さが，ビッカース硬さ (HV) 720 を超えると，それはむしろ鋳鉄に近い挙動を示し，らせん状に破壊する[9]．

　完全両振りねじりを負荷された延性材料の丸棒に低サイクル域で繰返し荷重を作用させると，丸棒に対して垂直な平らな破面が生じる．しかしながら，同じ材料において高サイクル疲労で現れる破面は，引張主応力の影響でき裂が進展するのでき裂形成過程で現れるジグザグ模様のため，「工場の屋根」(factory roof) とよばれる．

XI.　事例研究：ヘリコプターボルトの破損[12]

　破損解析において，要素が静荷重下もしくは繰返し荷重下で破損したかどうかを決定するために，それぞれの破損の型に対する参考となる標準を設けることが時折必要である．使用中に破損した部品の破面が，あいまいに解釈される様相を含んでいる場合は特にそうである．そのようなことが，本事例研究の場合であり，ここでは，AISI 9310 浸炭鋼のフラクトグラフィ的様相を特徴づけるために，静荷重下および繰返し荷重下での破損における標準が求められなければならなかった．

　調査された部品は，ヘリコプターの回転翼機構の重要な部品であるトラニオンボルトであった．ヘリコプターが海に墜落する事故があった．そして，ボルトが疲労により破損したので事故が起こったということが申し立てられた．問題を複雑にしたのは，ヘリコプターが回収されるのに数か月間かかり，この間に腐食が生じことであった．そのボルトは AISI 9130 鋼でできており，浸炭されていた．破面検査により，外層部に疲労の痕跡とも解釈できる模様の存在が明らかになった．さらに，外層部を円周状に走る見慣れない 2 次き裂が存在していた．この 2次き裂は，その要素が海中に沈んでいた間に応力腐食割れにより発生したということが示唆された．**ASM** メタルハンドブックのフラクトグラフィ巻に掲載してあるような標準規格には，比較できるフラクトグラフィ的参考例は含まれていなかったので，浸炭鋼に対するフラクトグラフィ的規格をつくるために，一連の試験を実施することが決定された．破壊はボルトの細い部分で曲げにより起こったので，図 7-24 に示すように半円切欠を有する浸炭試験片が 4 点曲げで試験された．2 つのタイプの試験，すなわち破壊までの静的曲げ試験と破断までの繰返し疲労試験が行われた．

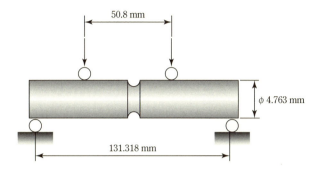

図 7-24 切欠を付して浸炭した直径 19 mm のボルトを模擬した丸棒の 4 点曲げ試験 (McEvily ら[12]より引用)

図 7-25 は，静的曲げ試験における曲げモーメントと試験片のたわみの関係のプロットである．大きな破壊音を伴った不連続性が観察され，それは，最終的な破断前に，外層部に進行性の割れがあったということを示した．類似の挙動が，浸炭鋼の引張試験で観察され，靱性の高い中心部が破壊するのに必要な荷重以下で，大きなノイズを伴って，外層部が最初に割れる．

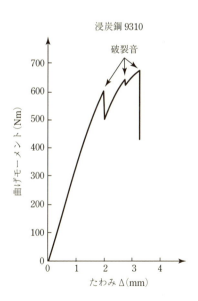

図 7-25 侵炭試験片の荷重−たわみ線図 (McEvily ら[12]より引用)

208   7 脆性破壊と延性破壊

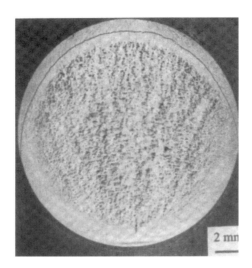

図 7-26 単調引張荷重下で破断した後の巨視的破壊の様子 (*Materials Characterization*, vol. 36, No. 4/5, A. J. McEvily et al., A Comparison of the Fractographic Features of a Carburized Steel Fractured under Monotonic or Cyclic Loading, pp. 153–158, ⓒ1996, Elsevier Science の許可を得て転載)

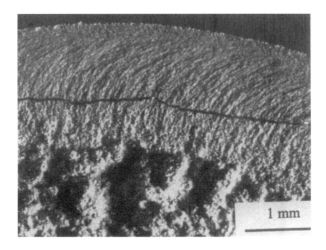

図 7-27 単調引張荷重下で破断後の破壊起点領域 (*Materials Characterization*, vol. 36, No. 4/5, A. J. McEvily et al., A Comparison of the Fractographic Features of a Carburized Steel Fractured under Monotonic or Cyclic Loading, pp. 153–158, ⓒ1996, Elsevier Science の許可を得て転載)

XI. 事例研究：ヘリコプターボルトの破損   209

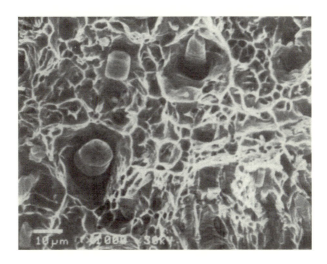

図 7-28　ディンプルと核に硫化マンガン粒子が核に示されている単調荷重後の破面の詳細 (*Materials Characterization*, vol. 36, No. 4/5, A. J. McEvily et al., A Comparison of the Fractographic Features of a Carburized Steel Fractured under Monotonic or Cyclic Loading, pp. 153–158, ⓒ1996, Elsevier Science の許可を得て転載)

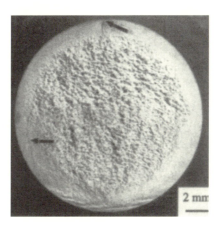

図 7-29　疲労荷重後の破面の巨視的写真. 矢印は疲労き裂の起点と 2 次き裂を示している. (*Materials Characterization*, vol. 36, No. 4/5, A. J. McEvily et al., A Comparison of the Fractographic Features of a Carburized Steel Fractured under Monotonic or Cyclic Loading, pp. 53–158, ⓒ1996, Elsevier Science の許可を得て転載)

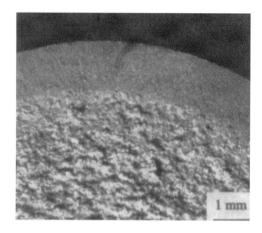

図 **7-30** 疲労き裂発生領域の写真 (*Materials Characterization*, vol. 36, No. 4/5, A. J. McEvily et al., A Comparison of the Fractographic Features of a Carburized Steel Fractured under Monotonic or Cyclic Loading, pp. 153–158, ⓒ1996, Elsevier Science の許可を得て転載)

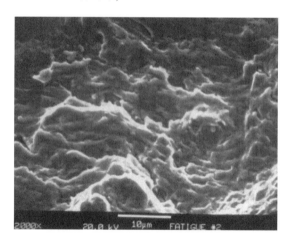

図 **7-31** 疲労ストライエーションが示されている中心領域の写真 (*Materials Characterization*, vol. 36, No. 4/5, A. J. McEvily et al., A Comparison of the Fractographic Features of a Carburized Steel Fractured under Monotonic or Cyclic Loading, pp. 153–158, ⓒ1996, Elsevier Science の許可を得て転載)

この試験片の巨視的破面の様相が図 7-26 に示されている．破損したヘリコプターボルトと同じように，その外層部に円周状のき裂を見ることができ，すなわ

ちそれは，このき裂が応力腐食によって発生したものではないことを直接示している．その外層部と塑性的に変形する中心部との間のポアソン比の違いによる円周引張応力とともに，切欠底における3軸応力状態が発達して，円周状き裂を発生させたと推測された．

図 7-27 は，より高い倍率で見た外層部の様相を示している．外層部は疲労によるものとして説明することができるかもしれない模様を含んでいるが，一方でその破面は静荷重によるものとして知られている．中心部の様相が，図 7-28 に示されている．ここで，延性過大荷重破損の典型的なディンプルがはっきりと見られる．さらに，マンガンサルファイドのストリンガーも見える．

比較のため，図 7-29 と図 7-30 に疲労破壊後の破面の様相を示す．その外層部は平坦であり，図 7-31 のようなより高い倍率では，中心部に**疲労ストライエー**ションとして知られる模様が観察できる (そのような模様は 11 章で，より十分に議論される)．疲労き裂が断面のほとんどを通して進展し，残りの材料が過大荷重によって破断される点で外層部に 2 次的き裂が発生していることに注意しなければならない．

そのような情報にもとづいて，トラニオンボルトの疲労破壊は起こらなかったと結論づけられた．ボルトの破壊は，墜落の原因というよりむしろ結果であった．

XII. ま と め

この章では，脆性材料および延性材料の力学的挙動とフラクトグラフィに焦点を当ててきた．多くの事例研究が，脆性過大荷重破損と延性過大荷重破損どちらの性質であるかを確かめるための調査を行う際に伴う手段を示している．破損の型をはっきりさせるために，破損解析者は種々様々なフラクトグラフィ的様相に熟知していなければならない．

参 考 文 献

[1] S. T. Rolfe and J. M. Barsom, *Fracture and Fatigue Control in Structures*, Prentice-Hall, Englewood Cliffs, NJ, 1977.

[2] A. S. Tetelman and A. J. McEvily, *Fracture of Structural Materials*, Wiley, New York, 1967.

[3] *Collapse of U.S. 35 Highway Bridge, Point Pleasant, West Virginia, December 15, 1967.* NTSB Report NTSB-HAR-71-1, Washington, D. C., 1971.

212   7 脆性破壊と延性破壊

[4] M. P. Manahan, C. N. McCowan, T. A. Siewert, J. M. Holt, F. J. Marsh, and E. A. Ruth, Notched Bar Impact Testing Standards Have Yielded Widespread Benefits for Industry, *ASTM Standardization News*, Feb. 1999, pp. 30–35.

[5] J. R. Low, Jr., "The Relation of Microstructure to Brittle Fracture," in *Relation of Properties to Microstructure*, ASM, Cleveland, 1953, p. 163.

[6] T. Foecke, *Metallurgy of the RMS Titanic*, National Institute of Standards and Technology Report NIST-IR 6118, Gaithersburg, MD, 1998.

[7] G. Wold and J. Skaar, Strain Localization, 515–525, 39th Annual Forum of the American Helicopter Soc., St Louis, MO, May 1983.

[8] P. W. Bridgman, The Stress Distribution in the Neck of a Specimen, *Trans. ASM*, vol. 32, 1944, p. 553–574.

[9] F. A. McClintock and A. S. Argon, *Mechanical Behavior of Materials*, Addison-Wesley, Reading, MA, 1966.

[10] W. F. Hosford and R. M. Caddell, *Metal Forming*, 2nd ed., Prentice-Hall, Englewood Cliffs, NJ, 1993.

[11] G. E. Dieter, Jr., *Mechanical Metallurgy*, 1st ed., McGraw-Hill, New York, 1961.

[12] A. J. McEvily, K. Pohl, and P. Mayr, A Comparison of the Fractographic Features of a Carburized Steel Fractured under Monotonic or Cyclic Loading, *Materials Characterization*, vol. 36, No. 4/5, 1996, pp. 153–158.

[13] P. E. Bennett and G. M. Sinclair, Parameter Representation of Low Temperature Yield Behavior of Body-Centered-Cubic Transition Metals, *Trans. ASME, J. Basic Eng., Series D*, vol. 88, 1966.

[14] K. W. Burns and F. B. Pickering, *J. Iron Steel Inst.*, vol. 202, 1964, p. 899.

問　題

7-1 図 7-8 でひずみ速度は $10^{-4}\,\mathrm{s}^{-1}$ で一定とする．ABS–C 鋼について局所破壊応力を 1,380 MPa (200 ksi) と仮定する．フォン・ミーゼスの降伏条件に従うと，この鋼のシャルピー V 切欠試験片に対して同じひずみ速度で破壊が脆性的に起こる最高の温度はいくらか?

7-2 低炭素鋼の降伏強度は，ASTM 結晶粒度番号 2 では 622 MPa (90 ksi)，ASTM 結晶粒度番号 8 では 663 MPa (96 ksi) である．ASTM 結晶粒度番号 10 では降伏強度はいくらになるか (結晶は四角形と仮定せよ)?

7-3 $a/R = \frac{1}{3}, 1, 2$ の値に対して，$\bar{\sigma}$ に関して引張丸棒のくびれ内の静水圧応力を r/a の関数として表せ．

7-4 ある合金に対して，真応力 350 MPa と真ひずみ 0.50 でくびれの条件 $d\sigma/d\varepsilon = \sigma$ が満足される．

(a) 対応する引張強さと工学的ひずみの値を決定せよ．

(b) $\sigma = a\varepsilon^n$ の関係を仮定して，この合金にくびれ開始点までひずみを与えるのに必要な単位体積あたりの仕事を求めよ．

7-5 引張試験において，評点距離は計算したひずみにどう影響するか？
(a) くびれ前ではどうか？
(b) くびれ後ではどうか？

7-6 図 7-24 に示される曲げを受ける切欠き付き丸棒に対する，応力集中係数 (最小断面の応力を基準) K_T は次のように与えられる．

$$K_T = 3.04 - 7.236\left(\frac{2h}{D}\right) + 9.375\left(\frac{2h}{D}\right)^2 - 4.179\left(\frac{2h}{D}\right)^3$$

ここで，h は切欠深さ 3.175 mm，D は丸棒直径である．この丸棒の K_T を決定せよ．

7-7 図 7P-1 に破損したロケットモータケースの壁の横断面を示す．
(a) 破面形態の特徴にもとづきき裂発生箇所を同定せよ．
(b) き裂発生箇所と同定した理由について簡単に説明せよ．
(c) 図 7P-1 で安定および不安定き裂進展領域の境界を示せ (図に直接に境界を描け)．
(d) 不安定き裂を進展させた引張応力を見積もれ．

図 7P-1

ヒント：半楕円表面き裂に対する応力拡大係数 K の式がこの見積りに使える．

7-8 図 7P-2 は 2 個の金属製要素の破面である．これら 2 個の要素間の相違点ついて議論せよ．
(a) 応力の大きさ
(b) 材料の強度と破壊靱性

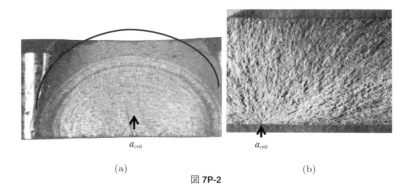

図 **7P-2**

7-9 図 7P-3 は破損したロケットモータケースの破面である．暗い領域 A と領域 B は酸化物で覆われている．

(a) 脆性破壊のき裂発生箇所を複数個同定せよ．破面形態にもとづきその理由を述べよ．

(b) 最終破壊応力の見積りに破壊力学の公式を用いよ．この材料の破壊靱性値は 50 である．

(c) 脆性破壊の原因の 1 つに焼き割れがあるこれが事実とすればどう考えるか？ またその証拠は？ (これが現実問題であることを思い起こし，破損原因の特定に際しどのような根拠および手段を使用しても良い)

図 **7P-3**

7-10 橋用鋼に関し K_{IC} とシャルピー V 切欠衝撃エネルギーを関連づけた経験的な関係式が用いられた．この関係式は下記のとおりで，延性–脆性遷移領域の与えられた温度におけるシャルピー V 切欠エネルギーは $30\,\mathrm{J/m^2}$ であった．

$$\frac{K_{IC}^2}{E} = 655 CVN$$

ここで，K_{IC}, E および CVN の単位はそれぞれ，Pa，および $\mathrm{J/m^2}$ である．E は鋼の弾性係数である．この温度における鋼の破壊靱性値を計算せよ．

問題 215

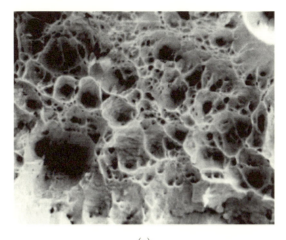

(a)

(b)

図 7P-4

7-11 図 7P-4 の破面写真はシャルピー V 切欠試験片から得られたものである．あいにく，この写真には説明表示がなく，条件，材料などがわからない．しかし，破面写真にもとづき何らかの結論を引き出さねばならない．

(a) 2 個の試験片が同一材料からのものであれば，この材料は延性−脆性遷

移を示せるか? その根拠は?

(b) 図 7P-4a がすべての温度における材料 X の破面を代表するものであれば, 結晶構造および降伏応力など, どのような材料が考えられるか?

(c) 図 7P-4b がすべての温度における材料 Y の破面を代表するものであれば, 結晶構造および降伏応力など, どのような材料が考えられるか?

(d) 図 7P-4a, b がシャルピー V 切欠試験片のものとすれば, どの位置にあると思うか?

8
熱応力と残留応力

I. は じ め に

　熱応力は，温度勾配を受ける構成部材に発生し，特にエンジンの運転に関連した熱的過渡現象は重要な問題である．残留応力は，不均一な塑性変形により発生し，疲労抵抗，応力腐食割れに影響を及ぼし，また，機械加工や熱処理の際にゆがみを引き起こすという点で重要である．この章では，これらの型の応力がどのように発生するのかを簡単に述べる．

II. 熱応力，熱ひずみ，熱衝撃

A. 熱 応 力

　図 8-1 に示すようなバイメタルの帯板を考える．温度上昇による曲げを避けるために，同量の材料 1 を材料 2 の両側に配置する．鋼板の初期長さは L_0 であり，材料 1 の面積を A_1，材料 2 の面積を A_2 とする．また，相応する熱膨張係数をそれぞれ α_1, α_2 とする．

　もし，帯板が ΔT の温度変化により自由に膨張することができるならば，それぞれの材料の長さは次のようになる．

$$L_1 = L_0(1 + \alpha_1 \Delta T) \tag{8-1}$$

$$L_2 = L_0(1 + \alpha_2 \Delta T) \tag{8-2}$$

しかし最終的な長さは等しくならなければならない．$L_{1f} = L_{2f}$ または，

$$L_0(1 + \alpha_1 \Delta T) + \frac{\sigma_1}{E_1} L_0 = L_0(1 + \alpha_2 \Delta T) + \frac{\sigma_2}{E_2} L_0 \tag{8-3}$$

また，つり合い条件より $P_1 + P_2 = 0$ または，$\sigma_1 A_1 + \sigma_2 A_2 = 0$ である．

　2 つの未知数をもつ 2 つの方程式があるので，応力 σ_1 と σ_2 を次のように決定することができる．

– 217 –

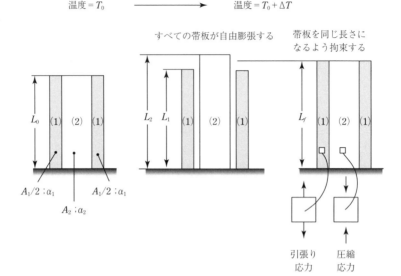

図 8-1　バイメタルの帯板

$$\sigma_2 = \frac{(\alpha_1 - \alpha_2)\Delta T E_1 E_2}{E_1 + E_2(A_2/A_1)} = \frac{(\alpha_1 - \alpha_2)\Delta T E_2}{1 + (E_2/E_1)(A_2/A_1)} \quad (8\text{-}4)$$

$$\sigma_1 = -\sigma_2 \frac{A_2}{A_1} \quad (8\text{-}5)$$

応力が弾性範囲にある限り，温度が初期値に戻れば，残留効果はなく，上式は成立する．しかしながら，応力が含まれている材料の降伏応力を超える場合は，温度が初期値に戻ったときに残留応力状態が発生する．たとえば，先例における材料 2 の熱膨張係数の方が低く，降伏応力も相対的に低いならば，温度の増加に伴い，材料 2 に塑性伸びが生じるであろう．その後，温度が低下したときに，材料 2 は圧縮残留応力状態のままとなり，材料 1 は引張残留応力状態になるであろう．

B.　熱—機械繰返しひずみ

繰返し性を有する過渡的熱ひずみは，ジェットエンジンの部材であるディスク，翼および羽根などに発生する．図 8-2 はガスタービンの翼における熱—機械サイクルの模式図である[1]．巡航状態におけるブレードの温度は 600°C (1,112°F) である．図 8-2a に示すように，エンジン出力を上げた場合，表面温度は 10^5 秒

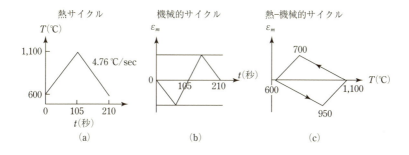

図 8-2　熱–機械サイクル．(a) 温度と時間の関係，(b) ひずみと時間の関係，(c) 熱–機械ヒステリシスループ (Remy[1]より引用)．

で 1,100°C (2,012°F) に上昇する．エンジン出力を巡航状態に戻すと表面温度はさらに 10^5 秒で 600°C (1,112°F) に下降する．加熱と冷却の速度は 4.76°C/s (8.57°F/s) である．全ひずみは，熱膨張によるひずみと，発生した熱応力によるひずみとの合計である．図 8-2b に示す機械的ひずみと時間のプロットには，弾性と塑性のひずみの両方が含まれている．加熱時には，外側の表面に最初に圧縮ひずみが発生するが，翼内部がより熱くなるにつれゼロに下がる．冷却時には逆の過程が生じる．図 8-2c に，この過渡的熱履歴に対する熱–機械ヒステリシスループである反時計回りのダイヤモンド型サイクルを示す．図 8-3 に単結晶の [001] と [111] の結晶方位における，相応する応力に対する機械的ひずみのヒステリシスループを示す．繰返しに対する平均応力はゼロに近いということがわかる．[001] の結晶方位に対しては，塑性変形 (または粘塑性変形) は，ひずみが −0.8 のときに発生している．[111] の結晶方位では，塑性変形はひずみが −0.25 のときに開始している．このように，熱–機械履歴は複雑であるが，構成部材の疲労寿命の評価において明らかに重要である．

C. 熱　衝　撃

熱衝撃は，急な温度勾配の急速な発生，およびそれに伴う脆性材料の破壊を招く可能性のある高い応力のことを意味する．これは，加熱あるいは冷却の場合に起こりうる．たとえば，タービンエンジンを急停止させると，表面は冷え縮もうとするが，内部によって抑制される．そのため発生した引張応力が原因でプラチナ–アルミナイド保護皮膜に割れが生じることがある．

220   8 熱応力と残留応力

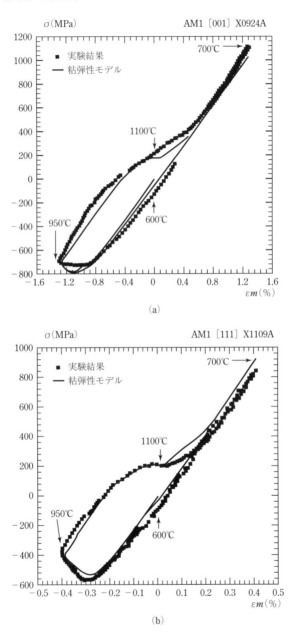

図 8-3　AM1 超合金の [001] と [111] 単結晶試験片の熱機械的疲労 (TMF) に対する応力と機械的ひずみヒステリシスループの関係. 図 8-2 で描かれているサイクルを用いた粘弾性モデル. (実線) と実験結果 (黒丸印) の比較 (Remy,[1] *Low Cycle Fatigue and Elastic-Plastic Behaviour of Materials*, ed. by K-T. Rie and P. D. Portella, pp. 119–130, ⓒ1998, Elsevier Science の許可を得て転載).

加熱時に生じる熱衝撃として次のような例がある．熱伝導率の低いガラス製鉢を考える．

1. 熱い液体を鉢の中に注ぐ．
2. 急激な温度の上昇のために内側の表面は膨張しようとする．
3. まわりのまだ冷たい外壁材料によって膨張が抑制されるために，内側表面に2軸圧縮応力が発生する．
4. この圧縮応力系は，まだ冷たい外壁の外側部分につり合いの引張応力系をつくりだす．
5. もし発生した引張応力の大きさが，ある弱点にき裂を発生させるのに十分であれば，外側部分に破壊が生じる．

III. 不均一な塑性変形によって発生する残留応力

残留応力は，機械加工による変形や高温から低温への冷却中の金属や合金における温度勾配によって引き起こされた塑性変形の勾配が原因で発生する．残留応力の符号は，残留応力を発生させる応力の符合と常に逆である．残留応力は，疲労や応力腐食割れに対して重要で，有益であったり有害であったりする．もし，残留応力が焼処理や機械加工の前に存在すればゆがみや反りが生じることがあるので有害となりうる．

A. 機械的に導入した残留応力の例：塑性域における曲げ後のスプリングバック[2]

薄板曲げ (図 8-4) では，板幅 w は板厚 t に比べて大きいので，板幅の変化は無視できる．したがって，曲げは $\varepsilon_y = 0$, $\varepsilon_z = -\varepsilon_x$ の平面ひずみ過程とみなすこ

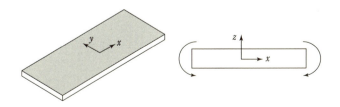

図 8-4　板曲げ

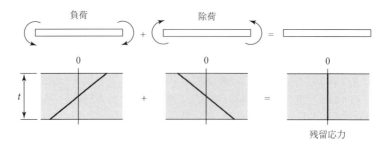

図 **8-5** 帯板曲げ，弾性ひずみ

とができる．z を板の中立面からの板厚方向へ測った距離とし，そして r を中立面の曲率半径とする．ε_x の値は，曲げの内側 ($z = -t/2$) における $-t/2r$ から中立面 ($z = 0$) のゼロ，そして曲げの外側 ($z = t/2$) における $+t/2r$ まで線形に変化する．

図 8-5 に断面上の応力を示す．重ね合せの原理を用いて，除荷を逆向きの荷重と考えると，完全弾性曲げでは除荷後に残留応力はないということが示される．

次に，塑性域で加工硬化しない弾完全塑性体の材料を仮定する．もし，引張降伏応力を Y とすれば，平面ひずみ状態における流動応力 σ_0 は $1.15Y$ となる．図 8-6a は，全塑性挙動に対する板断面上の応力分布を示している．中立面の弾性中心部 (無視できる) を除いて，全断面の応力は $\sigma_x = \pm\sigma_0$ となる．

この全塑性曲げをつくるのに必要な曲げモーメント M を計算するために，$dF_x = \sigma_x w\,dz, dM = z\,dF_x = z\sigma_x w\,dz$ であることに注目すれば，全塑性曲げモーメン

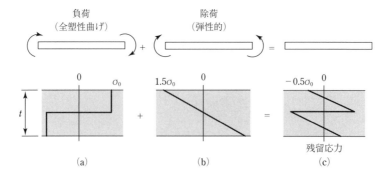

図 **8-6** (a) 帯板曲げ，(b) 負荷時の塑性ひずみ，(c) 除荷時の弾性

III. 不均一な塑性変形によって発生する残留応力　223

トは次のようになる.

$$M = \int_{-t/2}^{+t/2} w\sigma_x z\,dz = 2\int_0^{t/2} w\sigma_x z\,dz = w\sigma_0 \frac{t^2}{4} \tag{8-6}$$

(σ_x がちょうど σ_0 と等しくなるのに必要な弾性曲げモーメントは, $w\sigma_0(t^2/6)$ となるので全塑性曲げモーメントの方が 50% 程度高いことに注意.)

外力の曲げモーメントが解放されたとき, 内力の曲げモーメントは 0 にならなければならない. 材料は弾性的にスプリングバックを起こすので, 内部の残留応力分布は, ゼロ曲げモーメントになるはずである. 除荷は弾性的なので, 次式で与えられる.

$$\Delta\sigma_x = \frac{E}{1-\nu^2}\Delta\varepsilon_x = E'\Delta\varepsilon_x \tag{8-7}$$

r' をスプリングバック後の曲率半径とすれば, ひずみの変化量は $\Delta\sigma_x = z/r - z/r'$ で与えられる. これは次のように曲げモーメントに ΔM の変化を起こす.

$$\begin{aligned}
\Delta M &= 2w\int_0^{t/2} \Delta\sigma_x z\,dz \\
&= 2w\int_0^{t/2} E'\left(\frac{1}{r}-\frac{1}{r'}\right)z^2 dz \\
\Delta M &= \frac{wE't^3}{12}\left(\frac{1}{r}-\frac{1}{r'}\right)
\end{aligned} \tag{8-8}$$

スプリングバック後は $M\text{-}\Delta M = 0$ であるから, M と ΔM を等しくおけば次式が得られる.

$$\frac{w\sigma_0 t^2}{4} = \frac{wE't^3}{12}\left(\frac{1}{r}-\frac{1}{r'}\right) \tag{8-9}$$

または,

$$\left(\frac{1}{r}-\frac{1}{r'}\right) = \frac{3\sigma_0}{tE'} \tag{8-10}$$

発生する残留応力は, 次のようになる

$$\begin{aligned}
\sigma_x' &= \sigma_x - \Delta\sigma_x \\
&= \sigma_0 - E'\Delta\varepsilon_x \\
&= \sigma_0 - E'z\left(\frac{1}{r}-\frac{1}{r'}\right) \\
&= \sigma_0 - E'z\left(\frac{3\sigma_0}{tE'}\right) \\
\sigma_x' &= \sigma_0\left(1-\frac{3z}{t}\right)
\end{aligned} \tag{8-11}$$

224   8 熱応力と残留応力

外側表面 $z = t/2$ において，残留応力 σ_x' は $-\sigma_0/2$ に等しい．内側表面では残留応力は $+\sigma_0/2$ である．図 8-6c に応力分布を示す．

表面の残留応力の符号はそれを発生させた応力の符号と反対であることに注意しなければならない．また塑性変形も必要であるが，それは不均一でなければならない．塑性域まで均一に引き伸ばされた引張棒には残留応力は発生しない．一方，切欠底における材料が塑性範囲まで引張られ，その周囲が弾性のままである場合には，残留応力が切欠などに発生する．

残留応力の重要な状態は引張荷重が負荷され，その後除荷される要素の切欠先端で形成されることである．荷重下においてき裂先端の応力は他のどの部分より高く，鋭い応力勾配がある．もし，き裂先端におけるピーク応力が材料の降伏応力よりも高ければ，除荷の際，残留応力は形成されない．しかしながら負荷される引張応力がき裂先端の塑性域を発生させるために十分高ければ，その場合には圧縮残留応力が除荷の際に形成される．なぜこの残留応力は発生するのか？

塑性域がき裂先端に形成されると純粋な弾性荷重に比較し，き裂底の引張ひずみが大きく増加する．この大きな局部の引張ひずみを受け入れるためにはさらなる材料が必要になる．この材料はき裂先端の塑性域にくぼんだディンプルを形成させ，試験片の z 方向に材料を輸送することにより供給される．体積が一定である要素の表面に平面応力が作用していることに注意を要する．除荷の際サブサーフェス領域に余分な材料があるので圧縮残留応力がき裂先端に発生する．もし，要素にき裂先端に塑性域を形成させるのに十分な高い圧縮応力が負荷されれば，塑性域における材料は要素表面から外側に膨らみ，表面層の材料の量を減少させる．除荷の際にサブサーフェスには材料が少ないので，き裂先端に引張応力が生じる．まとめると，残留応力を発生応力勾配と同様に塑性変形が必要になる．さらに残留応力の符号は荷重状態における応力の符号とは正反対である．

表面の圧縮残留応力は，疲労や応力腐食割れに対して有益である．たとえば表面に 2 軸圧縮応力を発生させるショットピーニングとして知られるプロセスによりしばしば慎重に導入される．いかなる疲労き裂の進展速度も圧縮残留応力場で遅延する．

平滑試験片において，過大荷重により成長している疲労き裂の先端に発生する残留応力の状態は重要である．疲労き裂成長期間に，もし 100% の過大荷重が負荷されると，その後疲労き裂は過大荷重によってつくられた塑性域を突き進むので進展速度がある期間遅くなる．この速度低下は，過大荷重によって生じた圧縮

残留応力の増加と関係している．この残留応力は，大部分は平面応力で表面領域に存在し，過大荷重塑性域に起きた表面における材料の横方向収縮によって生じる．延性材料では，この横方向収縮がき裂先端の極近傍に明瞭なディンプルを形成させる圧縮応力は，荷重が過大荷重レベルから減少するにつれて発達し，過大荷重負荷前に比較し，横方向収縮のために，過大荷重塑性域の表面に平行で直下の面に存在する．過大荷重域をき裂が通過するにつれて，これらの残留応力が解放され，その結果，き裂先端のすぐ後でき裂閉口レベルが上昇して (10 章参照)，それが疲労き裂伝播速度の低下をまねく．き裂進展速度低下の程度は，過大荷重レベルと試験片厚さの関数であり，厚い試験片に比べ，薄い試験片に対してより顕著である．この相違の理由は，厚い試験片では，試験片の厚さの大部分を通して平面ひずみ状態が広がっており，平面応力が関与する横方向収縮は平面ひずみ条件下では生じないからである．したがって，過大荷重によって高められた圧縮残留応力のレベルは，薄い試験片より厚い試験片の方が小さい．

B. 実例研究：ゴルフクラブのシャフト

コネチカットのあるゴルフ練習場では，時々クラブのシャフト (テーパ付きの細い中空の管) が折れ曲がり，あるいは使用中に損傷を受け，交換しなければならなかった．シャフトの在庫は倉庫に保管されていたが，そこは，じめじめしており湿度が高かった．シャフトは外面を腐食から守るためにクロムめっきされた低合金鋼でつくられていた．新品のシャフトは，グリップエンドだけでなくクラブヘッドまで密封されており，シャフトの内側からの腐食から守られるようになっている．しかし，交換用シャフトは封がされておらず，その結果，これらの交換されたシャフトの内側は，時間の経過とともに腐食が進んでしまった．

あるゴルファーが，シャフトの交換されたクラブでボールを打っていた．ボールを打ったときにシャフトが折れ，彼が握っていた端部が目を突いた．幸い彼の目の怪我は深刻なものではなく，怪我は完治した．

シャフトの検査により，破壊の起点は事故の前から存在していたシャフト内部の小さなくぼみであったということがわかった．破壊はシャフト内側の小さなくぼみから発生していた．図 8-7 に示したこの破壊の起点付近は，外観上平らであり脆性的であった．それに比べ，図 8-8 に示す起点から離れた破面には，延性破壊の特徴であるディンプルが見られた．この破壊は，スプリングバックによりシャフト内部のくぼみの周辺に引張残留応力が発生し，腐食と無害なくぼみが関与し

図 8-7 折れたゴルフシャフトの破壊起点領域の巨視的写真．底部の粗い部分はシャフトの腐食した内表面である (*Materials Characterization*, Vol. 26, A. J. McEvily and I. Le May, pp. 253–268, ⓒ991, Elsevier Science の許可を得て転載)．

て生じた水素脆化が原因であると結論づけられた．くぼみが形成されたとき，シャフト内部のくぼみ周辺の材料は圧縮となり，くぼみの中心では引張となる．スプリングバックにより応力の向きが変わり，その結果，引張残留応力がシャフト内

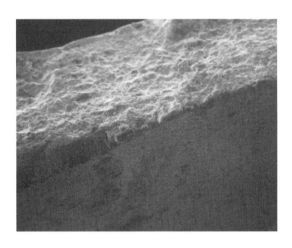

図 8-8 折れたゴルフシャフトの破壊起点から離れた破面の巨視的写真 (*Materials Characterization*, Vol. 26, A. J. McEvily and I. Le May, pp. 253–268, ⓒ1991, Elsevier Science の許可を得て転載)．

側のくぼみ周辺の表面に残されたのである.

IV. 焼入れによる残留応力

高温から金属部品を冷却する際に残留応力が発生することがある. たとえば, 大きな鋼の塊を急冷したとき表面層は内部より先に冷えるため, 内部の圧縮応力と釣り合いを取って表面には引張のひずみと応力が発生する. 高温においては 材料の低い降伏応力のために, これらの引張りと圧縮の応力は緩和されている. しかしながら, 除冷過程が進んでいくと, すでに冷やされた表面は最終的に内部が冷やされ縮むにつれて圧縮を受ける. 一般に, 表面層の圧縮残留応力は, 機械加工をその後に行った表面の不均一な除去によりひずみが生じた場合を除いて有益である.

鋼が焼入れされ低温でマルテンサイトを形成する場合, オーステナイトからマルテンサイトに変態するときに 1-3% の体積の膨張を生じる. 表面では, 鋼の場合のように最初に圧縮残留応力が生じるが, 下の層が冷えて膨張すると表面は引張りとなる. これらの引張応力は内部がマルテンサイト変態をせず, そのかわりに高い温度でベイナイト変態する低硬化性の鋼を使用すれば減少させることができる.

A. 焼 割 れ

鋼において, 焼戻されていないマルテンサイトが形成された場合, 引張りの残留応力のレベルによっては, すぐに焼割れが生じる可能性が常にある. しかしながら, 低温割れ (または遅れ割れ) はより起こりやすい事象である. この理由により, 低温割れが発生しうる時間をできるだけ短くするために, 焼入れされた合金鋼の部品は, 急いで焼戻し炉または塩浴に移される. もし焼入れにより, き裂が発生し, その部品が焼戻しのために塩浴に入れられると, き裂内にトラップされていた水が水蒸気へと変化して爆発的反応が起こることがありうる. そのため, この操作を行う職員は防護マスクと防護服を身につける必要がある.

また, 低延性の材料の焼入れを行うとき, 図 8-9 に示すように, 材料内の温度勾配によって発生した引張表面応力が材料の割れ抵抗を越えたならば, 焼入れ温度以上で焼割れが発生する.

残留応力の発生を避けるために, その原因となる温度勾配を最小にする目的で

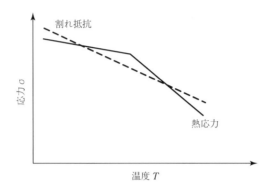

図 8-9 熱応力と割れ抵抗の関係を温度の関数で表した模式図.

熱処理が行われる.その方法を次に示す.

(a) マルテンパリング:鋼を M_s より高い温度まで冷却し,マルテンサイトまで冷却する前に一様な温度で保持する (図 8-10a).
(b) オーステンパリング:鋼を M_s より若干上の温度まで急冷し,ベイナイトに変態が完了するまでその温度を保持した後,室温までゆっくり冷却する (図 8-10b).

V. 残留応力強靱化

　熱衝撃の章で以前に議論した鉢の外側の表面が,圧縮残留応力を有するように処理が行われていたら,熱衝撃に対する抵抗は強くなる.ガラスは,たとえばコーニングウェアのように冷却で大きな原子を表面に拡散して圧縮残留応力を発生させることにより強靱化できる.鋼の塊の場合と同様に,表面に圧縮残留応力を発生させるために,焼戻したガラスは高温から急冷することにより製造される.このタイプのガラスは,自動車のサイドガラスなどに使われている.そのようなガラスが壊れると小さな破片に砕ける.しかしながら,フロントガラスは焼戻されていない.フロントガラスは 2 枚のガラスをプラスチックの板を間に挟んで貼り合せてできている.衝突の際,フロントガラスは頭部への怪我を軽減させるのに十分自由に変形するが,前座席の搭乗者が飛び出すのを防がなければならない.この場合,一般的にガラスは割れてプラスチック膜に付着したままで大きな破片になる.

V. 残留応力強靭化   229

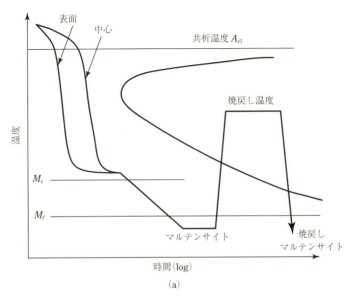

(a)

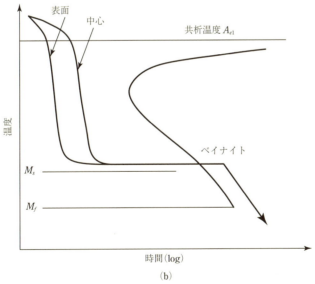

(b)

図 8-10　冷却曲線．(a) マルテンパリング，(b) オーステンパリング

VI. 浸炭, 窒化, 高周波焼入れにおいて発生する残留応力

A. 浸 炭

浸炭はオーステナイト領域で行われ, 次の理由のため低合金鋼の焼入れの際, 表面に圧縮残留応力を発生させる[3,4]. 炭素は, マルテンサイト変態温度 (M_s) を降下させる元素の中の1つである. そのため, 浸炭された表面層の M_s 温度は, 炭素含有量の違いにより内部の M_s 温度よりもはるかに低くできる. 焼入れ中, 内部は, 表面よりも高い温度であっても, M_s 温度の方が高いために, 最初に変態を起こす. その後, 表面が変態し膨張しようとするが, すでに変態した内部によって拘束される. その結果, 表面は図 8-11 に示すように残留した圧縮の状態になる.

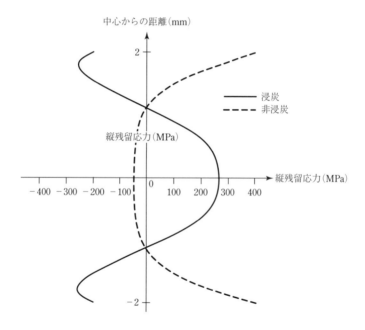

図 8-11 焼き入れ, 焼き戻し (180–200°C)(356–392°F) した 0.93Cr–0.26C 鋼における残留応力におよぼす炭化の影響 (Ebert[3] と Krauss[4] より引用)

B. 窒 化

窒化は，共析温度以下の高温で 9–24 時間程度の時間をかけて行われるので，窒化過程中にあらゆる残留応力は緩和される．窒化の目的は表面の摩耗と疲労の特性を改善することである．温度は浸炭温度よりも低く，相の変態が起こらないため，ゆがみの問題は最小になる．これは，クランクシャフトのような注意深く機械加工された部品を熱処理するときの重要なポイントである．窒化物の形成は，低い熱膨張係数により，通常の除冷のあとでも有益な圧縮残留応力を発生させる．

C. 高周波焼入れ

高周波焼入れは適切な鉄系加工品を電磁誘導により変態点以上に加熱してすぐに焼入れる表面硬化の工程である．表面層は焼入れ中にオーステナイトから変態するので，圧縮残留応力が発生する．

VII. 溶接により発生する残留応力

溶接作業において，結合部はしばしば大きな放熱を引き起こすので，冷却速度が急激になる．その結果，焼戻されないマルテンサイトが引張残留応力場に形成され，低温割れか焼割れのいずれかによって溶接割れを起こす．好ましくない溶接条件数が増加するにつれて，溶接割れの感受性は増大する．たとえば，非低水素系の溶接棒で溶接し，予熱も後熱もしない中炭素鋼は，もし継手の拘束状態が低く，使用中の繰返し荷重が制限されるならば，約 1.6 mm (1/16 in) 厚さのマルテンサイト領域を含む HAZ (溶接熱影響部) があったとしても問題はない．しかしながら，その断面厚さが 2 倍になり，より大きな拘束によって残留応力のレベルが上昇し，より高い冷却速度のためにマルテンサイト域の厚さが増大すれば，割れが発生することがある．低水素系の溶接棒で溶接しても，厚い断面での割れを防げないかもしれないが，315°C (600°F) の予熱は，冷却の速度を遅らせ，それによって残留応力のレベルと形成されるマルテンサイトの量が減少することにより，割れを防止する．

M_s 温度以下で冷却中に，炭素含有量に依存して 2 形態のマルテンサイトが形成される．低炭素鋼では，高密度の転位を含んだラスマルテンサイトが生成される．より高炭素鋼では，同様に多量の転位を含む板状マルテンサイトが双晶化するこ

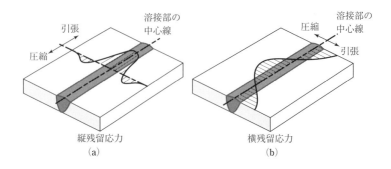

図 8-12 突き合わせ溶接部に生じる残留応力．(a) 長手方向，(b) 横方向 (Gurney[?] より引用

とがある．脆いマルテンサイト，特に双晶化したマルテンサイトの生成の可能性を最小にする目的で，予熱が冷却速度低減のために用いられる．炭素含有量や予熱温度は溶接される板の厚さとともに高くなり，推奨される予熱温度は，0.2 重量% の炭素鋼に対する 38°C (100°F) から，0.6 重量% の炭素鋼に対する 315°C (600°F) までの範囲となっている．

溶接部の後熱には 2 つの目的がある．まず，溶接過程で生じることがある残留応力の除去である．次に，溶着金属と HAZ (溶接熱影響部) の破壊靭性の改善である．現在，すべての原子力部品とほとんどの圧力容器における溶接においては溶接後熱処理 (PWHT) を行うことが義務づけられている．これらの後熱処理は，650°C (1,200°F) 程度の温度で 1 時間行われる．

冷却中の溶着金属の収縮によって突合せ溶接部に平行および横方向に発生する残留応力を図 8-12 に示す[5]．ゆがみを最小にするために，溶接は板の端から中央に向かって行われる．これは，溶接金属が最後に凝固するのは突合せ溶接の中央領域なので，横方向の残留応力分布の原因となる．溶接中に発生する残留応力は時折有益となりうる．たとえば，自動車に使われる鋼製の重ね溶接継手の疲労強度は，低い変態点 [M_s 200°C (392°F)，M_f 20°C (68°F)] を有する溶接ワイヤ (10Cr–10Ni) を使用することにより表面層に圧縮残留応力を誘起させ，改善されている．この方法で 10^8 回における疲労強度は 300 MPa から 450 MPa に上昇する[6]．

VIII. 残留応力の測定

残留応力の大きさを決定する2つ主な方法である，X線法と金属(層)除去法については6章で述べた．金属除去法のもう1つの例は**穿孔法**として知られている．この方法は，大砲や他の円筒物における残留応力レベルを決定するために使用される．大砲の砲身の場合には，製造工程の最終段階として，砲身内部が塑性域まで膨張する十分な大きさの圧力を砲身の内部にかける．圧力が取り除かれると，有益な圧縮残留応力状態が内側表面にできる．この工程は**オートフレッテージ**として知られている．穿孔法によって残留応力を決定するためには，砲身の内部から連続する層を機械加工により除去する必要がある．それぞれの層が除去されるごとに，いくらかの残留応力が解放される．その結果，砲身の外側表面で，長手方向と，円周方向のひずみが発生し，それらはひずみゲージで測定される．これらの計測値から，初期の残留応力状態の大きさを推定することができる．

IX. ま と め

ジェット旅客機のエンジンのタービンディスクなどの工作物に発生する熱応力は，優れた設計手法と，材料の改善により，もはや大きな問題ではない．それでもやはり，熱応力は考慮しなければならない．熱処理における，熱割れの問題は存続する．残留応力は，それに関連する割れの問題が発生して初めてその存在が認識されるため，今後も問題となる．

参 考 文 献

[1] L. Remy, "Thermal and Thermal-Mechanical Fatigue of Superalloys, a Challenging Goal for Mechanical Tests and Models," in *Low Cycle Fatigue and Elasto-Plastic Behavior of Materials*, ed. by K.-T. Rie and D. P. Portella, Elsevier, Oxford, UK, 1998, pp. 119–130.

[2] W. F. Hosford and R. M. Caddell, *Metal Forming*, 2nd ed., Prentice-Hall, Engelwood Cliffs, NJ, 1993.

[3] L. J. Ebert, The Role of Residual Stresses in the Mechanical Performance of case Carburized Steel, *Met. Trans. A.*, vol. 9A, 1978, pp. 1537–1551.

[4] G. Krauss, *Principles of Heat Treatment of Steel*, ASM, Materials Park, OH, 1980.

[5] T. R. Gurney, *Fatigue of Welded Structures*, Cambridge University Press, Cambridge, UK, 1968, p. 58.

[6] A. Ohta, Y. Maeda, and N. Suzuki, "Improvement in Fatigue Properties by Beneficial Welding," in *Proceedings of the 25th Symposium on Fatigue*, Japan Society of Materials Science, 2000, pp. 284–287.

付録 8-1：熱応力による破壊の事例研究

　セラミックス材料は通常圧縮には強いが，特に欠陥があれば引張りには比較的弱い．図 8A-1 にセラミックス鉢を示す．鉢の壁の厚さは 4.8 mm (0.18 in) である．熱い液体が鉢に注がれると図 8A-2 に示すように突然円周方向に割れが発生する．なぜこのき裂が形成されるのか？ 熱い液体が鉢に注がれると，液体に直接触れている鉢の内側のセラミックス材料は膨張しようとするが，近傍の温度の低い部分の材料から阻止される．その結果，2 軸圧縮応力が鉢の内表面に発生する．この圧縮応力とつり合うために，引張応力が鉢の外表面に発生する．小さな欠陥が外表面に存在し，これらの引張応力と関わり，き裂が発生し進展した．図 8A-3 に破壊起点の領域を示す．連続した"ためらい"線を見ることができる．これらの線は鋼の脆性破壊で観察されたシェブロンパターンとは異なる．ためらい線は平面応力と平面ひずみの相互作用により形成される．破壊の最前部の平面ひずみ部は平面応力部よりもより速く進展する．その結果，き裂先端は強く曲げられる．平面ひずみ部がかなり遠くの平面ひずみ部を捉えるとき，平面応力部に追いつくこ

図 **8A-1**　円周方向のき裂を含んだセラミックス容器．割れた半分どうしはよく合わさっており，き裂を見ることは難しい．

図 **8A-2** き裂を見るために図 8A-1 に示した容器の半分を分離した．

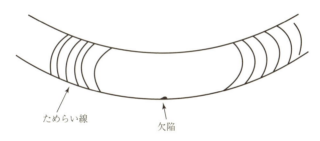

図 **8A-3** 破壊起点近傍に現れた破面のスケッチ

とにより，き裂が停止し，ためらい線が形成される．平面応力部が捉えられると，き裂先端は急速に前方に動きだす．これらのためらい線により形成されるマーキングは容易に破壊起点の位置を知らしめる．

問　題

8-1　セラミックコーティング直下の金属がセラミックよりも大きい急激な温度上昇を経験すると，どのような問題が予想されるか？

8-2　図 8-1 に示すバイメタルの帯板を考えよう．金属 1 は鋼 ($\alpha = 0.00001176/°C$) で金属 2 はアルミニウム ($\alpha = 0.0000236/°C$) と仮定する．アルミニウム

の降伏応力は 69,000 Pa で，鋼のそれは 690,000 Pa である．鋼の全面積はアルミニウムのそれに等しいとする．

(a) アルミニウムが降伏応力に達するのに必要な温度上昇を求めよ．
(b) 温度が (a) 以上に上昇したら，何が起こるかを議論せよ．
(c) 温度が上昇し続けて，アルミニウムが降伏応力を超えてアルミニウムに 0.05 % の塑性変形が生じたとしたら，温度を元の値に戻すと帯板内の応力状態はどうなるか？

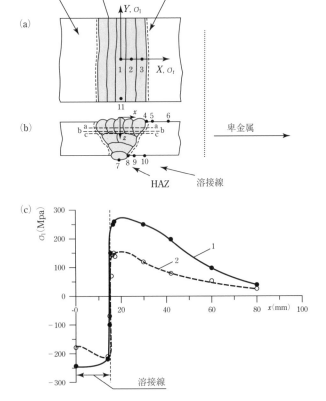

図 8P-1 (a) 鋼板の線形突合せ溶接継手を上から見た図，(b) 鋼鈑突合せ溶接継手の横断面図，(c) 溶接線中心から測定した位置の関数としての残留応力分布．1：溶接線に平行な残留応力，2：(a) および (b) に示される位置 1, 2, 3, 4, 5 に沿った熔接線に垂直な残留応力．

問　題　237

(d) なぜ bcc 鉄の α より fcc アルミニウムの α が高いのか？

8-3 図 8P-1 は鋼板の線形突合せ溶接と溶接線にまわりの残留応力分布を示している．なぜ (c) に示した曲線 1 の残留応力分布がそのような形をとるのか説明せよ．

8-4 (a) もし焼入れの過程で相変態がなければ，なぜ焼入れは要素の表面に圧縮残留応力をもたらすのか？ 対照的に，焼入れの間にマルテンサイトが生成すると，要素の表面に引張応力が生まれる．なぜか？

(b) 浸炭窒化および高周波焼入れは工作物の表面に圧縮残留応力をもたらす．各プロセスにおいて工作物の表面に圧縮残留応力を生み出すメカニズムについて説明せよ．

8-5 円筒形棒の残留応力を低減させる方法の 1 つは単にこの棒に引張塑性伸びを与えることである．なぜ単純な引伸ばしが残留応力を減少させるのか？

8-6 材料における温度勾配は熱–機械荷重という言葉で良く知られた現象に導くことができる．例としてタービン翼をとりあげ，熱–機械荷重について説明し，また材料の性能にどのような影響を与えるのかを説明せよ．

9
ク　リ　ー　プ

I.　は　じ　め　に

応力下における材料の時間依存性の変形はクリープとして知られている．金属では，主として高温拡散によって制御された過程で，破断に至る．本章では，クリープのメカニズムとクリープ寿命の予測手法について論じる．いくつかのクリープ破損のメカニズムについても論じる．

II.　背　　　景

温度が $0.4T_M$（T_M は K を単位とした融点である）より高いとき，時間に依存する変形，すなわち材料のクリープと破断の過程は，設計の際に考慮すべき主要な事項となる．多くの応用分野において，たとえば航空機のガスタービンエンジンでは作動温度，つまり効率は材料のクリープ特性によって制限されるので，優れたクリープ抵抗を有する合金を開発する経済的誘因がある．設計は一般に，所定の機械要素において期待される寿命中に，0.1%または 1%といったクリープの最大許容量にもとづいて行われる．これらの使用寿命はロケットエンジン要素の数分間から，ジェットエンジン要素の 1 万時間，高圧蒸気ラインの数十万時間にまで及ぶ．高温では，必ずしもクリープ変形が使用寿命を左右する唯一の機構ではない．というのは，非常に小さな伸び[1]の後や予想外に短い使用寿命の後に，合金が破壊することが発見されてきているからである．しかし，今日ではクリープ破断はあまり生じなくなった．これは特に航空機分野における合金開発と検査手法の進歩およびアメリカ機械学会 (ASME) のボイラ・圧力容器規格やアメリカ石油協会 (API) の推奨規準のような規準の開発によるものである．炭素鋼におけるクリープの問題は $0.4T_M$ 以下，つまりクリープ範囲以下の温度での使用に限定することによって回避することができる．したがって，沸騰水や 288°C (550°F) で運転される原子炉圧力容器ではクリープは問題にならない．しかし，過熱器の上部，過

– 239 –

熱管，蒸気配管のような圧力のかかったいくつかのボイラ要素では，$1\frac{1}{4}$Cr–$\frac{1}{2}$Mo および $2\frac{1}{4}$Cr–1Mo 鋼のような耐クリープ合金を使用してクリープ温度範囲で運転する．ガスタービンも $0.4T_M$ 以上で運転するのでクリープが関係する．発電所やエンジンでクリープ破損が生じる場合，安全な寿命を超えて運転されていたことや，運転条件が規定の限界を超えていたことが原因であることがしばしばある．さらに，後に議論するように，正常運転中に高圧蒸気ラインの溶接部や他の場所で予期していなかったクリープ破損が生じた．化石燃料焚き蒸気発電所における破損事故において，破損の実に 81% が機械的なもので，残りが腐食によるものであった．機械的破損のうち 65% が短時間の高温損傷として分類された．わずか 9% がクリープによるもので，残りは疲労，溶接損傷，エロージョンなどが原因であった[2]．

III. クリープの特徴

図 9-1 は一定応力での典型的なクリープ伸び線図を示したものである．荷重伸び曲線の特徴的領域は次のとおりである．

(a) 1 次クリープ領域：クリープひずみ速度が時間とともに減少する．

(b) 2 次クリープ領域：真応力が一定のもとで，クリープひずみ速度が最小となり，定常をとる．しかし，一定荷重条件下では必ずしも定常値は明瞭ではないことがある．

(c) 3 次クリープ領域：一定真応力条件下であってもクリープひずみ速度が時間

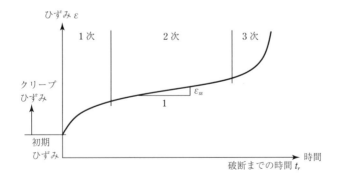

図 9-1 一定荷重条件に対して時間の関数で表したクリープ伸び

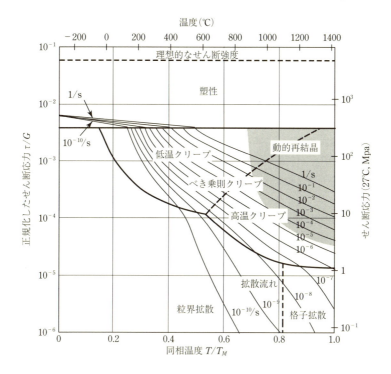

図 9-2 粒径 1 mm の加工硬化した純ニッケルに対するクリープ変形マップの例 (LT は低温，HT は高温)(Frost と Ashby[3] より引用)

とともに加速する．

近年の主たる発展はクリープ変形マップの導入である[3]．これらのマップは特定の合金に対してクリープ変形と破断メカニズムを温度と応力レベルの関数として示しており，合理的な基準でクリープ解析が行える．図 9-2 はクリープ変形マップの例である．縦軸はせん断応力，ここで G は温度の増加とともに減少するせん断剛性である．横軸は温度，ここで T_m は融点である．このような図は，特定の応力レベルと温度に対応する変形のメカニズムを示している．温度が $0.4T_M$ 以下のとき，変形は弾性変形か塑性変形のどちらかであるのに対し，温度が $0.4T_M$ 以上で一定負荷状態では，べき乗則クリープか粘性クリープの 2 つのメカニズムのどちらか一方によってクリープ変形が生じる．これらのメカニズムはともに拡散によって制御されている．クリープ領域内で低温のとき，クリープは短絡経路，すなわち結晶粒界，または転位の芯に沿って拡散により生じる．高温では拡散経路

242   9 ク リ ー プ

は材料の全体を貫く．

　べき乗則クリープにおいて，速度を制限する段階は**上昇運動**として知られている．この過程では，阻止されたすべり転位は原子が転位芯線から離れて，またはその方向に拡散することで，転位すべり面に沿って移動するよりもむしろ垂直方向に動く．上昇運動によって，転位はすべり経路内の析出物のような障害物を回避することができる．べき乗則クリープは，タービンブレードや高圧蒸気パイプラインのような要素で生じる．後者の場合，圧力はとても低く，45.5 MPa (6.6 ksi)である．粘性クリープは，より低い応力レベルで起こる．粘性クリープのメカニズムは転位の上昇運動とは関係がないが，引張応力下での断面減少を伴う伸びをもたらすといった点で原子の拡散のみと関連している．これらの 2 つのクリープを支配する式は以下に与えられる．

　べき乗則クリープでは，定常クリープ速度は応力の n 乗に比例する．ここで，n は通常 3–6 の範囲の値をとる．クリープひずみ速度は拡散によって制御される転位の上昇運動に関係しており，次式で表される．

$$\dot{\varepsilon}_{\mathrm{ss}} = G\sigma^n e^{-Q/RT} \tag{9-1}$$

ここで，$\varepsilon_{\mathrm{ss}}$ は定常ひずみ速度，G は材料定数，Q は応力修正活性化エネルギー，R は気体定数で $R = 8.314 \mathrm{J/mol^{-1}K^{-1}}$ に等しく，T は絶対温度である．

　指数 n の値はクリープの際の棒の形状に強い影響を与える．l を棒の長さ，A を棒の断面積とする．塑性変形の場合のように，クリープの間，体積は保存され，次式が成立する．

$$Al = 定数 \tag{9-2}$$

$$A\,dl + l\,dA = 0 \tag{9-3}$$

$$\frac{dA}{A} = -\frac{dl}{l} = -d\varepsilon \tag{9-4}$$

$$\frac{dA}{A\,dt} = -\frac{d\varepsilon}{dt} = -H\sigma^n = -H\left(\frac{F}{A}\right)^n \tag{9-5}$$

$$A^{n-1}dA = -HF^n dt \tag{9-6}$$

積分し，次式が導かれる．

$$A_{\mathrm{t}} = (A_0^n - nHF^n\Delta t)^{1/n} \tag{9-7}$$

ここで A_0 は初期の断面積，A_{t} は時間 t 後の断面積である．もし，拡散クリープまたは線形粘性流れの場合のように $n = 1$ ならば，減少した断面は棒の残りの

部分よりもほんのわずかしか速く減少しない．そして，これが溶融したガラスを細い繊維にまで引き抜くことができる理由である．たとえば，はじめに減少した断面 $A_{02} = 0.9A_{01}$ を含んでいる初期の断面積が A_{01} の棒のクリープ変形を考えてみる．粘性クリープ変形のもとで，その減少した断面が $0.5A_{01}$ に達するとき，棒の残りの部分は $0.6A_{01}$ となる面積をもつ．つまり，その時点の 2 つの面積の比率は，初期の比率 0.9 と比較して，わずか 0.833 にすぎない．しかし，もしべき乗則クリープで $n = 3$–5 であったとすると，式 (9-5) からわかるように，減少した断面積は棒の残りの部分よりももっと急速に引き抜かれ，その結果，鋭いくびれができる．

IV.　クリープのパラメータ

　関心がある温度範囲内におけるクリープのメカニズムは同様であるという仮定のもと，低応力におけるより長い破断時間までの有益なデータを外挿により得るため，応力，クリープ速度，破断までの時間および温度を関係づける計画が設計を目的になされ，多くのパラメトリックな関係が発展してきた．

　これらのパラメータの中で最も広く使われるものの 1 つがラーソン–ミラー・パラメータ (Larson–Miller parameter) である．Larson–Miller のやり方では特定の応力レベル，ひとつの温度下での定常クリープ速度またはクリープ破断寿命のデータは同じ応力レベル，その他の温度のクリープ速度と寿命を見積もるために使われる．このパラメータの発展の出発点は次のアレニウス (Arrhenius) 型の式にある．

$$\dot{\varepsilon}_{ss} = Ae^{-Q(\sigma)/RT} \tag{9-8}$$

または，

$$T\log(\dot{\varepsilon}_{ss} - C) = -2.3\frac{Q}{R} = -f(\sigma) \tag{9-9a}$$

ここで，T は絶対温度 K，$\dot{\varepsilon}_{ss}$ は mm/h，$C = \log A$，または

$$\log\dot{\varepsilon}_{ss} = C - f(\sigma)\frac{1}{T} \tag{9-9b}$$

$$\tag{9-9c}$$

　もし，一連の応力レベルに対する定常クリープ速度の対数を $1/T$ に対してプロットすると，そのプロットはデータが式 (9-8) に従うとすれば，図 9-3a のよ

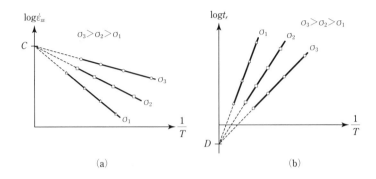

図 9-3 ラーソン–ミラー定数の決定の際に使用される線図. (a) $\log \dot{\varepsilon}_{ss}$ と $1/T$ の関係, (b) $\log t_r$ と $1/T$ の関係.

うに共通の切片 C をもつ一連の直線をつくる.いったん C の値が決定されれば,図 9-4 に示されるように $\log \sigma$ とラーソン–ミラー・パラメータ $T(\log \varepsilon_{ss} - C)$ のマスター線図を構築することができる.

3 次クリープの伸びが定常クリープの伸びと比較して小さいとき,経験的なモンクマン–グラント (Monkman–Grant) の法則

$$\dot{\varepsilon}_{ss} t_r = 一定 = B = \varepsilon_r \tag{9-10}$$

が次のラーソン–ミラー・パラメータのかわりの形として使われる.ここで,t_r は破断までの時間,ε_r は破断までのひずみである.

$$T\left(\log \frac{B}{t_r} - C\right) = -f(\sigma) \tag{9-11}$$

あるいは,

$$T(\log B - \log t_r - C) = -f(\sigma)$$

もしくは,

$$T(D + \log t_r) = f(\sigma) \tag{9-12a}$$

または,

$$\log t_r = -D + f(\sigma)\frac{1}{T} \tag{9-12b}$$

定数 D は,図 9-3b に示すように,一連の応力レベルに対する実験データをプロットして決定される.いったん D の値が決定すれば,図 9-4 に示すように,$\log \sigma$ と $T(D + \log t_r)$ のマスター線図を構築することができる.

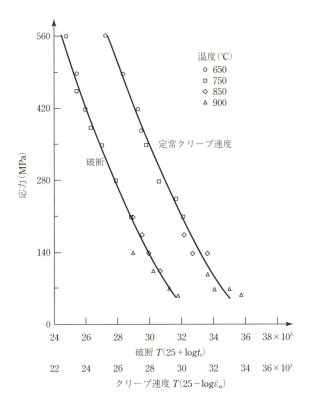

図 9-4 インコネル X に対するラーソン–ミラー線図 (Tetelman と McEvily[4] より引用)

クリープの寿命内に変動する荷重と温度の条件下において，破損までの時間を見積るために，ロビンソンの**寿命比則**として知られている線形損傷則が利用される．計算を実行するためには，種々の関係のある温度で一定荷重条件下における破断までの時間に関するデータが必要である．この法則は次式で表される．

$$\sum_{i=1}^{i=i} \frac{t_i}{t_{fi}} = 1 \tag{9-13}$$

ここで，t_i は特定の温度において i 番目の応力レベルで費やされた時間，t_{fi} は同じ荷重状態下における破壊までの時間である．

何らかの外挿法を使い長時間の挙動を予測する際には，微視組織は本質的に変化しないままであると仮定する．しかし，これは事実ではないことがあるので，予

測は危険側であることがある．たとえば 425°C (800°F) より高い温度で長時間使用した炭素鋼は強度や全体の延性の損失をまねく炭化の過程にさらされる．この過程では，Fe_3C は鉄と炭素に置き換わる．470°C (875°F) 以上では，炭素–モリブデン鋼も同じように影響を受ける．溶接構造では，炭化物から黒鉛への変態は溶接部付近の熱影響部に沿って優先的に起こり，修復や取替えを必要とするクリープ破損に至ることがある[5]．425°C (800°F) 以上での使用に対しては，クロムを 1/2% 以上含む炭素–モリブデン鋼の使用によって黒鉛化の危険性がなくなる．ケイ素で還元した炭素–モリブデン鋼は長時間高温にさらされた後は黒鉛化しにくいという報告もある[6].

V. クリープ破壊のメカニズム

図 9-5[7]にクリープ破損のモードを低温破損のモードと比較している．クリープ破損モードを次に示す．

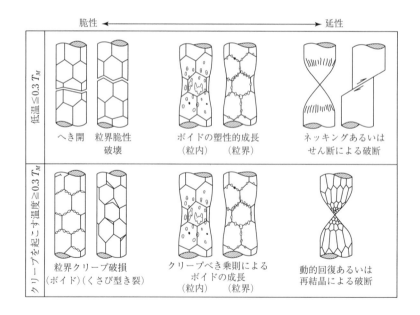

図 9-5　破壊機構の大まかな分類．上の例は，塑性流動が温度や時間に強く依存しない低温 ($< 0.3T_M$) について，下の例は，材料がクリープを起こす温度範囲 ($> 0.3T_M$) について示している (Ashby ら[7]より許可を得て転載)

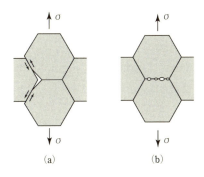

図 9-6　(a) くさび型き裂の例, (b) 結晶粒界ボイドの例.

(a) **粒界クリープ破損**：これは高温や応力に長時間さらされるクリープ破損の中で最もよく起こりうるモードである．この破損過程において，ボイドが結晶粒界に沿って形成され，くさび型き裂が3重点に現れる[1]．図9-6 はくさび型き裂と結晶粒界のボイドの例を示している．早晩これらの欠陥は成長し連結し，その結果，断面減少がほとんどない平たん破壊や厚肉破壊となる．このモードの破損は，長年使用されてきた部材と関係している．粒界はクリープ伸びを促す粒界すべりにより，クリープにおける弱い領域であり，またボイドの発生箇所でもあるために，粒界の影響を最小化させる手法が開発されてきた．一方向性凝固はクリープ主応力に角度をつけず，平行に円柱状の結晶を成長させるのに利用される．単結晶はクリープに対する粒界の負の寄与を完全に排除するために用いられる．一方向性凝固と単結晶要素を用いることにより，ガスタービンエンジンの運転温度は飛躍的に上昇した．単結晶は当初航空機用ガスタービンエンジンの高温部分に用いられた．鋳造技術の進歩により今や翼寸法が航空機用エンジンよりもさらに大きな単結晶を工業用ガスタービンで用いることが可能となっている．

(b) **粒内クリープ破壊**：このモードの破損は，短時間のクリープ破損で起こることがあり，破損プロセスはクリープ領域以下の引張破断に似ている．延性や絞りは通常室温のときよりさらに大きく，その結果，熱交換チューブが局所的に膨らみ，薄肉破壊をもたらす．

(c) **点状破損**：十分高温で低応力では動的再結晶，すなわちクリープの中の再結晶が微視組織的クリープ損傷を取り除くことがある．その結果ボイドは形成されず，点状になるまでくびれが起こることがある．

VI. 破壊機構マップ[6]

　これらのマップはクリープ変形マップに類似し，応力と温度の関数として破損モードを表している．クリープ破壊表面検査とこれらのマップから得られる情報を合わせると破損時に使用条件を示すことができる．図 9-7 は破壊機構マップの一例である．

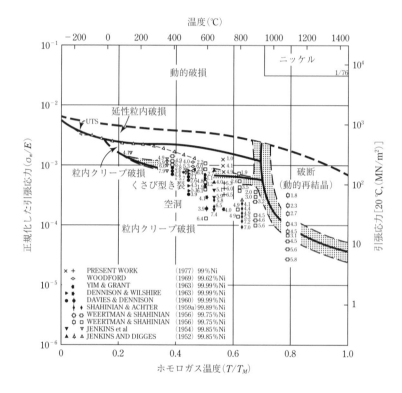

図 **9-7**　引張試験を行った市販の純ニッケル丸棒に対する破壊機構マップの例．マップは 4 つの破壊モードに対応した 4 つの領域を示している．個々の試験には記号が付けてあり，クリープ試験には破壊までの時間 (秒) が 10 の対数 ($\log t_f$) で記入されている．黒印は破壊が粒間破壊であることが確認されたことを意味している．網掛け部は混合破壊モードを示している (Ashby ら[6]より引用．許可を得て転載).

VII. 事例研究

A. 長手方向に溶接された管の破損[8]

538°C(1,068°F) で 12 年間使用されていた厚さ 25.4 mm の低クロム合金鋼製発電所パイプラインで長手方向のサブマージアーク溶接部が破損した．クリープ破断解析によると，パイプラインは 30 年間もちこたえるはずだった．解析では溶接物と母材が同じクリープ特性をもっていると仮定され，45.5 MPa (6.6 kzig) の応力が負荷されていた．しかしながら，今回のケースでは母材に比較し，溶接金属のクリープ抵抗が小さかった．パイプラインが公称平面ひずみ状態であることに注目する．パイプラインの公称応力は，フープ応力 $\sigma_1 = \sigma$ (円周方向)，$\sigma_2 = \sigma/2$ (長手方向)，$\sigma_3 \approx 0$ (厚さ方向) である．体積一定なので，長手方向のひずみは次式で与えられる．

$$\varepsilon_2 \propto \left(\sigma_2 - \frac{1}{2}\sigma_1\right) = 0 \tag{9-14}$$

体積が不変のため $\dot{\varepsilon}_1 = -\dot{\varepsilon}_3$．したがって，クリープの間パイプラインは円周方向に膨張し，半径方向に薄くなり，長手方向の長さの変化はない．

溶接部は図 9-8 のように対称的ダブル V 溶接で，母材に比べクリープ抵抗が低い．

説明のために，すべての円周方向のひずみが溶接部に発生したと仮定する．円周方向の溶接部の長さを l_{co}，中央部の厚さにおける溶接部の長さを l_{mo} とする．ある期間を越えて，両位置のクリープひずみは同じであろう．しかしながら，円周方向における溶接部の長さの変化は Δl_{co}，厚さ中央部では $\Delta l_m = \dot{\varepsilon} l_{mo}$ になるであろう．$l_{co} > l_{mo}$ であるので溶接部の形は変化する．この変化を阻止するために，引張応力が中央部に発生する．さらに，低 Cr 合金鋼においてはサブマージ

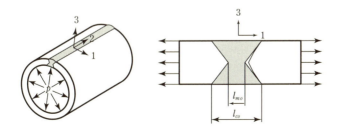

図 **9-8** 管の長手方向溶接部を理想化したモデル．管の曲率は無視され，平面ひずみが仮定されている．矢印は溶接部から離れた場所の管内のフープ応力を表している．

250　9 クリープ

アーク溶接により形成される高密度の球形介在物が溶融線に沿って存在していた. 介在物上の硫黄皮膜が基地との良好な結合を妨げ, 溶接底部の高い引張応力が介在物における空孔の早期形成と成長を助長した. これらの空孔は成長するにつれて連結, 1–2 年間の使用で溶融線に沿ってき裂を形成した. その後き裂前方の高いひずみ場の中の粒界介在物でさらに空孔が形成され, き裂はパイプの内側と外側表面に向かって溶解線に沿って拡大した. これらの空孔がその後成長し, き裂先端と合体した. $\dot{\varepsilon} = B\sigma^n$ で表されるべき乗則クリープ挙動と弾塑性クリープき裂成長の関係についての詳細な解析によって寿命は 10 年と予想され, これは実際の破損に時間に近かった.

B. 熱交換器チューブの破損

石油火力発電所は長年運転されていたが 1970 年代に石油不足になった. 石油不足は長引くと考えられたので, 経営者は発電所を石炭焚き運転へ転換することを決めた. そこで発電所は石炭利用に適合するように改造された. 改造の間に垂直管列形の新しい熱交換チューブが導入された. 稼働時にはチューブは炉からの高温ガスによって表面が熱せられ, チューブの内側を蒸気が流れる. チューブは 1018 鋼製で, 直径 50 mm (2 in), 肉厚 5 mm (0.2 in) であった. 蒸気圧力は 10 MPa(1.450 ksig) で 40 MPa (5.8 ksig) のフープ応力が発生する. その発電所で改造が行われてからわずか 1 日程度しか運転しないうちに, 図 9-9a, b に示すようにチューブの 1 つに粒内薄肉型破壊が生じ, 高くつく運転中止を余儀なくされた. 破損が薄肉型であった事実は, 過熱による短時間の破壊であったことをまさに示している. 肉厚減少は長時間クリープ破壊ではそれほど顕著ではない. なぜなら, 長時間クリープ破壊は粒界のボイドの結合によって生じるからである. さらに, 長時間破壊では, 通常かなりの粒界き裂が厚肉破壊の周辺領域に存在するが (図 9-9c), もちろん当該事例では生じないと考えられていた.

チューブは取替え部分を溶接することで修復されたが, またもや発電所をほんのわずかの間運転しただけで取替え部分が再び薄肉型で破損した. 2 回目の修復作業において, 修復作業員の 1 人が偶然壊れたチューブの上流側をのぞき, 障害物があることに気づいた. その障害物は発電所の改造中に誤ってチューブの中に落して途中にはまり込んだスパナであることがわかった. スパナは管内の蒸気の流れを妨害してホットスポットの生成を引き起こした. その結果, 管温度が金属の降伏強度を超える点まで上昇し, 観察されたような短時間薄肉型の破損が生じた.

VII. 事例研究   251

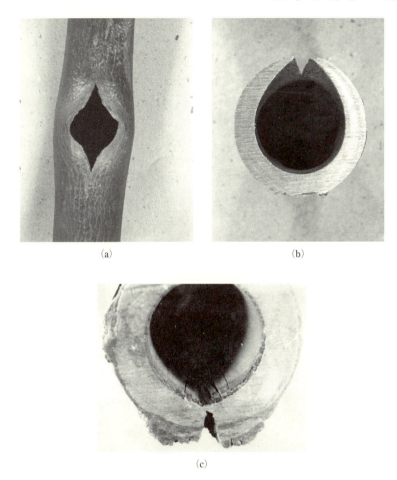

図 9-9　(a) 薄肉クリープ破壊の長手方向の写真，(b) 薄肉クリープ破壊の横断面の写真，(c) 厚肉クリープ破壊の横断面の写真 (French[2] より引用．許可を得て転載).

　破断部近傍の微視組織は，その後の冷却速度と同様，到達した最高温度の指標となりうる．たとえば一例として，低炭素鋼製の石油ドラム缶の上端を酸素アセチレントーチを用いた火炎切断によって取り除こうとしたときに，爆発が起こった．火炎切断の手順は，切断トーチを低いレベルにして酸素を供給することにより，ある領域が鮮紅色になるまで予熱し，その後切断作業のために酸素供給を増やす．この事例では，切断火炎が金属に浸透するとただちにドラム缶内のガスが

発火し，爆発力が生じた．その後の予熱領域の金属顕微鏡観察から，フェライト–パーライト組織ではなく針状の微視組織であることが判明した．このことは，その領域が予熱中にオーステナイト域まで加熱され，爆発の後急冷されたことを示していた．破損した熱交換器の配管の場合，破損部の微視組織はフェライト–パーライトであったが，変態温度よりも低く，軟化や破断が生じるのに十分高い温度まで加熱されていたことを示すものであった．

航空機用ジェットエンジンにおいて過度な量のクリープが発見されたとき，微視組織を検査することにより，エンジンの不適切な運転による高熱超過が生じたどうかをつきとめることができる．同様に，どのようなクリープ破損においても微視組織検査をもとに部材が受けた熱履歴を示すことができる．

C. 長円形の管[9]

長円横断面形状をした管が内圧を受けるとき，フープ応力と同時に曲げ応力も生じる (図 9-10)．圧力下では管の横断面はより円形に近づこうとするため，曲げ応力が発生し，それはだ円の長軸端で最大となり，この位置において曲げ応力は内側表面でフープ応力に加えられ，外側表面でフープ応力から差し引かれる．長円形状化は管のベンドにおいて，ベンドの内半径における管壁の厚肉化とベンドの外半径における管壁の薄肉化を伴って生じる．長円形状化を抑えるために，最初に管に砂をぎっしり詰め込んだあとベンドを熱間成形することが標準的な手段

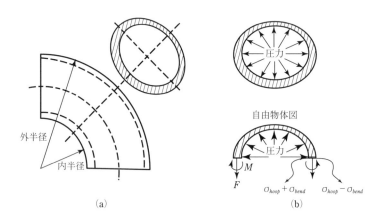

図 **9-10**　(a), (b) 内圧下における楕円形管

である.

一例として，外径 44.5 mm (0.82 mm)，公称壁圧 7.5 mm (0.3in.) の Cr–Mo 鋼管が圧力 13.7 MPa (2.0 ksig)，538°C (1,000°F) において，わずか 3,500 時間の稼動後，ベンドで長手方向の割れにより破損した. 公称フープ応力は 33.8 MPa (4.9 ksig) と計算された. 管壁厚測定の結果，ベンドの内半径部分で壁厚が 8.5 mm (0.34 in)，外半径部分で 6.1 mm (o.24 in) であることがわかった. また，重大な長円形状化もあり，最大の管径が最小を 4 mm (0.16 in) だけ上回っていた. 管の曲げは砂を詰めず，適切な曲げ装置を使用することなく行われたことが確認された.

その運転温度におけるその材料に対する ASME 規格応力は 53.8 MPa (7.8 ksig) である. API (米国石油協会) 579 推奨慣例法を用いて曲げとフープの組合せ応力を計算したところ，観察された長円度に対する計算結果の値は許容限界をかなり超えていることが判明したので，早期損傷の理由は容易にわかる.

D. 化石燃料焚きボイラの損傷[2]

D.1 石油焚き蒸気ボイラ 石油焚き蒸気ボイラを 2 年間運転したところ炉の側壁管が破断した. 蒸気温度は 540°C (1,005°F) で蒸気圧は 14.7 MPa (2,150 psig) であった. 破壊は円周溶接の下流側縁で生じ，短時間でナイフエッジ型であった. 破損箇所での微視組織は球状化状況下にあったが，破損箇所から十分離れたところではパーライトを含んでいた. 溶接部が滑らかな蒸気流を逆流させ，乱流の領域を形成し，断熱蒸気ブランケットの形成をもたらしたと推論された. その結果，金属温度は 650–700°C (1,200–1,290°F) まで上昇し，その点で金属は内圧に耐えきれずに破壊した.

その他の破損例として，磁界の形成により蒸気と鉄が反応して磁鉄鉱を形成し，管の内部に断熱スケールが形成されることがわかった. スケールは金属の温度を劇的に上昇させる. 腐食やエロージョンによる管壁厚さの減少も寄与要因となる可能性がある.

D.2 水冷壁管 水冷壁管が短時間にナイフエッジ型で破損した. 公称温度は 540°C (1,000°F) で蒸気圧は 15.4 MPa (2.2 ksig) であった. 破壊起点での微視組織はフェライトとベイナイトから成っていたが，破損から離れた場所の微視組織はフェライトとパーライトで構成されていた. ベイナイトの存在は管が A_1 点温度以上の 2 相 α–γ 領域まで加熱され，急冷されたことを示すものであった. こ

れら2つの相の相対量より，てこの法則によって最大温度の推定を行うことができる．てこの法則は与えられた温度における% α 相の量が次式で与えられることを示している．

$$\%\alpha = \frac{\gamma\,\text{内の\% 炭素量} - \text{合金内の\% 炭素量}}{\gamma\,\text{内の\% 炭素量} - \alpha\,\text{内の\% 炭素量}} \tag{9-15}$$

この場合，てこの法則は最高温度が 790–820°C(1,454–1,508°F) の範囲であることを示していた．破損原因は炉内ガスの循環不良の結果として生じたホットスポットによるものであった．

これとは別の破損では，微視組織が全体的にベイナイトであり，870°C (1,600°F) を越えた温度に達していたことを示すものであった．

D.3 過熱器管 $2\frac{1}{4}$Cr–1Mo 鋼製の過熱器管が公称温度 540°C (1,000°F) で蒸気圧 13.5 MPa (1.96 ksig) を受けていた．管外径は 44 mm (1.76 in) で肉厚は 6.6 mm (0.26 in) であった．ある時間稼動後に，その管が図 9-9c に示すように，長手方向に長さ 38 mm (1.52 in) の割れを伴う旧来型のクリープ破壊によって破損した．破損箇所の肉厚はほとんど減少していなかった．破損箇所から 180° のところの肉厚は外側のスケール 1.3 mm (0.05 in)，内側のスケール 0.8 mm (0.03 in) を含め，7.6 mm (0.30 in) であった．苛酷な酸化を防ぐための安全な温度の上限は 605°C (1,120°F) であるのに対し，断熱スケールの存在により外表面温度は約 650°C (1,200°F) まで上昇したと見積もられた．クリープ破断の原因は 650°C (1,200°F) の温度に長時間暴露されたことにあった．

また，過熱によって排ガス雰囲気からの水素が鋼中の炭素と組み合わさって脱炭しメタンガス (CH_4) が生成される可能性がある．もし，表面下にメタンが生成されればガスは内圧を生じ，外側にブリスターを形成する．

VIII. 余 寿 命 評 価

設計コードは伝統的に設計のみについてのものであり，ある期間稼動した発電所の評価を行うことが意図されてきたものではない．ボイラ，圧力容器およびタンクの場合，定期検査が行われるが，それらは完全な工学的評価を与えるものではなく，損傷の工学的評価や余寿命の予測に関しては規定されたコードによって決められてきてはいない[10]．評価中にき裂や空孔のような欠陥が発見された際の早急な対応はコードの要件を満たさず補修が必要と宣告することである．しかし最近，"fitness for service codes" が ASME や API によって開発されており，そ

のコードはリスクベースの検査の手続きにもとづく修理，交換に対する規格や指針を示すものである．3つの解析レベルがあって，それは，定性的，半定量的，定量的解析を含んでいる．一例として，予定外の運転停止の間に，585°C(1,085°F)，4.5MPa(0.65ksig) で使用された T 型連結溶接部にき裂が発見された．関係するリスクについての定量解析の後，暫定的な応急処置として，溶接前の研磨で必ずしも完全にき裂が除去されないままに，溶接補修がなされた．しかし，その後より大きな修理に着手する前に運転期間を延長することが望ましいことが明らかとなった．そこで，クリープき裂成長用のコンピュータプログラムの使用を含めた詳細な解析を行って，システムの安全性を評価した．き裂寸法，運転中と停止中の荷重の評価およびクリープによってき裂が限界き裂寸法まで成長するのに要する時間にもとづいて，T 型連結部は発電所の経営者が望むよりもっと早く交換する必要があるという結論が出た．

この例はある時間稼動してきた発電所に関する次の重要な問いと関係がある．"大きな問題が生じる前にどれだけ長く発電所を稼動できるのか?" この問いに対する答は大規模なオーバーホールやおそらく発電所の建て替えの計画を立てるために必要である．

クリープ領域において使用する構成部品に対しては，これが容易には答えられない問であることがわかる．しかしながら，次節 A および B におけるような手法が部分的な答を与えるために開発されてきた．

A. ミクロ組織にもとづいたアプローチ

このアプローチは粒界ボイドの観察によるものである．この手法は現場での疑わしい領域の洗浄，研磨，腐食および顕微鏡観察用のレプリカ採取を含んでいる．もしボイドが見つかれば，ボイドからき裂への成長段階に応じて，構成部品の余寿命評価を通常数年単位あるいはそれより短い期間で行うことができる．表面を研磨する際は注意が必要である．なぜなら，Cr–Mo 低合金鋼の粒界の空孔は，使用した研磨・腐食処理によって拡大し，より慎重な研磨をすれば見かけ通りではないことがあると示されている[11]からである．実際，研磨中に見掛けのボイドが粒界炭化物が除去された位置に存在したことがある．しかし，ボイドが見つからない場合は，観察可能なボイドが発生し，成長・合体して破損を起こすのに要する時間より少なくとも長く構造部品が持ちこたえるという事実があるだけで，明確な寿命評価は不可能である．これには少なくとも 5 年を要するので，少なくと

もこの分の時間は修理，交換の計画を立てるために用いることができる．

代替手法は，余寿命の指標として，稼動中に起こった微視組織の球状化の程度を検査することである[9]．Cr–Mo 鋼の過熱器の短い突出部 (スタブ) が 515°C の温度で 175,000 時間後に破損し，もとのパーライトの跡がほとんどはっきり見えないような大規模な球状化が起こった．しかし，Cr–Mo 蒸気管が 490°C (914°F) で 70,000 時間後に破損したときは，多数のボイドの形成や粒界割れが観察されたが，もとのフェライト–パーライト組織に検知できるような変化は見られなかった．球状化が明白になるまでにはより長時間および高温が必要なのである．

B. 加速クリープ試験

残存クリープ寿命を決定方法において，ある期間使用されている要素から材料が採取される．クリープ試験が使用状態よりより高い応力および/またはより高い温度で実施される．各試験条件についてクリープ破断寿命 t_r が図 9-11 に図式的に示すようなラーソン–ミラー・パラメータのような 1 つのパラメータに対してプロットされる．パラメータの値は使用中の暴露により減少する．次に運転中における LMP $= T(C + \log t_r)$ が決められ，運転中の応力と温度における試験片の破断時間が予測される．試験片の破断寿命は要素の残存寿命と想定される．

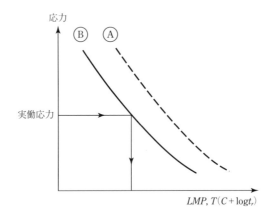

図 9-11 未使用材 (曲線 A) および長年使用した材料 (曲線 B) の応力破断曲線

IX. 応力緩和

高温における弾性ひずみから塑性 (クリープ) ひずみへの置換はボルト締結部の引張力の低下をもたらし，問題となる．この過程は一定変位のもとで起こり，**応力緩和**として知られている．

図 9-12 に示すように，長さ L のコンポーネント，おそらくはボルト寿命を通して維持される変位 δ が付与されている．部材における全ひずみは δ/L である．もし，コンポーネントがクリープ範囲内で用いられるなら応力緩和が生じる．この過程を律する式は次のようになる．

$$\varepsilon_\text{t} = \varepsilon_\text{el} + \varepsilon_\text{pl} \tag{9-16}$$

ここで，ε_t は全ひずみ，ε_el は弾性ひずみ，ε_pl は非弾性ひずみである．ここで，全ひずみは時間的に一定であるので次のように表せる．

$$\dot{\varepsilon}_\text{t} = 0 = \dot{\varepsilon}_\text{el} + \dot{\varepsilon}_\text{pl} \tag{9-17}$$

および

$$\dot{\varepsilon}_\text{el} = -\dot{\varepsilon}_\text{pl} \tag{9-18}$$

これから次式が導かれる．

$$\frac{1}{E}\frac{d\sigma}{dt} = -A\sigma^n \tag{9-19}$$

変数を分離すると次のようになる．

$$\sigma^{-n}d\sigma = -AE\,dt \tag{9-20}$$

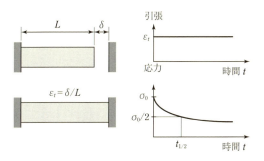

図 **9-12** 応力緩和

積分すると

$$\frac{1}{-n+1}\sigma^{-n+1}\Big|_0^{\sigma(t)} = -AE\Delta t \qquad (9\text{-}21)$$

応力 σ は時間とともに初期値 σ_0 から低い値 $\sigma(t)$ まで変化するので，次式が導き出される．

$$\frac{1}{\sigma(t)^{n-1}} - \frac{1}{\sigma_0^{n-1}} = (n-1)AE\Delta t \qquad (9\text{-}22)$$

応力が初期値の半分の値に弛緩するのに要する時間 $\Delta t_{1/2}$ は，$\sigma(t) = \sigma_0/2$ とおけば次のようになる．

$$\Delta t_{1/2} = \frac{2^{n-1} - 1}{(n-1)AE\sigma_0^{n-1}} \qquad (9\text{-}23)$$

X. 弾 性 追 従

前節で，構造部材が変形し，ひずみが一定値に維持されると，弾性ひずみがクリープひずみに変換されるので応力は初期値から減少することが示された．しかし，ひずみが作用する要素がクリープ変形が生じていない別の部材に連結されると，たとえ全ひずみが一定であっても，クリープが生じている要素のひずみは時間とともに増加する．この現象は**弾性追従**として知られており，図 9-13 により理解できる．図 9-13a において変位は初期に部材 1 および 2 に生じることが示されている．部材 1 はクリープ領域ではないが，部材 2 はクリープ領域である．図 9-13b において，初期変位は部材 1 で Δ，部材 2 で δ で，A および B で示され，全変位は固定されている．もし，長期にわたり応力緩和により，部材 2 によ

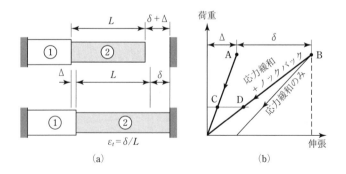

図 9-13 (a), (b) 弾性追従

り負担されている荷重は減少し，部材1は部材2につながっているので，部材1
により負担されている荷重もまた減少し，部材1における弾性ひずみも減少する．
部材1における弾性ひずみはA点からC点に減少し，部材2における塑性ひずみ
は一定の全変位を維持するために増加しなければならず，B点はD点に移動する．

　弾性追従は，たとえば拡管ループのような高温の配管系に生じる．管が熱膨張
すると，高剛性の直管は低剛性のエルボにクリープひずみを蓄積する．

XI.　ま　　と　　め

　この章ではクリープ過程の特徴とクリープ破断モードを取り扱った．設計手法
を概説し，余寿命決定や応力緩和の問題について議論した．クリープに起因する
様々な問題を例証するために，いくつかの事例研究が役立った．

参 考 文 献

[1] H. E. Evans, *Mechanisms of Creep Fracture*, Elsevier Applied Science, Oxford, UK, 1984.

[2] D. N. French, *Metallurgical Failures in Fossil Fired Boilers*, Wiley, Hoboken, NJ, 1983.

[3] H. J. Frost and M. F. Ashby, *Deformation-Mechanism Maps*, Pergamon Press, Oxford, 1982.

[4] A. S. Tetelman and A. J. McEvily, *Fracture of Structural Materials*, Wiley, Hoboken, NJ, 1967.

[5] *Fossil Power Systems*, ed. by J. G. Singer, Combustion Engineering, Windsor, CT, 1981, p. 10–22.

[6] H. Thielsch, *Defects & Failures in Pressure Vessels & Piping*, Reinhold Publishing Co., New York, 1965.

[7] M. F. Ashby, C. Ghandi, and D. M. R. Taplin, Fracture Mechanism Maps and Their Construction for F. C. C. Metals and Alloys, *Acta Met.*, vol. 27, 1979, pp. 699–729.

[8] G. R. Stevick and I. Finnie, Crack Initiation and Growth in Weldments at Elevated Temperature, in *Localized Damage IV*, ed. by H. Nisitani, M. H. Aliabadi, S. Nishida, and D. J. Cartwright, Computational Mechanics Publishers, Southhampton, 1996, pp. 473–484.

[9] H. C. Furtado, J. A. Collins, and I. Le May, "Additional Experiences in Evaluating Power Station Component Failures and Indicatons," in *Risk, Economy and Safety, Failure Minimization and Analysis; Failures '98*, ed. by R. K. Penny, Balkema, Rotterdam, 1998, pp. 75–80.

[10] H. C. Furtado and I. Le May, "Fitness for Service Assessment of Boiler Plant and Pressure Vessels," in *Risk, Economy and Safety, Failure Minimization and Analysis; Failures, '96*, ed. by R. K. Penny, Balkema, Rotterdam, 1998, pp. 151–157.

[11] T. L. da Silveira and I. Le May, Effects of Metallographic Preparation Procedures on Creep Damage Assesment, *Mater. Char.*, vol. 28, 1992, pp. 75–85.

問　　題

9-1 高温装置のボルトが，ヤング率が $175\,\text{GPa}$ となる $550°\text{C}$ の温度において，$70\,\text{MPa}$ で締められている．この応力と温度における $\dot{\varepsilon}_{ss}$ は $5.0 \times 10^{-8}\,\text{h}^{-1}$ であり，べき乗則クリープ指数は 4.0 とする．1 年後のボルト内の応力を決定せよ．

9-2 タービンエンジンが $750°\text{C}$ において一定速度で運転されていて，タービン翼には最初 $1\,\text{mm}$ の隙間がある．翼は長さ $100\,\text{mm}$ の主要部に沿って遠心力が均等に作用するような形状となっている．定常べき乗則クリープ速度が $800°\text{C}$ で $7.5 \times 10^{-8}\,\text{s}^{-1}$，$950°\text{C}$ で $1.3 \times 10^{-5}\,\text{s}^{-1}$ であることが試験によって示された．先端の隙間がゼロまで減少するのに要する時間を推定せよ．

9-3 $454°\text{C}$ における Ni–Cr–Mo 鋼のべき乗則クリープ関係が次のように与えられている．

$$\dot{\varepsilon} = 3 \times 10^{-13}\sigma^3 \text{ s}^{-1}$$

ここで，σ の単位は MPa である．

(a) 長さ $2\,\text{m}$ の丸棒の引張部材が，$2.5\,\text{mm}$ のクリープ変形を超えることなく，10 年間 $454°\text{C}$ で $4.48 \times 10^4\,\text{N}$ の荷重を支えるように要求されている．負荷できる最大応力はいくらか？

(b) 3 年後に全変位を $1.5\,\text{mm}$ に減少することが決まったとしたら，それからの最大許容応力はいくらになるか？

(c) 必要な断面積を求めよ．

9-4 引張応力 $276\,\text{MPa}$ で $870°\text{C}$ $(1,143\,\text{K})$ におけるニッケル基合金 Udimet 700 のクリープ破断寿命は 100 時間である．この応力レベルでラーソン–ミラー・パラメータの値は 28×10^3 である．ラーソン–ミラー・パラメータにおける定数 C の値はいくらか？

9-5 0.3% 炭素鋼製蒸気ボイラ管が破損した．破面近傍のミクロ組織を図 9P-1 に示す．パーライトの球状化粒界ボイドの形成が見られる．

(a) 球状化および粒界ボイドの領域を示せ．

(b) 上述のミクロ組織の特徴をもとに管が曝された推定温度について議論せよ．

図 **9P-1**

9-6 1.25Cr–0.5Mo 鋼製ボイラ管が過熱状態下で運転されたので，図 9P-2 に示すようにコブラのような破断形態を示した．この図にもとづき次の問題点について議論せよ．
  (a) この破損は薄肉形か厚肉形か？ なぜか？
  (b) 破損はひどい過熱によるのか，わずかな過熱によるのか？ なぜか？

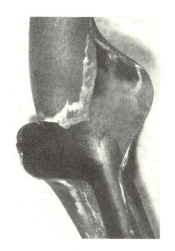

図 **9P-2**

10
疲　　労

I. は じ め に

　疲労は繰返し荷重の影響下にある機械要素における破損の主因である．本章では疲労の歴史的背景および疲労き裂の発生と進展のメカニズムについて設計方法を考慮し，いくつかの事例研究を議論することにより取り扱う．

II. 背　　景

　疲労破損は材料の引張強さ以下の応力を繰返し負荷することにより，材料の疲労強度に相当する応力振幅以上で生じる．疲労損傷は，1つ以上のき裂の発生，支配的なき裂の成長および最終破断 (最終破壊) という3過程からなる．研究の結果，疲労き裂の発生，進展ともに塑性変形が必要ということが示されている．ダイヤモンドのような完全な脆性材料は疲労破壊することはない．らせん転位がかかわる交差すべりが可能であるということも必要である．**交差すべり**はらせん転位があるすべり面からそれと交差するすべり面に移動する過程である．交差すべりが容易ではない塩化ナトリム (NaCl)，マグネシア (MgO) およびフッ化リチウム (LiF) などの材料では疲労破損は生じない．したがって，交差すべりは疲労き裂の発生の何らかのメカニズム関係している．

　19世紀の前半，鉄道車両の車軸の疲労損傷が原因で多くの列車事故がイギリスとドイツで起こった．初期の破損原因は，当時疲労の存在が知られていなかったので完全に謎であったが，さらに多くの事故が起こると，これは取り扱うべき新しい現象であるとエンジニアは認識し，多くの研究が開始された．**疲労**という用語は1839年に Poncelet により引張りおよび圧縮の繰返し作用による損傷という記述により最初に使われた．Rankine (1843) は車軸内の疲労き裂の成長が疲労過程の重要な様相であることを観察した．イギリスの McConnell (1849) は，おそらくは疲労破面の脆性的様相から "繊維状から結晶状への性質の変化" が疲労の間に生

– 263 –

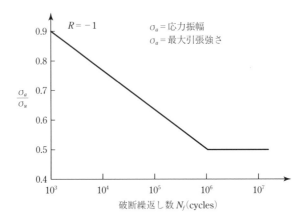

図 **10-1** 鋼の典型的な $S–N$ 挙動

じると主張し，長い間，工場の機械工にこの根拠のない意見を訴えた．Fairbairn (1864) は要素の疲労試験を行い，疲労荷重の影響下にある橋の構造部に対する許容応力を提案することができた．

おそらくはその時代 (1858–1870) に最も影響のある疲労研究はドイツの鉄道技師だった Wöhler によって行われた．彼は，初めて実際の構成要素よりも試験片による広範囲に及ぶ疲労試験計画を回転曲げと軸荷重の両試験方法を用いて実行した．彼は特にそれ以下では軸が損傷しない最大応力振幅の決定に興味を示した．疲労分野における彼の先駆的貢献のゆえに，応力振幅と疲労寿命の対数の関係を表すグラフは，ヨーロッパでは**ヴェーラー曲線**とよばれている．米国ではこの曲線は $S–N$ **曲線**として知られている．

これらの $S–N$ 曲線の形は，特に高サイクルの場合において材料に依存する．低炭素鋼では，図 10-1 に示されるように繰返し数が約 10^6 回において，$S–N$ 曲線は明確な"折れ点"を示す．折れ点を越えると曲線は水平となり，**疲労限度**にふれることになる．図 10-1 に示されるように，鋼に関し，有用な関係は疲労限度が引張強さの約 1/2 だということである．しかしながら，大部分の他の合金に関しては図 10-2 に示されるように，折れ点は存在せず，高繰返し数において破断するまで繰返し数の増加とともに $S–N$ 曲線はゆっくりと低下し続ける．このような材料に関しては慣習上，指定された繰返し数 (ほとんどは 10^7 回) に耐える応力振幅を疲労強度として定義している．Brown[1] は面心立方 (fcc) 合金の疲労強度が多くの場合，引張強さの約 1/3 であることを見いだした．

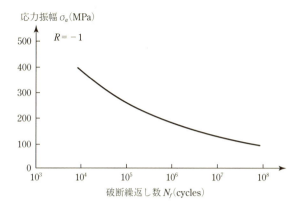

図 10-2　アルミニウム合金の S–N 曲線

　ある構成要素は，寿命までの間に非常に多くの疲労繰返し数を経験し，信頼できる運転のために，安全率を考慮し，応力振幅が疲労曲線より下に位置するように設計される．そのような要素は無限寿命下で設計される．航空機の構造部のような他の要素では疲労強度より高い応力経験し，有限寿命下で設計される．しかしながら，実際の寿命が最初の設計寿命を超えるのは珍しいことではない．そのような場合には，持続した信頼できる性能を保証するために，注意深い検査が必要である．

　変動振幅荷重下においては，ある種の要素のいくつかは疲労強度より高く，いくつかは疲労強度より低い応力を経験するかもしれない．そのような場合，損傷のない疲労強度以下の応力を安全に想定するのは難しい．これは疲労強度より上の応力がき裂を発生させ，もとの疲労強度以下の応力振幅でき裂を進展させるかもしれないためである．

　S–N 曲線に加え，繰返し応力ひずみ曲線も興味あるものである．これらの曲線は一方向荷重状態下で展開される応力–ひずみ曲線とある程度異なる．もし，繰返し試験が完全両振り全ひずみ下で実施されるならば，応力振幅の変化が与えられたひずみ限度に到達するために必要となるかもしれない．すなわち，材料は繰返し硬化あるいは軟化(加工硬化材は軟化焼鈍金属は硬化)するが，さらなる繰返しで安定状態のヒステリシスループが得られるかもしれない．もし数多くのそのような試験がひずみ振幅増加で行われ，結果がプロットされるならば最初の四分円弧の点を通り起点から引かれる線は繰返し応力ひずみ曲線の形成に導くであろう．

繰返し応力–ひずみ曲線は塑性ひずみ振幅が弾性ひずみ振幅より大きいときに主として興味あるものである．これは疲労損傷が 10^3 以下かそのあたりで生じる低サイクル疲労の分野である．塑性ひずみ振幅が弾性ひずみ振幅よりもはるかに小さければ，高サイクル疲労分野となり，破損に至る繰返し数は 10^6 か，さらに多くなる．

III. 設計における考慮

　疲労寿命は，曲げ，軸力，多軸およびねじりといった荷重形式のような多くの因子の影響を強く受ける．切欠や孔は疲労抵抗を減少させるが，切欠における応力集中係数の関数に直接支配されるということではなく，切欠や孔の大きさも考慮されねばならない．たとえば，応力集中係数が 3 と同一であっても，直径 1 mm (0.04 in.) の孔を含有する鋼板は直径 1 cm (0.4 in.) の孔を含有する鋼板よりもより高い疲労強度を有する．工業材料は，しばしば疲労特性を低下させる腐食環境で周期的な荷重をかけられることがある．たとえば，船のプロペラや石油掘削リグは，き裂発生過程とき裂進展過程を加速する海水中で稼働する．**腐食疲労**という用語は周期的な荷重と腐食の共同作用の表現に用いられる．関連する疲労形態として，たとえば，航空機構造部のリベット頭と締め付けられた薄板間表面の圧力下における相対運動のために生じるフレッティングを伴う**フレッティング腐食疲労**が知られている．

　航空機のタービン翼は寿命までに非常に多くの振動サイクルを受け，10^{10} 回という超高サイクル域における疲労に関心が高い．これらの超高サイクル疲労寿命の研究において，表面下の疲労き裂の進展が原因で，高繰返し数においていくつかの鋼の疲労抵抗の低下が生じることが観察されている．タービン翼の疲労特性評価において，航空機のタービンエンジンの中に硬い粒子が吸い込まれることによる異物損傷 (FOD) の可能性も考慮に入れなければならない．タービン翼の性能に関する鳥衝突 (バードストライク) の影響は，鳥による損傷抵抗が低いために，最近まで第 1 段翼材に複合材料の使用が妨げられていたという，別の考慮すべき事柄である．

　初期の疲労試験の多くは完全両振り，すなわち鉄道車軸のような平均応力ゼロの条件下で行われた．しかしながら，要素はしばしばゼロ以外の平均応力で周期的な応力を受けることがあり，R および A はそのような荷重状態を表すのに使用される．これらの表示は次のように定義される．

III. 設計における考慮   267

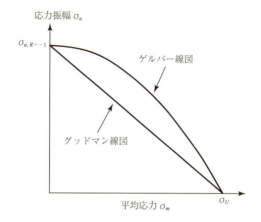

図 10-3 与えられた疲労寿命に対する許容応力振幅に及ぼす平均応力の影響を予測するためのグッドマン線図とゲルバー線図

$$R = \frac{\sigma_{\min}}{\sigma_{\max}} \tag{10-1}$$

$$A = \frac{\sigma_a}{\sigma_m} \tag{10-2}$$

ここで, $\sigma_{\min}$ と $\sigma_{\max}$ はそれぞれ荷重サイクルにおける最小応力と最大応力であり, σ_a は応力振幅, σ_m は平均応力を表している. 応力範囲 $\Delta\sigma$ は $\sigma_{\max} - \sigma_{\min}$ に等しく, 応力振幅 σ_a は $\Delta\sigma/2$ に等しい.

ある要素においては, 平均応力が変化するために, 作動中に R の値が著しく変化することがありうる. たとえば, 航空機の翼の下面における点を考えてみよう. 飛行機の誘導滑走中は平均応力は圧縮であり, R の値は負になる. しかし, 飛行中では同じ点における平均応力は引張りとなり, R の値は正となる.

Gerber (1873) と Goodman (1899) は図 10-3 に示すように, 正の平均応力に及ぼす許容応力振幅依存性を取扱う関係を提案した. ゲルバーの関係は放物線となり, 次式で表される.

$$\sigma_a = \sigma_{a,R=-1}\left[1 - \left(\frac{\sigma_m}{\sigma_U}\right)\right] \tag{10-3}$$

ここで σ_a は与えられた寿命に相当する応力振幅であり, $\sigma_{a,R=-1}$ は実験から求められる完全両振り振幅下の疲労寿命における応力振幅, σ_m は平均応力, σ_U は引張強さを表す. グッドマンの関係は直線であり, 次式で表される.

$$\sigma_a = \sigma_{a,R=-1}\left(1 - \frac{\sigma_m}{\sigma_U}\right) \tag{10-4}$$

合金はこれらの経験上の関係のいずれにも適合しない．破壊力学的考察がより広く使用され，論じられであろうが，このような関係は今日においても設計上重要である．

2つの解析的な関係が通常疲労解析に用いられる．1つは1910年にBasquinが提案した，応力振幅の対数と破断までの繰返し数の対数の間には直線関係が存在するというものであり，次式で表される．

$$N_\mathrm{f} = C\sigma_\mathrm{a}^{-g} \tag{10-5}$$

ここでCとgは定数，σ_aは応力振幅である．もう1つは1950年にCoffinとMansonが独自に提案した，塑性ひずみ範囲$\Delta\varepsilon_\mathrm{p}$の対数と破断までの繰返し数の間に直線関係が存在するというものであり，次式で表される．

$$N_\mathrm{f} = D(\Delta\varepsilon_\mathrm{p})^{-d} \tag{10-6}$$

ここでDとdは定数である．これは塑性ひずみ振幅が弾性ひずみ振幅に比べて大きい場合，すなわち低サイクル疲労において重要な関係である．

両振りひずみ下におけるひずみ–寿命の関係を図10-4に示す．同図には，CoffinとMansonおよびBasquinの関係が弾性ひずみと塑性ひずみのいずれかを関数として，直線として示してある．すなわち，

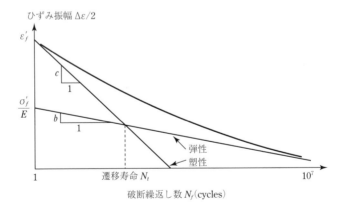

図 **10-4** 弾性，塑性 および全ひずみ振幅の対数を関数とする破断繰返し数の対数．ここで，bとcはそれぞれ破断繰返し数に対する全ひずみの弾性成分と塑性成分の傾き

$$\frac{\Delta\varepsilon_\mathrm{p}}{2} = \varepsilon_\mathrm{f}'(N_\mathrm{f})^c \qquad (10\text{-}7)$$

$$\frac{\Delta\varepsilon_\mathrm{e}}{2} = \frac{\sigma_\mathrm{f}'}{E}(N_\mathrm{f})^b \qquad (10\text{-}8)$$

ここで，疲労強度係数 σ_f'，疲労延性係数 ε_f'，疲労強度指数 b，疲労延性指数 c は経験的な定数である.

2つの直線が交差する疲労寿命は遷移寿命として知られている．この寿命では塑性ひずみ振幅は弾性ひずみ振幅に等しい．そして交差している左側は低サイクル疲労の領域で，右側は高サイクル疲労の領域と考えることができる．遷移寿命は上述の式で弾性ひずみと塑性ひずみを互いに等しいとして解き，N_t を求めることができる.

$$N_\mathrm{t} = \left(\frac{\varepsilon_\mathrm{f}' E}{\sigma_\mathrm{f}'}\right)^{1/(b-c)} \qquad (10\text{-}9)$$

主要な変数は ε_f' と σ_f' である．ε_f' が増加すると σ_f' は通常減少する．N_t は高強度合金 (約 10 サイクル) より低強度合金 (約 10^5 サイクル) においてはるかに高くなる.

バスキン (Basquin) の関係またはコフィン–マンソン (Coffin–Manson) の関係を疲労寿命計算に使用し，平均疲労寿命を考えることができる．疲労強度のばらつき，腐食，使用中における表面損傷を考慮した設計において，航空機のプロペラのような局所的な部分に対する設計許容応力は平滑試験片における平均疲労強度のごくわずかになるであろう．そのような低許容応力の決定はしばしば解析よりも経験に起因する.

使用中の機械要素は一般的に $S\text{--}N$ 曲線を使用する定荷重よりも変動荷重下にあり，パームグレン–マイナー (Palmgren–Miner) 則が変動荷重における疲労寿命のおおよその予測に使われている．その法則は比例した**線形累積損傷**とよばれており，次のように表される.

$$\sum_{i=1}^{m} \frac{n_i}{N_{\mathrm{f}i}} \qquad (10\text{-}10)$$

ここで，n_i は i 回目の荷重レベルにおける繰返し数，そして $N_{\mathrm{f}i}$ はそのレベルにおける破断までの繰返し数である．この法則は応力振幅が異なる場合のみならず，平均応力の場合にも同様に疲労寿命の見積りに使用される．たとえば離陸，巡航，着陸などの組合せによる GAG (ground-air-ground) サイクルを受ける航空機構造部の場合がある．そのような GAG サイクルにおいて平均応力は操縦による動き，突風，加速によって受ける荷重により著しく異なる.

270   10 疲　　労

　タービン翼が挿入されているディスクのようにジェット機エンジンの機械要素は**熱機械疲労**(TMF) として知られている繰返し荷重を受ける．エンジン作動中に，ディスク表面はディスクの内部より急激に温度が上昇している．その結果, 圧縮応力が表面に生じ，圧縮の塑性ひずみが生じる．エンジンを停止すると, 逆の現象が生じ，引張応力がディスクの表面に負荷される．適当な期間に注意深い検査がなされなければ，これらの繰返し応力とひずみによってディスクに低サイクル疲労き裂が発生し，悲惨な結果が生じることがある．

　切欠および疲労に及ぼす切欠疲労効果を取り扱う際に，Neuber[2]による関係がしばしば用いられる．この関係は

$$K_T^2 = K_\sigma K_\varepsilon \tag{10-11}$$

　この関係では応力集中係数 K_T の 2 乗が応力集中係数 K_σ $(= \sigma_{loc}/\sigma_{app})$ とひずみ集中係数 K_ε $(= \varepsilon_{loc}/\varepsilon_{app})$ との積と等しくなっている．添字はそれぞれ切欠の局所的状態と適用荷重状態に関係している．この関係は弾性–塑性領域におけるモード III に対して導かれているが，他のモードにおいても使用されている．

　この関係は弾性領域では明らかに正しい．しかしながら，塑性域における切欠先端あるいは連続的な上昇荷重下において切欠先端で塑性変形が生じ，応力集中係数が減少し，ひずみ集中係数が増加する場合においても合理的に適用できるようである．弾性領域での応力の適用に対して，ノイバー (Neuber) 則は次のように表すことができる．

$$K_T^2 = \frac{\sigma_{loc}}{\sigma_{app}} \frac{\varepsilon_{loc}}{\varepsilon_{app}} = \frac{\sigma_{loc}\varepsilon_{loc}}{\sigma_{app}^2/E}$$

または，

$$K_T \sigma_{app} = \sqrt{E\sigma_{loc}\varepsilon_{loc}} \tag{10-12}$$

　これらの最後の式は次のように用いられる．平滑試験片は両振りひずみ状態下で，異なるひずみ振幅で破壊まで繰り返され，おのおのの振幅に対応する応力振幅が示されていて，式の右辺における平方根の値が計算される．それから左辺の大きさが右辺と等しくなったとき，式の両辺は等しい疲労寿命を表すと仮定する．これにもとづき，平滑試験片で得られた基本的な疲労データはどのような K_T を有する切欠試験片の疲労寿命の見積りにも使用できる．しかしながら，上述のように，繰返し荷重下で決定した応力集中係数 K_f は理論応力集中係数 K_T より小さいことが疲労試験において観察されている．この効果は応力を上昇させるものから発生したき裂長さおよびき裂閉口によるものである[3]．このことの説明のた

めに，Neuberの研究[4]にもとづき，次の経験式が使用されている．

$$K_{\mathrm{f}} = 1 + \frac{K_{\mathrm{T}} - 1}{1 + \sqrt{\rho'/\rho}} \tag{10-13}$$

ここで，ρ'は材料定数である．鋼の場合，引張強さの増加によりρ'は減少する．

日本機械学会によって開発された設計法[5,6]は，機械要素の疲労強度σ_{w}の決定のために部品形状や引張強さの効果を考慮している．基本式は，

$$\sigma_{\mathrm{w}} = \frac{\sigma_{\mathrm{w0}} \zeta_{\mathrm{s}}}{\beta} \tag{10-14}$$

σ_{w0}は研磨試験片の疲労強度，ζ_{s}は表面仕上げや材料に関して経験的に決定された疲労強度低下因子で，βは設計チャートの手助けにより決定される．たとえば，段つき軸の曲げを考える．設計チャートを使用するにあたり，図10-5において，材料の引張強さσ_{U}，ショルダー直径D，軸直径d，そして軸からショルダーへの遷移部の半径ρに関する情報が必要である．引張強さ$50\,\mathrm{kg/mm}^2$($490\,\mathrm{MPa}$)，$D = 50\,\mathrm{mm}$, $d = 25\,\mathrm{mm}$, $\rho = 2.5\,\mathrm{mm}$と仮定する．$d/\rho = 10$, $1 - d/D = 0.5$，チャートから$\zeta_1 = 1.45$, $\zeta_2 = 0.92$, $\zeta_3 = 0.48$, $\zeta_4 = 0.93$となる．切欠係数β

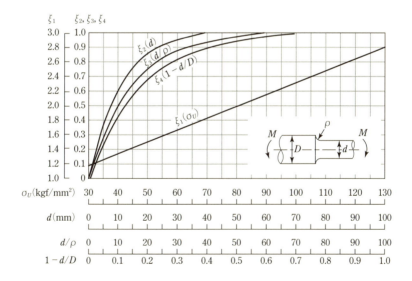

図 **10-5** 引張強さ σ_{U}，外径と内径および段部半径 ρ を関数とする鋼製段付丸棒の曲げにおける切欠係数 (Nishida,[6] *Design Handbook for the Fatigue Strength of Metals*[5] より引用)

272   10 疲　労

は次のように定義される.

$$\beta = 1 + \xi_1\xi_2\xi_3\xi_4 = 1 + 1.45 \times 0.92 \times 0.48 \times 0.93 = 1.60 \qquad (10\text{-}15)$$

したがって, シャフトの疲労強度は $0.625\sigma_{w0}\zeta_s$ と見積もられる. σ_{w0} は引張強さの 0.5 倍となり, $\sigma_w = 15.6\,\mathrm{kg/mm^2}(153\,\mathrm{MPa}) \times \zeta_s$ となる. 付加的な設計チャートが他の形状や荷重状態をカバーするのに利用される.

設計解析法は疲労が重要な機械要素の製造に優先するが, 疲労試験は航空機の場合のように, 証明過程を確実なものにする重要な要素である. ボーイング 717 の場合, 部品は類似の使用荷重 (変動荷重) 下で計画された運転サイクル数の 5 倍試験された[7]. 機械要素の疲労試験は, 地上輸送工業においても同様に乗物の開発における重要な部分である. 使用中に破損した部品の場合, 部品がなぜ適用荷重を支える必要荷重を有しなかったかを決定するための解析を行うことが可能である.

疲労の知識が設計規則の発展にどのように用いられたかを見ることは興味深い. Albrecht と Wright[8] は疲労に対する溶接鋼橋の設計に用いられた方法についてまとめている. 8 つの異なった型の溶接部のおのおのに対して 2 本の直線からなる基本的な S/N 曲線が対数–対数プロットで作成された. 有限寿命線が勾配 1/3 でデータ点間に描かれている. この直線は**遷移寿命**とよばれる疲労限度を表す水平線と交差する. 有限寿命範囲における設計曲線は平均 S/N 線の左側に対して 2 個の標準偏差を定め, き裂が疲労限度以上の応力で発生すれば疲労限度以下の適用応力が重要になるので, 設計疲労限度は変動荷重振幅に対し定応力振幅における疲労限度の 1/2 とされている. 標準偏差範囲は詳細にもよるが, 通常圧延の I ビームにおける 0.221 から I ビームフランジに溶接したカバープレートにおける 0.101, 遷移寿命は 14×10^6 から 180×10^6 サイクルである.

IV.　疲労のメカニズム

A.　疲労き裂の発生

1850 年から 1950 年にかけて疲労き裂発生のメカニズムを構築するためになされた研究は非常に少なく, ヴェーラー曲線の発展が重要な関心事であった. しかしながら, いくつかの例外があった. たとえば, 1903 年に Ewing と Humphrey は単一荷重下あるいは繰返し荷重下において鉄に形成されるすべり帯を観察する

ために光学顕微鏡を使用した．彼らは繰返し荷重下ではすべり帯が広くなり，さらに重要なことに，き裂がすべり帯から発生することを見いだした．1920年代にGoughは塑性変形がき裂発生過程の重要な部分であり，疲労き裂発生過程に環境が影響することを示した．

1950年代から1980年代にかけて，透過電顕，走査電顕の出現のように多くの要因が集まり，疲労き裂発生への関心を刺激した．1958年にWood[9]は疲労すべり帯の形を拡大するために傾斜断面法を用いた．この方法では，疲労すべり帯を含んだ平らな試験片を長さ方向に法線が試験片表面の法線と約100の面に沿い，長手方向に断面がつくられる．事実上この方法はすべり帯の特徴の大きさを傾斜方向にのみ拡大する．Woodは疲労すべり帯が谷–峰の地形を有しており，き裂は谷から発生することを観察した．彼の観察は疲労き裂発生の1つのメカニズムに対する基礎を築いた．図10-6は繰返し荷重を受けた3% Si–Fe試験片の荷重方向に対して横方向の傾斜断面である．多くの突き出しと疲労き裂が見られる．き裂は突き出しの入り込んだコーナー部で発生し，そこでは2個の突出しが偶然合わさっている．これらの位置は明らかに疲労き裂の発生を促す応力集中部である．突出しの相方と考えられている入込が見られないことに注意を要する．3% Si–Fe合金はすべり線が直線的で交差すべりしにくい面内すべり材料である．銅および鉄のような材料は波状すべりが発生し交差すべりが容易な材料である．

疲労き裂発生についての別のメカニズムは**固執すべり帯，転位の消滅**および**空孔**である．表面を研磨し，再繰返し後に再び現れるすべり帯は**固執すべり帯(PSB)**として知られている．透過電顕がこれらの帯の表面下に横木の間に少数の転位を有するはしご状の組織を示した．これらの帯内で刃状転位が消滅し，空孔が形成

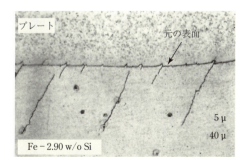

図 **10-6** 傾斜断面法により見られる Fe–3% Si 合金の突出し部における疲労き裂発生（BoettnerとMcEvily[10]より引用）

され，帯内で順番に拡張し，表面の疲労すべり帯を形成するというメカニズムが提案されている[11]疲労き裂は固執すべり帯とマトリックスが交差部に沿った表面に生成する．

市販合金においては，上述の純金属と比較し，き裂はしばしば介在物および孔から発生する．

B. 疲労き裂閉口

B.1 概要 ASTM E 647 疲労き裂成長速度測定の標準試験方法[12]によれば，き裂閉口という言葉は疲労き裂の破面が繰返し力の除荷の間に接触し力がき裂に伝わる現象のことである．多くの材料においては，き裂閉口は最小力が引張りであっても，力が繰返しにおける最小力以上で生じる．最小力から再荷重の際，引張荷重の増加が，き裂が十分開く前に適用されねばならない．ASTM STP 982[13]および 1343[14] が疲労き裂閉口についてすばらしい説明を与えていることに注目すべきである．

1970 年に Elber[15]はき裂閉口がき裂成長挙動に重要な影響を与えたことを示した．Elber は 2024-T3 ($\sigma_Y = 350\,\mathrm{MPa}$) Al 合金に関する実験により，与えられた R 値において，き裂開口水準が ΔK とともに増加したことを実証した．ここで ΔK は荷重繰返しにおける応力拡大係数範囲，R は荷重繰返しにおける最小応力と最大応力の比である．Elber はき裂開口水準の上の荷重サイクルの部分のみが疲労き裂進展に効果的であることを示した．

同様な結果が他の低および中強度のアルミニウム合金，たとえば図 10-7 に示す 6061-T6 ($\sigma_Y = 276\,\mathrm{MPa}$) で得られている．このタイプのき裂閉口は**塑性誘起疲労き裂閉口**(PIFCC) とよばれ，Elber は PIFCC はき裂先端の跡における材料の残留伸びによるものと提案した．Budiansky と Hutchinson[16]は Elbe の解釈に一致する塑性誘起き裂閉口の数学的解析結果を提案した．しかしながら，より強度の高い Al 合金，たとえば 7090-T6 ($\sigma_Y = 650\,\mathrm{MPa}$) および IN9021-T4 ($\sigma_Y = 530\,\mathrm{MPa}$) においては PIFCC は生じなかった[18]．

Elber の初期の研究後間もなく，現在では**粗さ誘起疲労き裂閉口**(RIFCC) として知られる材料に関連したき裂閉口を含む，他の形のき裂閉口が見いだされた．このタイプのき裂閉口は疲労き裂の相対する表面の粗さの接触により生じる．RIFCC においては，き裂開口レベルは一定で PIFCC に比較し，ΔK に無関係である．RIFCC の一例を，6 mm (0.24 in) 厚 9Cr–1Mo 鋼 ($\sigma_Y = 530\,\mathrm{MPa}$) 試

IV. 疲労のメカニズム   275

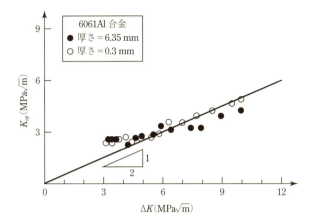

図 10-7　厚さの異なる 2 個の 6061Al 合金 CT 試験片に関する K_{op} と ΔK との関係 (Ishihara ら[17] より引用)

験片について図 10-8 に示す．ここで K_{op} レベル，き裂開口水準における応力拡大係数は K_{op} は $2.5\,\mathrm{MPa}\sqrt{\mathrm{m}}$ $(2.3\,\mathrm{ksi}\sqrt{\mathrm{in}})$.

　もう 1 つのき裂閉口の形は**酸化物誘起き裂閉口**として知られている．この閉口は特に，厚い酸化物が破面に形成する，高温における炭素鋼に対して重要である．また，疲労切き裂成長速度に及ぼすき裂閉口の影響は低 R レベルにおけるしきい

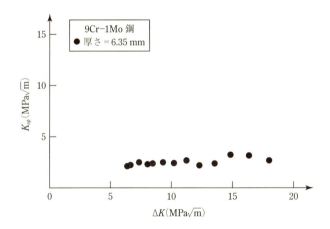

図 10-8　9Cr–1Mo 鋼に関する K_{op} と ΔK との関係 (Ishihara ら[17] より引用)

値近傍で最も顕著であることに注意を要する.

Elber は次式で定義される有効応力拡大係数範囲 ΔK_{eff} の概念を紹介した.

$$\Delta K_{\mathrm{eff}} = K_{\mathrm{max}} - K_{\mathrm{op}} \tag{10-16}$$

ここで，K_{op} はき裂開口レベルにおける応力拡大係数である．2024–T3 アルミニウム合金に対して ΔK_{eff} は次式で与えられると提案した.

$$\Delta K_{\mathrm{eff}} = (0.5 + 0.4R)\Delta K \tag{10-17}$$

き裂閉口に関し多くの研究がなされているにもかかわらず，なぜいくつかのアルミニウム合金が PIFCC で，鋼が RIFCC を示すという理由は，き裂開口変位 (CTOD) の影響が重要であると提案されている[19, 20]にもかかわらず，いまだ明らかにされていない．平面応力状態における CTOD は

$$\mathrm{CTOD} = \frac{\Delta K_{\mathrm{eff}}^2}{\sigma_{\mathrm{Y}} E} \tag{10-18}$$

鋼に比べ比較的低いヤング率を有するアルミニウム合金が同じ降伏応力レベルの鋼よりも 3 倍大きな CTOD を有するということは，表面で大きな塑性伸びを呈し，鋼の表面よりも平面応力領域でより高い PIFCC を示すことを意味する．もし，PIFCC が表面に関係するならば表面層を除去すると PIFCC レベルも減少する．その効果は RIFCC に対しては期待できない．PIFCC に対してはコンパクト試験片の厚さが増加するにつれて，PIFCC の相対的重要性が減少するので，疲労き裂成長速度の増加が期待できる．RIFCC の場合には試験片署さの効果は期待できない.

B.2　表面除去の影響　　疲労き裂成長挙動に及ぼす過荷重の影響に関する以前の研究[21]において，過荷重を負荷したのちただちにコンパクト試験片表面から 0.5 mm(0.02 in) 除去すると過荷重の影響をほとんど除去できたことが示された．したがって過荷重による遅延のほとんどは，過荷重の結果，表面に関係した PIFCC のレベルが高まったことによると結論づけられた．現在の研究で表面除去タイプの実験が繰り返されたがいかなる過荷重もかけられなかった.

図 10-9 は 6061 アルミニウム合金のき裂開口レベルに及ぼす表面除去の影響を示す．試験片は ΔK レベル 4.5 から 5.0 MPa$\sqrt{\mathrm{m}}$ で試験された．各表面除去の段階で各試験片表面から 0.5 mm が放電加工により除去され，その後表面は電解研磨された．これらの結果は，6061 アルミニウム合金のき裂開口レベルに著しい表面除去の影響を示し，表面におけるき裂閉口レベルが内部のき裂開口レベ

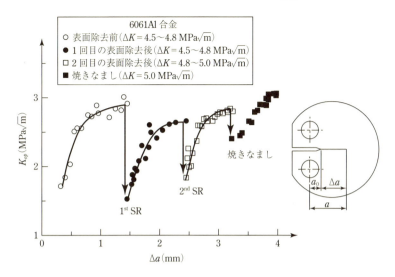

図 10-9 6061Al 合金に関する表面除去 (SR) の影響 (Ishihara ら[17] より引用)

ルより少なくとも $1\,\mathrm{MPa}\sqrt{\mathrm{m}}$ 高いことを示している．6061 アルミニウム合金は PIFCC[22] を示すので，試験片表面の表面応力塑性域は PIFCC における重要な因子であると結論づけられる．673 K で 0.5 時間の焼鈍は表面き裂開口レベルを

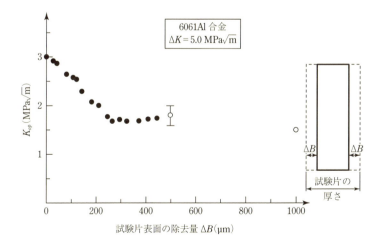

図 10-10 6061Al 合金に関する段階的表面除去の影響 (Ishihara ら[17] より引用)

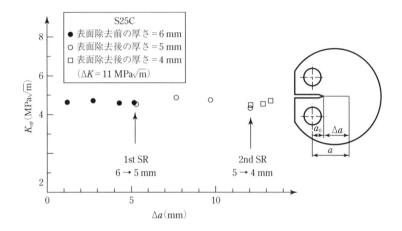

図 10-11 S25C に関する表面除去 (SR) の影響 (Ishihara ら[17]より引用)

減少させることに注意すべきである．この影響は表面領域における接触面での圧縮クリープによるものかもしれない．

図 10-10 は ΔK が $5\,\mathrm{MPa}\sqrt{\mathrm{m}}$ で繰返された 6 mm 厚のアルミニウム合金 6061 試験片の各試験片表面から各段階で約 $30\,\mu\mathrm{m}$ ずつ電解研磨により，段階的に除去された影響を示す．材料の $300\,\mu\mathrm{m}$ が表面から除去された後，PIFCC は除かれ RIFCC のみが残った RIFCC に対する．K_{op} レベルは $1.5\,\mathrm{MPa}\sqrt{\mathrm{m}}$ で PIFCC レベルの約半分であった．

図 10-11 は $11\,\mathrm{MPa}\sqrt{\mathrm{m}}$ で繰り返された S25C に対する K_{op} レベルに及ぼす表面除去の影響を示す．RIFCC の特徴は，もし K_{op} レベルに対する表面除去の影響がひずみゲージ法で決定されるなら，表面除去は少ない．しかしながらレプリカ技術を用いた以前の研究[23]は RIFCC の場合でさえも，表面にはひずみゲージ法では検出されない少量の PIFCC がある．

B.3 き裂跡除去の影響 これらの実験では ΔK レベルが 6061–T6 アルミニウム合金では $6.3\,\mathrm{MPa}\sqrt{\mathrm{m}}$，S25C では $11\,\mathrm{MPa}\sqrt{\mathrm{m}}$ で疲労き裂が進展した．き裂跡はき裂先端からの距離の関数である K_{op} レベルを決めるために少しずつ除去された (この方法はき裂閉口が初期に閉口がないき裂成長として発展した方法とは逆である)．

図 10-12 に見られるように K_{op} の値は次式で表される．

$$K_{\mathrm{op}} = (1 - e^{k\lambda})(K_{\mathrm{op\,max}} - K_{\mathrm{min}}) + K_{\mathrm{min}} \qquad (10\text{-}19)$$

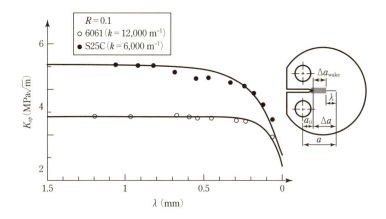

図 10-12 K_{op} に関するき裂跡除去の影響．曲線は式 (10-19) と一致する (Ishihara ら[17] より引用)．

ここで，K_{op} は開口レベルの一時的な値，k はき裂閉口進展速度を支配する材料定数，λ はき裂先端から戻り測定された場合の距離，そして $K_{op\,max}$ は巨視的長さのき裂を伴ったき裂開口レベルである．k 値は 6061 アルミニウム合金では 12,000 m^{-1}，S25C では 6,000 m^{-1} であり，以前の研究[24,25]において λ 増加条件下で得られた値と良く一致していることに注目すべきである．き裂跡を除去する方法は材料定数 k の大きさを決定するための代替手段を提供している．

K_{op} がき裂先端と K_{op} が決定される λ 値間のき裂閉口の影響の積分であることに注意を要する．K_{op} は $K_{op\,max}$ が到達する点の先で λ が増加しても増加しない．すなわち，$K_{op\,max}$ の点まで発展したき裂閉口のくさび効果により相対するき裂面は $K_{op\,max}$ に伴う λ 値を越えて接触しない．負荷過程の間，荷重が負荷されるので，き裂は $K_{op\,max}$ が発展する λ 値に相当する λ において開口を開始する．荷重が増加し続けると，き裂先端が $K_{op\,max}$ に相当する ΔK 値において開口するまで，λ 値は減少し続ける．除荷の間，この仮定は逆である．

疲労ストライエーションの間隔は 0.1 から 10 μm である．それらは，局所化したき裂開口および K_{op} 上の ΔK レベルにおける閉口塑性変形過程により，平面ひずみ領域におけるき裂先端に 1 サイクルごとに形成される．したがって，き裂閉口はストライエーション形成過程には含まれない．

C. 疲労き裂の進展

1950年代にはき裂は低サイクル領域においては寿命の初期に発生し高サイクル領域においては寿命の非常に遅い時期に発生すると考えられていた．今日ではIshiharaの研究結果[26]のように，高サイクル領域においてさえも全寿命の10%以下で発生することがわかっている．石原はこれを見いだすためにレプリカ技術を用いた．この方法では，疲労試験片は注意深く研磨され，レプリカは薄いアセチルセルロース膜により一面をアセトンで濡らし，試験片表面に押さえつけることにより試験箇所で作成される．膜が乾くと取り除かれ保管される．それから，試験片はある繰返し数だけ繰り返され，次のレプリカがつくられ試験される．この方法はき裂がレプリカに同定されるまで，全繰返し数の増加とともに繰り返される．それから先取したレプリカが逆の順にき裂がある場所でいかに早いことを意味している．したがって疲労き裂進展は非常に興味深い．寿命でき裂が同定されるか試験される．一般的に$10\,\mu m$のき裂が形成されるのは全寿命の10%以下であることが見いだされた．このことは疲労寿命のほとんどは疲労き裂の進展に費やされ，発生ではないという．

疲労き裂進展の研究は1951年にZapffeとWorden[27]により疲労破面に見いだされ，今ではストライエーションとして知られているユニークな縞模様の発見により大きく押し上げられた．図10-13は光学顕微鏡で観察されたストライエー

図 **10-13** 疲労ストライエーションの最初の顕微鏡写真 (7075–T6Al 合金)(Zapffe と Worden, ASM International®より許可を得て転載)

ションの例である (Zapffe は破面の研究を意味する**フラクトグラフィ**という言葉をつくり出した．研究は迅速にストライエーションの形成機構および各繰返し数ごとに疲労き裂が進展するのかどうかを見いだす方向に向かった．さらに，サイクルごとの疲労き裂成長速度を支配因子として表すことができるかという目標もできた．

Forsyth と Ryder[28] は各繰返し数ごとに疲労き裂が進展するのかどうかという答を出すために次のような実験を行った．彼らは定荷重下でアルミニウム合金の疲労き裂を進展させた．それから定応力振幅に戻る前により 5 サイクルの高い応力を負荷した．彼らは破面観察の結果，その間隔が定荷重振幅下のものより大きい，5 個の明瞭なストライエーションを観察した．き裂は明らかに各荷重繰返しごとに進展した．

Laird と Smith[29] は疲労き裂がき裂先端で押し出され (開口) により安定的に進展し，繰返し荷重位置で進展し，繰返し除荷位置で再び鋭くなる (閉口) ことを示した．

McMillan と Pelloux[30] はストライエーション形成機構に詳細な情報を提供するために，走査電顕によるステレオ観察手法を用いた．この方法のモデルを図 10-14 に示す．疲労き裂は荷重繰返しの間，鈍化し，進展する．しかし除荷の間，先端の位置を越えたところでのみ閉じる．次の繰返しの間先端の鈍化は閉じた部分を

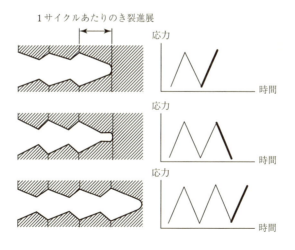

図 **10-14** き裂進展時過程で形成される鋸刃状ストライエーション (McMillan と Pelloux[30] より引用)

交替させ，ストライエーションを形成させる．そのようなストライエーションは**階段状ストライエーション**として知られている．ストライエーションの高さはき裂成長速度と関係している．たとえば低炭素鋼においては，約 $0.1\,\mu\mathrm{m/cycle}$ 以下のき裂成長速度ではストライエーションは判別できない．ほとんどの延性材料においてはき裂成長速度が 0.1 から $10\,\mu\mathrm{m/cycle}$ でストライエーションが観察される．この範囲を超えると**静的モード**として知られる分離モードが最終破断の前に生じる．

　ストライエーションの興味深い特徴は疲労き裂成長試験が真空で行われたら存在しないということである．304 型ステンレス鋼においては以前に形成されたストライエーションは次のサイクルで鈍化したき裂先端の側面に掃引され，真空中における開口変位 (CTOD) は大気中に比較し 50 倍以上大きいことが観察されている．[31]

V.　疲労き裂発生に及ぼす影響因子

A.　表　面　粗　さ

　上述のように，塑性変形は疲労き裂の発生および成長に関して重要である．塑性変形を促進するものはいかなるものでも材料の疲労抵抗を低下させるであろう．表面は，通常疲労き裂が発生する場所であるが，内部よりも表面が硬い場合，表面直下から疲労裂が発生することがある．切欠や腐食ピットのような応力集中部は疲労抵抗を低下させる．疲労強度に対するハンドブックの値は，一般に完全両振り (応力比 $R = -1$) 下で試験を行われた十分研磨された試験片によるものである．よってこれらの値を実際の構成要素に適用する際には注意が必要である．表面粗さの程度は機械加工や加工処理によるものだが，粗さは応力を集中部として作用するので，1 つの因子となるであろう．図 10-15 は，表面仕上げが加工の過程の関数としてどのように変わり，疲労強度に影響するかを示している[32]．

B.　浸　　　炭

　鋼の熱間鍛造時に生じる脱炭素は表面層をやわらかくし，塑性変形に対する抵抗力を低下させ，疲労強度も低下させる．少なくとも鋼の場合，疲労限度が引張強さの 2 分の 1 となるので，強度特性の増加は疲労強度の増加をもたらすであろ

V. 疲労き裂発生に及ぼす影響因子　　283

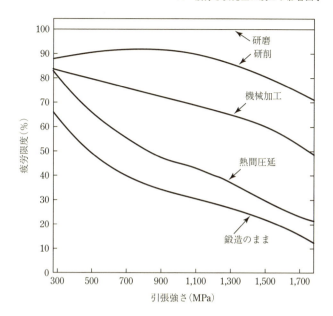

図 10-15　引張強さを関数とする疲労限度低下に及ぼす表面仕上げの影響 (Juvinall[32] より引用)

う．しかしながら，高強度アルミニウム合金においてこれは当てはまらない．すなわち，疲労強度は引張強さの増加にともなって増加せず，むしろ強度レベルに鈍感になる．アルミニウム合金の挙動は，高強度にもかかわらず，ミクロ組織が比較的低応力レベルで塑性変形を許容している局所的にやわらかい部分が存在していることを示している．表面の圧縮残留応力は疲労き裂の進展防止に有効である．一方，表面の引張残留応力は避けなければならない．

C. ショットピーニング

　ショットピーニングは，熱処理中に鋼に形成されるもろい酸化スケールを取り除く手段として用いられている．しかし，GM の Almen はショットピーニングによって表面に圧縮残留応力を付与することによって，疲労強度を改善できると言及した[33]．ショットピーニングの工程は，金属やガラスでできた，選別された大きさのショットの流れを，選択した速さで材料の表面に衝突させることを含んでいる．ピーニングの条件は，細長い試験片 (Almen strips) を用いることによって標

準化されている．ショットピーニングによって，ピーニングされた表面層に圧縮応力が残り，中間あたりでは引張応力が残る，しかも，正味のモーメントがないので，ピーニングをされていない面には圧縮応力が残っている．この応力状態は薄片の屈曲をもたらし，はりの曲げのようになっており，上側からピーニングされた場合，Almen 試験で生じる薄片は上に凸となった形状になる．校正の間，その Almen 試験片はピーニングされ，試験片の高さは時間の関数として記録される．ある時間がたつと，高さは著しく変化しなくなる．高さが定められた高さと異なっていれば，ピーニングの条件が変えられる．

ショットピーニングはよじり疲労強度にも有益な影響を与えることに留意すべきである．[34]

D. 環　　境

図 10-16 に示すように環境は疲労現象に強く影響する．腐食は，(a) 応力を上昇させ，材料の疲労抵抗を劣化させる腐食ピットを形成する，(b) き裂進展過程

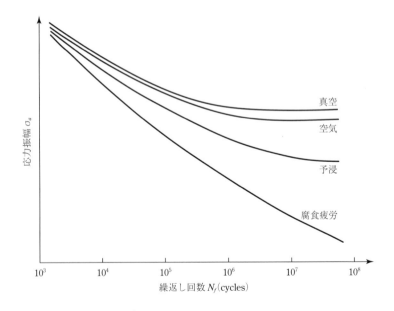

図 **10-16**　ある鋼の S–N 曲線に及ぼす各種環境の影響 (Fuchs と Stephens[36] より引用)

を加速する，という2つの強い効果を有する．これらの腐食過程は古い航空機に関して特にかかわる．アルミニウム合金製航空機構造枠のピッティング腐食および腐食疲労の現状はWeiとHarlowのレビュー[35]により理解できる．

VI. 疲労き裂成長に及ぼす影響因子

多くの因子が疲労き裂進展速度に影響する．これらの因子は，悪影響を与える環境，遅延させる過荷重および疲労き裂進展速度を加速させる低荷重などである．図10-17に表面のすべり帯からの疲労き裂の形成と周期的な引張荷重下におけるその後の進展を図式的に示す．清浄な金属では，初期き裂は，すべり帯中のすべり面に沿って進展し，**ステージⅠき裂**とよぶ．ある点において，通常最初あるいは2つ目の結晶粒の中で，き裂は方位を変え，主引張応力に垂直方向に**ステージⅡ (モードⅠ)** の進展を開始する．介在物を含んでいる金属では，き裂は介在物から発生するかもしれない．そして，すべり帯における発生過程は回避されるかもしれない．疲労寿命の計算をする際，き裂の発生に費やされた回数は時々無視される．そして，寿命はミクロンサイズのき裂からモードⅠにおける損傷に対する限界寸法までの成長をベースに計算される．

鋼の超高サイクル疲労領域，破損繰返し数 10^6–10^9 において，疲労き裂は表面

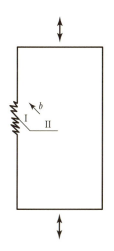

図10-17 ステージⅠとステージⅡ疲労き裂成長の模式図 (b はバーガース・ベクトル)

よりもむしろ表面直下の非金属介在物から発生する．これらの超高サイクル疲労破損が公称の疲労限度以下の応力で生じることが特に注目されている[37]．ある場合には，表面直下割れは表面がショットピーニングによる圧縮残留応力，熱処理および保護性酸化物などにより強化されるために生じる．他の場合には，最も高い応力を有する体積内の最大表面直下介在物応力上昇効果により，特に軸荷重下で表面直下き裂が発生する．マルテンサイト組織中の少量のベイナイトも表面直下疲労き裂を形成させた[38]．

介在物で発生した表面直下疲労き裂の場合，介在物最近傍領域の光学顕微鏡観察により，ファセット状の光学的に暗い領域 (ODA) の出現が明らかにされた[38]．ODA 半径が数ミクロンから 50 μm 程度まで変化し，大きさが増加すると疲労寿命が増加する．2 次イオン質量分析計 (SIMS) は ODA 中に水素が存在することを示し，疲労き裂の発生は介在物に集積した水素により加速されると思われている．ODA が大きくなると疲労寿命が増加するという事実は，水素がき裂に沿って拡散し，最小き裂進展速度における疲労き裂進展を促すことを示している．疲労き裂は表面直下では ODA を越えて進展し，水素の助けがないので真空中を進展し，光学的像は比較的明るい．しかしながら，き裂が表面を突き抜けると大気中を進展し，光学像はより暗くなる．この結果，形成されるのが，図 10-18 および図 10-19 に示すフィッシュアイである．図 10-18 の場合は，破壊発生前に表面直

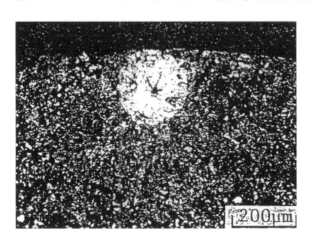

図 **10-18**　SAE9254 鋼のフィッシュアイ破壊の例 (Murakami ほか[39]より引用．初版は ISIJ International で出版)

VI. 疲労き裂成長に及ぼす影響因子   287

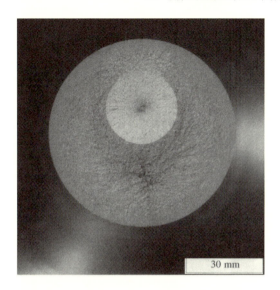

図 10-19　完全な内部フィッシュアイ破壊 (Y. Murakami 提供)

下き裂が表面まで進展している．図 10-19 の場合には破壊発生時に疲労き裂は表面直下に存在する．暗 (ODA) から明に変化し，光学的に暗くなる様相の理由は単純に破面粗さの変化によるものである．破面は ODA において粗いが，周辺の光学的に明るい領域においてはより滑らかである．き裂が表面に突き抜けた後に破面は再び粗くなる．疲労き裂進展過程は各荷重サイクルにおいてき裂先端の開閉口を伴う．大気中で形成される粗い様相は疲労繰返しの間，き裂先端の縁の周囲の異なったレベルにおけるき裂先端の酸化物の破壊によるものである．真空中においては，き裂はき裂先端に沿って進展し，より共平面的 (co-planar) で光学的に明るくなる．同様に，粗さの相違は大気中および真空中における高温疲労破面においても見られる．

　図 10-20 は，疲労き裂が進展する間に形成された疲労ストライエーションを示している．これらの模様は延性金属においてほとんど容易に観察されるが，延性に乏しい高力合金においては観察され難い．これらの模様は 1 サイクルごとに形成され，通常，き裂進展速度が $0.1\,\mu m/1$ サイクルから $10\,\mu m/1$ サイクル以上まで観察される．ストライエーションはしばしば階段状を呈していて，図 10-21 のように形成される．それがあるかないかは，破面の性質を決定するうえで重要である．ストライエーションが破面にあれば，破損部の負荷履歴をたどるのに利用

288   10 疲　　労

(a)

(b)

図 10-20　(a), (b) アルミニウム合金で観察された疲労ストライエーションの例

される．たとえば，翼の着陸用フラップに使用される支持ばりの疲労破壊において，疲労き裂はボルト孔に発生し，ストライエーションは両方の破面に観察された．そのはりは，毎回の飛行で2つの支配的な負荷をうけていた．着陸の際 (flap out) 高い負荷を受け，離陸の間 (flap partially out) より低い負荷を受け，着陸の際につくられたストライエーション幅は，離陸の際につくられたストライエーショ

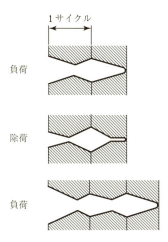

図 10-21 階段状プロファイル型疲労ストライエーションの形成モデル (Schijve[41] より引用)

ン幅の 2 倍であった．ストライエーションの数は，き裂進展寿命が約 5000 フライトであり，定期検査で検出されるき裂に対して十分長い[40]．疲労き裂を有するアルミニウム製ヘリコプター翼の場合，主たる繰返し荷重は停止状態から発進し，再び停止するときに生じる．この荷重によって形成されたストライエーション数もき裂進展に費やされた飛行回数を示しているといえる．航空機エンジンのクランクシャフトのような回転部品についてもこのことはあてはまる．

VII. 疲労き裂進展速度の解析

A. き裂先端応力への取組み

疲労き裂進展速度と荷重因子の相間に最初に成功したのは McEvily と Illg[42] であった．

1950 年代に平滑試験片の疲労強度に対する切欠試験片の疲労強度の比 K_f は理論的な応力集中係数 K_T より小さいことは良く知られていた．Kuhn と Hardrath[43] は K_f と K_T を関係づけるために Neuber[4] による次の経験式を用いた．

$$K_f = 1 + \frac{K_T - 1}{1 + \sqrt{\dfrac{\rho'}{\rho}}} \tag{10-20}$$

ここで，ρ はき裂の半径，ρ' は材料定数である．

疲労き裂成長速度の解析において疲労き裂先端で生じることは，き裂先端における弾性応力範囲 S に呼応し，$K_N S$ で与えられると仮定された．ここで S は与えられた R 比における負荷応力範囲である．なお，R は荷重繰返しにおける最小応力と最大応力の比である．K_N の値は上の式の右側に相当するように定められた．しかしながら，疲労き裂に対し K_N の値を割り当てるためには経験的に求められた有効き裂先端半径 ρ_e を割り当てる必要がある．簡単のため先端半径 ρ は ρ' に等しいと仮定された．したがって，

$$K_N = 1 + \frac{1}{2}(K_T - 1) = \frac{1}{2}(K_T + 1) \tag{10-21a}$$

K_T が大きいので，

$$K_N \approx \frac{1}{2}K_T \tag{10-21b}$$

または，

$$K_T \propto K_N \tag{10-21c}$$

実験結果の解析から ρ_e は 2024–T3 アルミニウム合金に対して $0.076\,\mathrm{mm}$ ($0.003\,\mathrm{in}$)，7075–T6 アルミニウム合金に対して $0.051\,\mathrm{mm}$ ($0.002\,\mathrm{in}$) が割り当てられた．1958年以来，たとえば Bowles と Schijve[44] により，き裂表面粗さのゆえに無荷重状態における先端の半径はゼロというよりむしろ有限であるという十分な証拠が得られた．しかしながら，き裂先端の塑性のような多くの因子が解析に考慮されていなかったので，先端半径の実験値が上述の値に一致することは疑わしい．$K_N S_{net}$ を関数にした da/dN が 7075–T6 アルミニウム合金に関して図 10-22 に，2024アルミニウム合金に関して図 10-23 に示されている．

次式は図 10-22 および図 10-23 における $\log da/dN$–$K_N S_{net}$ におけるマスター曲線に適合している．

$$\log \frac{da}{dN} = 0.00509 K_N S_{net} - 5.472 - \frac{34}{K_N S_{net} - 34} \tag{10-22}$$

ここで，a はインチ，S_{net} は ksi 単位で表され，34 は $R = 0.05$ における ksi 単位の疲労強度を表している．同じマスター曲線が 2024-T3 および 7075–T6 アル

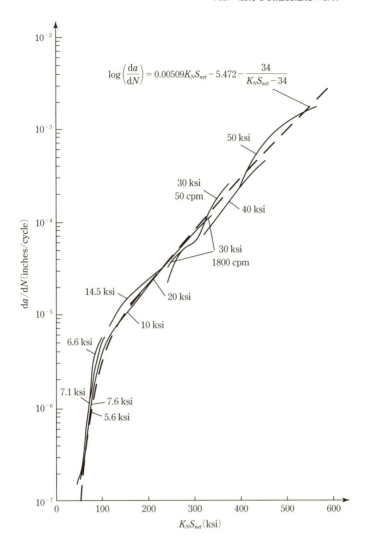

図 **10-22** $K_N S_{net}$ の関数としての 7075–T6Al 合金における疲労き裂進展速度.曲線上の応力値は試験で用いた正味断面の初期値を示す (McEvily と Illg[42] より引用).

ミニウム合金ともに用いられ,$K_N S_{net}$ が疲労強度に等しいときにしきい値が予想されることに注目すべきである.

式 (10-21c) から $K_T \propto K_N$ となる.$K_T S_{net}$ はき裂先端における応力を表し,

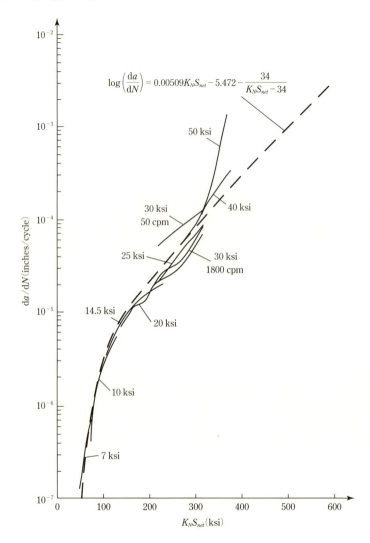

図 **10-23**　$K_N S_{net}$ の関数としての 2024–T36Al 合金における疲労き裂進展速度．曲線上の応力値は試験で用いた正味断面の初期値を示す (McEvily と Illg[42] より引用).

K_T は正味断面にもとづいている．量はき裂先端における応力を表しているので $K_T S_{net}$ に同等である．ここで K_{TG} は総断面応力にもとづく応力集中係数 σ_G は総断面応力である．

VII. 疲労き裂進展速度の解析　　293

1958 年に Irwin[45]はき裂先端の応力 σ_y は次式で与えられることを示した.

$$\sigma_y = \frac{K}{\sqrt{2\pi r}} \tag{10-23}$$

そして，1961 年に Paris, Gomez, Anderson[46]は応力拡大係数 K を疲労き裂成長データと成功裏に関連づける特徴ある因子として，参考文献 [42] からのデータをも含み，巧みに用いた. 1965 年に Paris と Erdogan[47]は疲労き裂進展速度をべき乗則の形で表した. すなわち，

$$\frac{da}{dN} = C(\Delta K)^m \tag{10-24}$$

そしてアルミニウム合金に関して m の値は 4.0 であることを見いだした. Paris と Erdogan の研究以来，da/dN–$\log \Delta K$ のプロットは疲労き裂成長データを表す標準的な方法となっている.

$K_N S_{\mathrm{net}}$ 因子と応力拡大係数 K の重要な結びつきは 1960 年に K が $T_{\mathrm{TG}}\sigma_{\mathrm{G}}$ に次のように関係したことを示した Irwin[48]により提供された.

$$K = \lim_{\rho \to 0} K_{\mathrm{TG}}\sigma_{\mathrm{G}}\sqrt{\frac{\pi\rho}{4}} \tag{10-25}$$

小さな，平たい半径 ρ で長さ $2a$ の楕円形き裂を含んだ中央切欠付き板に対して

$$K_{\mathrm{TG}} = 1 + 2\sqrt{\frac{a}{\rho}} \tag{10-26}$$

したがって相当する応力拡大係数はよく知られた表現で

$$K = \sigma_{\mathrm{G}}\sqrt{\pi a} \tag{10-27}$$

しかし，もしゼロのかわりに $\rho \to \rho_{\mathrm{e}}$ であれば，

$$K = \sqrt{\frac{\pi\rho_{\mathrm{e}}}{4}}\sigma_{\mathrm{G}} + \sigma_{\mathrm{G}}\sqrt{\pi a} \tag{10-28}$$

式 (10-28) は式 (10-27) で示されていない追加の項と定数 ρ_{e} を含む. 定数の大きさは 2024–T3 アルミニウム合金に対しては 7.6×10^{-5}m，7075–T6 アルミニウム合金に対しては 5.0×10^{-5}m である. したがって，参考文献 [42] における大きなき裂のデータに関し，式 (10-28) における第 1 の項は無視される. しかしながら，極端に短い長さのき裂，ここでは式 (10-28) の第 2 項における a が 0 に近づくと，それらの値は議論されるように重要である.

式 (10-21a) は次のように書き換えられ，

$$K_{\mathrm{T}} = 2K_{\mathrm{N}} - 1 \tag{10-29}$$

そして図 10-23 に示されたデータに対し非常によく近似し,

$$K_\mathrm{T} = 2K_\mathrm{N} \tag{10-30}$$

したがって $K_\mathrm{N} S_\mathrm{net}$ は,

$$K_\mathrm{N} S_\mathrm{net} \propto K_\mathrm{T} S_\mathrm{net} = K_\mathrm{TG} \sigma_\mathrm{G} \tag{10-31}$$

したがって $K_\mathrm{TG} S_\mathrm{G}$ は相間因子として使用できる. 式 (10-25) を中央切欠付き板に使用すれば,

$$K = \lim_{\rho \to 0} K_\mathrm{TG} \sigma_\mathrm{G} \sqrt{\frac{\pi \rho}{4}} = \sqrt{\frac{\pi \rho_\mathrm{e}}{4}} \sigma_\mathrm{G} + \sigma_\mathrm{G} \sqrt{\pi a} \tag{10-32}$$

これは式 (10-28) により与えられた表現と同様である. したがって, K と $K_\mathrm{N} S_\mathrm{net}$ の結びつきはできた. さらに, $\log da/dN$–$\log \Delta K$ に関するデータをプロットすれば, 図 10-24 で得られたプロットと類似し, Paris と Erdogan の傾き m が約 4.0 と一致する. 引き続き議論されるように, m の値 2.0 が疲労き裂成長基礎メカニズムにさらに正確に反映される. なぜ 4.0 という値が得られたたかというと,

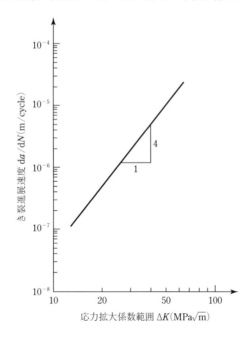

図 **10-24** 応力拡大係数範囲の関数としての疲労き裂進展速度

しきい値近傍では成長速度の範囲が 2.0 に対し期待されていたよりも低い．一方，K_c 近傍での高い疲労き裂進展速度においては，高い破壊レベルに近づくにつれて局部的破断の発生が増加するので，進展速度は 2.0 に対し期待されていたよりも高い．これらの因子の両方ともに高い m 値のデータを通る線の交替に寄与する．このことは，高強度アルミニウム合金に対しては特に正しい．それは，しきい値と K_c 間の ΔK 値の範囲が m 値 2.0 が得られた低炭素鋼よりも非常に低いからである．

B. 疲労き裂成長関係

B.1 長いき裂
長いき裂はき裂閉口が $K_\mathrm{op\,max}$ のレベルまで十分展開しているき裂と定義される．

式 (10-24) は経験的な疲労き裂成長則の例である．Frost[49] と Liu[50] により指摘されたように，そのような関係は寸法的には正しくない．しかしながら，もしサイクルあたりの成長増加をとれば，da は有効 CTOD に比例し，しきい値の影響を含んでいるので次のような寸法的に正しい表現が得られる．

$$\frac{da}{dN} = A' \frac{1}{\sigma_\mathrm{Y} E}(\Delta k_\mathrm{eff} - \Delta_\mathrm{effth})^2 = A(\Delta K_\mathrm{eff} - \Delta K_\mathrm{effth})^2 \tag{10-33}$$

疲労き裂成長速度に対するこの表現は成功裏に長いき裂形態において用いられた．たとえば図 10-25a は Ti–6Al–4V における da/dN に対する実験結果を ΔK の関数として示す[52]．図 10-25b は同じデータをき裂閉口に対する補正後にプロットしたものを示す．はじめに Elber[15] によって提案されたように，da/dN が ΔK_eff の関数としてプロットされたとき da/dN に及ぼす R の影響はない．さらに，相当するき裂閉口値が決定されれば，き裂閉口に関する補正もまた過荷重と低荷重のデータを関連づけるために成功裏に用いられた[53]．

約 10^{-8}m/cycle でのき裂成長速度における遷移は微視組織の特徴に関連するき裂先端塑性域の大きさによると考えられている．この場合 α 粒の大きさは $10\,\mu$m である．低成長速度では塑性域は α 粒内に完全に包み込まれるが，高成長速度においては塑性域は α 粒よりも大きい．低成長速度では単一すべり系が作用し，高成長速度では 2 つの系が作用し，ストライエーションが形成される必要条件を提供する．

296   10 疲　労

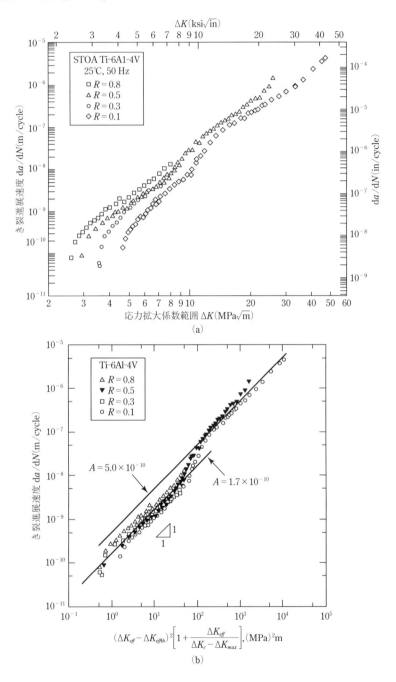

図 10-25　(a) ΔK の関数としての Ti–6A–4V の疲労き裂進展速度[51]，(b) ΔK_{eff} の関数としての Ti–6Al–4V の疲労き裂進展速度[52]

VII. 疲労き裂進展速度の解析   297

B.2 短いき裂   短いき裂は，新しく形成された疲労き裂が長さに成長するときに，き裂閉口レベルが 0 から $K_{op\,max}$ に変化するき裂として定義される．短いき裂の最大長さは約 0.5 mm (0.02 in) である．しかしながら，式 (10-33) を短いき裂の挙動の解析に使うためには，その式に 3 個の改善をほどこす必要がある．

(a) **弾性‒塑性挙動に関する改善**：き裂成長は降伏応力に対する疲労強度比が高く，き裂長さに対する塑性域の大きさの比が大きいので，線形弾性よりはもともと弾性‒塑性的である．Irwin[54] は，き裂先端の塑性域の大きさがき裂長さに関して大きいところ，また実際のき裂長さ a が塑性域の大きさの半分まで増加することにより線形弾性アプローチが弾性‒塑性挙動にまで拡張できると提案した．もし塑性域の大きさが Dugdale[55] により定義された値をとると，改善されたき裂長さ a_{mod} は次式で与えられる．

$$a_{mod} = a + \frac{1}{2}\left(\sec \frac{\beta}{2}\frac{\sigma_{max}}{\sigma_Y} - 1\right)a$$

$$a_{mod} = \frac{a}{2}\left(1 + \sec \frac{\pi}{2}\frac{\sigma_{max}}{\sigma_Y}\right) = aF \tag{10-34}$$

ここで，σ_{max} は繰返しサイクルにおける最大応力，σ_Y は降伏応力，F は**弾性‒塑性補正因子**の項である．

$$F = \frac{1}{2}\left(1 + \sec \frac{\pi}{2}\frac{\sigma_{max}}{\sigma_Y}\right) \tag{10-35}$$

(b) **遷移き裂閉口の改善**：き裂跡に生じたき裂閉口のレベルは巨視的き裂に関して新しく形成されたき裂について 0 から $K_{op\,max}$ まで変化する．次の表現がき裂閉口挙動におけるこの遷移を記述するために提案されている[56]．

$$\Delta K_{op} = (1 - e^{-k\lambda})(K_{op\,max} - K_{min}) \tag{10-36}$$

ここで，ΔK_{op} は遷移領域における $K_{op} - K_{min}$ の値，k はき裂閉口進展速度を決める材料定数 (単位 m^{-1})，λ は新しく形成されたき裂長さ (単位 m)，$K_{op\,max}$ は成長の遷移期間の完了に伴うき裂開口レベルの大きさである．$K_{op\,max}$ に到達したときの λ の値は一般的に 1 mm (0.04 in) より小さい．鋼に対する ΔK_{th} および ΔK_{effth} の依存性は降伏応力の関数として図 10-26 に示されている[56]．実験的に求められた k の値はいくつかの鋼の引張強さの関数として図 10-27 に示されている．

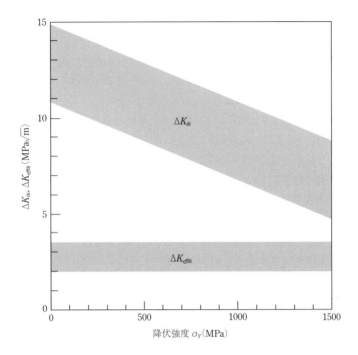

図 10-26 鋼の降伏応力の関数としての ΔK_{th} および $\Delta K_{\mathrm{effth}}$ の変化, $R = 0$(Endo と McEvily[56]より引用)

(c) **北川効果に関する改善**:非常に小さなき裂範囲においては,き裂の成長速度は応力拡大係数因子よりも繰返し応力範囲により決定される(北川効果[57]).北川効果の一例が図 10-28 に与えられている.

これに関して式 (10-33) は興味あるところである.き裂長さが 0 に近づくとき,破壊力学的アプローチ,すなわち応力拡大係数を直接適用しようとすると,非常に短いき裂成長挙動を取り扱う方法はない.しかしながら,式 (10-33) には追加項がある.σ_G を疲労強度に等しいとし,この量をしきい値レベルにおける有効応力拡大係数と同等とみなす.しかしそのような方程式を直接用いるよりも有効き裂長さ r_e で置き換える.これはき裂先端におけるピーク応力 $K_{\mathrm{TG}}\sigma_G$ を式 (10-23) により与えられる σ_y と同一応力とみなすことによりなされる.すなわち,

$$K_{\mathrm{TG}}\sigma_G = \lim_{\rho \to \rho_e} \frac{K_T \sigma_G \sqrt{\dfrac{\pi\rho}{4}}}{\sqrt{2\pi r_e}} \tag{10-37}$$

VII. 疲労き裂進展速度の解析   299

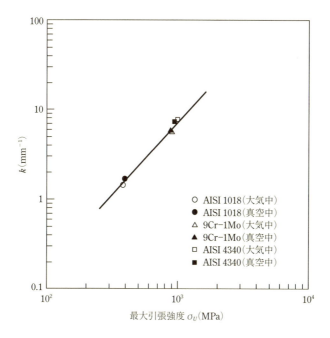

図 **10-27** 各種鋼材に対する引張応力への材料定数 k の依存性 (Endo と McEvily[56] より引用)

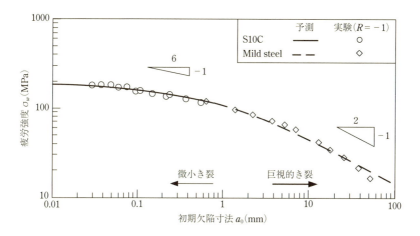

図 **10-28** 北川効果の例．非常に小さな欠陥寸法に対して疲労強度 σ_w は支配因子となる (Endo と McEvily[56] より引用)

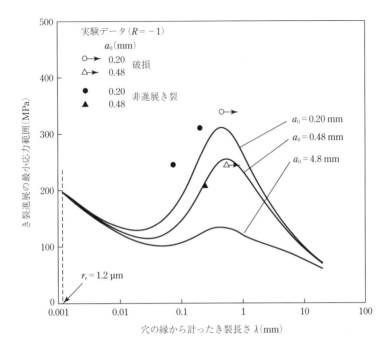

図 10-29 孔からの距離の関数として異なる半径を有する小孔から 10^{-11} m/cycle の速度で炭素鋼の疲労き裂進展速度に必要な最小応力範囲 (Endo と McEvily[56], 実験データは El Haddad ら[58] より引用)

これは $r_e = 9\rho_e$ に導く.

疲労き裂成長条件における合成応力拡大係数は

$$\Delta K_{\text{effth}} = (\sqrt{2\pi r_e} + Y\sqrt{\pi r_e})\sigma_w \tag{10-38}$$

となる. ここで, σ_w は疲労強度, Y はき裂の形に関連した因子である.

材料定数 r_e の大きさは次式で与えられる.

$$r_e = \left[\frac{\Delta K_{\text{effth}}}{(\sqrt{2\pi} + Y\sqrt{\pi})\sigma_w}\right]^2 \tag{10-39}$$

この解析において, 疲労き裂成長のしきい値は参考文献 [42] で用いた同様のやり方で疲労強度につながることに注目すべきである. r_e の大きさは鋼アルミニウム合金およびチタン合金に関し約 $1\,\mu$m である.

上述の3個の改善のすべてを考慮すると式 (10-33) は

$$\frac{da}{dN} = A[(\sqrt{2\pi r_e F} + Y\sqrt{\pi a F})\Delta\sigma - \Delta K_{\text{effth}} - (1 - e^{-k\lambda})(K_{\text{op max}} - K_{\text{min}})]^2 \quad (10\text{-}40)$$

式 (10-40) の使用例が異なる半径の丸孔をから成長した疲労き裂の場合に関して，図 10-29 に与えられる．き裂閉口が展開するにつれて，0.01 m 以上のき裂長さに関するしきい値より少し上におけるき裂進展に必要な応力範囲は増加する．半径 0.20 mm の孔から破損までき裂が成長するためには応力範囲 300 MPa が必要である．より低い応力範囲では停留き裂が形成されるであろう．同様な状況が半径 0.48 mm の孔から成長したき裂に適用されるが，4.8 mm 半径の孔に関してはき裂が発生すると破損まで進展し，き裂閉口への障害はない．

B.3 超高サイクル疲労 (VHCF)　タービン翼のようないくつかの要素は使用寿命の間に 10^{10} の非常に大きな繰返しを受け，近年 VHCF への関心が高まっている．この領域における破損の特徴は破損が通常サブサーフェスモードで発生することである．VHCF における疲労破損のメカニズムは良く知られていないが，いくつかのメカニズムが提案されている．それらの 1 つに摩耗によるき裂閉口レベルの減少にもとづいているものがある[59]．このモデルは α–β Ti–6Al–4V に適用され，α 粒において寿命の初期に劈開ファセットの形成が仮定されている．しか

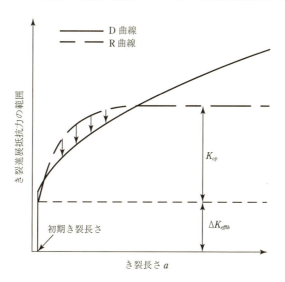

図 **10-30**　VHCF において摩耗により R (resisting) 曲線が D (driving) 曲線のレベルまで低下することの模式図 (McEvily ら[59]より引用)

しながら，このファセットからのき裂は，き裂閉口による障害が非常に高いので，初期には成長できない．しかし，さらなる繰返しにより障害が摩滅し，き裂成長をわずかに助長する．さらに摩耗がき裂先端で生じ，わずかにき裂成長をうながす．全過程は図 10-30 に示されている．これを見ると破損に対し多くの繰返し数が必要かという理由は寿命のほとんどが摩耗過程に費やされているからである．

VIII. 疲労破損解析

A. 巨視的

機械要素が疲労破壊したとき，破面調査により，明瞭なビーチマークのような確証が得られる．これらの模様は，き裂先端との環境相互作用によって形成され，疲労き裂発生起点の周辺の形状の表現としてしばしば**サムネイル破壊**という用語が使用される．両振り荷重を受けている鋼部品の場合，疲労破面は $R = -1$ の場合と同様に互いに擦れ合い，特にき裂発生点近くで磨かれたような様相を示す．そのような場合，微細な部分は観察できないであろうが，図 10-31 のように巨視的ビーチマークは明らかである．そのような模様は，その部品が無負荷期間を伴う周期的な負荷を受けて生成する．無負荷のとき，き裂の先端において，腐食が起こり，き裂前縁を縁取ることによりビーチマークが形成される．特に，多くの

図 **10-31** 鋼製部材上の疲労ビーチマーク．その模様は目視でわかり，図の上部の溶接欠陥には疲労き裂が発生している．

微小振幅と少ない高振幅が重なる繰返しにおいて，変動振幅荷重振幅によりビーチマークが形成される．この場合，破面の粗さは低振幅において滑らかで，高振幅において粗くなり，その粗さがビーチマークの形成につながる．疲労域と過荷重による最終破断間の明瞭な遷移は破壊が疲労によるものであることを明らかにしている．

B. 微 視 的

　光学顕微鏡や走査型電子顕微鏡 (SEM) を用いて疲労破面を観察すると，破壊が粒界破壊か粒内破壊であるかが明らかになる．破壊が通常の粒内破壊であれば，き裂進展に対する結晶学的な進路を示すファセットをつくる．このモードは，たとえば低き裂進展速度のアルミニウム合金やニッケル基超合金単一結晶で観察される．粒内破壊はしばしば，ファセットの進展が観察されないので，結晶学的ではない．そのような破面には，疲労ストライエーションが観察される．

　$0.1\,\mu\mathrm{m/cycle}$ より大きいき裂進展速度に相当する高い応力拡大係数幅において，疲労ストライエーションを見ることができ，その出現は適用された応力振幅の大きさと関係づけることができる．ストライエーションは限られた範囲のき裂進展速度域でのみ観察可能である．なぜならば，$0.1\,\mu\mathrm{m}$ 以下の非常に低いき裂進展速度では SEM により分解できず，$10^{-3}\mathrm{mm/cycle}$ 以上の高い進展速度においては破面がいわゆる最終破断の前ぶれである**静破壊面**(patch) の増量を含むからである．このような制限から，ストライエーションは過去の使用履歴に関する限られた情報のみを提供することができる．しかしながら，ある特定の破壊が疲労によって生じたかどうかを判断しようとする際に，この情報でさえも重要なものとなりうる．ストライエーション間隔が da/dN であり，もし適当な R の条件下における da/dN と ΔK との関係をプロットしたものがあれば，適用された ΔK 値は決定できる．しかしながら，溶接継手に形成される高い圧縮残留応力が存在すれば，このタイプの解析がより難しくなる．ストライエーションにより，疲労破壊のき裂進展段階である部品が受けた繰返し数やフライト数に関する情報をも知ることができる．ある場合には，高い応力振幅の比較的少ない始動時の繰返し応力が，飛行中に受ける繰返し応力とは異なった破面の粗さが形成される，アルミニウム製ヘリコプターの翼の場合のように，主な負荷のみが反映される．そのような場合，破面が擦られているため，おのおのの小さなストライエーションを解像することはできない．同様に，破損したプロペラ機のクランクシャフトでは離陸と巡

航に伴う2つの異なってはいるが反復する様相を示すことができる．そのような場合，たとえば最後の検査から飛行回数を決定できる．

疲労ストライエーションは通常き裂進展速度が $0.1\,\mathrm{mm/cycle}$ 以下では観察されないので，この範囲のき裂進展速度においてはストライエーション間隔にもとづく破損部品の荷重履歴を再構築することはできない．しかしながら，粗さ計を用いて疲労き裂進展方向に直角[60] あるいは平行[61]に破面粗さを測定するという代替法が開発されている．図 10-32 に示すように，12CrMo 鋼の破面粗さはき裂進展速度の増加に伴い増加し，この情報から相当する ΔK 値および荷重履歴を見積もることができる．この方法は，10^{-9} から $10^{-7}\mathrm{m/cycle}$ までの疲労き裂進展速度範囲で十分適用可能であるが，既知の荷重履歴における参照破面と破損した機械要素の疲労破面との比較が必要である．ストライエーションの場合と同様に破面の腐食は粗さ因子と疲労き裂進展速度の良好な関係の確立を難しくしている．疲労ストライエーションの観察が難しい材料に対しては各破壊に伴う破面の特徴を決定するために実験室における疲労破壊試験を行うことが有用である．

疲労ストライエーションの観察が難しい材料に関しては，実験室で疲労と破壊の実験を行い，それぞれのタイプの破壊と関連した破面の特徴を決定するのに使うことのできる基礎を確立することは有用である．破壊した部品の負荷経歴を知ることは，破面調査に役立ち，クリープ破壊，応力腐食割れおよび過荷重による破壊時に観察されるストライエーションに類似しているために，繰返し荷重下で観察されるストライエーション状模様の評価は重要である．そのような模様は，間欠的なき裂進展あるいはき裂先端におけるき裂進展速度の低下に相当する．ガラスのようなもろい材料においては，破面にストライエーションに類似のウォルナー線(Wallner lines) が破面上に現れる．これらの線は拡大するき裂先端と物体内で反射した弾性波間の相互作用によるものである．

時には，実際に破壊した機械要素を実験室で調査することが容易でないことがある．そのような場合，6章で述べたように，破面のレプリカを現場で作成し，その後実験室で調査する．

VIII. 疲労破損解析　305

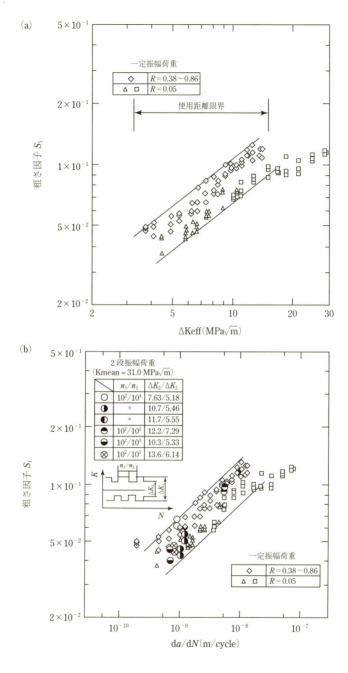

図 10-32 (a) 12CrMo 鋼に対する粗さパラメータ S_1 と ΔK_{eff} の関係, (b) 粗さパラメータ S_1 と 12CrMo 鋼に対する da/dN の関係 (Fujihara ら[60]から引用. 日本材料学会の許可を得て転載).

306   10 疲　　　労

IX.　事　例　研　究

A.　水力発電機の破損[62]

　運用後 10 年経過したペルトン水車 (Pelton-wheel) 水力発電所におけるエポキ
シ樹脂皮膜を施した低炭素鋼製冷却翼が破損し，離脱した翼は固定子巻線を切断
し，ショートし，火災を引き起こした．6 か月前に生じた他の翼の破損は，製造
中にできたピットによる疲労き裂の発生に起因していた．この破損を受けて全翼
のコーティングが除去され，調査された．いくつかの小さなき裂が発見され，影
響を受けていた翼は取り替えられた．取り替え用の翼が不足していたので，最上
部と最下部の翼数が 24 枚から 12 枚に減らされていた．火災のあと 1 か月間に進
展していたき裂が他の発電機の 2 枚の翼に見いだされた．これらの翼は火災の引
き金となった破損翼と同様，他の設備に供給するため翼が取り外されてできた隙
間の近くにあり，また，破面調査により，き裂は高サイクル疲労き裂であり，翼
の振動が重要な問題であることも明らかになった．

　FEM 解析と実験的な節点解析がなされ，き裂発生翼の第 1 固有振動数は 70 Hz
であることがわかった．観察されたストライエーション幅にもとづいて繰返し応
力範囲が見積もられ，間違いなく共振の状態が存在したことが判明した．しかし
ながら，この状態は翼が 70 Hz で 1 か月継続するのを中断していたにすぎない．
き裂問題は数枚の翼の欠落によりもたらされた空気誘起振動が原因であり，周期
的な渦の吹き出しを伴っていたことが結論づけられた．この問題は，もとの翼より
重い新翼一式を取り付けることによって解決され，より高い固有振動数が得られ
た．取り付け前に疲労き裂を引き起こす表面欠陥がないことを確証するため，翼
は注意深く検査された．

B.　B747 のヒューズピンの疲労[63]

　1992 年，B747–200 輸送機がアムステルダム空港を離陸 6 分後，高度 2,000 m
(6,500 ft) で突然，右内側のエンジンとパイロン (エンジンをつるす構造体) が翼
から切り離された．このエンジンが切り離されたとき，フルパワーでジャイロス
コープのモーメントのためにこのエンジンが右外側のエンジンの軌道に動いてそ
れに激突したため，外側のエンジンも翼から切り離された (これら 2 つのエンジ
ンは湖に落下し，何か月も回収されなかった)．飛行機は不安定になって，集合ア

IX. 事例研究　307

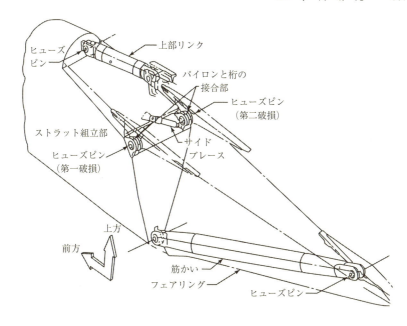

図 10-33　パイロンと翼の取り付け[63]

パート住宅地に突っ込み,破壊した.飛行機の乗員4人,集合アパート住宅地の住人約50人が亡くなった.この747型機は,就航後22年,45,746時間,10,107回という飛行を積み重ねていた.事故部品は分を含む重要部品の最後の超音波検査から,257回の飛行を重ねていた.

各エンジンは荷重 38.3 kN (8,600 lb), フルパワー時の推力 222 kN (50,000 lb),これらの荷重に加えて,離陸と上昇の間のエンジンのピッチングによって生じる 89 kN (20,000 lb) の荷重にエンジンを支えるパイロンが耐えなければならない.図 10-33[63] は翼とエンジンを連結しているパイロンのスケッチである.4340 低合金鋼製ヒューズピンによる設計は,ヒューズピンをせん断によりエンジンを地面に落下させることを意図しており,エンジンが翼から切り離されることにより,燃料タンクの破裂による火災を最小限にくい止めることができる.ヒューズピンは図 10-34[64] に描かれている.各ヒューズピンは,パイロンの2個の突起物から翼に付着している金具に荷重を伝達する.調査によって,右内側エンジン中央のスパーヒューズピンが事故を誘発しかねない状態であることがわかった.不運にも中央スパーヒューズピンは回収されなかった.しかしながら,パイロン接合

308   10 疲　　労

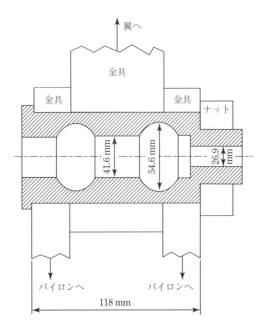

図 10-34　取付具が見えるようにしたヒューズピン (接合ピン) のスケッチ[64]

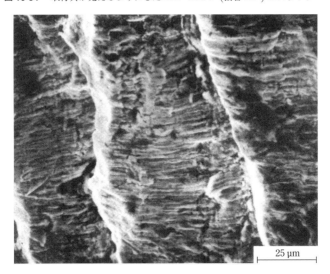

図 10-35　破損した外側ヒューズピン上に発見された疲労ストライエーション (Oldersma と Wanhill[65] より引用)

部の外側の金具が曲げと引張荷重の組合せにより破壊していたことから，機内側の中央スパーヒューズピンが最初に疲労により破損し，しかも，その結果，機外側の中央スパーヒューズピンにかかる荷重が極端に増加したことが明らかになった．機外側ヒューズピンの半分は回収され，まだ金具に付着した状態であった．機内側ではせん断で破壊し，機外側では疲労によって破壊した．主たる疲労き裂は，機械加工の溝が存在する，断面減少部にあるヒューズピンの内側表面の多くに発生しており，放射状に成長していた．疲労破面調査により，約 1–3 μm 間隔のストライエーションの存在が明らかになった．これらのストライエーションの一例が図 10-35[65]に示されている．約 1,900 の明瞭なストライエーションが存在しており，2.2 mm(0.088 in) の深さのところでは，間隔は 1.0μm であった．ストライエーション間隔は，疲労き裂進展速度が 1–3×10^{-3}mm/cycle で，4340 鋼において 50–70 MPa$\sqrt{\mathrm{m}}$ の ΔK に相当する[59]．

明瞭なストライエーションが繰返し数ごとに現れたのか，飛行回数ごとに現れたのか，という疑問が持ち上がった．もし後者であれば，疲労き裂は事故前の 257 回の飛行の最後の検査時に，超音波検査によって検出されるはずである．一方，前者であれば，内側のヒューズピンが破損後，内側のエンジンが切り離される前にエンジンの振動によって疲労き裂が形成されているはずである．ストライエーションの詳細な調査によって，ストライエーションとストライエーションの間に小さなストライエーション状模様が存在することがわかった．飛行回数ごとに現れたという解釈では，これらの小さなストライエーション状模様は，突風および移動中の荷重による飛行中の荷重を表している．しかしながら，これらの小さな模様の解釈は正しくなかった．一定荷重振幅における予備テストで，1 サイクルごとに 1–3 μm の割合の成長速度で，ストライエーション状模様がストライエーションの間に発生したからである．オランダ航空安全委員会 (The Netherlands Aviation Safety Board)[63]には，外側の中央スパーヒューズピンの疲労き裂が最後の超音波検査で検出可能であったかどうかの確固たる結論は書かれてない．

応力拡大係数は，実際に適用されている応力の範囲を見積もることによって計算される．き裂の長さと深さの比が大きいため，単純曲げにおける片側切欠形状が仮定でき，2.2 mm (0.88 in) 深さ，計 7 mm (0.28 in) の厚さにおいて，ΔK は $0.03\Delta\sigma$ に等しい[51]．ヒューズピンあたり 60,000 ポンドの公称荷重がかかるので，最大応力 400 MPa が計算できる[25]．2.2 mm のき裂深さでは，計算された ΔK の評価値は 12.0 MPa$\sqrt{\mathrm{m}}$ となる．これは，内側ヒューズピンの破損前に存在する飛行ごとに鋼材に観測可能なストライエーションを形成するにはあまりにも

310   10 疲   労

低い値である．したがって，応力拡大係数値はもっと大きいに違いない．それは，高い荷重振幅により高くなりうるし，き裂の先端の変形が線形弾性ではなく弾塑性であるなら，そうなりうる．弾塑性の挙動を説明するために，Irwin[52]は実際のき裂の大きさの増加を，塑性域寸法 (PZS) の 1/2 であると提案した．Dugdale[55]によって与えられた平面応力下における塑性域寸法 $r_{pzs-P\sigma}$ は，

$$r_{\mathrm{pzs-P}\varepsilon} = a \left[\sec \left(\frac{\pi}{2} \frac{\sigma}{\sigma_{\mathrm{Y}}} \right) - 1 \right] \tag{10-41}$$

となる．

平面ひずみにおける塑性域寸法は Irwin の塑性拘束率を用いて

$$r_{\mathrm{pzs-P}\varepsilon} = \frac{a}{3} \left[\sec \left(\frac{\pi}{2} \frac{\sigma}{\sigma_{\mathrm{Y}}} \right) - 1 \right] \tag{10-42}$$

となる．

ブリネル硬さ 240 にもとづき，4340 鋼製ヒューズピンの引張強さは 860 MPa (125 ksi)，降伏応力は 745 MPa と見積もられる[66]．もしも，塑性域寸法の 1/2 がき裂長さに加わったら，き裂深さ 2.2 mm (0.088 in) における平面ひずみ状態の ΔK の弾塑性値は，$\Delta K_{\mathrm{E-P}}$ で表現され，

$$\Delta K_{\mathrm{EP-P}\varepsilon} = 1.11 \Delta\sigma \sqrt{\frac{\pi}{6} a \left[\sec \left(\frac{\pi}{2} \frac{\sigma}{\sigma_{\mathrm{Y}}} \right) + 5 \right]} \tag{10-43}$$

となり，$12.2\,\mathrm{MPa}\sqrt{\mathrm{m}}$ に等しくなる．

弾塑性値は，線形破壊力学値 ΔK において小さな増加となるが，少なくとも $30\,\mathrm{MPa}\sqrt{\mathrm{m}}$ ($27\,\mathrm{ksi}\sqrt{\mathrm{in}}$) の ΔK が必要とされる明瞭なストライエーションを形成するには十分ではない．したがって，飛行ごとを基準にしても，観察されたストライエーションは内側のヒューズピンの破損前に公称応力振幅でつくられることはできない．深さ 2.2 mm (0.008 in) においてストライエーション間隔 1 μm で，ΔK が $50\,\mathrm{MPa}\sqrt{\mathrm{m}}$ ($45\,\mathrm{ksi}\sqrt{\mathrm{in}}$) であるなら，必要な $\Delta\sigma$ は式 (10-25) に従い，平面ひずみ状態で 728 MPa(106 ksi) になる．この値は内側のヒューズピンの疲労破壊の前に存在す公称応力 400 MPa (58 ksi) よりはるかに高い．したがって，この計算は外側のヒューズピンの疲労破壊の成長が，内側のヒューズピンの破損後，発生した高い応力振幅下による，繰返しをもとに生じたことを示している．

この事故の結果，パイロンと翼の結合においていくつかの変更がなされた．初期タイプのヒューズピンは，薄肉部のないステンレス製ヒューズピンに取り換えられた．さらに，パイロンの結合と締結が強化された．

C. 航空機ガスタービン

航空機における現代のガスタービンエンジンは，エンジンパーツがかなり減少されている．その結果，エンジンごとに受ける 44.5 kN (10,000 lb) から 444.8 kN (100,000 lb) までの様々な推力のもとで，操作とメンテナンスのコストを下げ，高い信頼性を得ている．100 席のエアバス A318 において推力の範囲は 71.2–106.8 kN (16,000–24,000 lb) であり，一方でボーイング 777 の推進力の範囲は広く，444.8 kN を越える．A318 に搭載されている PW6000 エンジンは，翼に取り付けられてからの時間 (900 枚の高温タービンブレードが取り替えられる点検から 15,000 時間，6–8 年) が書き込まれる．タービンディスクのようなパーツの寿命は 25,000 サイクルであり，つまりこれらのパーツが次のオーバーホールまで持ちこたえなければならない[68]．

PW6000 エンジンは証明された材料，つまり機械システムと進んだ空気力学において単純化された材料に頼っている．直径 1.44 m (56.5 in) の 1 段階目のファンはシュラウドのない (中央スパンの支えのない) もの，チタンのファンケースの付いた硬いチタンのファンブレードを使っている．低圧圧縮機内の翼は鳥がぶつかるのを防ぐためにチタンで工作されている．そして，ユニットの単体ドラムローターもチタンを鍛造している．全体的に，破損したブレードを取り外しやすくするために，刀身のついたディスクは用いられない．高圧圧縮機の最初の 2 段階はチタンでできている．一方，残りの段階のブレードはニッケルの合金でつくられている．それぞれのディスクもニッケル合金でできていて，タービンの排気ケースの部品は Howmet の C263 合金でできている．異物を飲み込んで浸食することを避けるため，ファンと低圧圧縮機の間に異物のスペースを確保している．そのため，砂やほこり，タイヤのかけらのような異物はエンジンの流れの軌道やファンダクトから遠心分離される．この遠心分離の作用は，エンジンから雨や霰を流し出せるようにして，フレームアウト (エンジンの突然の停止) を防ぐ．低圧圧縮機への 4 段階目においては，高圧圧縮機において 17°C (30°F) まで温度を低下させるスーパーチャージができるようになっている．これは，部品の寿命を長くすることにとって非常に重要である．

今日の航空機用タービンは著しく耐久性がある．たとえば 50 年前，航空機用ピストンエンジンメーカーは市場での部品はもともとのコストの 20–30 倍を期待して売られていた．ジェットエンジンの出現によって，この市場において 3–5 倍に下げられた．この著しい改良にも関わらず，疲労はまだ問題点として残ってい

る．ガスタービンエンジンにおいて，低サイクル疲労破壊はふつう，0 ストレスとオペレーティングストレス間の広い範囲での往復によって起こる．たとえばローターディスクは，静止から作動スピードまでの加速し，また静止まで減速する間が一回の LCF サイクルである．1970 年代中頃のメーカーと USAF(米国空軍) は，LCF による予期せぬ破壊の危険性を減らす目的で広い設計基準にもとづいた破壊機械工学の開発に着手した．これらの基準は結局，"Engine Structural Integrity Program" を具体化したものである．LCF の評価は LCF の安全寿命の決定，つまりき裂の発生，検査の限界である見かけのき裂から残りの寿命を決定し，評価することにもとづいた破壊力学からなっている．どちらの評価もおおよその安全な検査の間隔，必要なら最終的に要素の疲れ寿命を決定するためにつくられ，使用されている．

一方，HCF (高サイクル疲労破壊) では一般的に 2 つかそれ以上の応力間の非常に多く小さな往復のサイクルによって起こる．これらの応力の往復は次のような運転の結果起こる．

(a) **空力的な励起**：主としてタービン翼に影響を及ぼす圧力の乱れによるエンジン内の流れの軌跡によって引き起こされる．

(b) **機械的振動**：表面の要素，配管系，静的な構造に影響を及ぼすロータの不つり合いと羽根の先端や気体の通るシールなどに影響を及ぼす摩擦によって引き起こされる．

(c) **翼の自励振動**：羽根に影響を及ぼす空力的な不安定によって引き起こされる．

(d) **音響疲労**：主にコンバスター，ノズル，オーギュメンター内のシートメタルに影響する．

HCF は航空機タービンエンジンのメンテナンス問題の原因のうち 24% で，航空機において最も重要な問題であるとされている．その影響を受けたもののうち，約半分がタービンの羽根であり，これらは 10^{10} 回の HCF サイクルを積み重ねている．設計上の問題や設定基準，また予想を立てることは HCF の適用に絶え間ない発展，改良を与えている．しかしながら，エンジンの性能の劇的な増加，同時に作用する重さの減少が，温度，応力，個々の段階の加重を引き上げ，HCF 問題は持続する．そして損傷の割合が安定しても，HCF 問題の割合は実際に増加している．

HCF に対する設計は経験と安全因子にもとづく傾向にある．グッドマン線図 (Goodman diagram) は基本的な設計手段である．損傷は平均応力と応力振幅の組合せによって起こると考えられる．これはその線図のラインに沿い，疲労限度と

一致している．損傷までのサイクル数が増加すると，許容応力振幅はそれに対応して減少する．現在使用されているグッドマン線図による考え方は，多くの経験から得られたものであり，損傷や HCF と他の損傷モデル (フレッティング，LCF など) との相互作用に対して十分適用できるわけではない．最終的に HCF 問題は，材料の抵抗する能力よりも高い繰返し荷重から起こる．このことは，図 1-2 の信憑性のある曲線によって示される．これらの 2 つの曲線の交点は材料強度よりかかる力が高いところ，すなわち損傷が起こるところの例である．HCF のプログラムはこれらの曲線のそれぞれから真の値を変化させて標準偏差を減らすことにより，移動させることを意図されている．

パルムグレン–マイナー則は，要素が HCF と LCF の両方が起こっていると考えられる，変化する振幅加重の状況下での損傷までの繰返し数を見積もることに使われる．経験からこの合計はしばしば荷重の反復に依存することがいえる．そして合計の値は単体の場合の値よりも大きくなったり小さくなったりする．しかしながらタービン羽根における HCF 相互応力はしばしば予測が難しく測定しにくい．そしてそのため，これらの要素の経験によって得られた実際の振動荷重レベルにおける重要かつ不確かな問題が存在する．なぜなら，航空機産業においてエッジや孔，ショットピーニングやコーティングのような付着物の影響を評価するために，疲労傾向にある要素の広範囲におけるテストが行われているからだ．

FOD はファンや圧縮機の羽根において一般的に最も影響を受けやすい比較的鋭い翼の主要なエッジにおいてよく起こる．損傷を受けた領域のサイズは，微視的なものから大きな割れ，くぼみ，溝といったサイズに変わる．FOD の影響を評価するために，損傷は研究所のテストプログラムにおける V ノッチによって模擬試験されている．そして翼は FOD の影響を受けやすい領域の低い HCF 許容量を想定して設計される．羽根とディスクの表面もまた，フレッティングや表面損傷のゴーリングの影響を受けやすい．フレッティングとゴーリングはどちらも他の部分と接触した表面の相対的な動きの結果起こる．そしてどちらも，表面上の破片，被覆，低下した疲労強度によって特徴付けられている．

USAF 委員会は，ほとんどのチタンの損傷が HCF が原因であるという結論を出し，破壊開始機構のアプローチを発展させ，グッドマン線図のアプローチを断言できるようにすることを推奨した．改良された HCF 設計システムは次のようである．

(a) 現在の Goodman アプローチを改良して，き裂発生機構を基本的な HCF 許容量で評価する．予測のアプローチの改良と経験論のレベルを少なくすること

が意図である．議論されるべき次のような因子が含まれている．すなわち，内在欠陥の影響，局所的な応力ひずみ，サイクルの大きさ，最大応力，応力範囲，非弾性的な応力ひずみ，引張りやせん断損傷，HCF/LCF の相互作用，多軸応力，加工の影響，非等方性材料，そして材料特性の変化などである．

(b) 破壊力学が ΔK_{th} で表される許容量の挙動，小さなクラックの影響，クラックの閉鎖などの系にもとづいている．

その他の目的は，(a) ガスタービンの要素における動的な応力や圧力の分布と変動の解明，(b) 系における安全な作動を保証する"リアルタイムの"許容量の測定を達成することである．

D. コイルばね[69]

密に巻かれたコイルばね，特に線径より 4 倍以下の直径を有するコイルバネは，普通のらせんばねの公式を用いて決定された安全な荷重より十分低い荷重下で使用されるときしばしば損傷する．そのために，曲り効果を考慮に入れたより良い応力解析が必要である．

図 10-36 に示すように，軸荷重が作用した中間コイル直径 $2r$ を有する非常に密に巻いたらせんばねを考える．2 つの近接する半径平面で切断された要素 $aa'b'b$ にかかる力は半径平面に作用するねじりモーメント Pr およびばね軸方向に作用する直接せん断荷重 P に変わる．ねじりモーメント Pr は微小角 $d\alpha$ の関係からなる 2 つの断面 aa' および bb' の断面の回転の原因となる．しかしながら，ファイバー $a'b'$ の長さがファイバー ab より短い場合，せん断ひずみおよびせん断応力は与えられた角度での 2 断面の回転が ab よりも $a'b'$ で大きいのは明らかである．

a における応力は軸荷重 P による直接せん断応力によってさらに増大する．こ

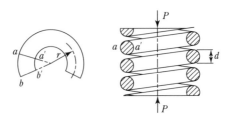

図 **10-36**　密着コイルばね (Wahl[69] より引用)

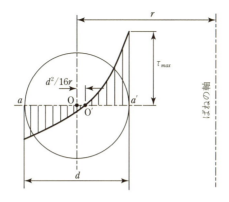

図 10-37 点 O まわりの回転を仮定したときの横径 a–a' に沿ったコイルばね内の応力分布 (Wahl[69] より引用)

の応力は荷重 P がかかった円周断面を有する片持ちばねの中立軸のせん断応力に相当する.

針金の横方向直径に沿ったねじりモーメント Pr によるせん断応力分布は図 10-37 の陰部の面積として示され, a' の応力は a よりも大きい. a' の応力には外部荷重 P から生じる直接せん断応力を加えられなければならない.

以上の考慮から, 軸方向荷重がかかるらせん形ばねのケースで a' のせん断応力, $\tau_{\max}$ を決定するもっと正確な公式は Wahl[69] によって導出された.

$$\tau_{\max} = \frac{16Pr}{\pi d^3}\left(\frac{4c-1}{4c-4}+\frac{0.615}{c}\right) \tag{10-44}$$

ここで P はばねの軸方向荷重, d は針金の直径, r はコイルの平均半径, $\tau_{\max}$ は最大せん断応力 (psi), および

$$c = \frac{2r}{d} = \frac{平均コイル直径}{針金直径} \tag{10-45}$$

$\tau_{\max}$ に対しする表現はらせんばねの応力についての通常の応力公式に比率 c に依存するファクター k をかけたものである. 応力増倍率として考えられる k の値が各種 c 値に対して以下の表に与えられてる.

c	3	4	5	6	8	10
k	1.58	1.40	1.31	1.25	1.18	1.15

> **例題 10.1** 線径 25 mm, $r = 100$ mm の針金に掛かった 5 kN の軸荷重が作用したコイルばねに生じる最大せん断応力を決定せよ.
>
> $$c = \frac{2 \times 100}{25} = 8, \qquad k = 1.18$$
>
> $$\tau_{\max} = \frac{16 \times (5 \times 10^3) \times (100 \times 10^{-3})}{\pi \times (25 \times 10^{-3})} \times 1.18 = 193 \, \text{MPa}$$
>
> この応力は, 通常の疲労き裂発生位置であるばねの内側に発生する.

X. 熱-機械疲労

熱-機械荷重サイクルは, 8 章で述べた. 他のタイプの荷重と同様に, そのようなサイクルが繰り返し適用されると疲労する. 離陸と着陸間のジェットエンジンの高温部にあるディスクに, 熱疲労サイクルがかかることが昔から心配されていた. 設計, テストおよび使用中検査の組合せにより, 現代のディスクは信頼できるものになり, 疲労寿命に達する前に, 過去数年よりも非常に多くの飛行サイクルを実現できるようになった.

XI. キャビテーション

キャビテーションは液体内におけるバブル (あわ) の形成と衝突を含んだ液体エロージョンである. キャビテーション損傷は船のプロペラ, 水中翼船, 水力ポンプ, 構造部およびまれにスライドベアリングにおいて観察されている. 鋼製ポンプ部品要素におけるキャビテーション損傷例を図 10-38a と図 10-38b に示す. 液体中の局部的圧力が十分減少するとガスに満たされたバブルが発生し, 成長する. もし, これらのバブルが引き続き高い圧力の領域を通過すると数ミリセコンドで破裂し, 速度 100-500 m/s に到達する液体のミクロジェットを形成する.

非常に小さなこれらのジェットが表面にたたきつけられ, ヘルツ接触が生じ, 疲労き裂を発生させるのに十分高い表面直下せん断応力を生み出す. これらの疲労き裂は表面に進展し, 小粒子を壊し, 観察できるキャビテーション損傷をつくりだす. キャビテーションエロージョンに対する金属の抵抗は硬さ, 破壊に対するひずみエネルギーおよび腐食疲労強度などの因子の影響を受ける. ショットピー

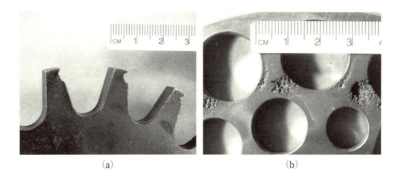

図 10-38　(a), (b) ポンプ部材のキャビテーション損傷の例

ニングのような表面処理はき裂発生期間に生じる過程と重なるのでそれほど効果がない．

XII. 複　合　材　料

　適切につくられた複合材料は疲労に対する抵抗が高く，たとえば 10^7 回における疲労強度は，その複合材料の引張強さの 90% 程度である．しかしながら，繊維の機械的損傷と同様に，ポリマー基地複合材料の環境劣化は疲労抵抗を劣化させる．疲労き裂進展過程は図 10-39 に示すように，ブリッジング(bridging) として知られる現象によって減少できる．き裂の先端の跡の未破断繊維はき裂開口変位

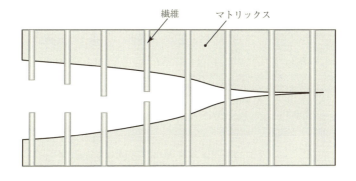

図 10-39　き裂先端の後方における未切断繊維による複合材料中のき裂のブリッジング(架橋)

318   10 疲　　労

(CTOD) のレベルを減少させ，き裂進展速度を減速する．

　複合材料は粒子や**ウィスカー**として知られるショットファイバーで強化でき，SiC粒子や繊維で強化した自動車エンジン用アルミニウム合金が目下興味の的である．Glare として知られる別の複合材料はアルミニウムとグラスファイバーを交互に結合させて製造される．主要な構造ではより良い疲労抵抗を有し，疲労重視の面積においては通常のアルミニウムに比較して 20–25% 高い荷重を負荷できる．この複合材料は 555 人乗りのエアバス A380 の機体要素に適用されるであろう[71].

XIII.　ま　　と　　め　　　.

　本章では広範囲な疲労分野の問題を提供した．主たる話題は設計問題，疲労き裂の発生および進展に影響する因子である．事例研究の1つでは破損解析における破壊力学の適用について説明した．もう1つの事例研究ではガスタービンエンジンの設計に係わる問題を取り扱った．

参　考　文　献

[1] C. M. Brown, Cambridge University, private communication.

[2] H. Neuber, Theory of Stress Concentration for Shear-strained Prismatical Bodies with Arbitary Stress-Strain Law, *Trans. ASME, J. Appl. Mech.*, vol. 28, 1961, pp. 544–550.

[3] A. J. McEvily and K. Minakawa, On Crack Closure and Notch Size Effect in Fatigue, *Eng. Fract. Mech.*, vol. 28, 1988, pp. 519-522.

[4] H. Neuber, *Theory of Notch Stress*, Edwards, London, 1946.

[5] Design Handbook for the Fatigue Strength of Metals, Japan Society of Mechanical Engineering (JSME), vol. 1, Tokyo, Japan, 1982, p. 125.

[6] S. Nishida, *Failure Analysis in Engineering Applications*, Butterworth-Heinemann, Oxford, 1986.

[7] *Aviation Week and Space Technology*, Sept. 13, 1999.

[8] P. Albrecht and W. Wright, "Bridge Design," in *Fracture Mechanics: Applications and Challenges*, ed. by M. Fuentes, M. Elices, A. Marin-Meizoso, J. M. Martinez Esnaolo, ESIS Pub. 26, Elsevier, Oxford, 2000, pp. 211–234.

[9] W. A. Wood, Formation of Fatigue Cracks, *Phil. Mag.*, vol. 3, no. 31, 1958, pp. 692–699.

[10] R. C. Boettner and A. J. McEvily, *Acta Met.*, vol. 13, 1965, pp. 937–945.

[11] K. Differt, U. Essmann, and H. Mughrabi, *Phil. Mag. A*, 1986, vol. 54, pp. 237–258.

[12] ASTM E 647, Standard Test Method for Measurement of Fatigue Crack Growth Rates, *American Society for Testing and Materials*, Philadelphia, 1991.

[13] ASTM STP 982, Mechanics of Fatigue Crack Closure, ed. by J. C. Newman and W. Elber, *American Society for Testing and Materials*, Conshohocken, PA, 1988.

参 考 文 献　319

[14] ASTM STP 1343, Advances in Fatigue Crack Closure Measurement and Analysis, ed. by R. C. McClung and J. C. Newman, Ir., *American Society for Testing and Materials*, Conshokocken, PA, 1999.

[15] W. Elber, Fatigue Crack Closure under Cyclic Tension, *Eng. Fract. Mech.*, vol. 2, 1970, pp. 37–45.

[16] B. Budiansky and J. W. Hutchinson, Analysis of Closure in Fatigue Crack Growth, *J. Appl. Mech.*, vol. 45, 1978, pp. 267–276.

[17] S. Ishihara, Y. Sugai, and A. J. McEvily, On the Distinction between Plasticity- and Roughness-Induced Fatigue Crack Closure, *Met. Trans.*, vol. 43A, no. 9, 2012, pp. 3086–3096.

[18] K. Minakawa, G. Levan, and A. J. McEvily, The Influence of Load Ratio on Fatigue Crack Growth in 7090-T6 and IN9021-T4P/M Aluminum Alloys, *Met. Trans.*, vol. 17A, 1986, pp. 1787–1795.

[19] R. J. Donahue, H. Mcl. Clark, P. Atanmo, R. Kumble, and A. J. McEvily, Crack Oening Displacement and the Rate of Fatigue Crack Growth, *Int. J. Fract. Mech.*, vol. 8, no. 2, 1972, pp. 209–219.

[20] A. J. McEvily, On the Cyclic Crack-Tip Opening Displacement, *Fat. Fract. Eng. Mat. Struct.*, vol. 32, 2009, pp. 284–285.

[21] A. J. McEvily and Z. Yang, The Nature of the Two Opening Levels Following an Overload in Fatigue Crack Growth, *Met. Trans.*, vol. 21A, 1990, pp. 2717–2727.

[22] H. Bao and A. J. McEvily, On Plane-Stress-Plane-Strain Interactions in Fatigue Crack Growth, *Int. J. Fatigue*, vol. 20, 1998, pp. 441–448.

[23] A. J. McEvily and Z. Yang, "On Transients in Fatigue Crack Growth," in *Effects of Load and Thermal Histories*, by P. Liaw and T. Nicholas, Metal Society, AIME Warrendale, PA, 1987, pp. 2-12.

[24] B. Gamache and A. J. McEvily, On the Development of Fatigue Crack Closure, in *Fatigue '93*, vol. 1, ed. by J.-P. Bailon and J. I. Dickson, , EMA, Warley, UK, 1993.

[25] A. J. McEvily, M. Endo, and Y. Murakami, On the Relationship and the Short Fatigue Crack Growth Threshold, *Fatigue Fract. Eng. Mat. Struct.*, vol. 26, 2003, pp. 269–278.

[26] S. Ishihara and A. J. McEvily, On the Early Initiation of Fatigue Cracks in the High Cycle Regime, *Proceeding of the 12th International Conference on Fracure*, CD-ROM, Ottawa, Canada, July 12–17, 2009.

[27] C. A. Zapffe and C. O. Worden, Fractographic Registrations of Fatigue, *Trans. ASM*, 1951, vol. 43, pp. 958–969.

[28] P. J. E. Forsyth and D. Ryder, Some Results of the Examinations of Aluminum Alloy Specimen Fracture, *Metallurgia*, vol. 63, 1961, pp. 117–124.

[29] C. Laird and G. C. Smith, Crack Propagation in High Stress Fatigue, *Phil. Mag.*, vol. 8, 1962, pp. 847–857.

[30] J. C. McMillan and R. M. Pelloux, Fatigue Crack Propagation Under Program and Random Loads, in *ASTM STP 415, Fatigue Crack Propagation, ASTM*, Cinshohoken, PA, 1967, pp. 505–535.

[31] A. J. McEvily and J. Gonzalez, Fatigue Crack Deformation Processes as Influenced by the Environment, *Met. Trans.*, vol. 23A, 1992, pp. 2211–2221.

[32] R. C. Juvinall, *Engineering Considerations of Stress and Strength*, McGraw-Hill, New York, 1967.

[33] J. O. Almen and P. H. Black, *Residual Stresses and Fatigue in Metals*, McGraw-Hill, New York, 1963.

[34] M. Wakita, T. Kuno, T. Hasegawa, K. Saruki, and K. Tanaka, Effects of Shot Peening on Torsional Fatigue Strength of High Strength Spring Steel, *J. Soc. Mat. Sci.*, vol. 57, no. 8, 2008, pp. 800–807.

[35] R. P. Wei and D. G. Harlow, Corrosion and Corrosion Fatigue of Aluminum Alloys-anAging Aircraft Issue, in *Fatigue '99*, vol. 4, ed. by X. R. Wu and Z. G. Wang, EMAS, West Midlands, UK, 1999, pp. 2197–2204.

[36] H. O. Fuchs and R. I. Stephens, *Metal Fatigue in Engineering*, Wiley, Hoboken, NJ, 1980.

[37] T. Sakai, M. Takeda, N. Tanaka, and N. Oguma, Very High Cycle Fatigue, *Proceedings of the 25th Symposium on Fatigue*, Japan Society of Material Science, 2000, Kyoto, pp. 191–194.

[38] Y. Murakami, N. N. Yokohama, amd K. Takai, The Optically Dark Area, *Proceedings of the 25th Symposium on Fatigue*, Japan Society of Material Science, 2000, Kyoto, pp. 223–226.

[39] Y. Murakami, T. Toriyama, Y. Koyasu, and S. Nishida, Effects of Chemical Composition of Non-Metallic Inclusions on Fatigue Strength of High Strength Steels, *J. Iron Steel Inst. Japan*, vol. 79, 1993, pp. 60–66.

[40] J. Schijve, in Predictions of Fatigue Life and Crack Growth as an Engineering Problem. A State of the Art Survey, *Fatigue '96*, vol. 2, ed. by G. Lütjering and H. Nowak, Pergamon, Oxford, 1966, pp. 1149–1164.

[41] J. Schijve, in ASTM STP 415, *Fatigue Crack Propagation*, Conshohocken, PA, 1967, p. 533.

[42] A. J. McEvily and W. Illg, The Rate of Fatigue-Crack Propagation in Two Aluminum Alloys, *NACA TN* 4394, 1958.

[43] P. Kuhn and H. F. Hardrath, Engineering Method for Estimating Notch-Size Effect in Fatigue Tests on Steel, *NACA* 2805, 1952.

[44] C. Q. Bowles and J. Schijve, ASTM STP 811, Crack Tips Geometry for Fatigue Cracks Grown in Air and Vacuum, *Fatigue Mech.*, 1983, pp. 400–425.

[45] G. R. Irwin, *Encycropedia of Physics*, vol. 6, Springer, Heidelberg, 1958.

[46] P. C. Paris, M. P. Gomez, and W. P. Anderson, A Rational Analytic Theory of Fatigue, *Trend Eng.*, vol. 13, 1961, pp. 9–14.

[47] P. C. Paris and F. Erdogan, A Critical Analysis of Crack Propergation Laws, *J. Basic Eng., Trans. ASME*, vol. 85, 1965, pp. 528–534.

[48] G. R. Irwin, *Fracture Mechanics, Proceeding of the First Symposium on Naval Strucrural Mechanics*, Pergamon, New York, 1960, pp. 557–594.

[49] N. E. Frost and D. S. Dugdale, The Propagation of Fatigue Cracks in Sheet Specimens, *J. Mech. Physics Solids*, vol. 6, no. 2, 1958, pp. 92–110.

[50] H. W. Liu, Crack Propergation in Thin Metal Sheets Under Repeated Loading, *J. Basic Eng., Trans. ASME*, Serieis D, vol. 83, no. 1, 1961, pp. 23–31.

[51] B. L. Boyce and R. O. Ritchie, Effect of Load Ratio and Maximum Stress Intensity Factor on the Fatigue Threshold in Ti–6Al–4V, *Eng. Fractue Mechs.*, vol. 68, 2001, pp. 129–147.

[52] G. R. Irwin, A. J. McEvily, B. L. Boyceand R. O. Ritchie, unpublised results.

[53] S. Ishihara, A. J. McEvily, T. Goshima, S. Nishino, and M. Sato, 2008, The Effect of the R value on the Number of Delay Cycles Following an Overload, *Int. J. Fatigue*, vol. 30, 1737–1742.

[54] G. R. Irwin, Naval Research Laboratory, Washington, D.C., 1960.

[55] D. S. Dugdale, Yielding of Steel Sheets Containing Slits, *J. Mech. Physucs Solids*, vol 8, 1960, pp. 557–594.

[56] M. Endo and A. J. McEvily, Prediction of the Behavior of Small Fatigue Cracks, *Mat. Sci. Eng.*, vol. A468–470, 2007, pp. 51-58.

[57] H. Kitagawa and S. Takahashi, Applicability of Fracture Mechanics to Very Small Crack, Proceedings of the 2nd International Conference on Mechanical Behavior of Material, Boston, USA, American Society of Materials, Materials Park, Ohio, 1976, pp. 627–631.

[58] M. H. El Haddad, T. H. Topper, and K. N. Smith, Prediction of Non Propagating Cracks, *Eng. Fract. Mechs.*, vo. 11, 1979, pp. 573–584.

[59] A. J. McEvily, R. Nakamura, N. Oguma, K. Yamashita, H. Matsunaga, and M. Endo, On the Mechanism of Very Hight Cyle Fatigue in Ti–6Al–4V, *Scripta Materialia*, vo. 59, no. 11, 2008, pp. 1207–1209.

[60] M. Fujihara, Y. Kondo, and T. Hattori, Fractography in Near-Threshold Range, *Japan Soc. Mater. Sci.*, vol. 40, no. 453, 1991, pp. 712–717.

[61] K. Furukawa, Examination of Near-Threshold Fractures, *Proceedings of the 25th Symposium on Fatigue*, Japan Society of Material Science, 2000, Kyoto, pp. 71–73.

[62] I. Le May and H. C. Furtado, Power Station Assessmennt and Failure Investigation, *Technol., Law and Ins.*, vol. 4, 1999, pp. 111–119.

[63] Netherland Aviation Safety Board, *Aircraft Accident Report 92-11*, El Al Flight 1862, Amsterdam, October 4, 1992.

[64] E. Zahavi, *Fatigue Design*, CRC Press, New York, 1996.

[65] A. Oldersma and R. J. H. Wanhill, Netherlands National Aerospace Laboratory, *NLR Contract Report 93030C*, Amsterdam, the Netherlands, 1993.

[66] *ASM Metals Handbook*, 9th ed., vol. 1, ASM, Materials Park, OH, 1978, p. 426.

[67] *Aviation Week and Space Technology*, June 7, 1999, p. 43.

[68] B. A. Cowles, Hight Cycle Fatigue in Aircraft Gas Turbines—An Industry Perspective, *Int. J. Fract.*, vol. 80, 1996, pp. 147–163.

[69] A. M. Wahl, *Mechanical Springs*, 2nd., McGraw-hill, New York, 1963.

[70] F. G. Hammitt and F. J. Heymann, in *ASM Metals Handbook*, vo. 10, 8th ed., Failure Analysis and Prevention, ASM, Materials Park, OH, 1975, p. 160.

[71] M. A. Dornheim, *Aviation Week and Space Tchnology*, 2001, pp. 126–128.

より詳細な文献

[1] S. Suresh, *Fatigue of Materials*, 2nd ed., Cambridge University Press, Cambridge, 1998.

[2] *Fatigue and Fracture*, ASM Metals Handbook, vol. 19, Materials Park, OH, 1996.

[3] J. A. Bannatine, J. C. Comer, and J. L. Handrock, *Fundamentals of Metal Fatigue Analysis*, Prentice Hall, Engelwood Cliffs, NJ, 1990.

[4] Y. Murakami, *Metal Fatigue*, Elsevier Ltd., 2002.

[5] J. C. Newman, Jr., E. L. Anagnostou, and D. Rusk, Fatigue Crack Growth Analysis, *Int. J. Fatigue*, 2013, in press.

322   10 疲   労

問   題

10-1 厚肉圧力容器が $K_c = 50\,\text{MN} \cdot \text{m}^{-3/2}\,(50\,\text{MPa}\sqrt{\text{m}})$ の鋼でつくられている. 非破壊検査で部材に最大で $a = 0.2\,\text{mm}$ の半円き裂が含まれていることがわかっている. 繰返し荷重下のき裂成長速度は $da/dN = A(\Delta K)^2$ で与えられる. ここで, $A = 10^{-10}\,\text{MPa}^{-2}$ である. 部材は応力幅 $\Delta\sigma = 200\,\text{MPa}$ $(R = 0)$ の繰返し応力を受ける. $\Delta K = 0.73\Delta\sigma\sqrt{\pi a}$ で ΔK が与えられるとして, 破断繰返し数を決定せよ.

10-2 図 8-3 から, ヒステリシスループの幅で示される熱サイクルの塑性ひずみ幅を算定せよ. その後, コフィン–マンソン則 $N_{\text{f}}^{1/2}\Delta\varepsilon_{\text{p}} = C$ を用い, C を 0.6 として, 破断繰返し数を決定せよ.

10-3 $R = -1$ で試験を行ったある合金に対するバスキン則は $N_{\text{f}}^b(\Delta\sigma/2) = C$ である. $300\,\text{MPa}$ の $\Delta\sigma$ で N_{f} は 10^5 回であり, $200\,\text{MPa}$ の $\Delta\sigma$ では 10^7 回である.

(a) 定数 b と C を決定せよ.

(b) $250\,\text{MPa}$ の応用幅に対する N_{f} を求めよ.

(c) ある試験片が $250\,\text{MPa}$ で 5×10^5 回繰返しを受けたとしたとき, パームグレン–マイナー則にもとづくと, $200\,\text{MPa}$ の応力幅で, この後, 試験片はさらにどれだけの繰返しに持ちこたえることができるか?

10-4 破壊靭性が K_{Ic} の重要部品が $R = 0$ で繰返し荷重を受けている. 部品は破壊までに少なくとも N 回の繰返しに持ちこたえなければならない. 応力幅は $\Delta\sigma$ であり, 疲労き裂進展速度は $da/dN = A(\Delta K)^2$ で与えられる. ここで, $\Delta K = Y(\Delta\sigma)\sqrt{\pi a}$ は疲労き裂あるいは何かの初期欠陥が存在すれば, それに対する応力拡大係数幅である. 線形弾性を仮定して次の問いに答えよ.

(a) 部品が運転を開始する前に, 満足できる運転を保証するために負荷されるべき試験応力の大きさは $\sigma_{\text{proof}} = \sigma e^{(A/2)Y^2\pi\Delta\sigma^2 N}$ で与えられることを示せ. この種の手法は F-111 可変後退翼機の翼の安全を監視する際に用いられる. もしこれが圧力容器とすれば, 耐久試験を実施する際に, 作動圧力は同じ倍数でべき乗することになる.

(b) $A = 2 \times 10^{-9}\,(\text{MPa})^{-2}$, $Y = 1.0$, $\sigma = 140\,\text{MPa}$, $N = 10{,}000$ 回のとき, 必要な試験応力レベルを決定せよ.

10-5 図 10P-1 は鋼の疲労破面外観を示す.
   (a) どのようなマクロ的な特徴があるのか議論せよ (ビーチマーク, ラチェットライン, 平面度など).
   (b) き裂発生箇所を決めよ.
   (c) 鋼材の破壊靱性値が $120\,\mathrm{MPa}\sqrt{\mathrm{m}}$ $(R=0)$ のとき, 最大負荷応力 $\sigma_{\max}$ を求めよ.

(注意:写真は倍率原寸)

図 **10P-1**

10-6 図 10P-2 は繰返し回転曲げで破損したシャフトの断面である. (a)–(d) について議論せよ.
   (a) き裂発生箇所および最終破断箇所はどこか?
   (b) 他に何かマーキングがあるか? これらのマーキングが現れる理由は何か?
   (c) なぜ, き裂発生箇所と最終破壊箇所が対称的に位置しないのか?
   (d) 回転方向が変われば, き裂発生箇所と最終破壊箇所位置は変わるのか?

324　10 疲　労

図 **10P-2**

11

統 計 分 布

I. は じ め に

　この章では，正規分布 (またはガウス分布) と極値分布の 2 種類の統計分布を簡単に取り扱う．正規分布は，たとえば疲労試験の結果で遭遇するばらつきについて論じる際に役立つ．極値分布は母集団の中の初期故障を論じる際や疲労強度に及ぼす介在物の影響を解析する際に有用である．

II. 分 布 関 数

　分布関数には 2 種類ある．1 つは，たとえば 449 本の引張試験片における降伏応力の測定において，828 MPa から 842 MPa の範囲にある結果の割合といった，2 つの境界の範囲内にある測定数を与える相対分布関数である．もう 1 つの分布関数は，たとえば試験された 449 本の試験片のうちで 841 MPa よりも小さい降伏応力を有する試験片の総数を与える累積分布関数である．

　相対分布の中心部の傾向はしばしば重要であり，それは 3 つの量の 1 つをもって決定することができる．

　1. 算術平均 μ：分布の値の合計をその数で割ったもの．
　2. 中央値：値の上下の数が等しくなる数値．
　3. 最頻値：最も高い頻度で起こる値．

　正規分布の場合，中心部の傾向を示す 3 つの量は等しい．ところが，極値分布の場合，これらは一般的に異なる．標準偏差は n 個の母集団の広がりを表すものであり，それは次式で表される．

$$\sigma = \sqrt{\frac{\displaystyle\sum_{i=1}^{i=n}(x_i - \mu)^2}{n-1}} \tag{11-1}$$

ここで，x_i は順序づけした 1 組の i 番目の数値である．分散は σ の 2 乗であり，

－ 325 －

326   11 統 計 分 布

ばらつきの量としても使われる. 変動係数 ν は次のように表される.

$$\nu = \frac{\sigma}{\mu} \tag{11-2}$$

　正規分布は分布の中心部の特徴に焦点を合わせたもので, 対称的な釣鐘型の曲線およびの母集団の平均 μ と標準偏差 σ の 2 つのパラメータによって特徴づけられる. ワイブル極値分布[1]は分布の左側にある初期故障の確率の推定に用いられ, ベアリング産業において広く用いられている. ガンベル極値分布[2]は, 特定の体積内で見つかる最大介在物の寸法のような分布の右側における特徴を予測するのに用いられる.

III. 正 規 分 布

　釣鐘型の正規分布用に Gauss に導出された式は次のように表される.

$$f(x) = \frac{1}{\sigma\sqrt{2\pi}} e^{-(x-\mu)^2/2\sigma^2} \tag{11-3}$$

$f(x)$ は, ある x の値における頻度分布曲線の高さである. この分布の 1 つの例である標準化された正規頻度分布が図 11-1a に与えられている. この分布は, $z = 0$ で対称であり, $-\infty$ から $+\infty$ まで広がっている (1993 年 10 月に発行されたドイツの 10 マルク紙幣には, ガウスの肖像画と上式, そして釣鐘型分布曲線が描かれている). $-\infty$ と指定した値の間にある $(x-\mu)/\sigma$ の値の相対頻度は, 曲線全体の下の面積を 1 として, これらの極限間の曲線の下の面積によって与えられる. 相対頻度は**累積分布関数**ともいい, 式 (11-3) を $-\infty$ から $(x-\mu)/\sigma$ まで積分することによって得られる. 表 11.1 はいくつかの σ の範囲における曲線の下の面積を示している.

表 **11.1**　特定の範囲 σ に対する正規頻度の分布曲線の面積

範　　　囲	曲線の下の面積
$\pm 0.5\sigma$	0.3830
$\pm 1.0\sigma$	0.6826
$\pm 2.0\sigma$	0.9744
$\pm 3.0\sigma$	0.9974
$-\infty$ から $(\mu - \sigma)$	0.1587
$-\infty$ から μ	0.5000
$-\infty$ から $(\mu + \sigma)$	0.8413
$-\infty$ から $(\mu + 2\sigma)$	0.9772
$-\infty$ から $(\mu + 3\sigma)$	0.9987

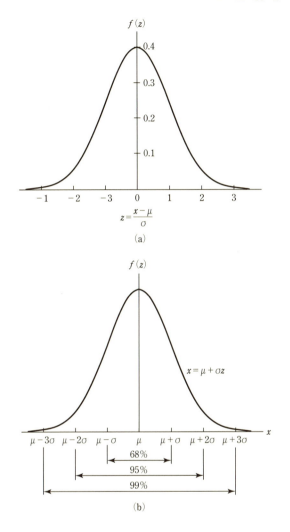

図 11-1　(a) 標準正規頻度分布に使われる釣鐘曲線, (b) 正規分布の平均のまわりの 1σ, 2σ, 3σ の範囲.

平均値の $\pm\sigma$ の間の面積では 0.68 であり，これは，正規分布の場合，値の 68% はこの極限間に落ちるということである．同様に，図 11-1b に示すように，平均値の $\pm 2\sigma$ の間に値の 95% が，平均値の $\pm 3\sigma$ の間に値の 99.7% がある．かつて一般によくいわれていた産業における生産目標は 3σ 目標 (すなわち $\pm 3\sigma$) であっ

表 11.2　ある鋼の降伏強さの頻度一覧表[4]

降伏応力	度数	累積度数	累積頻度 (%)
786.0–799.1	4	4	0.9
799.8–812.9	6	10	2.2
813.6–826.7	8	18	3.8
827.4–840.5	26	44	9.6
841.2–854.3	29	73	16.1
855.0–868.1	44	117	25.9
868.8–881.9	47	164	36.4
882.6–895.7	59	223	49.5
896.4–909.5	67	290	64.5
910.1–923.2	45	335	74.5
923.9–937.0	49	384	85.4
937.7–950.8	29	413	91.9
951.5–964.6	17	430	95.7
965.3–978.4	9	439	97.7
979.1–992.2	6	445	99.0
992.9–1006.0	4	449	99.9

た．これは製品の 99.7% が定義された限度内の特性を有するべきことを意味する．1980 年代以降，6σ (すなわち $\pm 6\sigma$) と知られるさらにより厳格な要求が多く

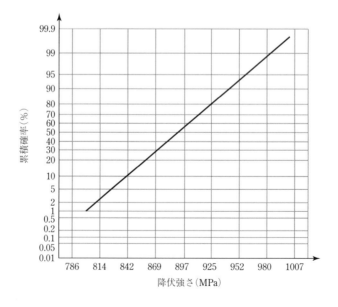

図 11-2　正規確率紙にプロットした降伏強さの累積正規分布図 (Dieter[4] より引用)

の工業会社で規格となってきた．この規格水準に達すると，100 万のうち 3, 4 部品しか指定した許容範囲外にならないことが期待される．

ある分布が正規分布として取り扱えるかどうか決定する際には，累積頻度分布を正規確率紙にプロットする．この種のプロットでは累積頻度 (%) は，たとえば降伏応力のような関心があるパラメータに対してプロットする．もし，その分布が本当に正規分布であるならば，直線がプロットされる．鋼の降伏応力の頻度分布を表 11.2 に示し，一例として用いる．

図 11-2 は正規確率紙にプロットした上記のデータを示している．その分布は，1 本の直線にあわせることができ，正規分布を示していると思われる．平均値と標準偏差も図 11-2 によって決定できる．平均値は，50% の累積頻度に相当する横軸の値である．標準偏差は，84% の累積頻度レベルにおける横軸の値と 16% の累積頻度レベルにおける横軸の値の差の半分に等しい．

IV. 疲労統計—統計分布

図 1-2 に示したように，構造部の信頼性を取り扱う上で考慮すべき重要なことは，負荷されている荷重状態に耐える材料の能力におけるばらつきと比較した実際に遭遇する使用状況下におけるばらつきである．図 11-3 に疲労寿命および疲労強度の分布を概念的に示す．実験室試験片におけるばらつきの度合いの一例を図 11-4[5]に示す．同図は 0 テンション荷重下におけるアルミニウム合金 7075-T6 に対する異なる応力下におけるそれぞれの疲労寿命を表した対数–正規確率図である．公称応力や環境の状況の相違のために大きなばらつきが使用中に見られるかもしれない．この図の直線はデータの対数–正規分布に相当し，勾配が急になるほど寿命における標準偏差が小さくなる．σ_{max} の減少にともないばらつきが大きくなることに注意しなければならない．最大応力振幅に相当する直線の勾配は急で，ばらつきは比較的に小さい．しかしながら，最少 σ_{max} 値 207 MPa (30 ksi) においては直線勾配はさらに緩やかで，寿命は 1 オーダー以上異なる．

図 11-3 に示される疲労強度の統計分布は通常，対数正規分布よりはむしろ正規分布，あるいは極値分布で解析される．

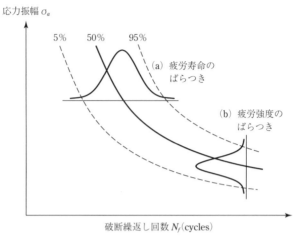

図 11-3 (a) 疲労寿命のばらつき，(b) 疲労強度のばらつき．破損確率が示されている．

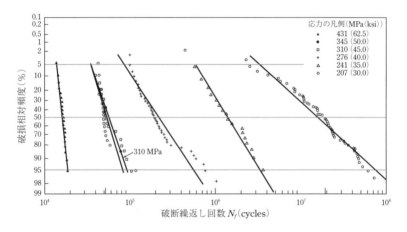

図 11-4 $R \approx 0$ において異なる応力範囲で得られた個々の疲労寿命を示す対数正規確率線図 (Sinclair と Dolan[5] より引用)

V. ワイブル分布[1]

　ワイブル分布関数は最も広く使われている極値分布関数である．特に初期の疲労破損の確立の予測に有用である．ワイブル確率密度関数は次の3個の因子からなる式により与えられる．

$$f(x) = \frac{m}{\delta}\left(\frac{x-x_0}{\delta}\right)^{m-1} e^{-[(x-x_0)/\delta]^m} \qquad (11\text{-}4)$$

ここで，δ は大きさの因子，m はばらつきの尺度である形状因子，そして x_0 は位置の因子である．

累積確率密度関数は次式により与えられる．

$$F(x) = 1 - e^{-[(x-x_0)/\delta]^m} \qquad (11\text{-}5)$$

$F(x)$ の量は n が x かそれ以下である標本数 n に注意して，N 個の標本の集団から見積もられ，次のようになる．

$$F(x) = \frac{n}{N} \qquad (11\text{-}6)$$

しかしながら，N は一般的に小さく，$F(x)$ は次のように定義したほうが良い．

$$f(x) = \frac{n}{N+1} \qquad (11\text{-}7)$$

累積確率は次の公式[6]により配列されたデータの階数 i から見積もることができる．

$$F_i = \frac{i-0.3}{N+0.4} \qquad (11\text{-}8)$$

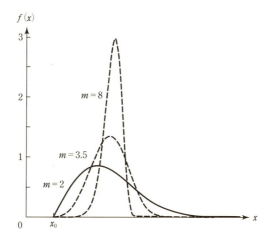

図 **11-5**　傾きパラメータ m に影響されるワイブル相対頻度分布

式 (11-5) はさらに有用な形に書くことができる

$$\ln[-\ln(1 - F)] = -m \ln \delta + n \ln(x - x_0) \tag{11-9}$$

もし分布がワイブル型であれば，$\ln\ln[1/(1 - F)]$ と $\ln(x - x_0)$ のプロットは傾きが m の 1 本の直線になり，ワイブル因子は最小 2 乗法により見積もることができる．δ はそれによってプロット上のその直線の位置が移動するので，尺度パラメータとよばれている．$F = 0.632$ で，$\ln\ln[1/(1 - F)]$ であるから，δ はそのときの横軸の値に等しい．傾き m は頻度分布の非対称性を示す．図 11-5 に示されるように，m の値が 3.5 のとき，近似的に正規な釣鐘型分布に一致する．m の値が 3.5 よりも小さくなるにつれて，データの広がりが大きくなり，"乳児死亡率" が大きな割合となる．3.5 より大きな m の値に対してはデータのばらつきが小さくなり，予測の信頼性が増加するという点において有利である．

　場合によっては，累積分布曲線の低い部分にしか直線を当てはめることができないことがあるが，それでもこれは特別な適用に対して十分であろう．

A. 降伏応力への適用

　降伏応力のワイブル分布では，たとえば，降伏応力が 0 から σ_Y の範囲に収まる確率 (すなわち累積確率分布関数) は $F(\sigma_Y)$ と表記され，次のように与えられる．

$$F(\sigma_Y) = 1 - e^{[(\sigma_Y - \sigma_{Y0})/\sigma_0]^m} \tag{11-10}$$

ここで，σ_{Y0} は母集団のなかで最も低い降伏応力である．

　式 (11-10) は次式のように書き換えられる．

$$\ln\ln\left[\frac{1}{1 - f(\sigma_Y)}\right] = -m \ln \sigma_0 + m \ln(\sigma_Y - \sigma_{Y0}) \tag{11-11}$$

　図 11-6 は表 11.2 の降伏応力のデータを式 (11-7) に従ってさまざまな値に対してプロットしたものである．通常関心のある領域である低い F の値のデータに一致する最適直線は，σ_{Y0} の値が 724 MPa(105 ksi) に等しいときに得られることがわかる．この直線の傾きは 4.69 であり，σ_0 は 182.6 MPa (26.4 ksi) に等しい．**ワイブル確率紙**として知られる特別な座標用紙が市販されていて，データプロットを迅速に行うのに役立つ．

V. ワイブル分布　333

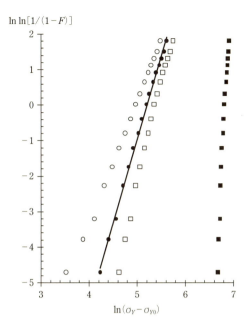

図 11-6　降伏強さのワイブル図. σ_{Y0} は降伏強さの最小の期待値である.

B. 疲労寿命への適用

疲労寿命のワイブル分布において累積確率分布関数は次式で与えられる.

$$F(N_\mathrm{f}) = 1 - e^{-[(N_\mathrm{f}-N_\mathrm{f0})/N_0]^m} \tag{11-12}$$

表 11.3 に 6061-T6 アルミニウム合金の 101 個の試験片についての疲労試験結果を示す. 試験片には $R = -1$, 軸荷重で圧延方向に一定最大応力 144.8 MPa (21 ksi) が負荷された[7]. 疲労寿命は表 11.3 に与えられている. 図 11-7 に N_f0 の値を 181×10^3 回とし, 式 (11-8) に従いプロットした表 11.3 の疲労寿命データを示す. 残りのワイブル因子は最小 2 乗法により見積もり, $m = 3.30$ および $N_0 = 1{,}363 \times 10^3$ 回. 形の因子 m が 3.5 に近いことに注目すべきである. したがってこの一連のデータは正規分布のように解析できる. 正規分布の平均および標準標準偏差はそれぞれ $1{,}401 \times 10^3$ 回および 391×10^3 回である.

334   11 統 計 分 布

表 11.3 最大応力 144.8 MPa (21 ksi), $R = -1$ における 6061-T6Al 合金の 101 本の試験片の疲労寿命[7]. 下記の数値 $\times 10^{-3}$ cycles.

370	1,016	1,235	1,419	1,567	1,820
706	1,018	1,238	1,420	1,578	1,868
716	1,020	1,252	1,420	1,594	1,881
746	1,055	1,258	1,450	1,602	1,890
785	1,085	1,262	1,452	1,604	1,893
797	1,102	1,269	1,475	1,608	1,895
844	1,102	1,270	1,478	1,630	1,910
855	1,108	1,290	1,481	1,642	1,923
858	1,115	1,293	1,485	1,674	1,940
886	1,120	1,300	1,502	1,730	1,945
886	1,134	1,310	1,505	1,750	2,023
930	1,140	1,313	1,513	1,750	2,100
960	1,199	1,315	1,522	1,763	1,130
988	1,200	1,330	1,522	1,768	2,215
990	1,200	1,355	1,530	1,781	2,268
1,000	1,203	1,390	1,540	1,782	2,440
1,010	1,222	1,416	1,560	1,792	

VI. ガンベル分布[3]

極値分布のもう 1 つのタイプは Gumbel によるものである. ワイブル分布は母集団のなかの早期破損の確率を見積もるのに利用されるが, ガンベルの極値分布は特定の規模のハリケーンや洪水のような事象の可能性を予測するのに便利である. 村上と共同研究者たち[8, 9] はガンベル極値分布法を特定の体積の金属中に存在する介在物の最大寸法を予測するのに適用してきており, これは品質管理と疲労強度に関して重要な考えである.

Gumbel によって開発された手順では, 累積分布関数 F_j は次のように定義されている.

$$F_i = \frac{j}{N+1} \tag{11-13}$$

ここで, N は観察物の総数であり, j は N 個の観察物を小さい順に並べたときの j 番目の観察物であることを示している.

基準化変数 y_i は式 (11-13) と次式で関係づけられる.

$$y_i = -\ln\left[-\ln\left(\frac{j}{N+1}\right)\right] = -\ln[-\ln(F_j)] \tag{11-14}$$

これは次式

$$e^{-y_i} = -\ln\left(\frac{j}{N+1}\right) \tag{11-15}$$

VI. ガンベル分布

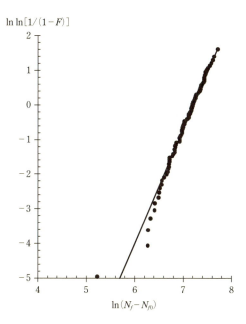

図 11-7 疲労寿命のワイブルプロット

を意味し,

$$e^{-e^{-y_j}} = \frac{j}{N+1} = F_j \tag{11-16}$$

である. すなわち, 累積分布関数 F_j は二重指数関数である.

ガンベル分布のプロットにおいては, ワイブル分布と同様に横座標の大きさは対数というより直線的である.

再帰期間の概念が導入される. ある事象 (たとえば x より大きいか等しい値) が p の確率で起こるならば, その事象が 1 回生じるには平均して $1/p$ 回の試行が必要である. 再帰期間 T_j は次式で定義される.

$$T_j = \frac{1}{p} = \frac{1}{1 - F_j} \tag{11-17}$$

ここで p は x より大きいか等しい値の事象についての累積確率である.

式 (11-13) を式 (11-17) に代入し,

$$T_j = \frac{1}{1 - \left(\dfrac{j}{N+1}\right)} = \frac{N+1}{N+1-j} \tag{11-18}$$

が得られる.

式 (11-14) における基準化変数 y_i は再帰期間の項を用いて次のように書かれる.

$$y_i = -\ln\left[-\ln\left(\frac{T_j - 1}{T_j}\right)\right] \qquad (11\text{-}19)$$

分布の中央値に対する再帰期間 (累積確率 = 0.5 あるいは $F(y) = 0.5$) は 2 であり, 上側 4 分位点 (累積確率 = 0.25 あるいは $F(y) = 0.75$) に対しては, 再帰期間は 4 などのようになる. 時間以外の尺度が使われ, たとえば, N 個の金属組織の断面をしらべて, 特定の寸法の介在物あるいは腐食ピットが発見される累積確率を考えるときには, 長さの尺度が使われる. 単位観察面積を S_0, 検査される全面積を S とすれば再帰期間は

$$T = \frac{S}{S_0} \qquad (11\text{-}20)$$

A. 介在物の最大値

村上と共同研究者たち[8]は与えられた体積を有する金属に存在する介在物の最大値を予測するためにガンベルの極値分布法を適用した ($\sqrt{area}$ 法). この方法は品質管理および疲労強度に関して重要な考察を与えることができる.

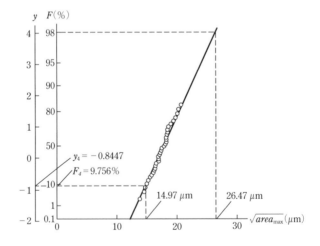

図 **11-8** ガンベルの極値統計に従ってプロットした最大介在物寸法 ($N = 40$) の累積分布 (Murakami ら[8]より引用)

第 1 段階は，断面を研磨した金属試料を用意し，検査基準面積 S_0 内で見つけた最大介在物の面積の平方根 $\sqrt{area_{\max}}$ を検出することである．S_0 の典型的な値は 0.075–$0.482\,\mathrm{mm}^2$ である．このような作業を N 個の異なる断面で行う．N はしばしば 40 とする．測定した $\sqrt{area_{\max,i}}$ の値を小さい順に並べ直し，$i = 1, \cdots N$ の添字をつける．そして，上述した式 (11-13) と (11-14) から累積分布関数 F_i および基準化変数 y_i を計算する．次に，図 11-8 のように，極値確率紙の横軸に $\sqrt{area_{\max,i}}$，縦軸に基準化変数 y_i をとり，計算したデータをプロットする（F_j と y_j は，式 (11-14) を通じて関係があるので，%表示した F_j の値が縦軸に用いられることもある．再帰期間 T_j は F_j の関数であり，式 (11-17) の T_j を座標縦軸に使うこともできる）．

図 11-8 のように，データに対して直線を引くことができれば，その分布はガンベルの極値統計法に一致する二重指数分布と考えることができる．この例では，図 11-8 は寸法が $14.97\,\mu\mathrm{m}$ 以下の最大介在物が検出される累積確率は 9.756%（ここでは，$j = 4$ の値に相当する，$F_4 = 4/(40 + 1) = 0.09756$）であることを示している．

図 11-8 のような直線が得られれば，それをデータの範囲外に延長して，特性体積の金属ですでに発見された介在物より大きな介在物が見つかる確率に関する予測を行うことができる．たとえば，球状黒鉛鋳鉄に含まれる黒鉛寸法の分布を考えてみよう．検査基準面積 S_0 を $1\,\mathrm{mm}^2$ とし，50 個の検査断面において最大黒鉛の寸法 $\sqrt{area_{\max}}$ をそれぞれ測定する．この情報を用いて，図 11-8 のプロットのような累積確率分布のプロットを $\sqrt{area_{\max}}$ の関数として得ることができる．この場合は，$F_{50} = 0.98$ で，基準化変数 $y_{50} = 3.9$，再帰期間は $T_{50} = 51$ である．図 11-8 から F_{50} の累積分布関数をもった 50 個の検査断面において最大の黒鉛粒子は $\sqrt{area_{\max}}$ に対して $26.47\,\mu\mathrm{m}$ であると見積もられる．したがって，平均して 50 個の断面の検査で，$\sqrt{area_{\max}}$ に対して $26.47\,\mu\mathrm{m}$ の最大の黒鉛粒子が見いだされる確率は 98% である．

同様の検査面積 S_0，$0.16\,\mathrm{mm}^2$ に対しては最初の 50 データ点からの直線は $26.47\,\mu\mathrm{m}$ より大きい $\sqrt{area_{\max}}$ を有する大きな欠陥の再帰期間を予測するために外挿することができる．さて，5 本の疲労試験片が曲げ試験されることを考える．各試験片の直径は $10\,\mathrm{mm}$ で，試験部の長さは $18\,\mathrm{mm}$ であり，表面または表面直下の黒鉛だけが疲労き裂の起点に重要となるとする．この場合，S すなわち 5 本の試験片の表面積の合計は $5 \times 10\,\mathrm{mm} \times \pi \times 18\,\mathrm{mm}$，ほぼ $2830\,\mathrm{mm}^2$ になる．$32\,\mu\mathrm{m}$ あるいはそれ以上の大きさを有するの黒鉛粒子の累積分布関数および再帰

期間に興味をもつと仮定する．50 個の検査面積に直線を外挿し $F_i = 0.9939$ および $y_i = 5.1$ を得る．$32\,\mu\mathrm{m}$ あるいはそれ以上の大きさを有するの黒鉛粒子に対する再帰期間は式 (11-9) により計算することができ，164 となる．言い換えると，検査面積が $0.16\,\mathrm{mm}^2$ であれば，$32\,\mu\mathrm{m}$ あるいはそれ以上の大きさを有するの黒鉛粒子を見いだすには平均して 164 のセクション必要となる．検査面積 $0.16\,\mathrm{mm}^2$ を有する 164 セクションの全面積は $26.24\,\mathrm{mm}^2$ である．対象となる 5 サンプルの全面積は $2{,}830\,\mathrm{mm}^2$，すなわち約 $108 \times 26.24\,\mathrm{mm}^2$ である．したがって $32\,\mu\mathrm{m}$ 以上の大きさを有するの黒鉛粒子をこれらの 5 個の試験片の少なくとも 108 倍見いだすことができると結論づけられる．このような情報は，品質管理の目的の他に疲労強度に及ぼす黒鉛寸法の影響を評価するのに有用である．

B. 疲労強度に及ぼす介在物の影響

極値分布は疲労において考慮すべき重要なことである．Murakami ら[9]は工具鋼 SKH51 の介在寸法の分布の解析に極値統計を利用した．図 11-9 に 34 個の試験片の破壊起点に見いだされた介在物寸法の分布の極値分布を示す．この鋼

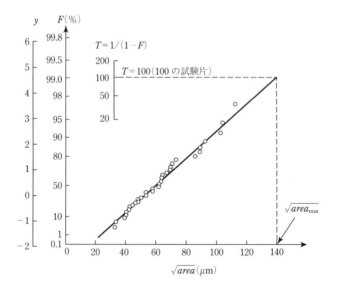

図 **11-9** SKH51 工具鋼の疲労破壊起点の中心にあった最大介在物寸法の極値統計分布 (Murakami[9]より引用)

の介在物寸法の分布を極値統計を用いてプロットしたものである．Murakami は回転曲げ疲労試験の結果，疲労強度の下限値 σ_{wl} は表面，または表面近傍における介在物の最大寸法と関係があることを示した．試験片数の増加にともない，より大きな欠陥に遭遇する確率が増加し，その結果 σ_{wl} は回転曲げ試験片数 N の関数として次のように表すことができる．

$$\sigma_{wl} = \frac{1.41(\mathrm{HV} + 120)}{(\sqrt{area}_{\max(N)})^{1/6}} \tag{11-21}$$

ここで σ_{wl} は MPa，$\mathrm{H_V}$ は kgf/mm² で表されるビッカース硬さ，$\sqrt{(area)_{\max(N)}}$ は μm である．N が 10 および 100 の場合の疲労強度それぞれ次式のようになる．

$$\sigma_{wl(10)} = \frac{1.41(\mathrm{HV} + 120)}{(98)^{1/6}} = 0.66(\mathrm{HV} + 120) \quad \mathrm{MPa} \tag{11-22}$$

および

$$\sigma_{wl(100)} = \frac{1.41(\mathrm{HV} + 120)}{(138)^{1/6}} = 0.62(\mathrm{HV} + 120) \quad \mathrm{MPa} \tag{11-23}$$

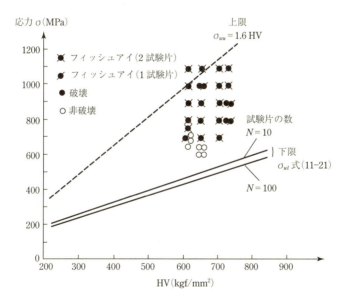

図 **11-10** 硬さレベル HV を関数とした SKH51 工具鋼の疲労強度下限値の予測値と実験値の比較 (Murakami[9] より引用)

これらの式は図 11-10 にプロットされ，実験結果と比較されている．介在物の種類は，酸化物，硫化物，ケイ酸塩であれ，耐久限度に影響を与えず，$\sqrt{area_{max}}$ のパラメータだけが耐久限度に影響を与える．しかしながら，有限疲労寿命下における応力振幅では介在物の性質はさらに重要な考慮すべきことになる．

C. 腐食ピットの最大深さ

Shibata[10]は厚さ 6 mm の石油貯蔵タンクの底板に成長する腐食ピットの最大深さの決定にガンベルの極値統計解析を用いた．タンク底板の表面積 S は $1,040\,\mathrm{m}^2$ である．おのおのが $1.85\,\mathrm{m}^2$ を有する底板における 10 個の採取域はランダムに選ばれ，これらの試験エリアにおける最大腐食ピット深さ d_{max} が求められた．このデータから相当する累積確率 F_i および基準化変数 y_i が式 (11-13) および (11-14) を用いて計算された．

図 11-11 は d_{max} を関数とした y_i のプロットである．直線の式は

$$-\ln(-\ln F) = 1.848 d_{max} - 1.360 \tag{11-24}$$

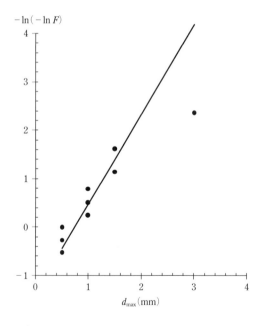

図 **11-11**　最大ピット深さのガンベル・プロット

再帰期間は $T = S/S_0 = 1,040/1.85 = 562$ である. T の値を式 (11-17) に代入し F の値は 0.9982 となる. 式 (11-24) はタンクが使用される期間に成長する予想される最大腐食ピットを求めるために用いられる. 腐食ピットによりタンクが浸食される時間は F に相当する値を得るために $d_{max} = 6\,\mathrm{mm}$ を式 (11-24) に代入することにより求められる. 確率 p は $p = 1 - F$ の関係から求められる. この場合 p は約 6×10^{-5} である. すなわち, 底板のある位置で腐食ピットが試用期間に浸食する確率は 6×10^{-5} と低い.

VII. ステアケース法

1948 年に Dixon と Mood[11] は爆発物の落下による衝撃に対する敏感性の試験に関し, 爆発物を系統的な方法によって各種高さから落下させ, 爆発物が確実に爆発する高さを決めるための試験数を最小化するためにステアケース法を導入した. 1948 年以来この方法は 10^7 のような与えられた繰返し数における金属の疲労強度を求めるという他の状況に関して適用された. 疲労の場合には疲労試験片が 10^7 以下で破損し, それ以下では破損しないという限界応力振幅が仮定される.

疲労にステアケース法を適用する際, 最初のステップは疲労強度レベル σ_0 における応力振幅を見積もることである. その後, σ_0 以上の $\sigma_1, \sigma_2, \sigma_3, \cdots$, 引き続き σ_0 以下の $\sigma_{-1}, \sigma_{-2}, \sigma_{-3}, \cdots$ というように応力振幅を見積もる. それから, 最初の試験片が応力振幅 σ_0 で試験される. もし, その試験片が 10^7 の前に破損すれば次の試験片が σ_{-1} で, あるいは σ_1 で試験される. 一般的に, 以前の試験で疲労破損が起ころうと起こるまいと, 試験片のどれかが以前の試験の応力振幅の直下あるいは直上で試験されるであろう. そのような実験の結果を図 11-12 に示す. ここで × は疲労破損を, ○ は未破損を示す. × および ○ は試験が行われた同様の順に示されている. この場合には全部で 60 個の試験片が試験された.

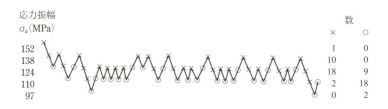

図 **11-12** 試験頻度と結果. × は疲労寿命, ○ は破断を示す.

20 の試験に対して × の数は 11, ○ の数は 9, $n_0 = 1$ (97 MPa), $n_1 = 6$ (110 MPa)

$n_2 = 2$ (124MPa, $N = 9$)

$A = 1 \times 6 + 2 \times 2 = 10$

$B = 1 \times 6 + 4 \times 2 = 14$

$m = y' + d\left(\dfrac{A}{N} \pm \dfrac{1}{2}\right)$

$m = 96 + 13.8(10/9 + 0.5) = 96 + 14.6 = 118\,\mathrm{MPa}$　(対 120 MPa)

$s = 1.62d\left(\dfrac{N \cdot N - A^2}{N^2} + 0.029\right) = 1.62 \times 13.8(126 - 100/81 + 0.029)$

$\quad = 7.8\,\mathrm{MPa}$　(対 7.8MPa)

　この方法の主たる優位性は平均値の近くで自動的に試験に集中し, 平均値の見積りの正確さが増すことである. データの統計解析は実験がある条件を満足させることでかなり簡単になる. まず第 1 に, 解析は疲労強度が正規分布している応力振幅を必要とする. 第 2 に, 試片の大きさが解析が適用されるほどに大きくなければならない. 信頼性の決定は, 通常の疲労試験においては疲労試験片数が 20 程度であるので, 試片数が 40 あるいは 50 より小さければ間違った方向に導かれるかもしれない. さらに解析を簡略化するために疲労強度の標準偏差を前もって大略見積もることができる. 応力レベルの間隔は略標準偏差に等しくとるべきであり, 少なくとも標準偏差の 2 倍より少ないことが望ましい. アルミニウム合金の標準偏差についての知識のようなこれまでの経験が試験レベル間の間隔の設定に有用である.

　このケースではアルミニウム合金の 10^7 回疲労強度の決定についてとりあげる. 10^7 回における疲労強度の分布は正規分布である. σ_a を応力振幅とすれば, $y = \sigma_\mathrm{a}$ は正規分布確率変数となる. 平均値を μ, 分布変数を σ_2 とする. ここで σ は標準偏差である. 実験は初期の応力振幅を, 予想される平均値に近い 124 MPa に選ぶことにより行われる. 他の試験レベルは基準応力振幅 y の値が等しい間隔となるように選ばれる. d (13.8 MPa) が σ (標準偏差) のあらかじめ見積もられた値であり, $y_0 = \sigma_0$ であれば実際の試験応力レベルは σ_a を $\sigma_0 \pm d, \sigma_0 \pm 2d, \sigma_0 \pm 3d, \cdots$ とおき, σ_0 を求めることにより得られる.

　実験においては全疲労破損数は使用した全未破損数にほぼ等しい. μ および σ の見積りには破損のみあるいは未破損数が用いられるが, より少ない合計数に依

存している．N をより少ない合計数 $n_0, n_1, n_2, \cdots, n_k$ を各レベルにおける事象度数とすれば，n_0 は事象が発生する最小レベルに，n_k は最高レベル相当する．$\sum n_i = Nd$ である．

μ の見積りには m を，

$$m = y' + d\left(\frac{A}{N} \pm \frac{1}{2}\right) \tag{11-25}$$

ここで y' はめったに生じない事象が起こる最小レベルに相当する正規化された高さである．正の符号は解析が使用した試験変数に負の符号は疲労破損数をもとに使用される．

σ の見積りには s を，

$$s = 1.62d\left(\frac{N \cdot B - A^2}{N^2} + 0.029\right) \tag{11-26}$$

A および B はそれぞれ，次のように定義される．

$$A = \sum_{i=0}^{i=k} i n_i \quad \text{および} \quad B = \sum_{i=0}^{i=k} i^2 n_i$$

m および s に対する表現は $(NB - A^2)/N^2 > 0.3$ で d が $2s$ より小さいときに正しい．

この例においては平均値 μ 見積りには $m = 96 + 13.8(36/29 + 1/2) = 120\,\mathrm{MPa}$．標準偏差 σ の見積りには $s = 1.62 \times 13.8(270/841 + 0.029) = 7.8\,\mathrm{MPa}$．

[注意：d (13.8 MPa) は $2s(< 15.6)$ 小さく，$(NB - A^2)/N^2 = 0.32$ であり，0.3 より大きくなくてはならない]

VIII. ま と め

データの統計的処理は，品質管理および降伏応力あるいは疲労限度などの下限値を立証するのに有用である．このような性質のばらつきを認識することは，破損解析のみならず設計においても重要である．

参 考 文 献

[1] W. Weibull, *J. Appl. Mech.*, vol. 18, 1951, pp. 293–297; vol. 19, 1952, pp. 109–113.

[2] E. J. Gumbel, *Statistics of Extremes*, Columbia University Press, New York, 1958.

344   11 統 計 分 布

[3] F. B. Stulen, W. C. Schulte, and H. N. Cummings, in *Statistical Methods in Materials Research*, ed. by D. E. Hardenbergh, Pennsylvania State University Press, University Park, 1956.

[4] G. E. Dieter, Jr., *Mechanical Metallurgy*, McGraw-Hill, New York, 1961.

[5] G. M. Sinclair and T. J. Dolan, *Trans. ASME*, vol. 75, 1953, p. 867.

[6] C. Lipson and N. J. Sheth, *Statistical Design and Analysis of Engineering Experiments*, McGraw-Hill, New York, 1973.

[7] Z. W. Birnbaum, and S. C. Saunders, A Statistical Model for Life-Length of Materials, *J. Am. Satist. Assoc.*, vol. 53, 1958, p. 159–167.

[8] Y. Murakami, T. Toriyama, and E. M. Coudert, Instructions for a New Method of Inclusion Rating and Correlations with the Fatigue Limit, *J. Testing and Eval.*, vol. 22, no. 4, 1994, pp. 318–326.

[9] Y. Murakami, Inclusion Rating by Statistics of Extreme Values and Its Application to Fatigue Strength Prediction and Quality Control of Materials, *J. Res. Natl. Inst. Stand. Technol.*, vol. 99, no. 4, 1994, pp. 345–351.

[10] T. Shibata, Evaluation of Corrosion Failure by Extreme Value Statistics, *ISIJ Int.*, vol. 31, no. 2, 1991, pp. 115–121.

[11] W. J. Dixon, and A. M. Mood, A Method for Obtaining and Analyzing Sensitivity Data, *J. Am. Statist. Assoc.*, vol. 43, 1948, pp. 109–126.

付録 11-1：最小 2 乗法 (C. F. Gauss, 1794)

回帰分析は変数間関係研究のため統計的な道具である．この節ではデータをまとめるためにベストフィット直線 $(y = mx + b)$ を得る方法について議論する．そのためには先に議論された統計関数，たとえば図 11-4, 11-7, 11-11 が適切である．この方法の目的はデータと直線間の相違 (エラー) を最小にする線を見いだすことにある．

観測値 x_i, y_i のペアに対してエラーは

$$e_i = mx_i + b - y_i \tag{11A-1}$$

m および b はエラー $S(m,b)$ の 2 乗を合計する方法で見いだされ，すべての n 観測値について最小化され，

$$S(m,b) = \sum_{i=1}^{n}(mx_i + b - y_i)^2 \tag{11A-2}$$

m に関して S の導関数をとり，その結果を 0 とおけば

$$\frac{\partial S}{\partial n} = \sum_{i=1}^{n}(mx_i + b - y_i)^2$$

$$b\sum_{i=1}^{n}x_i + m\sum_{i=1}^{n}x_i^2 = \sum_{i=1}^{n}x_iy_i \tag{11A-3}$$

付録 11-1 最小 2 乗法 (C.F. Gauss, 1794)　　345

b に関して S の導関数をとり，その結果を 0 とおけば

$$\frac{\partial S}{\partial b} = \sum_{i=1}^{n} 2(mx_i + b - y_i) = 0$$

$$nb + m\sum_{i=1}^{n} x_i = \sum_{i=1}^{n} y_i$$

したがって

$$b = \frac{\sum_{i=1}^{n} y_i - m\sum_{i=1}^{n} x_i}{n} \tag{11A-4}$$

式 (11A-4) を式 (11A-3) に代入すると

$$\frac{1}{n}\sum_{i=1}^{n} x_i \left(\sum_{i=1}^{n} y_i - m\sum_{i=1}^{n} x_i\right) + m\sum_{i=1}^{n} x_i^2 = \sum_{i=1}^{n} x_i y_i$$

$$\sum_{i=1}^{n} x_i \sum_{i=1}^{n} y_i - m\left(\sum_{i=1}^{n} x_i\right)^2 + mn\sum_{i=1}^{n} x_i^2 = n\sum_{i=1}^{n} x_i y_i$$

したがって，

$$m = \frac{n\sum_{i=1}^{n} x_i y_i - \sum_{i=1}^{n} x_i \sum_{i=1}^{n} y_i}{n\sum_{i=1}^{n} x_i^2 - \left(\sum_{i=1}^{n} x_i\right)^2} \tag{11A-5}$$

関係する量 r は**線形相関係数**とよばれ，いかに良く線形最小 2 乗がデータを描くかという指標である．線形相関係数は次式で与えられる

$$r = \frac{n\sum_{i=1}^{n} x_i y_i - \sum_{i=1}^{n} x_i \sum_{i=1}^{n} y_i}{\sqrt{n\sum_{i=1}^{n} x_i^2 - \left(\sum_{i=1}^{n} x_i\right)^2}\sqrt{n\sum_{i=1}^{n} y_i^2 - \left(\sum_{i=1}^{n} y_i\right)^2}} \tag{11A-6}$$

r の値は -1 と $+1$ の間にある．x および y が強い線形関係であれば，r は $+1$ に近づく．線形関係がないかあるいは弱ければ r は 0 に近づく．0 に近い値は 2 つの変数間にランダムで非線形関係があることを意味する．その関係は一般的に 0.8 より大きいと**強い**とよばれ，0.5 より小さいと**弱い**とよばれる．

相関係数の 2 乗は決定係数 r^2 は**決定係数**として知られている．この係数は 0 と 0.1 の間の値をもつことができ，x と y の間の線形関連の強さを指し，いかに良く回帰線がデータを表すかということである．回帰線がばらついたすべての点を正確に通れば変動のすべてを説明できるであろう．線から離れれば離れるほど最小 2 乗への適合性はますます弱まる．

346   11 統 計 分 布

例題 11.1 次の 5 つの組合せデータに最も適合する線の傾きおよび切片を求めよ. また決定係数 r^2 を計算せよ.

x	y
1	2
2	5
3	3
4	8
5	7

計算を容易にするために次の表を作成する.

No.	x	y	xy	x^2	y^2
1	1	2	2	1	4
2	2	5	10	4	25
3	3	3	9	9	9
4	4	8	32	16	64
5	5	7	35	25	49
総和	15	25	88	55	151

式 (11A-5) および (11A-4) から $n = 5$

$$m = \frac{n \sum_{i=1}^{n} x_i y_i - \sum_{i=1}^{n} x_i \sum_{i=1}^{n} y_i}{n \sum_{i=1}^{n} x_i^2 - \left(\sum_{i=1}^{n} x_i\right)^2} = \frac{5 \times 88 - 15 \times 25}{5 \times 55 - 15^2} = \frac{440 - 375}{275 - 225}$$

$$= \frac{65}{50} = 1.3$$

$$b = \frac{\sum_{i=1}^{n} y_i - m \sum_{i=1}^{n} x_i}{n} = \frac{25 - 1.3 \times 15}{5} = \frac{25 - 19.5}{5} = \frac{5.5}{5} = 1.1$$

したがって, 最小 2 乗直線は,

$$y = 1.3x + 1.1$$

図 11A-1 は一連のデータおよび最適直線を示す. 式 (11A-6) から $n = 5$ で,

$$r = \frac{5 \times 88 - 15 \times 25}{\sqrt{5 \times 55 - 15^2}\sqrt{5 \times 151 - 25^2}} = \frac{440 - 375}{7.07 \times 11.40} = \frac{65}{80.6} = 0.81$$

$$r^2 = 0.65$$

y における変数の 65% は独立変数 x により説明できることを意味する.

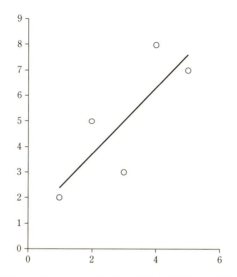

図 11A-1 表からの x, y データのペアおよび最小 2 乗を表す線

問　題

11-1 表 11.2 に示されている降伏応力についてガウス分布およびワイブル分布関数を用い統計解析を行え．
  (a) ガウス分布について算術平均および標準偏差を見いだせ．
  (b) 降伏応力を増加する順に並べ，確率および累積確率値を見いだせ．
  (c) 確率関数を用い，データがガウス分布に従うかどうかを見いだせ．
  (d) 累積確率関数を用い，データがガウス分布に従うかどうかを見いだせ．
  (e) ワイブル分布について，確率分布関数を用いてデータがワイブル分布に従うかどうかを見いだせ．この評価には $\sigma_{Y0} = 689.5\,\text{MPa}$ を選べ．
  (f) ワイブル係数 m およびスケールパラメータ σ_0 を求めよ．
  (g) どの分布関数が表に記載されている降伏応力をより良く表しているかを決めよ．理由は？

11-2 問題 11-1 について，$\sigma_{Y0} = 0.0\,\text{MPa}$ を用いてワイブル分布の適合性について再検討せよ．
  (a) $\sigma_{Y0} = 0.0\,\text{MPa}$ についてワイブル係数およびスケールパラメータを求めよ．
  (b) $\sigma_{Y0} = 0.0\,\text{MPa}$ のワイブル分布は $\sigma_{Y0} = 689.5\,\text{MPa}$ よりも降伏応力

348   11 統 計 分 布

のデータをより良く表しているか? 理由は?

11-3 次の硬さデータ (HV, kg/mm^2) が酸化物から得られた.

801.55	810.00	861.35	869.00	870.55	876.00
931.50	950.00	957.95	962.00	968.30	974.00
979.80	982.00	982.00	986.00	999.35	1,012.00
1,033.00	1,036.15	1,056.00	1,065.00	1,066.05	1,087.90
1,106.30	1,160.00				

エクセルソフトを用い,ガウスかワイブルのどちらの分布関数が上に記載
したデータを良く表しているのかを決めよ.

(a) ガウス分布について算術平均および標準偏差を見いだせ.

(i) 硬さデータを増加する順に並べ,確率および累積確率値を見いだせ.

(ii) 累積確率関数を用い,データがガウス分布に従うかどうかを見いだせ.

(b) ワイブル分布について,確率分布関数を用いてデータがワイブル分布に
   従うかどうかを見いだせ.この評価には $x_0 = 700\,\mathrm{kg/mm^2}$ [式 (11-4)]
   を選べ.

(c) ワイブル係数 m およびスケールパラメータ σ_0 を求めよ.

(d) どの分布関数が表に記載されている硬さデータをより良く表している
   かを決めよ.理由は?

11-4 図 11-12 にステアケース法により得られた 60 個の試験片データを示す.も
し,20 個の試験片が試験されたら疲労強度および標準偏差はいくらか? そ
の結果を 60 個の試験データと比較せよ.

12
欠　陥

I.　は　じ　め　に

　構成部品の破損は製造過程で生じる欠陥により引き起こされる．欠陥に支配されるので，重要部品は使用前に欠陥部を阻止するために検査されるが，必ずしもうまくゆかない．たとえば，Ti–6Al–4V 製タービンディスク中の欠陥を検出できなかったゆえに DC-10 航空機が墜落した．いかなる検査法にも分析可能な限界があるので，構造物の品質保証において欠陥の大きさが限界サイズに等しいということを慎重に考えるべきである．溶接構造などの場合，欠陥をなくすことはできない．そのため製品が性能を満たすために必要な欠陥の許容値を定めるべきである．本章では溶接部，鋳物，圧延，鍛造製品に見られる欠陥について論じる．

II.　溶　接　欠　陥

A.　一　般　特　性

　一般的に，溶接欠陥は幾何学的な性質を有する．しかしながら，特に機械的性質および腐食抵抗の減少が伴うとき母材のミクロ組織の変化がかかわる．これらのミクロ組織の変化は溶接金属近傍の，溶接過程で溶融していない母材の部分で発生する．この領域は熱影響部(HAZ) として知られている．

　溶着金属が凝固する間に放出されるガスが閉じ込められるために生じる気孔や不規則な形状は溶接過程で生じる特有な欠陥である．図 12-1a に溶接部と母材を接合している溶接止端部を有するすみ肉溶接部を示す．すみ肉溶接止端部形状が不規則であるため，応力を高める作用がある．さらに図 12-1b に溶接層間に不規則な表面の波目模様が形成され，溶接層方向にくぼんでいる様子を示す．これらの波目模様は溶接過程の最初と最後に生じ，幾何学的に不規則であるため疲労き裂の起点となる．多くの溶接構造物の疲労特性は欠陥の存在に強く影響されるが，単調荷重下ではこのような欠陥はさほど問題ではない．溶接部の気孔が許容され

– 349 –

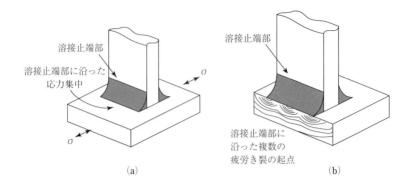

図 12-1 (a) 止端部を示したすみ肉溶接部, (b) 荷重を伝達していない横すみ肉溶接部における板の破損 (Welding Institute[1]より引用)

る規則の要求を満たしていれば溶接部における気孔に起因する破壊が生じないことが報告されている[1].

図 12-2 に 10 年間使用されたオイルポンピング設備の吊金具溶接止端部の疲労破損例を示す. 吊金具はアーク溶接により部品にしっかりつけられており, 単に部品の組立てを容易にするために使用されていた. これらの金具は追加後吊具の溶接部における整合性にはほとんど注意がはらわれず, 一般的なままであった. より良い溶接施工がこの種の破損の可能性を著しく減少させうる.

溶接部における欠陥は不適切な溶接過程により生じる. 図 12-3 に通常見られる溶接欠陥の例を示す. これらは溶接止端近傍母材の溶融溝で十分溶け込まずに残されたままの**アンダーカット**や溶接止端のボンドを越えた溶着金属の突出である

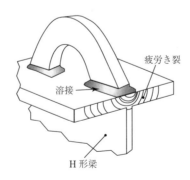

図 12-2 溶接止端部における疲労破壊 (Larrainzar ら[3]より引用)

II. 溶接欠陥   351

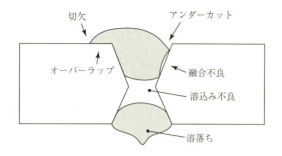

図 **12-3**   いくつかの典型的な溶接欠陥

コールドラップを含む．溶け込み不良とは溶接される 2 枚の板間に溶接金属が十分に満たされていないことである．融合不良とは母材が溶けなかったことや多層溶接した場合に層間における前層の溶融不足によるものである．「なまくら溶接」として知られている雑な溶接に起因する欠陥もある．長いすみ肉溶接をする場合，溶接作業者は溶接する 2 枚のプレートの交差部に沿って溶接棒を置き，溶着金属でそれを覆うようにする．つまり，見た目では健全な溶接になることは明らかである．信じられないかもしれないが，これらの欠陥は宇宙船のブースターロケットにさえ存在する．

　余盛は突合せ溶接によって接合されたプレートの平面上に溶着金属を過度に付けたものである．これは誤っており，応力集中部をつくってしまい，疲労に対する抵抗を下げることになる．**溶接孔**，**溶接クレーター**と関連して**溶け込み不足**は強化に逆効果である．横突き合せ溶接の疲労強度は溶接の状態に依存する．突き合せ溶接の最も高い疲労強度は溶接表面が平らなとき，つまり余盛がないときである．

　気孔よりも幾何学的要素が疲労強度に大きな影響を与えるため，すみ肉溶接部の場合，溶接気孔はさほど問題にはならない．一方，突き合せ溶接部の場合，気孔は繰返し条件下で疲労強度に大きく関与し，疲労寿命に影響を及ぼす．気孔による破損防止のために，フィルムとともにコバルト 60 のような放射性元素を用いた X 線検査が行われている (14 章参照)．気孔の評価と溶接の適用を決定するために X 線検査基準が存在する．

　溶接部に伴う他の欠陥例を以下に示す．

(a) ミスマッチ：突き合せ溶接したプレートが横方向にずれたり，角度の不調整が生じる．

(b) **収縮**：溶接後の冷却中に溶接部やその近傍が収縮し，溶接金属内にクレーターや溶融線き裂が生じたり，母材にき裂が生じたりする．

(c) **スラグ巻き込み**：スラグ巻き込みは溶着金属中の溶接フラックスが融解しなかった場合に生じる．多層溶接の場合，スラグは通常凝固した溶接部の外に生じ払いのけられる．しかしながら，取り除けなかった場合，スラグ介在物が溶接層間に残る．これらの欠陥は一般的に言ってすみ肉溶接や突き合せ溶接に伴う設計の詳細に比較してさほど有害ではない．

(d) **溶接スパッター**：溶接スパッターはアーク溶接やガス溶接中に放出される金属粒子に関係する．溶接スパッターは表面を不規則にし，疲労き裂の発生を容易にすると同時に未焼き戻しマルテンサイトを形成するため，焼入れ焼き戻し鋼に特に生じやすい．

加えて，母材で溶接中に溶けないが高温にさらされるためミクロ組織や物理特性が変化する熱影響領域 (HAZ) の特性も機械的性質に関わっている．

B. 冷却速度の影響

炭素，マンガン，クロム，ニッケルのような合金元素はオーステナイトの拡散分解を遅らせるため，硬化能を増加させ，臨界冷却速度を減少させるが，硬くて未焼き戻しマルテンサイトが形成するため，これらの元素によって冷却中に溶接き裂が発生する可能性が増加する．冷却中のき裂形成傾向に及ぼす合金元素の影響は合金元素量で表される炭素等価量 CE という経験式で評価される．そのような関係式の一例を以下に示す．

$$CE = C + \frac{Mn}{6} + \frac{Cr+Mo+V}{5} + \frac{Ni+Cu}{15} \tag{12-1}$$

ここで，それぞれの元素の濃度は wt% で示される．CE が 0.45 を超える場合，冷却速度は健全な溶接部を生み出すために非常に注意深く抑制されなければならない．熱応力は冷却速度の増加と CE の増加に伴い増加するので，靭性，つまりき裂抵抗が CE の増加につれて減少するのでき裂はより発生しやすい．き裂の発生傾向を最小限に抑えるために，溶接前に溶接領域に予熱を与えることで溶接後の冷却速度を減少させるが，CE 値の増加に伴い予熱水準を上げる必要がある．

C. ラミナーテアリング

引張を受けた部材が圧延鋼板に隅肉溶接されるときに,引張応力が板面に垂直に発生する.圧延時の材料異方性ために,平面方向に比較してこの方向における破壊抵抗値がより小さくなる.マンガンサルファイドの粒子や他の非金属介在物が引張応力に対して垂直に位置している.この引張応力が十分に大きければ,**ラミナーテアリング**として知られている面内破壊が生じる(図 12-4).潜水艦や船殻のような重要な構造物においては破壊抵抗の異方性を減らす方法がとられている.

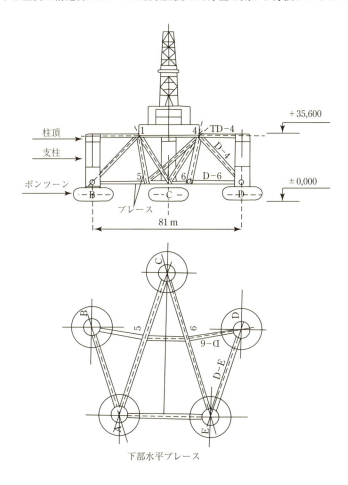

図 12-4 ラミナーテアリング

III. 事例研究：溶接欠陥

A. 1980年3月27日のアレキサンダー・キーランドの事故[4]

　アレキサンダー・キーランド(AK) は移動式の半潜水型石油掘削リグとして製造され，図12-5に示すように5つの円筒コラムで支えられているプラットホームを有していた．主たる設計目的は深海中でプラットホームの動きを最小限にすることであった．AKはフランスで製造され，1976年に引き渡された．しかし，掘削用プラットホームとしてより北海沖での掘削作業者の宿泊施設用プラットホームとして使用されていた．当初は80台のベッド収容力をもっていたが，超過勤務中には384台に増えていた．

　事故の9か月前にAKは掘削用プラットホーム "Edda 2/7C" に近接して停泊していた．2個の停泊用ワイヤーがコラムA, B, D, Eにそれぞれ結び付けられていた．コラムCはいかりで固定されていなかった．AKとEddaは可動式歩行者通路で連結されていた．悪天候の場合には歩行者用通路はAKの船内に上げら

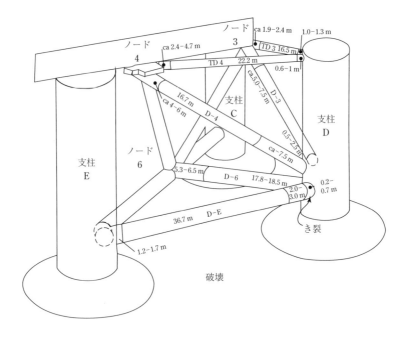

図12-5 AKのペンタゴン構造 (The Alexander Kielland Accident[4] より引用)

れ，AK は Edda から離れた位置にあった．これは B と D のコラムからの停泊用ワイヤーを緩ませ，A と E からの停泊用ワイヤーをきつく締めることによりなされた．

1980 年 3 月 27 日，視界は悪く，風速 16–20 m/s(45 mph)，波の高さ 6–8 m(20–26 ft) であったので 17 時 50 分までに AK は Edda から離れたところに移動させられた．約 30 分後，コラムの支柱 D-6 が破断し，すぐに他の支柱も破断したためコラム D が AK から切断された．プラットホームはすぐに傾き，傾き角が 35° に達したときのおよそ 18 時 29 分に「メーデー，メーデー，キーランドが転覆している」とのメッセージが送られた[*1]．

AK の船内では 18 時 30 分の 2, 3 分前にある種の揺れに続き，強い衝撃を経験した．この衝撃は悪天候の影響による波の衝撃のようであった．しかし最初の衝撃の直後にプラットホームに揺れが再び起こり，金属の裂ける音がした．プラットホームはさらに傾き，危機的状況に陥った．傾き角はおよそ 30–35° で安定したが，35° をすぎて転覆するまでゆっくりと傾き続けた．Edda からはコラム B からのワイヤーだけがプラットホームの転覆を防いでいるように見えた．しかし，そのワイヤーが破断した 18 時 53 分にプラットホームは崩壊して，海中に上下逆さまになって浮いていた．

言及したように，図 12-6 に示す水平支柱 D-6 が最初に破壊した．この支柱は開口部が切取られ，位置制御用ハイドロフォンが溶接されていた．ハイドロフォンは建造業者によって，構造物の荷重支持部品としてよりむしろ設備として考えられていた．そのため，ハイドロフォンの溶接部に関する完全な強度評価がなされていなかった．

事故当時，AK には 212 人が乗り込んでいた．大部分の人々はプラットホームの最も高い場所であるコラム B に移動しようとした．何人かは船室に取りに行く時間がなかったので救命胴衣を付けることができなかった．数社の従業員と常勤の乗組員はサバイバルスーツを所持していた．8 人は着用できたが，4 人だけ生き残った．7 つの救命ボートがあって，それぞれ 50 人を乗せることが可能であった．5 つの救命ボートが着水しようとした．3 つの救命ボートは正確な着水に失敗し，プラットホームに衝突して破壊し，粉砕した．26 人を乗せた救命ボートが脱出し，ノルウェーのヘリコプターに救出された．14 人を乗せた別の救命ボートは正確な着水に失敗したが，プラットホーム転覆時に水面に到達し，19 人の生存

---

*1　(訳注) メーデー (Mayday) とは国際信号書で定められている航空機や船舶の無線電話による救難援助信号である．

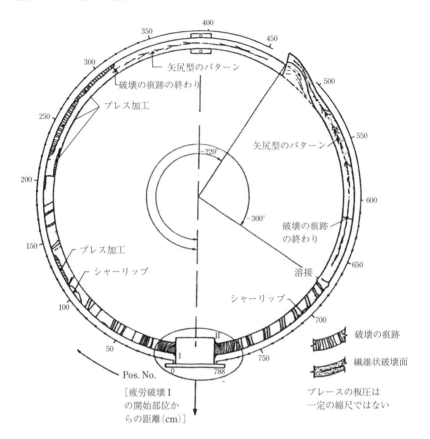

図 12-6 支柱 D と連結するブレース (筋交い) の破壊の位置. ブレース D-6(最初に破壊) はブレースを溶接していたハイドロフォン (水中聴音器) に位置していた. 構造物部材の概寸法はメートルで与えられている (The Alexander Kielland Accident[4] より引用)

者が救い出され，合わせて 33 人が救出された．転覆時に着水したいかだに泳ぎついたか，Edda から投げ出された合計 16 人が救助された．7 人の生存者が海域内の救助船に救われた．さらに，7 人の生存者が人間用かごで Edda から運ばれた．乗組員 212 人中 89 人が救助され，123 人が亡くなった．

III. 事例研究：溶接欠陥　　357

B. 事 故 調 査

　A から E で示されるように，5 角形のプラットホームの主要構造支持要素は，フロートによって支持される 5 本の円柱から構成される．現存の規則では，円柱内の 2 つの隣接したタンクが水浸しになる損傷を受けても，リグが安定した位置に浮かんでいることが要求されている．円柱損失の可能性は考慮されていなかった．

　フロートは直径 22 m (72 ft) の円形で，高さ 8.5 m (28 ft) であった．それぞれのフロートは直径 8.5 m (28 ft) の円柱を支えていた．円柱は高さが 27.1 m (89 ft) あり，ひと組の水平と角張った高張力鋼製の支柱に連結されていた．それぞれの円柱から 2 本ずつ出ている計 10 本のアンカーラインは，選定した場所に正確にプラットホームを維持するためのハイドロフォンシステムとともに使用された．

　年 1 回の限られた範囲の検査と 4 年に 1 回のさらに徹底的な検査が要求されていた．3 回の年 1 回の現場での検査は行われたが，下部の水平な支柱は検査できなかった．船体と機械の主要検査は 1980 年の 4 月に始められる予定であった．

　防食は，支柱の外表面の汚損防止のための赤い被覆剤に加え，茶色の下塗り塗料と黒の**被覆剤塗料**(brai epoxy) からなる塗装で行われていた．それに加えて外部電流を用いた陰極防食システムが使用された．このシステムは最大 600 アンペアの電流を供給することができ，構造の様々な部分の電位を調整することによって制御された．犠牲陽極は建造期間中に使用された．

　ESAB OK 48.30 の溶接棒は支柱の手作業でのすみ肉溶接，特にハイドロフォン継手と支柱 D-6 の間のすみ肉溶接に使用された．これらの棒を用いて行われた溶接部の降伏強度は母材よりも 30% 高くなり，引張強さと延性特性は母材とほぼ同等であった．溶接部の認知可能な重要性にもとづき，溶接部は溶接工に要求される資格や検査に影響を与える 3 つのグループに分類された．支柱へのハイドロフォンの溶接は一番下のカテゴリーに分類された．仕様書はすべての重要な継手部に 100% の検査を要求していた．検査方法には X 線写真法，浸透探傷法および磁粉探傷法が含まれていた．

　ハイドロフォンを円管状支柱に取り付けるために，ハイドロフォン [直径 325 mm (13 in)] の支柱よりも直径が 3–5 mm (0.12–0.19 in) 大きい支柱 [26 mm (1 in) 厚，直径 255 mm (10.2 in)] に孔があけられた．それからハイドロフォンは被覆厚さ 5 mm の手棒を用い，アーク溶接により 2 層ですみ肉溶接により各場所に接合された．予熱はなされなかった．事故後の支柱 D-6 に取り付けられたハイドロフォンの検査では冷間曲げと支柱両側からの溶接 (X 継手) の跡があることが明らかに

なった．また，溶接部には**ルート欠陥**も見いだされた．溶接部には母材との接着が不十分な部分があった．溶接部の形状には以内の接触角が 90° に及ぶ好ましくないものであった．ハイドロフォン締めつけ部のすみ肉溶接部には浸透探傷法によりき裂が検出された．

C. 支柱部材 D-6 における破壊

2つの独立した破壊が発生した．図 12-7 に示すように，1つはすみ肉溶接の外側からの破壊，もう 1つはすみ肉溶接の内側からの破壊である．破壊模様やスト

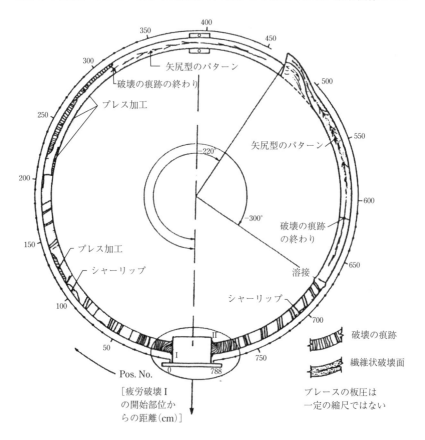

図 **12-7** 破損したブレース D-6 の破面様相．ハイドロフォンを溶接していた I と II の位置にある 2 つの疲労の起点に注目 (The Alexander Kielland Accident[4] より引用)．

ライエーションがかすかに見られる程度であり，相対する破面どうしのハンマリングにより破面の詳細が破壊されたために，厳密な起点を特定するのは難しい．破面の起点から 200–300 mm (8–12 in) は典型的な疲労破壊の様相を示している．破壊が約 300 mm (12 in) に達したとき，進展は急激に早くなり，断続的な破壊の痕跡が見られた．この部分の破壊の跡は粗く，繊維状になっており，シアーリップがエッジに沿って発生していた．収縮は小さく，2〜4% のオーダーであった．最終破壊は円周の約 1/3 に及び，シェブロンマークを伴った粗い面となり，かなりの収縮が見られた．

ハイドロフォンと支柱間の溶接部における破面には，き裂が製造時に存在していたことを示す塗装の皮膜が含まれていた．この塗料は溶接部内側と支柱 D-6 から 70mm (2.8 in) の範囲の破面の両方に存在していた．この長さのき裂は塗装の時点で存在していたにちがいない．

すみ肉溶接継手部は溶融線の内部やその近傍では浅く平坦な破壊，すなわち典型的な引き裂き破壊を示し，部分的には溶接部そのものも破壊していた．初期き裂の形成は溶接による過度の熱ひずみやプラットフォームへの極端に高い外力の負荷や溶接金属の不十分な耐割れ性によるものである．隅肉溶接部の耐荷重性は突合せ継手と同様に破損に対して大きな能力を有する．たとえば，図 12-8 に示すように，隅肉溶接で a 値は板厚の 40–70% であるそれに加えて，局所ひずみのレベルが高すぎた可能性もある．26 mm (1 in) 板に対しては a 値は 10–18 mm (0.4–0.7 in) を示すが，問題の溶接部の公称 a 値は 6 mm であった．さらに，溶接角度は適正ではなく，ハイドロフォンホルダーにおける溶融は低かった．これらの因子が隅肉溶接部の a 値を減少させた．

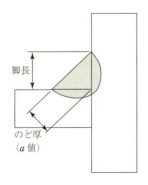

図 12-8 フィレット溶接部の a 値

360　12　欠　陥

D. 結　論

　事故報告書は設計段階において潜在する課題についての改善された解析のような，移動掘削プラットフォームに関する全体的な問題を取り扱っている．フォル

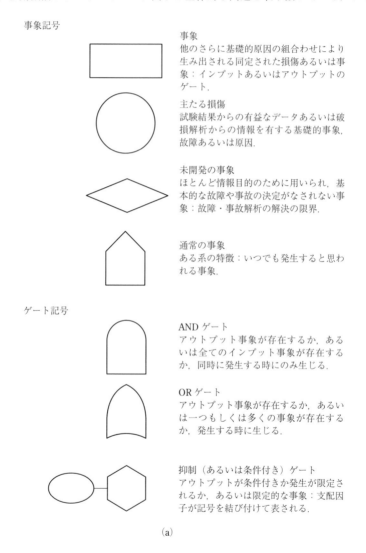

図 **12-9**　フォルトツリー (故障の木)．(a) フォルトツリーの記号，(b) フォルトツリーの例 (Witherell[5] より引用)．

III. 事例研究：溶接欠陥　361

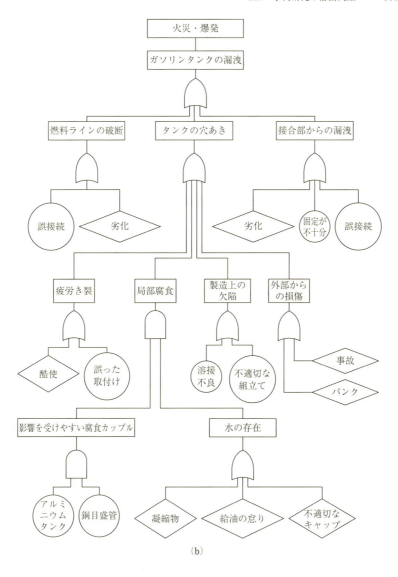

(b)

図 **12-9**　(続き)

トツリー (fault tree) のような，破損 (このケースでは柱の損傷が予想されていなかった) の可能性のあるすべての可能な事項を探求するより良いシステムが必要で

あった．フォルトツリーは個々の要素の破損事例の系統的な調査に用いられている．フォルトツリーで用いられるを図 12-9a に示す．図 12-9b には海上で使用されるガソリンタンクに対するフォルトツリーの例を示した．重大な損傷が起こった場合のプラットフォームの安定性もまた考慮された．冶金学的問題に関しては，次のような結論を下すことができる．

(a) 溶接部を含む場合には注意すべきである．
(b) 溶接部を構造部に含む場合には，溶接部には応力緩和を施し，注意深く検査されるべきである．

IV. 鋳 造 欠 陥

鋳造工程に伴う，多くの多様な潜在的な欠陥があり，そのいくつかは製品の破損につながる．たとえば，フランスの新型原子力航空母艦「シャルル・ド・ゴール」(Charles de Gaulle) は 2000 年 11 月の遠洋試験航海中，2 つのプロペラのうち 1 つのブレードが折れたため，減速して母港に帰港せざるをえなくなった．それぞれのプロペラ重量は 17,000 kg (37.4 kips)，直径は 5.8 m (19 ft) である．これらは特別に，騒音が最小となるように設計されていた．破損の原因はまだ立証されていないが，破損したプロペラ内の欠陥が鋳造工程中にできたと疑われている．主な鋳造欠陥は次の通りである．

(a) **金属の突起**：ひれなどが生じる可能性がある．
(b) **空洞**：これらはポロシティ，ブローホール，ピンホールかもしれない．たとえば，鋳造単結晶タービンブレード内のポロシティは，疲労き裂の発生に関しては懸念材料である．
(c) **不連続性**：不連続性の一例はコールドショットである．これはインゴットの一部や鋳造に見られる，凝固中の金属飛沫により生じた未凝固部である．別の不連続性の例は湯境として知られている．これは液体の 2 つの流れが混じり合わなかった結果として鋳物の表面に現れる (湯境は鍛造中にも生じるおそれがある．変形中に溶融せずに閉じた鍛造物やビレット鋳物の表面にかぶさりとして現れる)．
(d) **欠陥のある表面**：これは粗さや砂付着となりうる．
(e) **不完全な鋳造**：要求された形状の一部が欠ける可能性がある．
(f) **不正確な寸法，形状**：収縮や中子の移動などが生じる可能性がある．たとえ

ば，中空の直方形状の鋳物において，内部空洞形成のためにポリマー鋳型 (中子) が使用される場合がある．万一，注湯作業中に中子が移動すれば，厚い壁より薄い壁の方が疲労しやすくなるという厚さの異なる壁を有する鋳物となる．

(g) **非金属介在物**：可能性のある介在物としてスラグ，フラックス，砂，酸化物などを含む．

(h) **中心線パイピング**：パイプは凝固中，インゴットの収縮により形成される中央空洞のことである．

V. 事例研究：連続鋳造中のコーナー割れ

連続角型鋳造においてコーナー部の割れは収縮や相変態，鋳型の支持不足のために発生する．酸化を防ぐために，鋳型はアルゴンで覆われ，油はおそらく 1,649°C (3,000°F) で黒鉛となる潤滑油として使用される．連続鋳造工程の初期段階において，鋳物の外側は凝固し，鋳物の内側は液体のままである．鋳造方向は垂直要素を有するので，垂直要素の増加とともに静水圧が増加する．この増加により，トラップされた溶質と引き伸ばされた結晶構造のために割れが発生しやすくなっているコーナー部においてコーナー割れが生じる．もし，そのようなコーナー部の割れが鋳造の後で存在するならば，コーナー部の割れを削り取らねばならず，コストを要する作業となる．この問題を避けるため，鋳型は 2 重にテーパーをつけ，収縮や相変態過程で縦方向の支持ができるようにすべきである．

VI. 圧 延 欠 陥[6]

(a) **ロールの中央直径の大小**：圧延機では均一な厚さの製品を得る目的で，圧延作業中のロールの曲げを補正するために，ロール中央直径 (キャンバー) は端の直径よりも大きくなっている．圧延製品の割れはロール中央直径の大小のどちらかによって生じる可能性がある．ロールの中央が大きければ製品の中央幅が薄くなり，圧延方向に拡張する傾向が強い．この傾向は隣接した，非常に薄い材料によって抑制されるので，抑制された材料は引張りの状態となり，横割れが進展する．一方，ロール中央直径が小さいと中央部で割れる可能性がある．

(b) **端割れ**(図 12-10a)：圧延した金属板材において，端部の (平面ひずみよりもむしろ) 平面応力状態と端支持の欠如のために端割れが生じる．端部の材料は

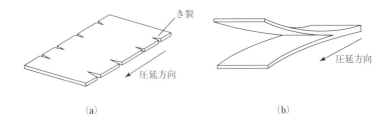

図 12-10 圧延欠陥の模式図. (a) 端割れ, (b) アリゲータリング.

横方向に広がることができるため,端部から離れる方向より圧延方向の材料移動が少ない.その結果,端部で圧延方向の引張応力が発生し,端部で端割れの原因となる.

(c) **ストレッチャーストレイン**：上降伏点と下降伏点を有する鋼の表面に現れる伸張痕跡は**ストレッチャーストレイン**として知られている.これらは滑らかな表面観を損なうので自動車用外板部品としては不適当である.

(d) **アリゲータリング**(図 12-10b)：圧延面に平行な面に現れる圧延された平板の縦方向に分離する現象を**アリゲータリング**という.

(e) **残留応力**：このような応力は冷間圧延の間に発生する.存在する残留応力が平衡状態にあるときその後の機械切削に悪影響を与える.

(f) **層状ミクロ組織**：圧延方向に平行に層状に偏析した異方組織は**層状ミクロ組織**として知られている.鋼においてパーライト帯はフェライト帯により分断されている.微小硬さは水素誘起割れに敏感なより硬い層を伴った層で変化する.

(g) **接合と重なり(折り目)**：これらは押し出し,引き抜きおよび鍛造作業中に生じる欠陥である.重なりは接合のような表面欠陥で,加熱された金属,ひれ,鋭い角が原因で重なり合い,圧延や鍛造により表面に現れるが溶接されてはいない.

(h) **鍛造における好ましくない流れ模様**：鍛造作業中に結晶粒はメタルフローの主方向に延ばされ,材料特性に異性に異方性が生じる.もし,主引張応力がフロー方向に横向きであれば,き裂が横方向の材料の弱さが原因で生じる.類似の状況が5章で論じたタイタニックに関して存在したが,そこではスラグ巻き込みがリベット頭を形成するとき,引張応力に垂直に方位している.

VII. 事例研究：鍛造欠陥

A. F-111 航空機[7]

疲労抵抗，破壊靭性および耐応力腐食割れ性にもとづき，最大引張強さが 1,517–1,655 MPa (220–240 ksi) である高張力鋼 D6ac は F-111 可変後翼機の翼から胴体へ荷重を移動させるための材料として選定された．機械加工を施した鍛造物は翼旋回心軸の部品およびキャリースルーボックス (carry-through box) の製造に使用された．F-111 の開発の間，3 個の実物大疲労試験が翼組立て部品について行われ，寿命の 6 倍の能力があることを示した．

1969 年 12 月，F-111A は訓練飛行中に事故に巻き込まれた．目標領域を通過し，急上昇中に左翼が飛行中に分離し，航空機は墜落した．調査により，図 12-11 に示す欠陥が翼旋回心軸に見いだされた．深さ約 0.5 mm (0.02 in の位置に疲労ストライエーションの小領域が欠陥の縁に見いだされ，事故前の 104.6 時間の訓練が要因とされた．その欠陥は熱間鍛造工程の間に発生し，冷却中に進展したことが決定された．その欠陥は検査中に磁粉探傷に用いられたフラックスが翼旋回心軸の珍しい形状や大きさに適合する欠陥に対して不適合であったので検出できなかった．さらに，超音波探傷の間，音波の伝達が欠陥表面に平行方向で，反射信号が欠陥の検出に不十分であった．

本事故の結果，かつてない厳格な耐久試験と非破壊検査が各 F-111 について行われた．このプログラムは欠陥の検出のみならず使用中の F-111 航空機の編成に使用される検査間隔にまで及んだ．この検査間隔は信頼性因子を含んでおり，耐久試験にもとづき想定された初期欠陥，使用荷重下の関数としての欠陥の関数，環

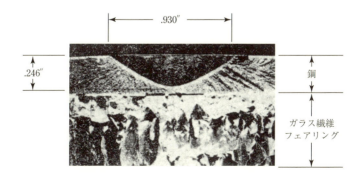

図 12-11 F-111 機の主翼後退中心点取付部での鍛造欠陥 (Buntin[7] より引用)

境条件および使用に対する欠陥の限界サイズにより決定された.

B. ジェットエンジン要素

2001 年 1 月 2 日，ウォールストリートジャーナル (Wall Street Journal) の第 1 面の General Electric Aircraft Engines (GEAE) の CF-6 エンジンに関する記事が注目を集めた．これらのエンジンは DC-10 や A300，ボーイング 747 といった Boeing や Airbus Industries の航空機で広範囲に動力の供給に用いられている．これらのエンジンのほとんど 6,000 機が使用中であり，破損も非常にまれである．1 つ目の問題は 1991 年に表に現れたもので，**静疲労**として知られる割れが鍛造チタン合金製の**スプール**として知られる圧縮機要素の検査で発見された．これ以来このタイプの割れは 2 例の離陸時のエンジン破損を，3 例目は離陸失敗の際に生じた．幸いにもこれらの接損により死人やけが人はでなかった．このタイプの疲労き裂の原因は十分に理解されていないが，熱間鍛造工程の間にビレットが極度に変形しない方位敏感な大結晶粒 Ti–6Al–2Sn–4Zr–2Mo のようなある種のチタン合金に開発につながった．このタイプの疲労はピーク応力の保持期間によって加速されると考えられており，静疲労と定義されている．

2 つ目の問題は 2000 年 4 月に発見された．エンジン翼を含んだリングのロッキング部でき裂が発生し，リングを回転させ，ケーシングを摩耗させ摩耗分を発生させた．この状況を改善するために，GEAE は翼を守るために新しいロッキング機構を開発した．

これらの問題は，取替え部品が組み込まれるまでに，超音波検査方法の使用を含むさらに徹底的な診断プログラムを必要とするであろうし，スプールの使用寿命は離陸 15,000 から 12,500 回に減少した．明らかに重要な経済的考慮もある．たとえば，スプールの検査には現在エンジン全体の分解，組立てに 60 日を要し，検査されたエンジンが不足する．このため，GEAE は検査期間を 1 週間程度に減らそうと努力し，コンピュータ化した検査器具を開発中である．

VIII. 事例研究：模造品[8]

下記の事例は模造部品が重要な役割を演じた破損についての記述である.

4 個のエンジンを有するプロペラ輸送機が左側の主車輪部品が分離し，着陸した．その航空機は滑走路をはずれ，翼と左側エンジンから出火した．以前の離陸

の際発生していた着陸用ギアのトラニオン (時折回転し, 傾けることができるピン あるいはピボット) アーム軸の折損が事故の原因であった. 連続するビーチマーク がトラニオンアームの破面に見いだされ, 疲労が関与したことを暗示した. しか しながら, 詳細調査において, 疲労ストライエーションの証拠がなく, 粒界破壊 が観察された. トラニオンアームは応力腐食割れが原因で折損したと結論された.

そのトラニオンアームは細粒で, 硬化させ焼き戻された 4340 鋼で製造された. 使用中に過度に摩耗し, 分解修理中に摩耗したトラニオンアームの寸法をもとのレ ベルまで戻すためにクロムめっきが施された. クロムめっきの下で破壊近傍に, 通 常の粒界き裂が見いだされ, そのうちいくつかはクロムめっきまで連続しておらず, それらはめっき割れによらなかった. これらのき裂は, 約深さ 0.5 mm (0.02 in) で事故の 18 ケ月前に硬いクロムめっきを施す前に分解修理時に施されたグライ ンディング作業時に発生した過熱により形成されたサーマルチェックであると結 論づけられた. 適度に磁粉探傷検査が行われておれば, これらのき裂は検出され ていたであろう. 通常, 粗いグラインディングによる局部過熱は, 浅い変態した 未焼き戻しマルテンサイトを残しているが, 粗削りの後の細かいグラインディン グは, このケースと同様に, この層を消し去ることができる.

破損したトラニオン軸と破損した着陸ギアの満足すべき類似のトラニオン軸を 比較するとある種の違いが顕著である. 破損軸は並より細く削られ, めっきによ り正しいサイズに戻され, 未破損軸はめっきの前に単点ジグにより旋盤で加工さ れている. 破損軸はグリットブラストされ, ショットピーニングされていないが, 未破損軸はショットピーニングされている. 破損軸のめっきにおける細かいき裂 網は典型的な高速, 低き裂めっき浴によるもので, 未破損軸のめっきにおける大 きなき裂網は典型的な通常用いるクロム/硫酸浴によるものである. 未分解点検設 備仕様によるもので, 破損トラニオンはそうではなかった. 破損トラニオンは標 準以下の模造部品であったと結論された. すべての製造者および分解点検設備は 本来の設備製造者 (OEM) により指定された部品のかわりに安い部品を置き換え ることに関して警戒しておく必要がある.

IX. 間違った合金の使用, 熱処理の誤りなど

合金の不適切な同定は別の破損原因である[2]. たとえば, モネル合金を 304 ス テンレス鋼と間違えると, ステンレス電極でモネルを溶接し, モネルの銅含有量 が溶接部の赤熱脆化割れのために脆い継手となる. 他の例では, 304 に対する 430

368   12 欠　陥

ステンレス鋼の置き換えがある.

　使用中の破損では,高温高圧パイプラインにおける Cr–Mo 鋼に対して炭素鋼が置き換わった例がある.そのような混同のゆえに,主蒸気発電プラントにおける全過熱管は少なくとも 2 例で置き換わらねばならない.混同は溶接パイプがシームレスパイプに置き換わるという潜水艦構造においても発生した.疑いもなく,多くのこの種の事例がある.そのような問題を最小にするために,部品は適度に電気ペンでスタンピングしたりエッチングしたりすることを推奨する.しかしながら,この方法ですら安全ではない.適当に同定されても不注意な選定のゆえに間違った合金に置き換えられる場合がある.

　不適切な熱処理から問題が生じることがある.溶接構造物において焼き入れ,焼き戻された HY-80 合金が指定されていたが,同一鋼が焼鈍された状態で使用された.焼鈍鋼の低靱性が水素誘起割れを引き起こした.

　金属部品の印字マークが特に繰り返し用いられる部品,たとえば金型において,き裂発生箇所になることがある.焼きラベルを有する木製ベースボール用バットに "ラベル面を前にして決してボールを打つな" との警告が思い出される.しばしば,この種の良い助言は製造者によって無視される.

X. ま　と　め

　欠陥はしばしば早期破損の原因となる.本章ではより通常タイプの欠陥について記述した.欠陥の回避は良い品質管理と検査方法を伴う.

参　考　文　献

[1] *Fracture Surface Replicas*, The Welding Institute, Abingdon, Cambridge, UK, 1973.

[2] H. Thielsch, *Defects & Failures in Pressure Vessels and Piping*, Reinhold Publishing Co., New York, 1965.

[3] C. Larrainzar, I. Korin, and J. Perez Ipiña, Analysis of Fatigue Crack Growth and Estimation of Residual Life of the Walking Beam of an Oilfield Pumping Unit, *Eng. Fail. Anal.*, vol. 17, 2010, pp. 1038–1050.

[4] The Alexander L. Kielland Accident, Norwegian Public Reports, NOU 1981:11, Oslo, Norway, 1981.

[5] C. E. Witherell, *Mechanical Failure Avoidance*, McGraw-Hill, New York, 1994.

[6] W. F. Hosford and R. M. Caddell, *Metal Forming*, 2nd edition, Prentice-Hall, Englewood Cliffs, NJ, 1993.

[7] W. D. Buntin, Concept and Conduct of Proof Test of F-111 Production Aircraft, *Aeronautical J.*, vol. 76, no. 742, Oct. 1972, pp. 12–27.

[8] T. W. Heaslip, "Failure of Aerospace Components," in *Metallography in Failure Analysis*, ed. by J. L. McCall and P. M. French, Plenum, New York, 1978, pp. 141–165.

問 題

12-1 鋼の突合せ溶接の余盛角が疲労応力範囲 $\Delta\sigma$ に及ぼす影響は，2×10^6 回，$R=0$ において $\Delta\sigma = 120[2-\cos(\theta-\pi/2)]\,\mathrm{MPa}$ で与えられる．ここで θ はラジアンで表した余盛角である．

(a) $\pi/2 < \theta < \pi$ ラジアンの間の θ の値に対して，$\Delta\sigma$ の値を θ の関数としてプロットせよ．

(b) 鋼の引張強さは $600\,\mathrm{MPa}$ である．グッドマンの関係を用いて，$R=-1$ の荷重条件に対する 2×10^6 回における応力幅 $\Delta\sigma$ を決定せよ．

比較のために，(a) と同じグラフ上に θ の関数として $\Delta\sigma$ をプロットせよ．

12-2 オイル配管組立て部のエルボ組立て部品が使用中に破損した．組立て部品の要素は 6061-T6 アルミニウム合金製であった．各組立て部品に期待されていた使用寿命は少なくとも 10 年であるが実際の寿命は 6 か月から 1 年であった．2 個の組立て部品が破損原因の決定のために研究室に戻された．1 個 (図 12P-1a) はねじが切られたボスが溶接部でエルボから分離された．次に，破損はフランジ近くのエルボの破壊が原因とされた (図 12P-1b)．調査はエルボ壁部の溶け込みが 1 個目の組立て部品において全体的に不足していることを明らかにした．さらに溶接部の破面には V 切欠の先端でビー

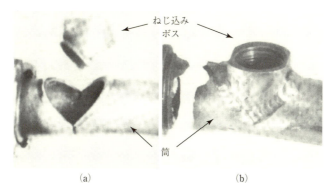

図 **12P-1**

チマーク，V切欠の頂部でディンプルが見られた．ねじが切られたボスおよび管の硬さは 102 HB (ブリネル硬さ) であり，腐食の兆候はなかった．

第2のエルボ (図 12P-1b) について研究がなされ，ねじが切られたボス部に接続している溶接部が破損しており，ユーザーにより再溶接されて使用のために戻されていたことが判明した．第2の破損はフランジ近くの管で生じていた．破面にはビーチマークおよびディンプルが異なった領域に見られた．破面近傍の硬さは 53 HB より小さかった．製造工程は溶接後組み立て部品が T6 焼戻しに合わせて溶体化処理され，時効と規定されていた．

(a) Al6061 の化学組成を見いだせ．

(b) T6 処理条件を見いだせ．

(c) T6 処理における Al6061 の硬さを見いだすか見積もれ．

(d) 第1のエルボに関し考えられる破損原因について議論せよ．

(e) 第2のエルボに関し考えられる破損原因について議論せよ．

(f) 提供された情報にもとづき破損の根本的原因を見いだすことができなければ，どのような実験が考えられるか？

13 環 境 効 果

I.　は　じ　め　に

　一定応力や交番応力と組み合わされた腐食は，いくつかの破壊過程において重要な役割を演じる．環境，応力そして合金の相互作用は非常に複雑で，いくつかの場合においては正確なメカニズムに至らず同意が得られていない．それにもかかわらず，巨視的なレベルでは環境が破壊を促進するという有害な効果について十分な証拠がある．腐食は時間依存性の現象であって，その効果は使用されて何年も経過しないとわからない．これは重要な考慮すべき事柄であり，それは，多くの構成部品は実際に使用が承認される前に短時間のテストしか課されておらず，長期使用された飛行機の場合のように，使用に際して腐食の時間依存効果を考慮する必要がある．本章では，いくつかの腐食過程の基礎的様相について概説し，各種の腐食が関与した破壊について議論する．

II.　定　　　義

　(a) **腐食**：環境との化学反応あるいは電気化学反応による金属の劣化．

　(b) **応力腐食割れ (SCC)**：腐食と外部 (負荷) あるいは内部 (残留) 応力の組合せ下で生じるき裂による破壊．き裂は粒界か粒内で，金属と腐食性媒質体に依存する．

　(c) **水素脆化**：水素の吸着により金属の全体的な延性が低くなる状態．水素添加された鋼製引張試験片は添加されない試験片に比較し，パーセント表示の伸びおよび絞りが減少する．破壊モードはへき開，粒界あるいは延性破壊であるが，延性破壊の場合は水素が添加されていない試験片に比較し，ディンプルは添加されていない試験片に比較し，多数でより浅い．水素脆化は室温で最も厳しく，遅れ破壊か時間依存性のき裂となる．水素脆化は水素助長割れともいわれ，結合強さの減少による原子レベルでの脆化か局部的塑性変形を促進する．

– 371 –

372   13 環 境 効 果

(d) **水素誘起割れ (HIC)**：水素脆化の一種である．HIC は負荷応力や残留応力がない状態で金属基の中で 2 つの水素原子が結合し，H_2 分子を形成する結果生じる．この反応は介在物界面のようなところでよく生じる．2 つの水素原子からの水素分子の形成は局所的な圧力上昇を招く特定の場所で，ますます多くの分子がつくられるとその場所が表面近くであれば，ブリスターができる程度まで圧力は上昇する．表面から遠い場合は，割れの形成や成長が起こり，多くのそのような割れが形成されればそれらはつながり，破壊に対する抵抗力を著しく劣下させる．外力がある場合，原子と格子の相互作用による水素脆化と HIC を区別することは難しい．

(e) **水素侵食**：鋼への水素拡散により生じる高温での問題で水素が炭素と結びつき，メタンガスを形成し，鋼の中に気孔を生じる．

(f) **液体金属脆化**：アルミニウムが水銀のような液体金属と直接接触し，オーステナイト系鋼が溶融亜鉛と接触し，あるいはフェライト系鋼が溶融鉛に接触し延性を失う．

(g) **腐食疲労**：純粋に機械的な疲労過程に及ぼす，外気を含む有害な環境の影響．

(h) **局所的変形**：微視的狭帯域における転位の移動を含む塑性変形．

(i) K_{ISCC}：特定の合金と環境下におけるにモード I 応力腐食割れの応力拡大係数の下限界値．

III. 腐食過程の基礎

電気化学的水溶液腐食過程の基礎的な様相は，アノード (陽極) において金属が溶解し，カソード (陰極) において電子の移動することである．典型的な溶解反応は次のように書くことができる．

$$M \rightarrow M^{2+} + 3e^- \tag{13-1}$$

この反応は，電子を自由にするということから，**酸化反応**といわれる．典型的なカソードでの反応は次のように書くことができる．

$$2H^+ + 2e^- \rightarrow H_2 \tag{13-2a}$$

この反応は，電子を消費することから**還元反応**といわれる．溶存酸素を含む中性およびアルカリ性の溶液中において重要な別のカソード反応は，

$$2H^+ + \frac{1}{2}O_2 + 2e^- \rightarrow H_2O \tag{13-2b}$$

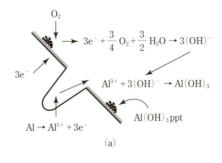

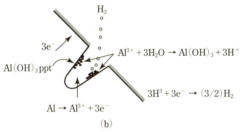

図 13-1 アルミニウムの腐食ピット (腐食孔) における反応. (a) 酸素が関与する還元過程, (b) 水素が関与する還元過程.

電気化学的腐食過程では, 全アノード電流 I_A と全カソードの電流 I_C が等しいことが基本である. 図 13-1 はアルミニウムにおける腐食ピットで生じる反応を示し, 図 13-1a は酸素を含む還元過程, 図 13-1b は水素を含む還元過程である.

ファラデーの法則は, 一定期間にアノードから溶解するグラム単位での質量を与える. 応力腐食割れのいくつかのモデルの中には, 割れ先端でのアノードの溶解が想定されている. この法則は以下のように導き出される.

1. 金属イオンは z の電荷をアノードからカソードに運ぶ. z は原子価である. これは $z \times 1.602 \times 10^{-19}$ クーロンに相当する.
2. もし, N モルがアノードからカソードに移動したとすると, 移動したクーロンは $N \times (A_v \times z \times 1.602 \times 10^{-19})$ クーロンになる. A_v はアボガドロ数 6.022×10^{23} である.
3. このクーロン数は次のように表すことができる.

$$N \times z \times 1.602 \times 10^{-19} \times 6.022 \times 10^{23} = N \times z \times 96{,}519 \text{ クーロン} = N \times z \times F$$

ここで, F はファラデー定数 $= 96{,}519 \, \text{C/mol}$ である.

4. 電流は1秒あたりのクーロン数であり，$I_A = N \times z \times F/t$ となる．

5. 上記の関係は $N = I_A t / zF$ と書き直すことができる．

6. この表現をアノードからのグラム単位での金属重量損失に変えるために，上記の式の両辺に分子の重さ W (g/mol) をかければ，

$$NW = \text{グラム単位での全重量損失} = M = WI_A t / zF \tag{13-3}$$

これがファラデーの法則である．この表現は全アノード電流 I_A で再整理することができる．

$$I_A = M_Z F / Wt \tag{13-4}$$

ファラデーの法則は電流密度 i に関しても書くことができ，$i_A = I_A / A$，つまり $M = Wi_A t / AzF$ となる．A はアノードの面積である．SCC の間にこの反応を進ませるためには，き裂の先端における酸化物保護被膜を破壊する必要がある．き裂先端の塑性域において塑性変形を続けるには，保護皮膜下の金属を腐食性環境にさらす必要がある．さらに塩化物イオンが存在すれば，塑性変形により，酸化被膜をより簡単に破壊することにより，酸化被膜を弱める役割を演じる．

カソード反応には水素イオンが含まれていることも注目する．もし電子と結びつくかわりに，それらの水素イオンが金属中に拡散したら，特にカソードとアノードがかなり近い場合には，水素脆化の可能性が生じる．

金属イオンがつくられるとき，アノードでは電子が自由になり電位が生じる．この電位は，金属イオンのモル液で以下の典型的な可逆反応が起こったとき，標準電極に関して測定される．

$$\text{Fe} \leftrightarrow \text{Fe}^{2+} + 2e^- \tag{13-5}$$

この方法により，様々な金属元素について，電位列に類似の電気化学的電位の表がつくられている．可逆水素還元反応

$$2\text{H}^+ + 2e^- \rightarrow \text{H}_2 \tag{13-6}$$

の電位をゼロとすると，それは標準参照電位となる．式 (13-5) の電位は，0.440 ボルトで標準水素電極電位より低い．もし還元反応の過程に水素より酸素を含んでいた場合，還元反応は以下のようになる．

$$\text{O}_2 + 2\text{H}_2\text{O} + 4e^- \rightarrow 4\text{OH}^- \tag{13-7}$$

この可逆反応は，標準水素電位より上の 0.82 ボルトの電位で起こる．

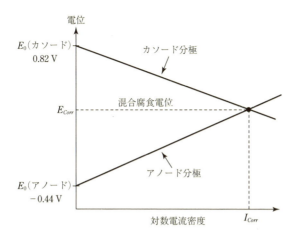

図 **13-2** 電位と対数電流の線図

腐食過程での実際の電位は酸素電位 +0.82 ボルト (もし溶存酸素が水素イオンより豊富ならば) と金属の電位, 鉄なら −0.44 ボルトの間におさまる. 実際の電

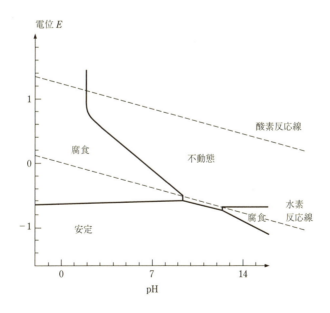

図 **13-3** 鉄のプールベ線図の概略

位は混合腐食電位E_{corr}とよばれ，それは対応している腐食電流密度と関連づけられる．電位が変わる過程は**相互分極**とよばれ，アノードからカソードへの電子の流れの結果生じる．この情報は図13-2のように，電位–電流図に示すことができる．

　プールベ(Pourbaix)線図または電位–pH図は水溶液腐食の間に形成される熱力学的に安定な相を示す．図13-3は，水溶液中における鉄のプールベ線図を簡略化したものである．図13-3で上の破線は式(13-7)で与えられた反応を表し，下の破線は式(13-6)で与えられた反応を表す．酸素反応線上における電位で，酸素が発生する．水素反応線下における電位では，水素が発生する．2つの線の間では水は安定である．かつては，電位とpHの値がこれらの2つの線の間におさまれば，応力腐食割れ過程は水素を含まず，アノード溶解が割れの過程をコントロールしていると考えられていた．しかしより最近では，き裂先端におけるpHの測定から，pH値は全体値よりも随分低いことが示された．そのため，与えられた電位におけるき裂先端におけるpH値は水素反応線より下の値になり，水素が発

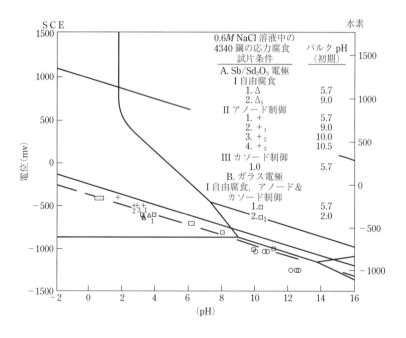

図**13-4**　4340鋼のき裂先端の電位をき裂先端のpH値を関数として示したプールベ線図 (Brown[13]より引用)

生し,水素脆化の可能性があることを意味している.図13-4は,高強度鋼の状態例である.

IV. 環境助長割れ

現在,割れ過程における環境の影響に関係する4つのメカニズムがある.1つ目のメカニズムは,成長するき裂先端における皮膜の繰返し破壊と再修復にもとづくものである.2つ目のメカニズムは,き裂先端におけるアノード溶解過程にもとづくものである.3つ目は,原子結合を弱めたり,局部変形の促進を含む液体金属脆化である.4つ目は水素助長割れであり,水溶液腐食が最も一般的な腐食なので,多くの場合水素助長割れに対する電位が存在する.水素助長割れには,2つの重要な理論がある.1つは水素が原子結合を弱め,脆化するというものである.もう1つは,水素が局部的な塑性変形を促進し,高せん断ひずみを生じ,局部的すべり帯の内部で破壊するというものである.実際は単一メカニズムではなく,1つか他のメカニズムが与えられた状況下で作用しているかもしれない.実際的見地から,水素助長割れが生じる状況を知り,適当な防食手段をとることが重要である.

図13-5はどのようにして応力腐食割れが自由表面から成長していくかについての模式図を示している.図13-6はカートリッジ黄銅における被膜破壊モデルによるSCC進行過程を示している.

SCC試験は平滑,切欠および予き裂試験片で行われる.標準であるが厳しい環境である沸騰塩化マグネシウム溶液中における平滑ステンレス鋼試験片の結果を図13-7に示す.他の合金と同様,ステンレス鋼のSCCでは典型的な分岐き裂が観測され,このき裂の形(図13-8)と,通常1本の主き裂が観察される疲労き裂

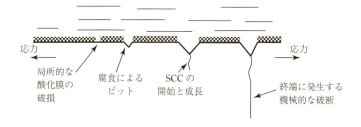

図 13-5 表面で成長する応力腐食割れの模式図 (Brown[14]より引用)

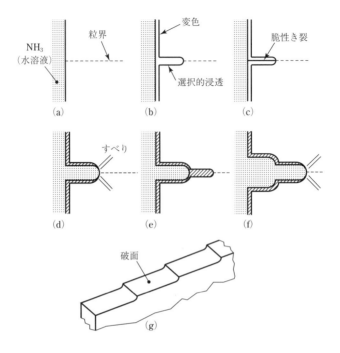

図 13-6 変色液内の黄銅に対する膜破壊モデル (Pugh[15] より引用)

は区別される.図 13-9 は応力腐食割れの成長速度を K の関数として表した模式図である.図 13-10 はアルミニウム合金の予き裂付試験片の結果を示している.注目すべきは,き裂進展速度が一定になり,K 値に依存しない平坦部が存在することである.この平坦部はき裂先端における液中の腐食性物質の拡散が制限されるために生じる.最も遅いき裂進展速度で K_{ISCC} 値に限りなく近づく.SCC を避けるために確立した安全限界における欠陥寸法の影響を図 13-11 に示す.この場合平滑材の条件下で見いだされる下限界値は応力拡大係数が限界となる欠陥寸法が 1.5 mm のところに設定されている.この挙動は機械的疲労において見られる同様な現象に類似している.長く,浅い表面欠陥に対する応力拡大係数は,

$$K = \sqrt{\frac{1.2\pi\sigma^2 a}{1 - 0.212(\sigma/\sigma_Y)^2}} \tag{13-8}$$

として与えられる.

もし上限値として,σ が σ_Y に等しいとされると,K_{ISCC} における臨界き裂長さである a_{cr} 値は,

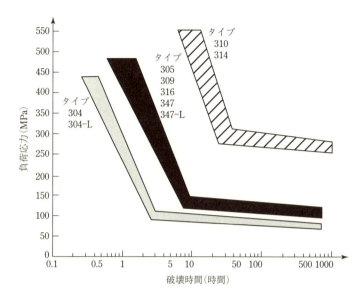

図 13-7 沸騰塩化マグネシウム液中のオーステナイト系ステンレス鋼の相対的な SCC 挙動 (Denhard[16] より引用)

$$a_{cr} = 0.3 \left(\frac{K_{ISCC}}{\sigma_Y} \right)^2 \tag{13-9}$$

と表され，$K_{ISCC} = \sqrt{5a_{cr}}\sigma_Y$ である．この最後の関係は，K_{ISCC} と σ_Y の図で傾き $\sqrt{5a_{cr}}$ 直線として描かれる．その関係は，与えられた a_{cr} と σ_Y に対して，応力腐食割れの成長を避けるために必要な K_{ISCC} 値を与えている．図 13-12 は，σ_Y の関数としていくつかのき裂長さについての K_{ISCC} の値を示しており，多くのチタニウム合金について K_{ISCC}–σ_Y の実験データを含んでいる．a_{cr} に相当する，σ_Y が 827 MPa (120 ksi) より少し上の Ti–8Al–1Mo–1V についての K_{ISCC} がかなり低いことに注目せよ．比較的高強度という理由で，かつてアメリカ海軍はこの合金を潜水艦の船体材料として考えていた．その合金は平滑材における応力腐食割れ試験では十分な結果を示したが，K_{ISCC} 値が低いためにそのような適用への考えは排除された．

外部から電流を流すか，犠牲陽極の使用によるカソード防食は，図 13-13 に示すように SCC の進展速度を低下させるのに用いられる．しかしながら図 13-14 に示すように，腐食電位の大きな減少がより高い i_c を維持するためにカソードで必要とされる多量の水素による水素脆化を生じさせる．それゆえに，電位減少効

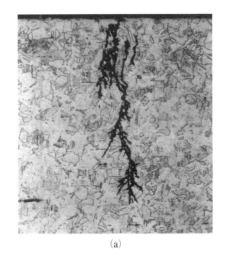

(a)

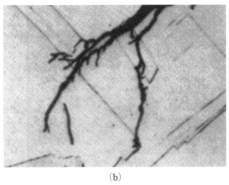

(b)

図 **13-8** AISI 304 オーステナイト系ステンレス鋼の SCC 分岐き裂の例 (Brown[14] より引用)

果はアノード電流を減少させ,カソード電流を増加させるということである.

V. 事 例 研 究

A. ばねの損傷

水素助長割れを伴う損傷は不連続なき裂成長を含む遅れ破壊である.それらはしばしば警告なく厳しいかあるいはとてもひどい災害を生じる.たとえば,防火

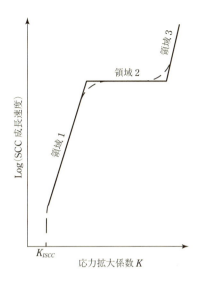

図 13-9 応力拡大係数 K を関数とした SCC 速度の模式図. 領域 III はそれほど重要ではなく, しばしば欠落している. 領域 I はいくつかのシステムでは欠けている. 領域 I と II はここで示されるように必ずしも直線ではなく, 大きく曲がることもある (Brown[14] より引用).

システムにおけるケースに入った予圧縮されたばねを考える. 火事の場合, 低融点成分が溶けて, ばねを開放し, 散水装置を作動させる. しかしながら, もしめっき処理のゆえにばねが水素を含んでいるか, あるいは水素吸収により腐食していれば, 必要時よりも前に損傷するかもしれない. そのような破損は未検出のまま残り, 災害に対し明白な可能性を有する防止装置を無駄にしてしまうのである. 腐食の程度は表面状態に依存し, 同一使用条件下では, 十分研磨された表面では粗い表面に比較し腐食しにくい.

ばねの損傷は, ばね材料が意図する使用に対して不適当に用いられることによって生じる[1]. たとえば, 圧力解放弁が, 装置内圧力が 7.6 MPa (1,100 psi) 以上の圧力において, 高圧装置からガスを放出するために供給された. そのガスは 20°C (68°F) で 1,000 ppm の H_2S を含んでいた. 高強度の圧縮コイルばねを含んだバルブは安全弁の特有な作用に欠かせないが, H_2S 環境の影響に耐えられなかった. 幸いに解放弁は作動への要求がなく, 使用して 9 か月後ばねが破壊しているのがわかった.

NACE スタンダード MR-01-75[2] は, 水素助長割れの一種である硫化応力腐

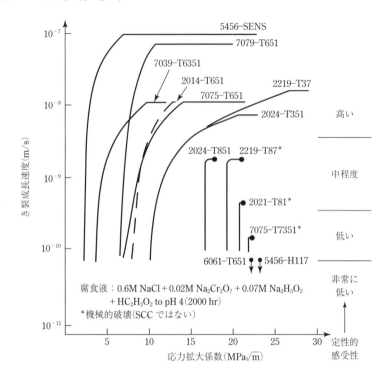

図13-10 アルミニウム合金の応力拡大係数を関数としたSCC成長速度 da/dt で，水平域が示されている (Brown[14]とSprowlsら[18]より引用).

食割れ(SSC)耐える材料選択に関する情報を提供している．その基準は図13-5にVで示すように，H_2S 1,000 ppm, 全応力 6.9 MPa (1 ksi) の使用条件に対してSSCに耐える材料選定について示している．MR-01-75ではそのような使用条件下でばねに対して適用可能な材料を一覧できる．許容硬さは通常はロックウェルCスケール硬さHRC22以下に制限されているが，一方で損傷したばねは硬さHRC45-50を有するマルテンサイト系ステンレス鋼であった．この損傷は明らかに H_2S の存在による水素助長割れの危険性への認識不足によるものであった．

B. はしご桟の損傷

はしごの桟は高圧線を支えている塔に作業者が上るために使用される．塔の低層部では子供が塔に登るのを防ぐために桟は除去されている．作業者は塔に上る

V. 事例研究　383

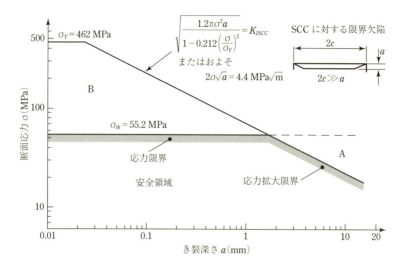

図13-11　欠陥深さと応力の関係．アルミニウム合金 7079-T651 板について応力限界 (微小き裂) の境界と下限界応力限界 (大きなき裂) の境界を示している (Brown[14] より引用).

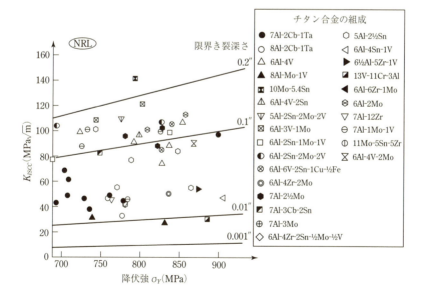

図13-12　海水中のチタン合金の KISCC データ．限界欠陥寸法が KISCC と降伏強さレベルの関数として示されている (Brown[14] より引用).

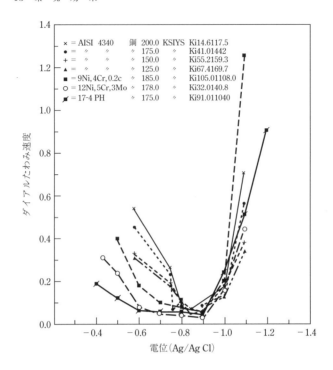

図 **13-13** いくつかの鋼の応力腐食割れ速度に及ぼすさまざまな陰極防食度の影響 (Brown[14]から引用)

ときに隙間に持ち運び可能な桟を取り付け，塔を下りるときに取り除く．桟は冷間成形された1018焼鈍し鋼棒でつくられ，水平桟と溶接された2個の垂直脚から成り，塔には隙間にはめ込んだ部品がある．あるとき，桟を隙間に入れ込むときに横木が損傷した．損傷原因調査は次の通りであった．破面様相は，図13-16に示されている[1]．冷間加工の後，桟は塗料の付着を改善するために塗装前に清掃され，リン酸塩処理されていた．図13-16下部分の暗い領域はリン酸を含んでおり，この領域においてリン酸塩処理過程で水素助長割れが生じていたことを示している．暗い領域に隣接する破壊はへき開機構により生じた．図の上側の残りの部分の損傷は延性破断過程により生じた．

水素はリン酸塩処理過程で生まれるが，一般的に1018鋼のような低強度鋼では割れは引き起こさない．しかしながら，この場合，鋼特性が冷間加工によって変えられていた．曲げの内部での局部硬さは最初の強度が496 MPa (72 ksi) であっ

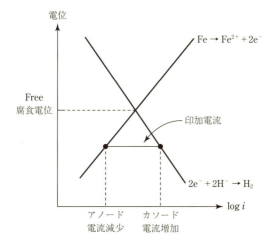

図 13-14 陰極防食による鉄の腐食速度低減に及ぼす印加電流の影響

たのに対し，引張強さ 827 MPa (120 ksi) の硬さと同等であった．さらに，曲げの作用により曲げの内部で引張残留応力を生じさせた．高硬度，引張残留応力および水素イオンの組合せがき裂を形成させた．このき裂問題の解決策は比較的簡

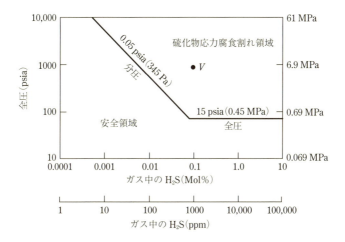

図 13-15 酸性ガス系における硫化物応力割れ (SSC) に対する鋼の感受性の限界を示すグラフ．V 点は空気抜きバルブスプリングに見られる条件を代表している (NACE Standard MR-01-75-1980 より引用).

386   13 環 境 効 果

図 13-16　はしご段破壊の様子 (*Materials Characterization*, vol. 26, A. J. McEvily and I. Le May, Hydrogen assisted cracking, pp. 253–258, ⓒ1991, Elsevier Science[1]の許可を得て転載)

単である．加工後に脚の溶接に使用される溶接トーチからの炎が曲げ部をさくらんぼ色にし，桟を空冷する．この手順によって鋼を軟化し，引張残留応力を除去し，水素助長割れに対する材料抵抗を与えることができる．

VI. オイルおよびガスパイプラインの割れ

オイルおよびガスパイプラインの損傷防止は石油産業において重要な関心事であり，ASME および API 規準がパイプライン用鋼の規格，製造および検査に広く用いられている．にもかかわらず，平均すると1日に2件の腐食誘引の漏れや破断による損傷がカナダのアルバータのみで発生していた[3]．パイプラインは腐食防止のために瀝青層によりコーティングされ，パイプラインが海底に置かれるのであれば，外部損傷から保護するためにコンクリートで包まれる．さらに腐食防止のために，外部電流やアルミニウムやマグネシウムなどの犠牲陽極による陰極防食が施される．内部腐食の制御に関して最も広く用いられる方法はインヒビターを用いることである．もしオイルを含んでいるパイプラインが損傷すれば，製品の損失のみならず，環境破壊につながる．圧力のかかったガスパイプラインが損傷すると，生命にかかわる爆発が起こるばかりでなく，1 km (3,280 ft) 以上の長さのパイプラインがガス圧の解放が原因というよりも，早く走るき裂によって

破壊されるかもしれない.

これらのパイプラインは**スマートピッグ**(パイプ内部の評価システム) として知られている内部の電磁気あるいは超音波検査装置により調査することができ, オイルやガスを含んだパイプラインの内側に沿って動き, 壁の厚さおよび腐食損傷量を測定し, 傷および欠陥を検出する. さらに, 放射線および超音波検査のような非破壊検査技術を用いた外部検査が, 溶接部の欠陥をチェックし, 壁厚の決定に用いられる. 経済的考慮から, リスク制御が腐食そのものの制御よりもより高く優先される[4]. リスク R は, 破損の率 P に破損の結果 C をかけて定義される.

$$R = P \times C \tag{13-10}$$

たとえば, より高い破損確率は破損結果が僻地においてより少ないので, 密集居住地域よりも僻地において許容されるかもしれない.

一般的な腐食に加え, 特に硫化水素が湿ったガスやオイル中に含まれるとき, 水素助長割れによるパイプライン破損への関心が高い. 硫化水素ガス濃度が 20 ppm よりも少ないガスは, **スウィートガス**として知られている. そして H_2S による問題は厳しくない. しかしながら, H_2S 濃度が 20 ppm を越えると H_2S の有害な影響は顕著になり, この理由のため, **サワーガス**といわれる. H_2S が関心事である理由は H_2S が水中で分離すると硫化物陰イオンが「毒」として働き, 水素イオンの金属中への浸透を促進する. 水素イオンは鉄と湿った硫化物との腐食反応により生成される[5]. パイプラインにおいて, 水素ぜい化 (HIC) が原因で形成される鋼のき裂は, しばしば界面が弱く, 水素がトラップされるマンガン硫化物ストリンガーで発生し, それに沿って成長する. 平面き裂は, 集中が最も大きいが, パイプそのものの組織信頼性を減ずるものではないが, パイプ中間肉厚部近傍のマンガン硫化物粒子に形成する. しかしながら, いくつかの同一平面にないき裂が短い放射状のき裂により連結し, **階段状き裂**を形成, フープ応力の影響下で破壊に対する臨界き裂長さに到達するかもしれない.

埋設パイプラインにおけるき裂は土壌とパイプ間の電位差により発生する. たとえば, 壁厚 7.8 mm (0.305 in), 直径 863.6 mm (34 in) のらせん状に溶接された X-60 等級球状化鋼製のパイプが API 規準 5L に従ってパイプライン製作に用いられた. ラインにおける最大許容圧力は 52 bar (775 psi) であるが, 42 bar (626 psi) の作用圧で漏れが発生した. そのラインは外部電流とマグネシウム犠牲陽極により陰極防食されていた. 破損位置において, 瀝青炭アスファルト皮膜がはがれており, 支持地面が陥没し, 鋼に低ひずみ速度で付加応力がかけられていた. き裂

はパイプの外側に発生し，マンガン硫化物の介在物に沿って成長していた．SEM観察により粒内擬へき開破面が明らかにされた．階段状き裂の傾向があるぎざぎざのき裂の様相は，き裂過程において水素が関与していたことを暗示している．

陰極防食はガスパイプラインの腐食防止に広く用いられている．しかしながら，パイプ–土壌電位が $Cu/CuSO_4$ 参照電極に対して $-850\,mV$ よりもより負になったとき，陰極防食中に水素の発生が起こりうる．あるケースでは，実際のパイプ–土壌の電位が $-1,100\,mV$ であり，水素発生には十分に負であった．さらに，犠牲陽極が鋼に直接接触し，さらに電位を低下させた．土の陥没によりよりゆっくりと塑性変形が生じ，鋼中への水素侵入を容易にしたと考えられた．この可能性をチェックするために，低ひずみ速度試験（ひずみ速度 $= 10^{-6}/s$）が鋼試験片について，人工的なやや塩からい地下水中で電位 $-1,100\,mV$ で実施された．破壊時のしぼりは通常値 60% ～30% 以下に低下し，この漏れは水素助長割れにより発生したと結論された[6]．

別の例[1]では，鋼製パイプラインに球状化組織を有するよう熱処理がなされ，相対的に低い降伏強さ [$414\,MPa$ ($60\,ksi$)] のために水素助長割れに敏感であるとは考えられていなかった．パイプラインは冬に地面におかれ，土壌および雪がその内側に取り込まれていた．夏の数か月まで洗浄されず，その時までにパイプラインの雪は溶けていた．パイプラインが横たえられていた地面は酸性表土およびアルカリ低層土からなり，水が混じると目に見える反応が生じた．夏にラパイプインの圧力試験を行ったときに，横たえたために応力が発生するパイプラインの曲がり部に多数の粒界割れが発生した．破損箇所には腐食生成物は存在せず，横たえたパイプラインの手入れを怠ったために水素助長割れが生じたという証拠が得られた．

応力腐食割れはパイプ温度が最も高いコンプレッサーステーション下流の送ガスパイプラインにおいて観察されてきた[7]．き裂は外表面上に発生し，黒色酸化物層が破面上に形成される．陰極防食電位により生成された水酸化物が，土壌中の CO_2 により炭酸塩–重炭酸塩環境に変えられるのでパイプコーティングの孔に生成された鉄炭酸塩あるいは重炭酸塩が，破面上で検出された．破壊は粒界破壊で，典型的な SCC であり，き裂は分岐していた．

VII. クラックアレスタおよびパイプラインの補強

長手方向き裂が長く走る可能性を減じるために，鋼製送ガスパイプラインに，鋼製リングがクラックアレスタ装置として用いられている．これらの装置はき裂が進展するにつれてパイプの開口を減じる効果がある．これは有効き裂ドライビングフォースを減じ，き裂を止めることができる．これは，き裂発生が必ずしも防止できないので，重大損傷に対して重要な2番目の防御ラインとなる[8]．

経済的な理由で，欠陥あるいは肉厚の減少が点検中に発見された部分を取換えるためにパイプラインの閉鎖は望ましくないことである．そのかわり，もとの部分の補強に"スリーブ管"が用いられる．このスリーブ管はもとのパイプラインをピッタリと囲む鋼製部品であり，そこに溶接される．部分修正法として，もとのパイプと外側の鋼製スリーブの間にエポキシー層を用いる．エポキシー層がおかれると，それは広がり，パイプライン内部の半径方向圧力に等しい圧力を生み出し，もとのパイプの荷重を取り除き補強スリーブに移す．

VIII. めっき問題

クロム，カドミウムあるいは亜鉛の保護皮膜の鋼への電気めっき中に多量の水素が金属表面に生成され，いくらかは鋼中に拡散する．高硬度鋼においてはこの水素が脆化を引き起こす．たとえば，亜鉛めっきした 28–36 HRC という鋼製ねじがたった2週間の使用で破損した．この特別な問題は，留め具がより低い硬さ，100 ロックウェル B 硬さ (HRB) の亜鉛被膜を施した留め具に交換することにより改善される．

めっきされた高強度鋼が使われねばならぬ所には，通常めっき後の構成部品を加熱する．室温における水素の溶解度はきわめて低く，1 ppm のオーダーである．めっき作業により水素が過飽和し，いくらかの水素はめっき作業の後に鋼の外に拡散するであろう．しかしながら，特にいわゆるトラップサイトには，かなりの量の水素が残留するであろう．水素濃度を減らすために，めっき後に通常，構成部品を加熱する．水素チャージした 4130 鋼を 150°C(302°F) で 24 時間加熱すると，脆性は略完全に取り除かれる[9]．

IX. 事例研究

A. 溶接棒[10]

オーストラリア，メルボルンの高速道路橋は図 13-17a のような高強度低合金鋼 [降伏応力 550 MPa (80 ksi)] 製の桁 (ガーダー) で支えられていた．ガーダーは建設場所で下部フランジにカバープレートを溶接することにより中央スパン部で補強された．カバープレートは図 13-17b からわかるようにフランジより幅が狭く，1 対の単層隅肉溶接によりフランジに機械溶接された．フランジの補強部と非補強部間の荷重移動をなめらかにするために，カバー用板幅は最後の 460 mm (18.4 in) にわたって，最大 325 mm (13.0 in) 幅から 76 mm (3.0 in) まで徐々に減じられた．勾配をつけた箇所はカバープレートの横端と同様に，手棒で 3 層隅肉溶接が溶接されたことに注意することが重要である．1 年の使用後，カバープレート端に進行性のき裂が生成し，スパンの部分的崩壊が生じた (図 13-18a 参照)．これらのき裂のいくつか (図 13-18b 参照) は下塗り用ペンキとき裂面のさびによって示されるように，しばらくの間存在する．すべての破壊はカバープレート止端部の熱影響部 (HAZ) に発生し，腐食生成物は見られなかった．

HAZ き裂は溶接棒のフラックス皮膜における水分からの水素が原因の水素助長

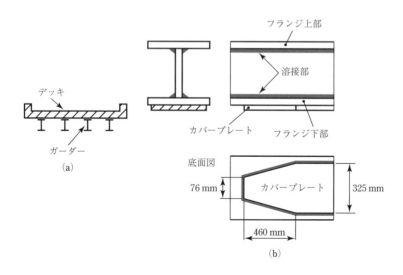

図 **13-17** (a) 橋の横断面，(b) カバープレートの端部近傍のガーダーの正投影図．

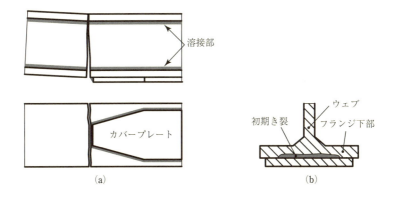

図 13-18 (a) 破壊の位置，(b) 初期き裂の位置．

割れの様相を呈していた．規準は低水素型のフラックス皮膜を要求したが，このフラックス皮膜は空気中から湿気を吸収した．したがって，使用直前に溶接棒を150°C (302°F) で30分間加熱することが決定された．しかし事故後，より高い温度が用いられなければならなかったことが決定された．さらに，手溶接において使われた溶接棒が置かれており，使用前に空気にさらされていたという証拠があった．

溶接の間，湿気は溶融池に溶け込み，HAZに拡散する水素を供給するので，フラックス皮膜に吸収される湿気に対する関心が生じる．HAZが冷えるにつれて鋼はますます水素で飽和し，オーステナイトからフェライト，ベイナイトあるいはマルテンサイトへの変態が起こり，鋼中水素の溶解度は著しく減少する．水素は金属から逃れ，あるいは転位，結晶粒界，粒子−マトリックスの境界面のような所にトラップされる傾向が強い．冷却の間に，溶接金属が収縮し，HAZに引張残留応力が生じ，溶接金属の硬さが増加する．引張残留応力は溶接止端部の不規則形状部における応力集中により，局所的により増加する．急速冷却はHAZ中に水素助長割れに敏感な，脆い，焼戻されないマルテンサイトを生じさせる．

メルボルン高速道路橋の場合，水素，引張残留応力および敏感なHAZの組合せにより観察された遅れ割れが生じたと結論付けられた．

B. 煙突の腐食[11]

直径 3 m, 高さ 123 m (403.6 ft) の排ガス煙突が銅含有耐候性鋼製 7 m 長の鋼管から作製された. 肉厚は下部の 38 mm (1.5 in) から上部の 19 mm (0.76 in) に変えられた. フランジは部品端で溶接され, ボルトで締結されていた 18 か月間使用後, 著しい腐食が上部 3 分の 2 の内筒表面で観察され, 1 mm (0.04 in) に及ぶ腐食減を示した. さらに, 疲労によるボルトの破損が上部と下部で見いだされた. 著しい内部腐食は煙突の上部 100 m (328 ft) の所で硫黄含排ガスが濃縮した結果 H_2SO_4 が生成されたことによるものであった. 腐食性流体はボルト接合部に流れ込み, 付加的な損害を引き起こした. 破壊したボルトの検査で, 煙突への繰返し風荷重よる疲労の証拠が示された. 疲労問題は, フランジの製作方法が原因でより厳しくなった. フランジは鋼管断面部に隅肉溶接され, 三角形の補強ガセット板が加えられた. これらの溶接作業は, 最初にフランジをボルトで締結することなく行われた. その結果, フランジが最終的にボルトで締結されたとき, 著しいゆがみが生じ, そしてそれはボルトの平均応力を増加させ, 変動する風荷重下で疲労抵抗を減少させた.

その後の修理は広範囲に及び, 上部内筒にステンレス鋼をライニングし, 各フランジの上にステンレス鋼製カバープレートを溶接し, 露点温度が煙突の縁の上で 150℃ (302°F) になるように煙突外部を完全に隔離し, 風誘起のふれを減じるためにマスダンパーを調整した.

C. 支持リング

1960 年代に, 溶接金属の完全溶け込みを保証するために突き合わせ溶接部側の蒸気パイプ内に支持リングを置くことが常識であった. しかしながら, (1) 溶接部ルートにおける応力集中, (2) 支持リングとパイプの間の界面は運転停止期間中に, 水相から発生する Cl^- のようなイオンが供給されやすく, 濃縮する場所である. ゆえに, このような場所での孔食領域にはしばしば分岐した応力腐食割れが発生することがわかった. その装置が最大荷重運転のみで長期間使用されたとき, 熱サイクルがき裂成長を助長していたかもしれない[11].

X. 家庭用銅管の孔食

銅管で運ばれる生活用水の pH レベルは腐食と孔食に影響を及ぼす重大要因である．一部の地方自治体において，pH は 7.5 のレベルで維持される．7 以下のpH 値は，配水システムにおいて配管から水に鉛が混入する心配があるために望ましくない．8 以上の pH 値は硬水となり，洗濯目的にやや不適切になるので，通常望ましくない．しかしながら，いくつかのコミュニテイでは水が多量の炭酸塩を含んでいる可能性があり，銅が腐食し化合物の生成を直接示す色を有する炭酸水酸化銅 [CuCO$_3$·Cu(OH)$_2$] という緑白物質の層をつくる銅管壁上に炭酸塩が析出するのを妨ぐために，8.5 以上という高い pH 値を維持する必要がある．疑わしい場所で，この銅の腐食は孔食として生じるかもしれず，ピットが成長するにつれて，銅管壁を貫通し，漏れが進展する．銅管継手部のはんだもまた心配である．適切なはんだのフラックスが亜鉛や塩化物のような銅の孔食を進めるとして知られている構成成分の濃度を最小にする．また，時間の関数として進展する最大腐食ピット深さが極値統計解析を用いて研究されていることが特筆される[17]．

XI. 高温における水素に関する問題

前述の例は室温における水素の影響に関するものである．高温では異なる水素関連の問題がある．たとえば，触媒分解装置で使用される炭素鋼が水素の金属中への拡散ために，強度を失ったことがわかった．水素は Fe$_3$C 内の炭素と結合してメタンを生成し，パーライト相を除去した．図 13-19[1]は，水素–メタン反応により生成されるメタンガスが原因で生じるボイドを有するミクロ組織を示す．このような問題はカーバイド安定化元素を含有する低合金鋼の使用によって回避できる．図 13-20 はネルソン線図といい，高温水素環境の使用の際材料選定を行うための重要な指標である．

XII. 高温腐食 (硫化)

ジェット機エンジンのニッケル基およびコバルト基の構成部は硫化として知られる高温腐食を受けやすく，燃料の硫黄量と関連する．環境中の硫酸ナトリウムは，部品上の保護皮膜の形成に必要な合金元素成分を減少させる．ニッケルが硫黄と化合するとき，融点は純粋なニッケルの 1,455°C (2,650°F) から 22% の硫

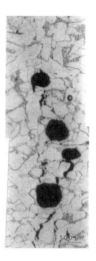

図 13-19　水素浸食の例 (*Materials Characterization*, vol. 26, A. J. McEvily and I. Le May, Hydrogen assisted cracking, pp. 253–258, ©1991, Elsevier Science[1] の許可を得て転載) (写真は Dr. Tito Luiz da Silveira, Rio de Janiero, Brazil 提供)

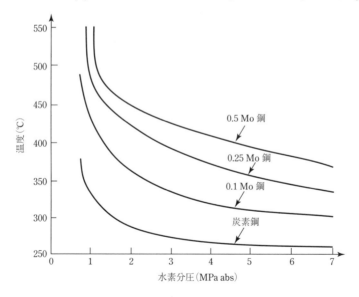

図 13-20　ネルソン線図 (API[12] より引用)

黄が含まれるニッケルの 635°C (1,175°F) に低下する．合金が皮膜によって保護
されなければ，過度なクリープや粒界破壊が生じる．エンジン内を通る高速流体
はエロージョン–コロージョンといわれる過程により材料損失を生じさせる．

XIII. ま　と　め

腐食過程は，断面減少，エッチピット，応力腐食割れ，そして疲労き裂伝播速
度の加速により疲労と破壊に対する抵抗を劣化させる．さらに，腐食過程はその
後脆化を生じる材料中への水素の侵入をもたらす．厳しい環境条件が予想される
ところにおいては，環境の影響を克服する最適な材料選択への考慮が特に重要で
ある．

参　考　文　献

[1] A. J. McEvily and I. Le May, Hydrogen Assisted Cracking, *Mater. Char.*, vol. 26, 1991, pp. 253–268.

[2] NACE Standard MR-01-75 (1980 rev.), Sulfide Stress Cracking Resistant Material for Oil Field Equipment, NACE, Houston, TX ,1980.

[3] *Pipeline Performance in Alberta 1980-1997*, Report 98-G, Alberta Energy and Utilities Board, Calgary, Alberta, Canada, December 1998.

[4] R. W. Revie, Trends in Corrosion R& D, with a Focus on the Pipeline Industry, http://www.nrcan.gc.ca/picon/Journal/2000/paper1.asp.

[5] D. A. Jones, *Principles and Prevention of Corrosion*, Macmillan, New York, 1992.

[6] A. Punter, A. T. Fikkers, and G. Vanstaen, Hydrogen-Induced Stress Corrosion Cracking on a Pipeline, *Mater. Perform.*, vol. 31, 1992, pp. 24–28.

[7] R. J. Eiber and J. F. Kiefner, *ASM Metals Handbook* vol. 11, 9th ed., ASM, Materials Park, OH, 1986, pp. 695–706.

[8] P. E. O'Donoghue and Z. Zhuang, A Finite Element Model for Crack Arrestor Design in Gas Pipelines, Fatigue and Fracturing, *Eng. Mats and Struct.*, vol. 22, 1999, pp. 59–66.

[9] J. O. Morlett, H. Johnson, and A. Trioano, Hydrogen Embrittlement, *J. Iron Steel Inst.*, vol. 189, 1958, p. 37–49.

[10] D. R. H. Jones, *Materials Failure Analysis, Engineering Materials 3*, Pergamon Press, Oxford, UK, 1993.

[11] C. Bagnall, H. C. Furtado, and I. Le May, "Evaluation of Stream Generating Plant: Som Problems Encountered and Their Solution," in *Lifetime Management and Evaluation of Plant, Structures and Components*, ed. by J. H. Edwards P. E. J. Flewitt, B. C. Gasper, K. A. McLarty, P. Stanley, and B. Tomkins, EMAS, UK, West Midlands, UK, 1999, pp. 295–302.

[12] *Steels for Hydrogen Service at Elevated Temperatures and Pressures in Petroleum Refineries and Petrochemical Plants*, API Pub. 941, American Petroleum Institute, Washington, D. C., June 1977.

396   13 環 境 効 果

[13] B. F. Brown, in *The Theory of Stress Corrosion Cracking in Alloys*, ed. by J. C. Scully, NATO Scientific Affairs Division, Brussels, 1971, pp. 186–204.

[14] B. F. Brown, *Stress Corrosion Cracking Control Measures*, NBS Monograph 156, National Bureau of Standards, Washington, D. C., 1977.

[15] E. N. Pugh, in *The Theory of Stress Corrosion Cracking in Alloys*, ed. by J. C. Scully, NATO Scientific Affairs Division, Brussels, 1971, pp. 418–441.

[16] E. Denhard, Stress Corrosion Cracking of Austenitic Stainless Steels, *Corrosion*, vol. 16, no. 7, 1960, p. 131–144.

[17] *Application of Statistics of the Extreme to Corrosion* (in Japanese), ed. by M. Kowaka, J. Soc. Prevention of Corrosion, Maruzen, Tokyo, 1984.

[18] D. O. Sprowls, M. B. Shumaker, and J. D. Walsh, Marshall Space Flight Center Contract No. NAS 8-21487, *Final Report, Part I*, NASA, Washington, D. C., May 31, 1973.

問　　題

13-1 塩水中の A–Zn–Mg 合金に対する応力腐食割れによるき裂成長速度は m/h (毎時メートル) で表すと，$da/dt = 8 \times 10^{-7} K^2$ で与えられる．合金の破壊靭性は $30\,\mathrm{MPa}\sqrt{\mathrm{m}}$ である．材料は壁厚 12 mm，直径 96 mm のパイプ形状で用いられ，圧力 6 MPa の塩水が流れると考えよ．パイプは内壁表面に深さ 0.1 mm の傷を有している．$K = \sigma\sqrt{\pi a}$ を仮定せよ．

(a) パイプが破裂または液漏れするまでにどれだけ時間がかかるか？

(b) パイプが少なくとも 10,000 時間持ちこたえることが必要とされる場合，加えることができる最大応力はいくらか？

(c) パイプが 10,000 時間持ちこたえることを保証するためには，どれだけの耐久試験圧力を加えなければならないか？

(d) もしシステムを圧力 6 MPa で 2,000 時間運転し，その後圧力を 3.45 MPa に下げるとすると，余寿命はいくらになるか？

14
欠 陥 検 出

I. は じ め に

　破壊力学的解析と欠陥検出法の組合せは，重要な構造物の信頼性を保証する最も信頼できる方法である．欠陥検出の最も一般的な非破壊検査 (NDE) 法は，目視検査，染料浸透検査，渦電流検査，超音波検査および X 線検査である．アコースティックエミッションも用いられるが，ある程度までである．本章では，これらの検査方法の主要な特徴について議論する．また，非破壊検査が適切に実行されないときに危険性を伴う事例研究についても取り扱う．

II. 検 査 性

　検査性という言葉は，構造物において破壊しそうな全箇所がわかっていて，しかもこれらの箇所の検査にふさわしい技術があることと定義される．図 14-1 はこの基準に適合せず，その結果，大事故を招いた事例である C-130 貨物輸送機は

図 14-1　森林火災の消火に従事中に翼を失った C-130 航空機

図 **14-2** C-130 航空機の翼胴結合部におけるリベット孔で発生した疲労き裂

長年米国空軍で使用されていた．ある時点で余剰を宣言され，森林火災の消火に携わるある会社に売却された．2002 年に北カリフォルニアで森林火災の消火に従事中，森に火災遅延化学物質を落下させようとしたとき翼胴結合部が破損し，右翼が外れ，1 秒も経過しないうちに左翼も外れた．機体は逆の位置に回転して墜落し，乗組員 3 名が死亡した．その後の調査で両翼を支持している翼胴結合部の破損は図 14-2 に示すようにリベット孔のフレッティング疲労によるものと判明した．大規模な疲労き裂が前方，後方に走っていた．

通常，おそらくは翼の根元に疲労き裂が発見されると予想されたが，その領域はおそらく何年にもわたって検査されていた．翼胴結合部における疲労き裂の発生は想定外で，翼胴結合部の構造用アルミニウム板が重要部位を直接観察することを阻んでいたので，状況がさらに難しくなっていたものと思われる．これらの因子が検査性を完全に欠落させていた．

図 **14-3** ドイツにおける ICE 特急の残骸

II. 検査性　399

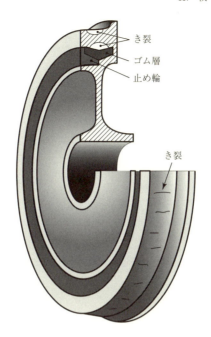

図 14-4　ICE 電車の複合輪

　検査性の欠落の結果は次の別の事例にも見られる．1988 年にドイツのエシェデ村近くで発生した図 14-3 に示す列車事故である．ドイツ史上死者 101 名，負傷者 88 名という最悪の事故であった．車輪に生じた 1 個の疲労き裂が原因で車輪が破損し，ポイントで脱線してしまった．

　車輪は図 14-4 に示すように，運行中の快適性を保つため鋼製の外側と内側の間にゴムの層をはさむという通常の鋼製一体レールとは異なった構造であった．疲労き裂は内側のゴム層と外側鋼製輪間の境界に発生した．事故後，ゴムを含んだ車輪は鋼製一体車輪に取り替えられた．これはゴムを含んだ車輪が検査性に欠けていたことが判明したからである．

　要素は初期には検査性があってもメンテナンスの間，なされた方法によっては検査性を損なう付加的因子を招くかもしれない．たとえば 2005 年に 58 年間使用されたグラマン・マラード水陸両用飛行機離陸の際翼部材の損傷で右翼を失くし，全乗員 20 名が死亡した．事故の約 1 年前に右翼低部のアルミ製外板が取り替えられていた．NTSB はこの事故は，右翼の疲労き裂の同定ができないことで，適

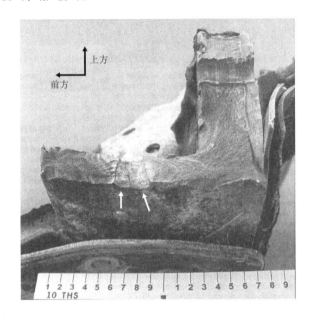

図 14-5　グラマン・マラード水上機低部翼桁の破壊面

正な修理に失敗したメンテナンスプログラムによるものと決定した．図 14-5 は事故後の低部翼の破面様相を示す．疲労き裂はリベット孔から発生しているのが明らかで，1か所に2個のリベット孔が並んでいる．これらのリベット孔の2番目の孔は1年前に新しい翼部材の取付時に開けられていた．応力集中係数は2個並んだ孔で 5.0，単一孔で約 3.0 であった．さらに，並んだ孔の形状が事故後まで検知できなかったので，検査性に欠けていたといえる．

　検査性が重要なことだとわかったので，き裂の検知に用いられる通常の検査方法について議論しよう．これらの方法は目視，浸透，磁粉，渦電流，超音波およびX線である．

III.　目視検査 (VE)

　表面欠陥に対する目視検査は広く使われ，明らかに簡単かつ短時間で，安価な方法である．しかし，目視検査は分解能が十分ではなく，目が疲れ，退屈し気が散るためにこの種の検査法の質は低下する．十分な照明が必要であり，観察には拡大鏡，歯科治療用鏡，内視鏡，グラスファイバースコープなどの助けが必要で

ある[1].

IV. 浸透検査 (PT)

　浸透検査は表面欠陥の検出に用いられ，低価格で使いやすく，迅速で持ち運び可能な方法である．浸透検査の手順は図 14-6 に示され，以下のように記載できる[1].

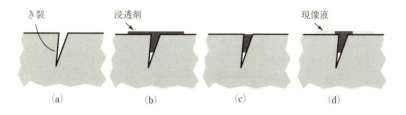

図 **14-6**　　浸透テスト

1. 注意深く表面を清浄する (図 14-6a).
2. 浸透剤 (図 14-6b) として，低粘性かつ高表面張力を有し，染料，色つき粒子の懸濁液を含む液体，あるいは放射性ガス能のある気体を適用する．浸透するまで待つ (休止時間).
3. 図 14-6c に示すように，余分な浸透剤を除く (特殊な溶媒が使える).
4. 表面に現像液を塗る (図 14-6d). 現像液は吸取紙のように浸透剤を欠陥から表面の方へ引き寄せ，背景と対比させる．
5. 十分な照明の下で観察する．あるいは，暗くした場所で紫外線 (UV) とともに蛍光性浸透剤が使用される．

　浸透剤は表面を覆い，表面に開口している欠陥に染み込み，液体は表面をぬら

図 **14-7**　　ぬれ性に及ぼす接触角 θ の影響 (Survey of NDT[1] より引用)

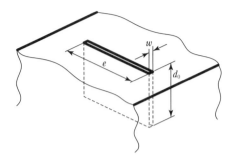

図 **14-8**　表面欠陥を有する物体

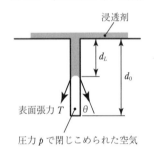

図 **14-9**　浸透液が欠陥に浸透する平衡状態

さなければならない．すなわち，図 14-7 で角度 θ は 90° 未満でなければならず，粘性が低いことが望まれる．次例で示すように，浸透深さは表面張力 T が大きくなるほど増加する．

例題 14.1 液体浸透剤が幅 w, 深さ d_0, 表面の長さ e の欠陥に入りこむ深さ d_L を決定する (図 14-8 参照).

浸透に対する抵抗は混入した空気の圧縮によって生じる圧力の増加により提供される．

欠陥の体積は $d_0 w e$, $PV = C$ (定温度における理想気体の法則) である．力の平衡条件 (図 14-9) から，

$$Pwe = 2eT\cos\theta$$

$$\frac{C}{V}w = 2T\cos\theta \qquad (14\text{-}1)$$

封入空気の体積は

$$V = we(d_0 - d_{\mathrm{L}}) \tag{14-2}$$

式 (14-2) に代入し

$$\frac{C}{we(d_0 - d_{\mathrm{L}})} w = 2T \cos \theta$$

$$\frac{C}{2eT \cos \theta} = d_0 - d_{\mathrm{L}}$$

$$d_{\mathrm{L}} = d_0 - \frac{C}{2eT \cos \theta} = d_0 - \frac{P_0 V_0}{2eT \cos \theta} = d_0 - \frac{P_0 w d_0}{2T \cos \theta}$$

$$d_{\mathrm{L}} = d_0 \left(1 - \frac{P_0 w}{2T \cos \theta} \right) \tag{14-3}$$

したがって，欠陥の幅が小さければ小さいほど，表面張力が高ければ高いほど，θ が小さければ小さいほど，浸透の深さはより大きくなる．

図 14-7, 14-10 で示されるように，液体が固体を濡らすためには角度 θ は 90° 未満でなければならない．

$$\gamma_{\mathrm{sa}} = \gamma_{\mathrm{sl}} + \gamma_{\mathrm{la}} \cos \theta = \gamma_{\mathrm{sl}} + T \cos \theta \tag{14-4}$$

$$T \cos \theta = \gamma_{\mathrm{sa}} - \gamma_{\mathrm{sl}} = \Delta \gamma_{\mathrm{sa-sl}} \tag{14-5}$$

ここで，γ と T は表面張力である．添字 a, s, と l はそれぞれ，空気，固体そして液体を示す．

液体の表面張力は毛管上昇実験 (図 14-10) により決定できる．

$$T = \frac{h(\rho_{\mathrm{l}} - \rho_{\mathrm{g}})gr}{2 \cos \theta} \tag{14-6}$$

ここで，h は毛管での上昇高さ，ρ_l は液体密度，ρ_{g} は毛管での気体密度，g は重力加速度，r は毛管の半径，そして θ は毛管での液体の接触角である．T が固定されるとすると，$\cos \theta$ は固体と固液界面の表面エネルギーの差に依存する．与えられた T に対して，γ_{sl} が小さければ小さいほど，$\cos \theta$ が大きくなり，すなわち θ がより小さくなり，液体はよりぬれると考えられる．液体がよりぬれるようになることで，$\cos \theta$ は大きくなり，浸透深さは大きくなる．

水の表面エネルギーは $72 \, \mathrm{dyn/cm}$ $(0.072 \, \mathrm{J/m^2})$ である．固体の表面エネルギーはもっと高く，数千 dyn/cm である．ガラスの表面エネルギーは $1.75 \times 10^3 \mathrm{dyn/cm} = 1.75 \mathrm{J/m^2}$ である．

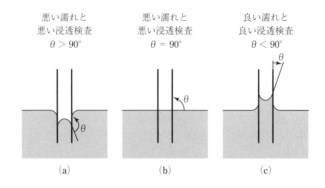

図 **14-10**　浸透液が欠陥に浸透する平衡状態. (a) 液体が毛管内に押し込められている, (b) 毛管の上昇, 下降なし, (c) 毛管に液体上昇.

V.　事例研究：スー市と **DC-10** 航空機[2]

A.　ま　と　め

　1989年7月19日15:16, ユナイデッド航空233便, 尾翼番号N1819UのDC10-10がデンバーからシカゴ航路をマッハ0.8で飛行中に尾翼に搭載の第2エンジンに壊滅的な損傷を起こした. 第2エンジンから第1段ファンローターに組まれた部品が分離し, 分裂し, 強力な排出により航空機の運航を制御する動力源である3つの油圧系統を失った. 乗員は飛行機の制御が非常に困難であることを感じ, アイオア州のスー市 (Souix City) にあるスー・ゲートウェイ空港への着陸を試みたが, 大破した. 搭乗していた乗客285人と乗員11人のうち客室乗務員1人と乗客100人が重傷を負った.

　飛行機のガスタービンエンジンでは, エンジンシュラウドはタービン翼のような小さな金属部品を含むように設計されており, エンジンが稼働中にゆるむ. しかしながら, ディスクの質量が大きかったため, その運動エネルギーは大きく, エンジンシュラウドがディスクの破壊時にディスクの破片を含むように設計することが容易でなかった. そのかわり, 疲労き裂長さが限界値になるかなり前に検出することに信頼性がおかれた. しかしながら, この事例では, この方法は機能せず, 国家運輸安全委員会 (National Transportation Safety Board: NTSB) は, この事故の原因はユナイテッド航空のエンジンオーバーホール施設での検査や品質管理において, 人間という因子の限界に対して考慮不十分と決定付けた. これは, ゼネラルエレクトリック (General Electric) 社の航空機エンジン事業部門

(GEAC) が製造した第 1 段ファンディスクの重要部分にあった冶金的欠陥から生じた疲労き裂を検出できなかったことに帰していた．結果としてディスクは破局的に崩壊し，DC-10 の飛行制御を行う油圧系統を保護するレベルを超えたエネルギー量になる破片が分布系に飛び散った．

B. 実 際 の 情 報

離陸からおよそ 1 時間 7 分後，乗組員は大きな音を聞き，機体の振動および震えを感じた．第 2 エンジンが損傷し，機体の主油圧と油糧計器がゼロを示した．乗組員は予備の油圧ポンプに動力を供給する空式発電機 (ADG) を使用し，その油圧ポンプは「ON」にされた．しかしながら，この行動は油圧を回復しなかった．機長は左翼側エンジン (第 1 エンジン) の推進力を抑え，右に傾いていた機体が水平になるように回転し始めた．燃料は自動制御システムが遮断される水準まで投棄され，残り 15,195 kg (33,500 lb) となった．着陸のおよそ 11 分前に代用の着陸装置伸張手順により着陸装置が伸ばされた．機体は滑走路をわずか左にそれて，16 時 (エンジン故障から 44 分経過) に着陸した．地面との最初の接触は右翼先端で，次に右側の主着陸脚だった．目撃者は機体が発火し横転するのを見た．飛行機は衝撃と火災により全壊した．

21,000,000 ドルの価値があるその飛行機は 1971 年にユナイテッド航空に引き渡された．飛行時間 43,401 時間，離陸着陸回数 16,997 回あった．動力は GEAE CF6-6D 高バイパス比タービンエンジンであった．CF6-6D エンジンは連邦航空局 (Federal Aviation Administration: FAA) によって 1970 年に認可を受けていた．第 2 エンジンの総飛行時間は 42,436 時間，離陸着陸回数は 16,899 回であった．最後のメンテナンスから離陸着陸が 760 回後に行われ，エンジンは 1988 年 10 月 15 日に取り付けられた．そのエンジンは翼もしくは後部のどちらかに取り付けることができた．

C. 第 1 段ファンディスクの歴史的データ

第 1 段ファンディスクはオハイオ州の GEAE のイーブンデール (Evandale) 工場で 1971 年の 9 月 3 日から 11 月 11 日までに製造された．1972 年 1 月 22 日にダグラス航空に送られたエンジンの新しい部分で，ダグラス航空にて新しい DC10-10 に取り付けられた．それから 17 年間，エンジンは検査のために 6 回ほ

ど取り外され，最後は 1988 年の 2 月で，事故前に 760 回フライトを繰り返した．このディスクは 6 回の蛍光性浸透探傷試験 (FPI) をすべてクリアしていた [2 回目の検査はカナダ，オンタリオの GEAE 航空サービス部門で行われ，残り 5 回の検査はサンフランシスコのユナイテッド航空 (United Air Lines) CF6 エンジン解体整備部門で行われた]．FPI は非鉄 (非磁性) 金属製部品表面の不連続部あるいはき裂を調査する工業的検査技法として採用されている．その技術は検査される部品の表面不連続部に毛細管運動で浸透する浸透剤 (染剤を含有する低粘度浸透油) の能力に依存している．浸透流体を表面に塗り，いかなる表面不連続部にも浸透させる．そして過剰な浸透液は部品表面から取り除く．現像液が部品表面に吸取紙として作用するように適用され，表面不連続部の外に吸い出される．さらに紫外線 (黒色) を当てることにより蛍光色を生み出す．

事故からおよそ 3 か月後，第 2 エンジン第 1 段ディスクの破片がアイオワ州のアルタ近くの農園で発見された．2 つの部分からなっており，ほぼ完全なディスクで，それぞれにファンブレード部がついていた．それらの部品は国家運輸安全委員会 (NTSB) の指示のもと最初にオハイオにある GEAE のイーブンデール工場の施設に調査のために運ばれた．破片の小さい方はその後さらなる評価のためにワシントン DC の NTSB 研究所に運ばれた．

第 1 段ディスクは重量 168 kg (370 lb) で，直径 81 cm (32 in) の鍛造チタン合金 (Ti–6Al–4V) を機械加工している．ディスクはリム，ボア，ウェブ，ディスクアームといった各種部分からできている．これらは図 14-11a および図 14-11b に示される．リムの厚さは 12.7 cm (5 in) でディスクの外側に位置する．リムはファンブレードを保持するための軸方向の "ダブテール (鳩の尾)" 溝を含む．第 2 段ファンディスクはリムの後方表面にボルトで固定されている．ボアは厚さ 7.6 cm (3 in) で，27.9 cm (11 in) のセンターホールに隣接した拡大部である．リムとボア間を伸ばした部分がディスクウェブで，その厚さは約 1.9 cm (0.75 in) である．円錐状のディスクをファンフォワード軸に取り付けるアームはウェブの直径およそ 40.6 cm (16 in) のところから後方に伸びている．円錐アーム直径はディスクをファンフォワード軸にボルト締めするディスクアームフランジで後方に約 25.4 cm (10 in) 減少する．

第 1 段ファンディスクにかかる主要な荷重は，ダブテール溝に作用する半径方向の外側の荷重であり，組立て部品の回転中にファンブレードが遠心力で飛ばされないように固定されているときに発生する．これらの荷重はリムに半径方向の応力をもたらし，ディスクボアの方向に減少し，周方向応力 (フープ応力) にとっ

V. 事例研究：スー市と DC-10 航空機　　　407

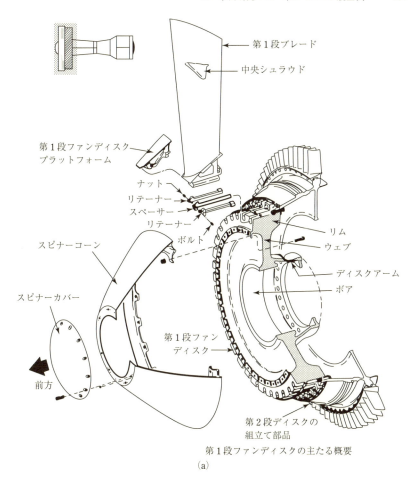

図 **14-11**　(a), (b) 第 1 段ファンディスク (NTSB[2] より引用)

て代わられる．これらのフープ応力はボアの内径に沿って最大となる．ディスクアームはディスクの後方面を強化するように作用するので，ボアの前面コーナー部は最大フープ応力が作用する．

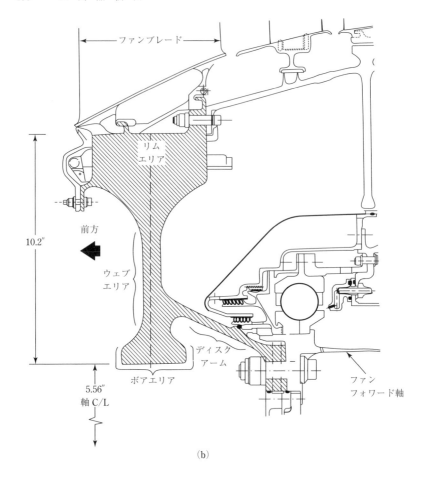

図 **14-11** (続き)

D. 第2エンジン第1段ファンディスクの調査

第2エンジンファンディスクの2つの破片で回収できた部分は,回収できなかったダブテールの支持部を除き,全分離ディスクを構成している.図14-12は大きい方のディスクが冶金的調査の間切断された後,ディスクを復元したものを示している.小さい部品と大きい部品間の隙間は材料が失われたことを示しているのではなく,ディスク分離時に生じた機械的変形を示している.このディスクは2つの重要な破壊域を含んでおり,リムの1/3のところからディスク残部と分離し

V. 事例研究：スー市と DC-10 航空機   409

図 14-12　復元された第 2 エンジンのファンディスク (NTSB[2] より引用)

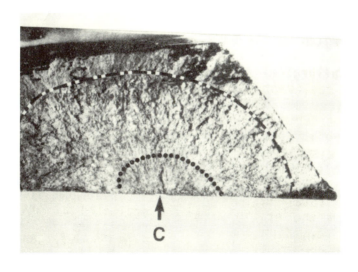

図 14-13　第 1 段ファンディスクの疲労き裂破壊領域．空洞 (矢印 C) から点線まで疲労き裂が拡大している．変色した疲労き裂部が空洞と点線の間にある．倍率 ×2.26 (NTSB[2] より引用)

ている．破壊部分の 1 つはウェブとリムを通り大部分は周方向に進展している．他の破壊部分は半径面近傍上で，ボア，ウェブ，ディスクアームおよびリムを通って進展している．周方向破壊に関する特徴は，ディスクアームとウェブ間の半径においてにある多数の起点域から生じた典型的な過大応力分離であった．半径方向破壊近傍の表面も大部分の表面に過大応力の特徴を含んでいた．しかしながら，この破壊に関しても，過大応力の特徴が，ディスクのボア部におけるすでに存在する半径周方向/軸方向の疲労き裂領域から発生していた．図 14-13 はボアの疲労き裂領域を示す．

　疲労き裂はディスクボア部表面の小さな空洞近傍から，ボアの前面から後方に約 22 mm (0.86 in) のところに発生した．起点周辺の疲労き裂のある部分はわずかに変色していた．疲労領域における主破壊面の様相は，変色部の内側と外側で同様であった．全般的な疲労き裂，変色域および空洞の大きさは以下の通りである．

	長　さ	半径方向の深さ
疲労域	31 mm (1.24 in)	14 mm (0.56 in)[*1]
変色域	12 mm (0.48 in)	4.6 mm (0.18 in)
空　洞	1.4 mm (0.055 in)[*2]	0.4 mm (0.015 in)

[*1] GEAE は最後の検査時に疲労き裂は深さ 13 mm (0.5 in) と見積もった．
[*2] 1 対の破面を横切るキャビテイの幅は 1.4 mm (0.055 in)．

　疲労領域のフラクトグラフィー，金属組織および化学分析により，空洞周辺に異常な窒素安定硬化 α 相が存在することが明らかになった．この相は空洞の外側にわずかに広がり，最大半径深さが 0.46 mm (0.018 in)，全体の長さは 11.2 mm (0.44 in) である．この硬い相にかかわり変化したミクロ組織は安定化 α 構造のみを含んだ領域を大きく越えて広がり，主要な α 構造と変態した β 構造とがほぼ同じ量からなる通常のミクロ組織に徐々に混ざっていく．安定化した α 領域は一般に空洞表面に平行に形成される微小き裂を含んでおり，いくつかの微小気孔もあることがわかった．

　SEM 観察により，疲労ストライエーションは安定化した α 領域のまさに外側に存在することが明らかになった．空洞の近くには，延性的縞模様と混ざりあった脆性破壊領域が観察された．疲労ストライエーション間隔は起点からの距離が大きくなるにつれて概して大きくなった．半径距離 3.7 mm (0.145 in) のところでは，より間隔の狭いストライエーションを有する領域も観察された．より狭い間隔のストライエーションはマイナーストライエーションとよばれ，より広い間隔のストライエーションはメジャーストライエーションとよばれた．起点領域か

ら半径方向外側に沿ったメジャーストライエーションの総数はストライエーション密度と距離との関係のプロットを図式積分することによって見積もられる．その見積りはディスクの総フライト数と合理的に良い関係にあり，ディスク寿命の初期に疲労き裂の進展が生じたことを示している．

　分析法はユナイテッド航空の染料浸透調査から化学的残留物が疲労破壊面に存在したかどうかを決定するために展開された．破面はイオン交換水中で，優しく洗浄され，イオン交換水を使って超音波洗浄施された．2次イオン質量分析装置 (SIMS) による測定は FPI 流体中で使用された化合物と一致するイオンの分離型を示した．超音波洗浄に使用された水のガスクロマトグラフ (GC) による質量分析 (MS) により，破面に染料が浸透しているというさらなる証拠が得られた．

E. ファンディスクの生産工程と硬いアルファ材料

　チタン合金製ファンディスクの製造における 3 つの主要な段階は材料加工，鍛造，および最終的な機械加工である．第 1 段階においては，番号によって区別された金属が加熱のため混ぜられ，真空溶解作業によりチタン合金インゴットに加工される．インゴットは機械的にビレット形状にされる．ビレットはより小さく切断され，鍛造される．次の段階で鍛造された形状を機械加工により最終的な形状とし，疲労の危険性のある領域をショットピーニングする．

　硬い α 介在物はチタン合金の主な 3 つの主要変態の 1 つであり，他の 2 つは高密度介在物と α 析出物あるいは β 細片である．硬い α 介在物のほとんどは，溶融状態のチタンと大気反応により取り込まれる局部的に過剰な窒素または酸素から生じる．典型的な硬い α 介在物は $\alpha + \beta$ 相のなかに豊富な α 領域を含んでおり，ボイドやき裂はしばしばこれらの領域とかかわっている．硬い α 含有物は通常の組織より相当高い融点を有し，溶融および分解を促進するためには，炉中の溶融液温を上げるか，その材料の溶融状態時間を増加させることが望ましい．2 段あるいは 3 段真空再溶融のような連続溶融作業は，硬い含有物をさらに分解するが，完全分解は推奨されておらず，1972 年 1 月以降に製造されたすべての GEAC ファンディスクは 3 段階の真空再溶融されている．損傷ディスクについては 2 段再溶融された 40.6 cm (16 in) のビレットが 1971 年に製造され，NTSB はディスクの製造当時は，疲労起点の空洞が硬い α 材で満たされており，超音波検査での欠陥探知は難しいと結論づけた．

　損傷ディスクの製造中，GEAE は表面に変態をしらべるマクロエッチング技術

を使って鍛造形状を検査し，最後の FPI が 1971 年 12 月に行われ，変態は発見されなかった．ユナイテッド航空の FPI 過程は，調査員にチタン部品は染料の毛管現象に抵抗し，"これらの材料に対しては完全浸透が必要である"と警告した．また，ユナイテッド航空の調査員は，その部品を過度に洗浄しないように，さもなければ，染剤が本当の傷から洗い流されてしまうとの注意を受けた．他の場所とともに，ディスクボアは調査に対し，重要な箇所であると述べられた．

F. 疲労き裂の発生と進展

GEAE による破壊力学計算は検査時に疲労き裂が限界寸法に達したことと一致した．その解析は最初の応力を与えたとき，疲労起点部に発見された空洞よりもわずかに大きい欠陥からの疲労き裂発生とも一致した．NTSB はディスクが最初に最大推力のエンジン出力状態にさらされている間に，最初の応力が適用され，硬い α 欠陥領域にき裂が発生し，進展し，硬い α 欠陥の影響を受けていない領域に入ったと結論づけた．その点から，き裂は破壊限界寸法に至るまで Ti–6Al–4V について確立された破壊力学的予測に従った．最終離陸の最大推力状態よりもむしろ巡航状態において，破壊が起こったということは少し奇妙に思える．

図 **14-14** 第 1 エンジン近傍の航空機の損傷部 (NTSB[3] より引用)

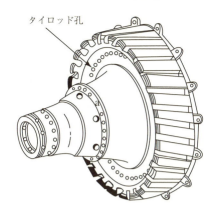

図 14-15 プラット・アンド・ホイットニー JT8D-200 シリーズのファンハブ (NTSB[3] より引用)

VI. 事例研究：MD-88 エンジン破損[3]

　その飛行機はプラット・アンド・ホイットニー (Pratt & Whitney) 社の JT8D-219 ターボファンエンジンを装着していた．離陸滑走の間この飛行機は，第 1 左エンジンのフロントコンプレッサーハブからの破片が左後方の機体に突き刺さるという，予期されていない破滅的なエンジンの破損を経験した (図 14-14)．その衝撃で 2 名の乗客が死亡，2 名が重傷を負った．全員同じ家族であった．パイロットは離陸を中止し，飛行機は滑走路に止まった．ロータ (図 14-15) は最近 FPI 法で検査されたが，き裂はまったく検知されなかった．洗浄の過程で水が疲労き裂に封じ込められ，浸透液がき裂に入るのが妨げられたものと思われた．DC-10 の場合と同様に部品がショットピーニングされており，ショットピーニングによる圧縮残留応力がき裂を閉口し，浸透液がき裂内部にほとんど入らなかった可能性もある．

　MD-88 の場合においても，疲労き裂 (図 14-16) の原因はタイロッド孔の機械加工中にできた硬い α ケースによるものであった．潤滑の悪さにより機械加工中に高温が発生し，雰囲気から窒素が取り込まれたことによる．

414   14 欠陥検出

(a)

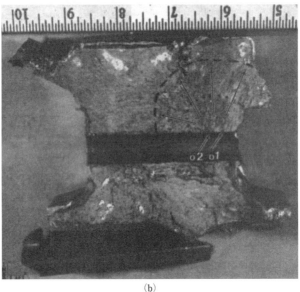

(b)

図 14-16　(a) 損傷部品，(b) 破面 (破線部は最後の FPI 検査時の疲労き裂の大きさを示す) (NTSB[3] より引用)

VII. 磁粉粒子による調査 (MT)

　磁粉粒子による調査は表面および表面近傍の欠陥探知に用いられ，これは低コストで，早く，持ち運び可能である．しかしながら，材料は強磁性でなければな

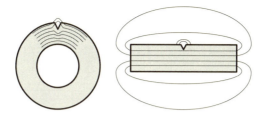

図 14-17 表面の不連続部による磁束線の漏洩 (Survey of NDT[1] より引用)

らず,表面は清浄にしなければならない.この方法は,腐食生成物をも含んでいるかもしれないきつく閉じたき裂の探知に対し,染料浸透検査よりもより敏感である[4].

MT の方法は以下のようである[1].

1. 通常電流によって,その部分に磁場を形成する.
2. 磁性粒子を懸濁液や乾燥粉末の状態で適用する.
3. 試験と評価を行う.
4. はじめの磁化方向に対して 90°の磁場で繰返し試験する.

もし欠陥があれば,図 14-17 に示されるように,その部分で磁場の漏洩磁束が発展するであろう.この漏洩磁束は磁性粒子を引き寄せ,不連続場所を示す.傷の形成を示すためには,その欠陥は磁束線に対して大きな角度 (90°) でなければならない.もし欠陥が磁束線に対して平行であれば,漏洩電流は発生せず,欠陥は検出されないであろう.0°から 90°間の角度において,漏洩磁束は不連続部とフラックス間の角度の正弦に比例するであろう.

電流が導体中を流れるとき,磁場はその導体のまわりに形成される.磁束線の方向は右手の法則に従って決まる.もし,電流が棒に沿って流れると磁束線は棒に沿って円周状の磁場として形成されるであろう.そして MT 法は長さ方向の欠陥に対して敏感になるであろう (図 14-18a).もし,導体が試験片のまわりを取り囲むコイルである場合,磁束線は図 14-18b のように試験片中の長手方向の磁場に形成され,MT 法は周方向の欠陥に対して敏感になるであろう.磁性粒子による航空機クランクシャフトの調査において,浸透能力を強めるような交流や整流された交流を使う"ヘッドショット"が利用され,長さ方向の欠陥を探知するために周方向磁場の確証に用いられる (図 14-18a).コイルは,周方向欠陥の検出のために長さ方向磁場の確証に使用される (図 14-18b).どちらの場合でも,電流は

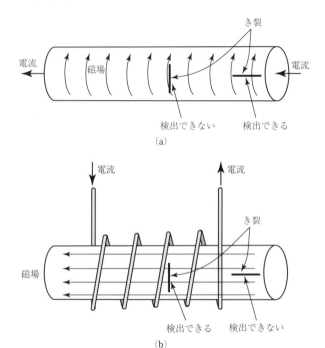

図 14-18 (a)「ヘッドショット」および (b) コイルでつくられる磁場 (Survey of NDT[1] より引用)

3,000 A までの範囲で流すことができる．試験後，交流電流を徐々に小さく制御しながら AC 電流を適用することによって，その部分の磁場が消磁束される．

コイルを用いて適切な磁場をつくるのに必要とされる電流は $I = 45,000 D/LN$ (A) として与えられ，D は試験片直径，L は試験片長さ，N は巻き数である．端末の影響を避けるため，L/D は少なくとも 2 でなければならず，しかし 15 よりも大きくなってはならない．

標準試験では，液体に縣濁させた蛍光性の粒子が使用される．その液体は試験部に吹きかけられ，欠陥に付着した粒子が残りの粒子が洗い流されても残るであろう．観察は紫外 (UV) 光線下で行われる．

VIII. 事例研究：航空機クランク軸の破損

単発ピストン/プロペラ 4 人乗りの私有機が，パイロット 1 名と乗客 2 名を乗せて離陸後まもなく，動力が失われた．パイロットは緊急着陸を試みたが，不運にも飛行機は送電線に衝突し，乗員全員が死亡した．その後，事故原因はクランク軸の疲労破壊であったことが判明した．クランク軸は衝突のたった 80 時間前に磁紛探傷法で検査されており，その時には欠陥が検出されなかったことから，検査を行った組織は過失を訴えられた．

クランク軸は 4340 低合金鋼製鍛造品であった．製造時点で，摩耗や疲労に対する耐性を向上させるために，クランク軸は窒化された．使用 2,000 時間後，クランク軸は相当摩耗し，「はつり」と再窒化による表面の再仕上げが確約されていた．さらに 1,000 時間使用後，エンジンは修理・点検された．クランク軸に対して何も行われなかったが，修理・点検の間エンジンからクランク軸が取り外されたため，規則通り磁紛による検査が行われた．それから 80 時間後，事故は発生した．破損したクランク軸の検査から，致命的な疲労き裂に加えて，図 14-19 に示すような多数の付加的な小さい表面き裂の存在が明らかになった．これらのき裂は 2,000 時間後の保守点検の時点で導入された，研磨き裂であると考えられた．そのき裂は再窒化工程と関係のある，白い物質で満たされていると記録されてい

図 14-19　強研削で生じたき裂が窒化物で完全に塞がれている例．倍率 ×50．

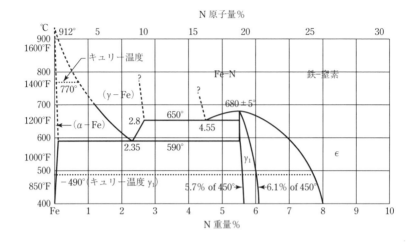

図 14-20 鉄–窒素状態図 (ASM Metals Handbook[5] より引用，ASM International の許可を得て転載).

る．この物質は Fe_4N で，窒化の副産物である．クランク軸の滑らかな表面上に形成された部分は，使用するためにクランク軸を戻す前，研磨することで簡単に除去される．

図 14-20 は Fe–N 系についての Fe–N 平衡状態図である．特に興味深いのは，Fe_4N 相は室温で強磁性をもつということである．それだけではなく，図 14-21 に示されるように，この相の磁気特性は 4340 鋼の特性と著しく類似ている．このことは，研磨き裂のようなしっかりしたき裂が完全にこの相で満たされた場合，磁速線の乱れがなくなり，磁紛探傷法で検査したとしても，き裂は検出されなくなることを意味する．この可能性を確かめるために，4340 鋼 CT 試験片で疲労き裂を成長させ，その試験片を磁紛探傷法で検査した．図 14-22a は明らかに疲労き裂に沿った磁紛の分布を示している．次に試験片を窒化させ，磁紛探傷法で再検査を行った．図 14-22b に示されるように，疲労き裂はもはや検出されなかった．

出された結論は，最後の磁紛探傷検査を行った組織の怠慢ではないというものであった．窒化後の研磨き裂を検出するのは不可能であった．責められるべきなのは，2,000 時間後の保守点検を行った組織体であり，再窒化する前に磁紛探傷法でクランク軸を検査すべきであった．疲労ストライエーションの分析にもとづき，研磨き裂は 2 度目の保守点検後まで伝播していなかったことが明らかである．当時の圧縮比の増加が，限界研磨き裂における応力拡大係数をき裂進展しきい値

VIII. 事例研究：航空機クランク軸の破損   419

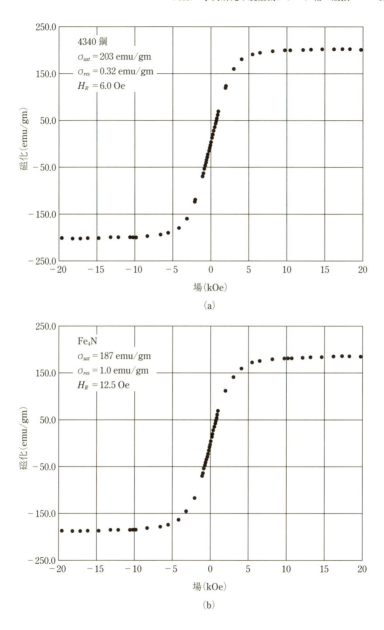

図 14-21　4340 鋼と $Fe_4N(\gamma')$ の磁化挙動の比較 (W. A. Hines, University of Connecticut 提供)

420   14 欠陥検出

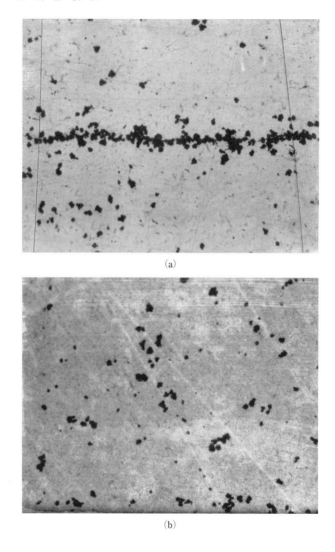

図 **14-22** 疲労き裂での磁粉の分布. 倍率 ×200. (a) 窒化する前, (b) 窒化して白層を除去した後.

を超えるレベル以上に引き上げたのかもしれない.

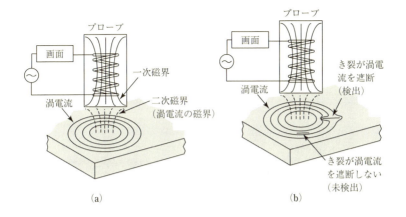

図 14-23　(a) 交流磁場による過電流の誘起，(b) 不連続による過電流の混乱．

IX. 渦電流探傷試験 (ET)

渦電流探傷試験は表面および表面近傍の 6 mm (0.24 in) 以内の欠陥の検出に使われる．この方法は高速で自動化でき，感度が良く表面の接触が不必要で，しかも永久的な記録をとることができる．この方法は図 14-23a に示すように，電流により励起されたコイルを用いた金属材料に小さな環状の電流 (渦電流) を誘導することにもとづいている．不連続による過電流の乱れは，様々な不連続や物質特性が過電流に影響を与える場合を除いては，磁場の乱れに類似している．浸透深さ S は周波数に依存し，周波数が高くなるほど浸透深さは小さくなる．

$$S(\text{in}) = 1980\sqrt{r/\mu f}, \qquad S(\text{mm}) = 50,292\sqrt{r/\mu f} \qquad (14\text{-}7)$$

ここで，r は抵抗 (Ω·cm)，μ は透磁性 (非磁性材料の場合は 1)，f は周波数 (hertz) である．次表[1]は周波数の関数として，いくつかの金属の浸透深さを示している．

金　属	伝導度 (% IACS)[*2]	周波数あたりの標準浸透深さ[*1] mil (mm)		
		1kHz	100kHz	10MHz
銅	100	80 (2.0)	8 (0.2)	0.8 (0.02)
アルミニウム	61	160 (4.0)	16 (0.4)	1.6 (0.04)
チタニウム	3.1	800 (20)	80 (2.0)	8.0 (0.2)
鉄	10.7	14 (0.36)	1.4 (0.04)	0.1 (0.004)
304 ステンレス	2.5	550 (14.0)	55 (1.4)	5.5 (0.14)

*1 信号強度における深さは表面で $1/e$．
*2 国際焼鈍銅標準．

422   14 欠陥検出

　図 14-23b からわかるように，試験片の欠陥は渦電流に影響を与え，コイルのインピーダンスを変化させる．1 次あるいは 2 次 (検出) コイルのインピーダンスの変化は，コイルを通して電流の変化として，または電圧や電流の位相の変化として検出される．これらの変化の読出しは，計器のふれ，オシロスコープ表示，記録用の細長い図表，ライトあるいは警報機の作動，デジタル出力および製造工程の作業管理として現れるだろう．

　プローブに対する試験片の効果は次のようなものを含む．

　(a) 端末効果は試験片の端近くにおける磁場のゆがみによるものである．非磁性材料において端から 3.2 mm (1/8 in) 以内の検査あるいは磁性材料において端から 152 mm (6 in) 以内の検査は，信号のゆがみを生じやすい．

　(b) 円形の試験片とそれを取り囲むコイルと間の隙間は計器の読みに大きな影響を与える．試験片がコイルの中心の，縦に並んでいる孔に近づくほど，感度は高くなる (充填比 1)．

　(c) コイルの磁場はコイルの近くが最も強いので，試験片とプローブとの隙間は感度を減少させる．リフトオフ効果は塗料の厚さや磁性基板のめっきを測定するのに使用できる．プローブは一定の隙間を維持するために，しばしばばね荷重を使用する．

　渦電流探傷法は被膜厚さや他の寸法的特徴の決定にも使用されるが，技術の適正利用においてある程度の素養が必要である．あるケースでは，探傷法がタービンブレードの冷却路の取付け位置を点検するように明示されていた．しかしながら，技術者の誰もが検査を行うための訓練を適切に受けていなかったため，不適切な位置に冷却路が取付けられたまま，タービンブレードを運転させた．幸い，こ

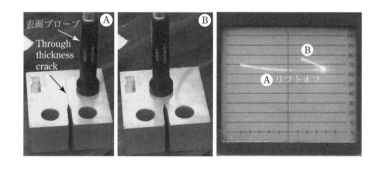

図 **14-24**　き裂により読み出された渦電流 (C. Kunpanichkit, Chulalongkom University 提供)

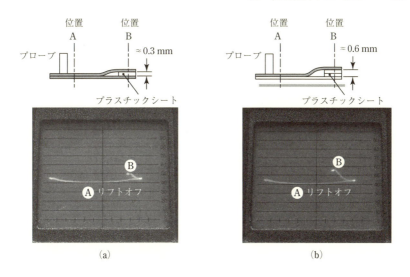

図 14-25 (a), (b) 擬似ラミネーションにより読み出された渦電流 (C. Kunpanichkit, Chulalongkom University 提供)

の見落としからの損害はなかった．

図 14-24 および図 14-25 はそれぞれ，き裂の存在および層間剥離に対する渦電流の読出しを示す．

X. 事例研究：アロハ航空

この事例は 1 章で論じられた．渦電流法は事故以前に 737 アロハ航空の検査に使用されていた．しかしながら，外板の未接着や多数のリベット孔から発生する疲労き裂のような容易に検出できる欠陥は発見できなかった．渦電流法を使用する調査員の不適切な訓練と探知が主たる事故原因である．

XI. 超音波試験 (UT)

超音波試験は表面や表面近傍の欠陥の検査に使用される[1]．それは欠陥の大きさおよび位置を示すことができ，持運びが可能だが時間がかかり，接触媒質が必要とされる．欠陥の方向は重要であり，その結果は操作者に依存しており，そして良い標準が必要とされる．周波数 0.5–10 MHz の音波がよく検査に用いられ，人

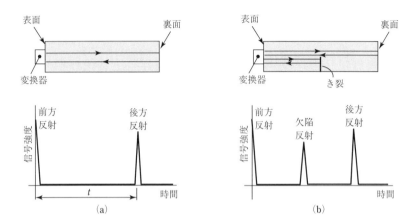

図 14-26 超音波パスルエコー法で発生する信号．(a) き裂からの乱れなし，(b) き裂の存在による乱れ．

の聴覚の限界である 20,000 Hz よりも高い．最も一般的な超音波検査技術はパルス反射とよばれるものであり，圧電素子 (負荷される電圧を結晶の振動へ変換するか，あるいは結晶変形を電圧に変換する能力を有する異方性結晶) によって音波のパルスが試験体に導入される．音波のパルスは，図 14-26 に示すように，裏表面か不連続部で反射されるまで試験片内を通過する．オシロスコープは音のパルスの移動距離 (または時間) を信号検出と関係づけて示す．不連続部を示す反射波は不連続部が試験片内に存在するとき，前方および後方反射と比例して同じ位置にオシロスコープ上に表される．

3 つの走査方法 A, B, C がある．A スキャン法は最も広く使われる方法で，信号強度 (欠陥の大きさ) および経過時間 (欠陥の深さを示す) の量的表示が試験片表面上の一点で得られる．本法は固定変換機を用いて，欠陥の形，深さおよび位置の提供ができる．B スキャン法は表面に沿って時間差の量的表示が得られる．B スキャン法では変換機と試験片が互いに動く．本法は一方向における欠陥の大きさ，位置および深さの情報を提供でき，ある程度まで内部欠陥の形状と方位がわかる．C スキャン法では試験片反射強度の 2 次元半定量的表示が得られる．これは検査試料の平面部を表示するが，深さやあるいは方位の情報は得られない．C スキャン法では表面全体が横断あるいは走査される．

UT の問題は変換機から試験片への超音波エネルギーの伝送にある．変換機を表面に直接接触させると界面に存在する空気が原因で通常，エネルギー変換を非常に

小さくする. 空気と試験片の音響インピーダンス Z は大きくに異なる ($Z = \rho V$, ρ は密度, V は波の速度). 接触媒質は効率良くエネルギー伝達を保証するために, 試験片と超音波変換機の媒介として使用される. 接触媒質は不規則表面をならし, 表面間のすべての空気を締め出す. 理想的には, 接触媒質は変換機と試験片間の音響インピーダンスでなければならない. 2つの結合方法, 水浸および接触がある.

水浸試験では清浄で, 湿潤剤を含んだ脱気水が接触媒質として使用される. 接触試験では液体薄膜を接触媒質とし, 変換機が直接, 試験片表面に置かれる. 接触媒質は油あるいはグリース状材料で変換機と試験片表面を十分ぬらすことができる. 接触法は3つの技術から成り立っており, 音波モードによって決まり, 垂直ビーム (縦波), 傾斜ビームI (せん断波), 傾斜ビームII (表面波) がある.

A. 垂直ビーム法

垂直ビーム法において超音波パルスは試験片表面に垂直に投射される. 本法は, さらにパルス反射技術と透過技術に分類される. 透過技術では検出器を試験片裏面に設置する. パルス反射法では1つの変換機 (送信および受信) あるいは2つの変換機 (1つは信号送信, 他は信号受信) を使用する.

B. 臨 界 角

通常入射に対して, 投射および反射はビームの方向を変化させない. しかし他の投射角に関していくつかの面白く, 有用なビーム方向きの変化がスネル (Snell) の法則にもとづいて生じる.

$$\frac{\sin \theta_{\mathrm{I}}}{V_{\mathrm{I}}} = \frac{\sin \theta_{\mathrm{R}}}{V_{\mathrm{R}}} \tag{14-8}$$

ここで, θ_1 は入射角, θ_{R} は反射角または屈折角, V_1 は入射波の速さ, V_{R} は反射波または屈折波の速さである.

長手方向入射波が異なる音響インピーダンスを有する材料間の界面を通過するとき, (図 14-27 参照), スネルの法則は次のように書くことができる.

$$\frac{\sin \theta_{\mathrm{I}}}{V_{\mathrm{L}_1}} = \frac{\sin \theta_{\mathrm{L}}}{V_{\mathrm{L}_1}} = \frac{\sin \theta_{\mathrm{T}}}{V_{\mathrm{T}_1}} = \frac{\sin \varphi_{\mathrm{L}}}{V_{\mathrm{L}_2}} = \frac{\sin \varphi_{\mathrm{T}}}{V_{\mathrm{T}_2}} \tag{14-9}$$

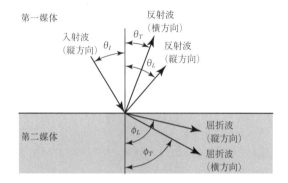

図 14-27 異なる音響特性を有する媒質への斜めからの縦音波入射によって発生する波 (Survey of NDT[1] より引用)

単入射,非垂直縦ビームは 2 つの屈折波になり,1 つは縦波で,もう 1 つは横波であり,同様なことが反射波にも起こる.入射角が増加すると,縦波の屈折角は 90°に近づく.図 14-28a のように,90°で最初の臨界入射角が現れる.

$$\sin\theta_{I_1} = \frac{V_{L_1}}{V_{L_2}} \tag{14-10}$$

入射角がさらに大きくなると,せん断波のみが第 2 媒体に存在する.図 14-28b のように,第 2 臨界角は屈折横波が 90°に増加するときに生じる.

$$\sin\theta_{I_2} = \frac{V_{L_1}}{V_{T_2}} \tag{14-11}$$

第 2 臨界角でせん断波は表面波になる.もし入射角がさらに大きくなると,エネルギーが第 2 媒体に伝達されない.

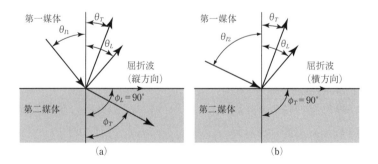

図 14-28 (a), (b) 縦波入射の第 1, 第 2 臨界角 (Survey of NDT[1] より引用)

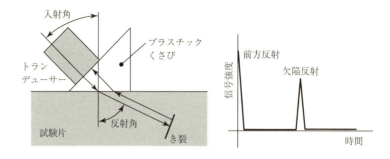

図 14-29 プラスチックくさびに取り付けたトランスデューサーを用いる傾斜法の説明図 (Survey of NDT[1] より引用)

C. 傾斜ビーム法

　傾斜ビーム法は表面に対してあらかじめ決定した角度で試験片表面に音波を伝達する方法である．図 14-29 にプラスチック製くさびに探触子を置いた典型的な傾斜ビーム検査法を示す．図 14-27 に示すように，入射角に依存し，試験片を伝わる縦波とせん断波の混合型，せん断波のみ，あるいは表面波のみが存在する．試験片に1つ以上のモードがある場合，判断が困難になるので，受け入れられない．したがって，傾斜ビーム探触子は常に第1臨界角より大きい入射角を用いて使用される．傾斜ビーム法は図 14-30 に説明されている．本法には1つの検出器が必要である．本法もまた単一送信−受信検出器を使用している．

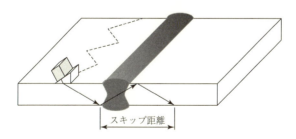

図 14-30 傾斜法の使用説明図 (Survey of NDT[1] より引用)

D. 波の速度と音響性質

長手方向の平面波の速度は次のように与えられる.

$$V_L = \sqrt{\frac{E(1-\nu)}{\rho(1+\nu)(1-2\nu)}} \tag{14-12}$$

せん断波の速度は以下のとおりである.

$$V_T = \sqrt{\frac{G}{\rho}} \tag{14-13}$$

いくつかの通常材料の音響特性を以下の表に示す[1].

材　料	密度 (g/cm^3)	V_L (cm/μs)	V_T (cm/μs)	Z_L (g/cm$^2 \cdot \mu$s)
炭素鋼	7.85	0.594	0.324	4
Al 2117-T4	2.80	0.625	0.310	1.75
304SS	7.9	0.564	0.307	4.46
空気	0.000129	0.0331	—	0.00004
ガラス	2.5	0.577	0.343	1.44
ルサイト	1.18	0.267	0.112	0.32
水	1.0	0.149	—	0.149
銅	8.89	0.470	0.226	4.18

E. その他の考慮

(a) 移動距離の関数としての信号強度の減少 (減衰)：$I = I_0 e^{-kd}$, I は d における強度, I_0 は入射強度, k は吸収係数, d は試験片までの距離.

(b) 近場：音波を発生する変換器の近傍では, 変換器の異なる部分から発せられる音波間の干渉により音の強度は非常に不規則になる. 近場の長さ L_{nf} は $L_{nf} = D^2/4\lambda$ で与えられ, D は変換器の直径, λ は超音波の波長. 近場から得られるデータの解釈は難しい.

XII. 事例研究：B747

10章において B747 旅客機のヒューズピンの疲労損傷について議論した. ヒューズピンの超音波検査も関連事項である. 最後の超音波検査でき裂は検出できなかったが, 機内側ヒューズピンの内側において疲労き裂はおそらく存在していたようである. なぜこのき裂は検出できなかったのであろうか? 超音波検査法は多くの疲労き裂がヒューズピンの軸方向に直角に進展するという仮定にもとづいている.

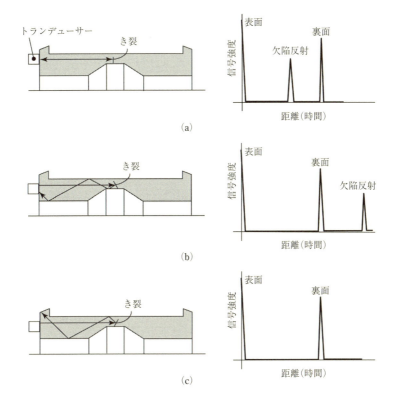

図 14-31　超音波信号に及ぼすき裂方位の影響．(a) 超音波に垂直なき裂，(b) (a) に対応したオシロスコープ画面，(c) き裂が超音波に垂直ではない場合の超音波信号の経路．

ところが，回収された機外側ヒューズピンからき裂が半径方向に進展していることが判明した．超音波検査では信号は図 14-31a のように放射状き裂から反射した後，ピンの一端から送られ，その信号は図 14-31b のようにヒューズピンの傾いた部分からの信号を受け取る前に，CRT (Cathode Ray Tube: 陰極線管，ブラウン管) に現れる．ところが，もしもき裂の方向が図 14-31c のようであれば，反射した信号の通る距離が長くなり，その信号が CRT 上でのき裂に対する期待された位置に現れないだろう．さらに，もしもき裂方向が図 14-31c のようであれば，返ってくる信号はもはや検出されないだろう．これらの複雑さに加え，使用されているヒューズピンは想定されているような単純に曲げられているわけではなく，疲労き裂に抵抗する能力に影響を及ぼしているだろう"クランクシャフト"形

状になっている．オランダ航空機安全委員会は非破壊検査技術による検査を推奨している．

XIII. X線検査 (RT)

X線検査は表面下の欠陥，特に溶接部欠陥の検出に用いられる．RTは低コストで永久的な記録を与えてくれ，移動可能であるがラミネーション(層状組織)を検知することができず，放射線の危険性がともない，訓練されたオペレーターが必要である[1]．

X線検査において，試験片はX線，γ線あるいは中性子にさらされる．もしも，ビームが材料よりも小さい比重の欠陥にあたると，通常以上の量の放射線がその領域を通過し，検出器，多くの場合フィルムに到達する．図14-32のようにして暗い領域をフィルムに映し出している．

γ線源[1]

線源	半減期	エネルギー (MeV)	鋼厚 (in)	鋼厚 (mm)
イリジウム 192	74 日	0.31, 0.47, 0.60	0.25–3	6–75
セシウム 137	30.1 年	0.66	0.5–4	13–100
コバルト 60	5.3 年	1.17, 1.33	0.75–9	19–230

X線装置の中には10–100 MeVの範囲のエネルギーを有する光子を放出し，そのエネルギーは放射性同位体からの有効エネルギーをはるかに凌ぐ．X線発生のための供給電圧を上げれば上げるほど，その浸透力は大きくなる．アイソトープの最大の利点はその場検査のために持ち運び可能な点である．

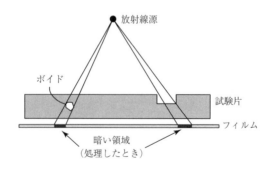

図 **14-32**　基本的な放射線処理 (Survey of NDT[1]より引用)

X線，γ線の質は通常，ビームの強度を固有値の 1/2 に下げるために必要な参照減衰材料の厚さで表される．この厚さは**半価層**(HVL) とよばれる．

A. 透　過　度　計

X線写真に関して解釈する者が知らなければならない2つの基本的で全般的なパラメータは X 線感度と解像度である．X 線の感度は，最終的な X 線写真にお

IDENTIFICATION:
The rectangular penetrameter is identified with a lead number attached to the penetrameter. The number indicates the thickness of the penetrameter in thousandths of an inch. The penetrameter thickness must be selected to indicate the proper quality level.

GENERAL DIMENSIONS:

2½″ & smaller .... Length 1½″ .... Width ½″
2⅝″ to 8″ incl. .... Length 2¼″ .... Width 1″
9″ & larger .... Diameter equal to 4 × thickness
　　　　(Number of holes — 2)

Thickness:　2% of the thickness, of the section, to be radiographed.
　　　　　　(To nearest standard fractional size)
　　　　　　Minimum thickness .... .005″

Hole sizes:　Small hole dia. .... 1 × Thickness
　　　　　　Medium hole dia. .... 2 × Thickness
　　　　　　Large hole dia. .... 4 × Thickness
　　　　　　Minimum hole dia. .... .010″

ASTM E-142-72 & 74 are identical.

図 14-33　透過度計の例と形状 (Survey of NDT[1] より引用)

ける写真密度の最小認識可能な変化に相当する対象物体の最小百分率で測定される. 解像度は与えられた (等価厚さ) 欠陥の最小値 (側面寸法) に関係する. 感度および解像度は透過度計の使用により決定される.

透過度計は試験片のフィルム側に置かれる機器で, X 線像が X 線特性の決定に用いられる. 標準の透過度計は直方体の金属で, 直径を定めた 3 つの孔がドリルで開けられており, X 線が照射された金属に類似の金属でできている. 通常, 透過度計の厚さ T は, 試験片の厚さの 2% とされている. 透過度計には直径 $1T$, $2T$, $4T$, $8T$ の孔がある. 標準 2% 感度の場合, 試験片の 2% の厚さで, 直径 $2T$ の孔を有する透過度計による像を得る技術が必要である (図 14-33 参照).

本章でこれまでに論じた 6 つの方法は検査を必要とされる構造部品においてすべて静的で, 応力下あるいは使用中では適用できない.

XIV. アコースティックエミッション試験 (AET)

アコースティックエミッション試験は, 表面および表面下の欠陥の検出に用いられる[1]. AET は遠隔監視, 連続監視および永続的な記録の供給ができるが, 多くの接点が必要なことがあり, 高価である. この方法は検査対象要素が検査中に負荷されるかあるいは監視中荷重下でき裂が進展する状況下で適用できる動的な方法である.

アコースティックエミッションは, 材料内でき裂進展, 塑性変形および相変態 (塑性変形を含む) の間のひずみエネルギーの急な放出により発生する高周波 (30 kHz–5 MHz) 応力波として定義される. 電気的検知および多数のセンサーからのデータ解析をすることにより, 欠陥の位置と相対的厳しさを決定することができる. AET は静水圧試験との組合せにより, 欠陥の成長から生じる破局的損傷を防止できる. 原子炉圧力容器は欠陥の成長を見張るために連続的に監視できる. 塑性変形とき裂成長の識別にはデータの注意深い解釈が要求される. き裂長さが増加すると成長の増進ごとに放出されるひずみエネルギーも増加し, 音響信号となる. 適用例として, 橋梁構造物の安全チェック, 疲労および応力腐食によるき裂進展の監視および水素脆化を伴った遅れ破壊の監視などがある.

XV. 検査費用

　欠陥部品を探す検査プログラムの実行においては，製造中により多くの部品を検査し，航空機構造部の検査頻度が多ければ，欠陥部がもっと発見されることが明白である[1]．しかしながら，これらの検査のおのおのにはコストがかかる．検査コストと目的にかなった利益のバランスがとられることが必要である．以下の例は考慮されるべき事柄である．

　低水準の製品による損失が検査回数 N を減少させると仮定すると，

$$\text{全損失} = A - CN^{1/2} \tag{14-14}$$

ここで，A と C は定数である．さらに，検査のコストが次のように与えられたとすると

$$\text{検査コスト} = BN \tag{14-15}$$

ここで，B は定数である．全コストは N の関数であるので

$$\text{総合的なコストの合計} = A - CN^{1/2} + BN \tag{14-16}$$

最適検査回数である N_opt は全コストを最小にする回数である．N_opt は全コストに関する導関数を N について解き，0 に等しいとすると，

$$N_\text{opt} = \left(\frac{C}{B}\right)^2 \tag{14-17}$$

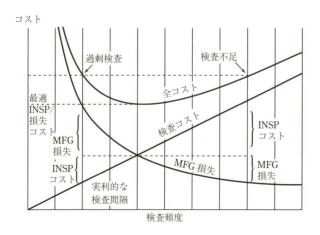

図 **14-34**　検査頻度とコストの関係 (Survey of NDT[1] より引用)

434   14 欠 陥 検 出

が導かれる．この結果に定数 A が現れてないことに注意する．$A = \$100$, $C = \$2.00$, $B = \$0.10$ なら，最適な検査回数は 100 になる．この例で検査回数の関数としての全コストが図 14-34 に示されている．もしも検査ごとのコストが増加すると，N_{opt} は減少する．一方，もしも C が増加すると N_{opt} もまた減少する．

新しい製品が導入されるとき，**故障率曲線**または**バスタブ曲線**が破損履歴を描く．単位時間あたりの破損の数は，製造過程における欠陥やあいまいな検査手順のために，最初のうちは高いかもしれない．しかし，いったんこれらの問題が正されると，1 年の破損回数は，その製品の限界使用寿命になって再び破損する前の一定期間安定し続ける．

非破壊検査についてさらに学ぶには参考文献 [1] を参照．

XVI. ま と め

欠陥およびき裂の検査は構造物の安全を保証する手順のきわめて重要な部分である．設計における破壊力学の利用は適切な検査方法と組み合わせることが必要である．本章では主たる非破壊検査技術を紹介し，事例研究によってそれらの短所を指摘した．

参 考 文 献

[1] *Survey of NDE*, EPRI Nondestructive Evaluation Center, Charlotte, NC, 1986.

[2] *NTSB Aircraft Accident Report, NTSB/AAR-90/06*, United Airlines Flight 232, Sioux City, Iowa, Washington, D. C., 1989.

[3] *NTSB Aircraft Accident Report, NTSB/AAR-98/01*, Uncontained Engine Failure, Delta Airlines Flight 1288 McDonnell Douglas MD-88, N927DA Pensacola, Florida, Washington, D. C., 1996.

[4] C. Bagnall, H. C. Furtado, and I. LeMay, "Evaluation of Stream Generator Plant: Some Problems Encountered in Their Solution," in *Lifetime Management and Evaluation of Plant, Structures and Components*, ed. by J. H. Edwards, P. E. J. Fleitt, B. C. Gasper, K. McLarty, P. Stanley, and B. Tomkins, EMAS, West Midlands, UK, 1999, pp. 295–302.

[5] *ASM Metals Handbook*, 8th ed., vol. 8, ASM, Materials Park, OH, 1973, p. 303.

問　　題

14-1 水中を伝わる音波ビームが鋼板に衝突する．ビームのエネルギーの何パーセントが反射し，何パーセントが透過するか？ 反射エネルギー I_R は次で与えられる．

$$I_R = \left(\frac{Z_2 - Z_1}{Z_2 + Z_1} \right)^2$$

$$Z_{\text{water}} = 0.149\,\text{g/cm}^2 \cdot \mu\text{s}$$

$$Z_{\text{steel}} = 4.68\,\text{g/cm}^2 \cdot \mu\text{s}$$

14-2 ルーサイト内の音の縦波速度は $0.267\,\text{cm} \cdot \mu\text{s}$ である．鋼内では音の縦波速度は $0.594\,\text{cm} \cdot \mu\text{s}$ であり，横波速度は $0.324\,\text{cm} \cdot \mu\text{s}$ である．

(a) ルーサイトから鋼への音響透過の第 1 臨界入射角を決定せよ．

(b) ルーサイトから鋼への音響透過の第 2 臨界入射角を決定せよ．

(c) 音が鋼からルーサイトへ伝わるときには臨界角はない．なぜか？

14-3 鋼内の疲労き裂が鋼と同じ磁気特性の不浸透性物質で完全に満たされている．MT 技術で，そのき裂を検出できるか？ 染色浸透探傷法でそのき裂を検出できるか？ 渦電流法でそのき裂を検出できるか？ UT 法でそのき裂を検出できるか？

15
摩　　耗

I.　摩　　耗

　トライボロジーとは 2 つの接触面が互いに相対的に動くときに発生する摩耗過程を研究することである．摩耗過程に影響する 2 つの重要な因子は摩擦と潤滑である．トライボロジストの 1 つの目的は摩耗速度を予測できることであり，この速度はロールベアリングやギアの使用寿命を決めるものである．この目的はまだ十分ではないが，実験データを上手く処理できるいくつかの簡素化された関係式を用い，非常に複雑な課題を合理的に処理できるものである．摩耗速度は一般に Q/S で示される．ここで，Q は与えられたすべり間隔 S に対する摩耗体積である．さまざまなモデルにより摩耗速度が通常荷重 L に比例し硬さ H に逆比例するという関係式 $Q/S = kL/H$ が導かれている．このタイプの線形摩耗方程式は，後に議論するように，しばしば Archard[1] に起因する．

　摩耗が生じると些細なことが重大事項につながる．重大事項の一例として 2000 年 1 月 30 日にロサンゼルス沖の太平洋上で 88 名が亡くなったアラスカ航空 261 便の墜落事故があげられる．この悲劇は水平尾翼のスタビライザーの位置を制御するねじジャッキ用ジンバルナットの過度の摩耗がもたらしたようである．ジンバルナットのねじ山が効かなくなり，水平尾翼が制御せず墜落に至ったものである．潤滑とメンテナンス方法が疑われている．

II.　摩　擦　係　数

　2 個の固体が接触状態のとき接触面積は A である．しかしながら，表面のある部分のみが触れ，他の部分は触れていない．接触する領域はジャンクションとして知られており，すべての接触面積の合計が**接触面積 A_c** として知られている．ジャンクションが形成されるとともに接合されていると考えられている (潤滑の目的は接合部の形成を阻止することである)．塑性変形を考慮すると接触面積は

－ 437 －

438   15 摩   耗

$$P_N = A_c \sigma_Y \qquad (15\text{-}1a)$$

$$A_c = \frac{P_N}{\sigma_Y} \qquad (15\text{-}1b)$$

ここで P_N は 2 つの界面間のノーマル荷重，σ_Y は降伏応力，A_c は実際の接触面積である．

塑性変形はすべての高い接触点で生じると考えられるので，接触面積は増加する．塑性変形過程は継続し，A_c は方程式 (15-1a) の条件を満足するまで成長する．もし，1 つの接触面を他の接触面にスライドさせ，すべてのジャンクションが接合しているとすれば，すべてのジャンクションはスライディングの過程でせん断される．せん断力 P_T は

$$P_T = \tau A_c = k A_c \qquad (15\text{-}2)$$

で与えられる．τ はジャンクションをせん断するのに必要なせん断応力，すなわち純粋せん断 k における降伏応力に等しい．しかしながら，変形過程における加工硬化のゆえに降伏応力の正確な値をあてがうことは困難である．

このモデルにおいて摩擦係数 μ は

$$\begin{aligned} \mu &= \frac{P_T}{P_N} \\ &= \frac{k A_c}{\sigma_Y A_c} = \frac{k}{\sigma_Y} = 定数 \end{aligned} \qquad (15\text{-}3)$$

もし，k が $0.5\sigma_Y$ とすると μ は 0.5 である．これは摩擦のクーロン則 ($P_T = \mu P_N$) であり，摩擦係数 0.5 というのは大気中における金属と金属の直接接触においてありえない値ではない．摩擦係数は広範囲に変化する．真空中における金属と金属の接触に対しては環境が強く影響することが明らかである．しかし，この影響は上述の μ に対する解析では考慮されていない．おそらくは酸化被膜が接点の接合を容易にさせず，μ の値を減少させるのであろう．μ の最大値が真空中で得られるのに反し，μ の最小値は良好な流体潤滑条件下で得られ，その値は 0.0001 かもしれない．中間的な値は鋼に Al の組合せで 1.3 である．Ti に Ti の組合せでは μ 値は 0.5 となる[2]．

摩耗にはアブレッシブ摩耗と凝着摩耗の 2 種類がある．**アブレッシブ摩耗**はより柔らかい表面を硬い粒子が耕すような摩耗で，金属をダイヤモンドペーストで研磨するような現象である．**凝着摩耗**は材料がある接触面から他の接触面に移着する摩耗である．しかしながら，この種の摩耗が進むにつれて硬い酸化された摩耗粒子が形成され，アブレッシブ摩耗に発展する．そのため，凝着摩耗よりもむ

しろすべり摩耗と称する方が良いかもしれない[3]. 潤滑フィルタリングシステムの目的はそのような粒子を潤滑剤から取り除くことである. したがって，酸化物粒子によるアブレッシブ摩耗を前もって防止できる.

さらに，摩擦摩耗過程で発生する熱が時折惨事を引き起こすことがある. たとえば Ti 合金製格納容器において，ジェット機 Ti 合金製圧縮機翼の先端のこすれにより Ti の発火を引き起こすことがある. その結果，Ti 合金は格納容器には使用されていない.

III. Archard の式[1]

凝着摩耗において Archard の式がすべり間隔 Q/S ごとに発生する摩耗デブリの全体積を見積りに使うことができる. ここで，Q は生じる摩耗の全体積，S はすべり間隔である. 摩耗速度は通常荷重 P_N に比例し，硬さ H に逆比例する. すなわち，

$$\frac{Q}{S} = \frac{KP_N}{H}$$

あるいは

$$Q = \frac{KP_N S}{H} \tag{15-4}$$

ここで K は無次元定数である. $P_T = \mu P_N$ であるので，Q は摩擦力によりなされた仕事に比例する.

式 (15-4) は単一突起の挙動をまずしらべることによって導き出される.

突起に支持される局部荷重 δP_N は半径 a の円形断面を有する.

$$\delta P_N = \sigma_Y \pi a^2$$

もし降伏応力 σ_Y が突起で塑性であると仮定すると，押し付け硬さの突起に比例する. すなわち，$\sigma_Y = cH$，ここで C は定数であるから，

$$\delta P_N = cH\pi a^2 \tag{15-5}$$

特定の突起に対する摩耗デブリ δV は突起から切り取られた半球と考えられるので，

$$\delta V = \frac{2}{3}\pi a^3 \tag{15-6}$$

この半球断面を形成するための滑り間隔は $2a$ である．したがって，すべり間隔ごとの突起から生み出される材料の摩耗体積は

$$\delta Q = \frac{\delta V}{2a} = \frac{\pi a^2}{3} \tag{15-7}$$

しかし，式 (15-5)，$\pi a^2 = \delta P_N / cH$ から

$$\delta Q = K \frac{\delta P_N}{H} \tag{15-8a}$$

$$Q = K \frac{P_N}{H} \tag{15-8b}$$

式 (15-8) における K は式 (15-8) を導くにあたり，用いた各種の定数のすべてに組み込まれており，摩耗の厳しさの程度の目安となる．マイルドな摩耗に対しては $K \approx 10^{-8}$，厳しい摩耗に対しては $K \approx 10^{-2}$ である．

IV. 凝 着 摩 耗 例

凝着摩耗は自動車やトラックの強い制動作用の折にゴムがタイヤから道路にスキッドマークをつけるときに発生する．もし，車両の運動エネルギーのすべてが道路との摩擦エネルギーに消費されると仮定すれば，

$$\frac{1}{2} \frac{W}{g} v^2 = \mu W d \tag{15-9}$$

$$v = \sqrt{2\mu g d} \tag{15-10}$$

ここで W は車両の重量，v は速度，g は加速による重力，μ は摩擦係数，d はスリップ痕の長さである．交通事故検査官が車両速度の決定に用いる典型的な μ 値は 0.75 である．推測速度は車両の重量に無関係であることは興味深い．

V. フレッティング疲労

フレッティングは摩耗過程であり，しばしば腐食を伴い，通常は金属である 2 個のコンポーネントが相対運動により圧縮力でつながっている．相対運動の振幅は変化するが，わずか数ミクロンであり，もしも相対運動が繰り返しある時間継続するならば接触面の粗さを増加させ，摩耗速度を増加させる硬い酸化粒子デブリを形成させる．繰返し荷重状態が継続すると，荒れた表面は疲労き裂を形成し，フレッティング疲労損傷が生じる．このタイプの損傷は特に航空機にかかわりが多く，フ

V. フレッティング疲労　441

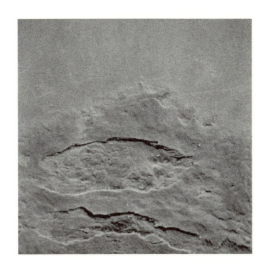

図 15-1　フレッティング傷 (Lutynski ら[4]より引用)

レッティングはアルミニウム製航空機外板とリベットヘッド間で生じ，C130 や 707 で多くの墜落事故が起こっている．この種の損傷を防止するにはアルミニウム板は，ボーイング 737 のように，リベットよりもエポキシにより結合される方が良い．ボーイング 787 やエアバス A380 におけるように複合材料の使用は，リベットを使用しないことでリベットにかかわる問題を取り除くことができる．にもかかわらず，フレッティング問題は，たとえばタービン翼がディスクに組み込まれているタービンエンジンのダブテール継手のような例においてまだ関心が残されている．1980 年代の半ば以来，翼とディスクを単体とする一体化部品にすることにより翼とディスクのフレッティングを避ける試みがなされている．フレッティング疲労過程で荷重は界面摩擦により試験片からパッドに伝えられる．遷移領域においてフレッティング傷が図 15-1 に示すように成長する．フレッティング過程においては高い応力集中を有するフレッティングパッドの鋭い端面は摩耗し，丸みを帯びる．この位置に置いて小さな半円形状の疲労き裂が形成されることになる．き裂は最初の主応力の垂直方向に 45 度の角度で進展し，パッドの作用荷重と圧縮荷重の法線成分により速度が支配される．き裂が長くなると，付加される繰返し荷重の直角方向に進展し，破損に至る．

　タービンロータにおけるフレッティング疲労破損を除去するため，タービンとロータが一体化した部品が製造されている．そのようなロータは IBR ロータある

442   15 摩 耗

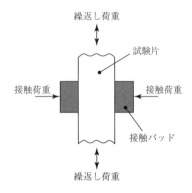

図 15-2　フレッティング疲労実験の模式図

いは通常ブリスクといわれている．ブリスクは 1985 年にヘリコプター―エンジンのコンプレッサーに適用されて以来コンプレッサーとファンブレードロータの両方への適用が増加している．ブリスクの主たる不利益はどの IBR における主たる

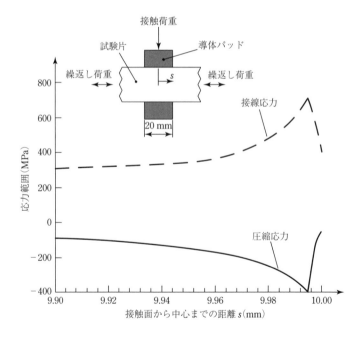

図 15-3　フレッティング領域における応力分布

損傷において，IBR を取り換えるかもしくは取り替え翼を溶接できるようにエンジン全体を取り除かねばならぬことにある．この種のメンテナンスはしばしば特別な設備を必要とする．さらに，IBR ブレードは典型的なタービン翼のダブテール継手アタッチメントの自然減衰が存在しないので，高調波振動テストを行わねばならない．

フレッティング疲労過程は図 15-2 に示すように，通常平板試験片に金属製パッドを固定した実験室における装置を用いて研究されている．必要な大きさの圧縮荷重がキャリブレーションが可能なように，ひずみゲージが添付された検体用リングに 2 本のボルトを用いてパッドに負荷される．フレッティング疲労の S-N 曲線は各種パッドと金属の組合せおよび各種圧縮応力により生じる疲労強度の劣化を各種振幅の繰返し荷重により求められる．

実験室試験はフレッティング疲労過程をさらに洞察するために有限要素解析により補完される．図 15-3 は有限要素解析により得られたフレッティング領域における応力分布を示している．有限要素解析により，図 15-4 に示すように最大界面せん断応力とパッドの最大圧縮応力との関係がプロットできる．このプロットは与えられた寿命に対して平行な線で示される．ダブテール継手のフレッティン

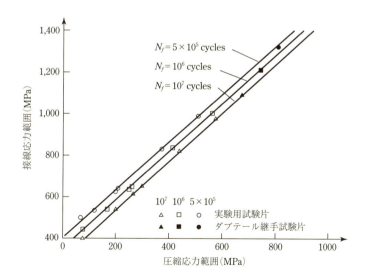

図 15-4　接触端近傍の接線応力範囲および圧縮応力範囲にもとづくフレッティング疲労設計曲線 (Lutynski ら[4]より引用)

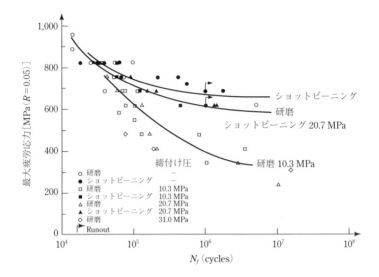

図 15-5 フレッティングおよびフレッティングのない条件下で試験されたショットピーニングおよびショットピーニングを施さない試験片のフレッティング疲労試験結果 (Lutynskiら[4]より引用)

グ疲労挙動は有限要素解析の結果と一致している．応力振幅と圧縮試験結果も同様な傾向を示すであろう．フレッティング抵抗は浸炭や窒化などの摩耗抵抗を改善する表面処理により改善できる．潤滑や界面のポリマー材などの他の改善法もフレッティング抵抗を改善する．図 15-5 はショットピーニングにより Ti–6Al–V 合金のフレッティング抵抗が著しく改善できることを示している[4]．

　フレッティング防止の基本は接触面における相対運動をさせない設計にある．フレッティングは相対する表面の突起が接触して生じるので表面仕上げが重要な役割を演じる．潤滑材は摩擦の減少および酸化防止によりフレッティングを軽減するためにしばしば用いられる．

　軟らかい材料は同類の硬い材料よりもより高いフレッティング感受性を示す．2つのすべり材の硬さの比はフレッティング摩耗に影響する[5]．しかしながら，ポリマーのようなより軟らかい材料はベアリング表面に硬いデブリが捕えられると逆の効果を示すことになる．そうなると接触するより硬い材料の摩耗を減少させる非常に効果的な研磨剤となる．

VI. 事例研究：摩擦と摩耗，ブシュの破損

飛行時間 2,000 時間経過後のオーバーホールの過程で，ある小さな飛行機が 2 個の鋼製ブシュとキャブレタバタフライ弁を支える鋼製軸をその年の秋に取り替えた．ブシュは短く，薄くなっており，ガイドや無回転ベアリングして中空シリンダーに用いられていた．オーバーホールの後，次年度の春まで飛行機は飛ばなかった．わずか数時間の飛行の後，パイロットが空港に着陸しようと試みた折，キャブレタへの制御リンケージが作動しないことに気づき，高度が低下し始めた．そのため高速道路への着陸を試みたが不幸にも車に激突し，乗客が死亡した．事故調査にあたり，キャブレタ軸がブシュの 1 つに固着し，そのために事故が生じたことがわかった．軸とブシュ間に供給される潤滑はキャブレタの燃料蒸気のみであった．

その後の調査で固着した軸とブシュの 2 つを引き離すには大きな力を要することがわかった．プレスして引き離すしかなく，完全に固着していた．軸の調査で軸の長さ方向にブシュから凝着痕が見られた．つまり，軸がブシュに挿入されたときブシュの加工硬化したバリが軸を傷つけ，軸からつぶされた材料がブシュと軸間にとどまったことによる．冬の間，デブリは酸化し硬化した．この硬化物は飛行中に，軸がブシュに固着し，事故が発生するまでに，さらなる凝着損傷を引き起こした．

堅調であった部品メーカーが倒産，ビジネスから撤退し，オリジナル設計部品が部品メーカーにより次々にコピーされるという**リバースエンジニアリング**の問題が発覚した．このリバースエンジニアリングの過程ではオリジナル部品の詳細毎に忠実に模倣されていた．ブシュ，軸ともに同種のステンレス鋼 [AISI416: 0.15C, 12–14Cr, 1.25Mn，最大 0.60Mo (任意)，最大 0.06P，最小 0.15S，最大 1.15Si] で，同一ロッドから加工されていた．決定的な相違はオリジナルデザインでは軸に対しては熱処理により 24HRC の硬さが，ブシュに対してはさらに軟らかく 95HRB が要求されていたことである．この軸とブシュの系では両方ともに 92HRB とされていた．リバースエンジニアリングの過程で，この重要な相違が見落とされていた．

もし，軸が適当な硬さに保たれていたならば，ブシュのバリは観察された凝着痕を引き起こさず，事故も生じなかったであろう．凝着摩耗がなかったとしても，軟らかい軸は 2,000 時間使用した類似の軸の試験により示されたように過度の凝着摩耗を被ったであろう．軸の硬さが 25HRC であれば，通常のぞまれるように

ブシュのみが摩耗したであろう.

本件に関する NTSB により刊行された最終報告においては裁判所は責任の大部分は修理設備にあるとして製造者の責任は小さいとしているが,状況からして少々不思議である.

VII. ころ軸受

円錐ころ軸受を図 15-6a に示す[6]．この種の軸受についてさらに詳しく考えていく．他のタイプのベアリング，すなわち球面ころ軸受，針状ころ軸受などの破損の原因はこのタイプの軸受の破損原因と共通の多くの特徴を有する．

円錐ころ軸受は 4 個の基礎的コンポーネントから構成されている．すなわち，内輪あるいはコーン，外輪あるいはカップ，円ころおよびころ保持器あるいはケージの 4 つの基本的要素から構成されている．傾斜ローラーおよびローラーリテイナーあるいはケージである.

円錐ころ軸受は内レースあるいはコーン，外レースあるいはカップ，円錐ころおよびころ保持器あるいはケージの 4 つの基本的要素から構成されている．図 15-5b に円錐ころ軸受に作用する力の模式図を示す．適当な作動条件下において，内輪まわりのころの間に一定の間隔をあけるという主たる機能を有する保持器を除き,

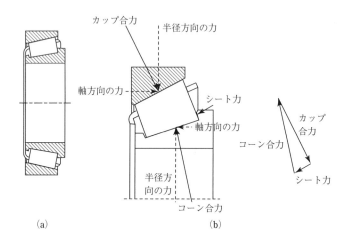

図 15-6 (a) 勾配付きころ軸受，タイプ TS (圧入鋼ケージ)，(b) 勾配付きローラーの作用する力 (Tapered Roller Bearings[6] より引用)

VII. こ ろ 軸 受　447

すべての構成要素が荷重を受けもつ．レースと同様にころ軸受は，コーンの原理に従いテーパー形状であり，テーパーレースのゆえに，ラジアルとスラストの組合せ荷重を操ることができる．ころは全ころ長さを横切って均一接触を保証するように載せられている．これは疲労挙動を改善し，軸受寿命を延ばす．定格荷重下におけるころとレース間の公称接触応力は 1,379–1724 MPa である．

軸受カップおよびコーンは低介在物濃度の高品質鍛鋼 (SAE52100, HRC58–60) から機械加工される．ころは，冷間引抜ワイヤからの冷間加工あるいは熱間圧延ロッドおよびバーからの機械加工でつくられる．その鋼は低炭素浸炭グレードで，真空脱ガスベアリング用合金鋼である．機械加工の後，適切な深さまで軸受荷重を支えるために，軸受要素の表面に炭素を加える．この結果，浸炭および熱処理部は硬い，耐疲労強度性のケースおよび靱・延性を有するコアとなる．さらに，浸炭により表面に圧縮の残留応力が発生し，疲労抵抗を改善できる．より清浄鋼が利用できるので，疲労寿命を制御する上で表面仕上げが重要になる．したがって，表面仕上げは 0.63–2 μm の範囲に保たれ，軸受ノイズレベルは仕様書に適っているか確かめる必要がある．

円錐ころ軸受には 2 つの基本的な定格寿命がある．**基本動定格寿命**と**静定格寿命**である．基本動定格寿命は転がり軸受の期待寿命の確立に使われる．基本静定格寿命はにせのブリネルマークがなく，回転していないとき軸受に与えられる最大許容荷重をしらべるために使われる (にせのブリネリングは自動車を鉄道で長距離輸送するときに生じる．振動荷重下でホイール組立て部品における玉軸受の玉が軸受のレースに摩耗圧痕をつけ，自動車がを運転中に軸受が "走行騒音" を出す原因となる．その圧痕はブリネル圧痕と似ているので，にせのブリネリングとよばれている)．

基本動定格荷重は基本動ラジアル荷重 C_{90} および基本動トラスト荷重 C_{a90} により小分化される．軸受の K 因子は 2 つの比を示すか，あるいは，

$$K = \frac{C_{90}}{C_{a90}} \tag{15-11}$$

K はまたカップ角度 α を含む 1/2 の式として次式のように表現できる．

$$K = 0.389 \cot \alpha \tag{15-12}$$

円錐ころ軸受はピッティングやスポーリングが表面接触の 1% を超えたとき寿命となると考えられている．これらの欠陥は，軸受構成要素のヘルツ接触が原因で生じ，ころが与えられた点を通過するときに符号を変えるので表面下のせん断

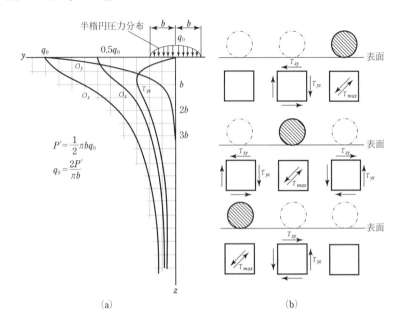

図 15-7 (a) 平滑面を有する円筒の接触により展開されるサブサーフェス応力，(b) 円筒が右から左に回転するとき，3 個の固定位置で展開するサブサーフェスせん断応力 [(a) は Timoshenko[7]，(b) は *ASM Metals Handbook*, 8th ed., vol.10, Failure Analysis and Prevention, 1975[8] より引用]

応力を導く (図 15-7 参照). この交番せん断応力が疲労き裂を進展させ, その過程におけるスポーリングは**転動疲労**として知られている. この過程で微小表面下の疲労き裂は成長し, 表面を突き破り, ピッティングやスポーリングとなり, 表面から破片を分離する. この種の疲労は鉄道線路および車輪を含む多くの要素の機械システムで見いだされている.

軸受はかなりの寿命のばらつきを示すので, 寿命評価に統計的方法が用いられる. ワイブル極値分布がいかなる信頼性レベルにおいても軸受の統計的寿命の決定に用いられる. その軸受の定格寿命をしらべるのに用いられる. 軸受の定格寿命は通常 L_{10} 水準の式で与えられ, L_{10} は, 疲労損傷基準に到達する前に, 標準荷重条件下において, 同一群の軸受けの 90% が越える回転数 (サイクル) として定義されている.

適度に並べられ潤滑された軸受に対する基本動定格荷重は回転数 90×10^6 (50 rpm で 3,000 時間) の定格寿命をもとにしている. レースの並びからの逸脱は 3–4 分

以下にすべきである．未調整は，軸のたわみ，軸あるいはハウジングの機械加工誤差およびはめあい誤差のために生じる．転がり軸受の"定格寿命"と荷重間の経験式は $L_{10} = 90 \times 10^6$ サイクルに対して，

$$L_{10}P^{10/3} = 定数 \tag{15-13}$$

相当荷重 P は C_{90} として示され，他のラジアル荷重 P に対する L_{10} 寿命は次式で与えられる．

$$L_{90}P^{10/3} = 90 \times 10^6 C_{90}^{10/3} \tag{15-14}$$

または

$$L_{10} = 90 \times 10^6 \times \left(\frac{C_{90}}{P}\right)^{10/3} 回転 \tag{15-15}$$

で与えられる (スラスト荷重に対する説明には，P は P_{eq} として表現される)．軸受のカタログは各軸受に対して C_{90} を載せているため，他の荷重に対する L_{10} 寿命を決めることができる．

A. 軸受とシステム信頼性

軸受の定格寿命は信頼性の1つの表現であり，90%の信頼性は1つの軸受が与えられた寿命と同等もしくはそれ以上であることを意味する．いくつかの軸受の

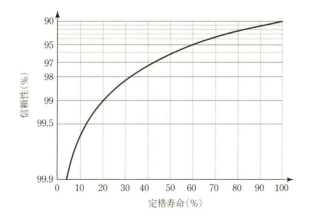

図 **15-8** 定格寿命のパーセントの関数としての製品信頼性を示すワイブル・プロット (Tapered Roller Bearings[6] より引用)

450   15 摩   耗

適用品では，90% 以上の信頼性が必要とされる．図 15-8 は経験的なワイブル・プロットで，信頼性を向上させるための適当に割り引いた寿命を選択するのに使われる．

かわりに，90%以下の信頼性レベル R で軸受の L_{10} を得るために次の関係が使われている．

$$a_i = 4.48 \left(\ln \frac{100}{R} \right)^{2/3} \tag{15-16}$$

ここで，a_i は寿命調整ファクター，R は% 信頼性 (信頼度 90% のとき $a_i = 1$) である．

$$R = 100 e^{-(a_i/4.48)^{3/2}} \tag{15-17}$$

は図 15-8 における線の方程式式であり，ここで $100 a_i$ は定格寿命のパーセントである．R% の信頼度の寿命 L_R を得るために，a_i に L_{10} をかける．90% 以上の信頼性のためには a_i は 1 以下となり，90% 以下の信頼性のためには 1 以上となる．

B. 最 初 の 例

98% の信頼度が必要な製品の調整定格寿命は?

$$a_i = 4.48 \left(\ln \frac{100}{98} \right)^{2/3} = 0.33 \tag{15-18}$$

$L_R = L_2 = 0.33 L_{10}$ (このファクターは図 15-8 から直接求めることができる)．もし 10,000 時間の寿命が信頼度 98% を必要とすれば，30,300 時間の L_{10} 寿命が必要となる．ある会社の軸受に対しては，平均または平均寿命は約 L_{10} の 4 倍である．平均寿命 L_{50} はほぼ L_{10} の 1/3.5 である．システム信頼度が，すべての軸受がある寿命をまっとうできる確率を考えることが妥当であるときに遭遇すると，すなわち

$$信頼度 (システム) = R_1 R_2 R_3 \cdots R_n \tag{15-19}$$

ここで $R_1, R_2, \cdots, R_n$ は必要とされるシステムに対する各軸受の信頼度を表す．

C. 第 2 の 例

システム内の 4 つの軸受の定格寿命が 12,000, 10,000, 9,000, 8,000 時間のとき寿命 6,000 時間を必要とするシステムの信頼度は?

定格寿命	定格寿命の% としてのシステム寿命	システム寿命に対するベアリングの% 信頼度
12,000	50	96
10,000	60	95
9,000	66.7	94
8,000	75	93

信頼度 (システム) $= 0.96 \times 0.95 \times 0.94 \times 0.93$

$= 0.8$ または 80% (6,000 時間に対し)

多くの軸受がそれぞれ同じかあるいは異なる L_{10} をもつとき, システム寿命の L_{10} は,

$$L_{10\text{system}} = \left[\left(\frac{1}{L_{10A}}\right)^{3/2} + \left(\frac{1}{L_{10B}}\right)^{3/2} + \cdots + \left(\frac{1}{L_{10n}}\right)^{3/2}\right]^{-2/3} \quad (15\text{-}20)$$

たとえばシステム中の 4 つの軸受が 50 rpm で 3,000 時間の L_{10} 寿命をそれぞれもつならば, そのシステム寿命 L_{10} は約 1,200 時間となる.

D. 軸 受 の 損 傷[9]

通常, 軸受損傷の原因は非金属介在物または炭化物での表面下のき裂発生に伴う転がり接触疲労である. 早期損傷に導く主要因子は, 不適切なはめあい, 装着時の過大荷重, 不十分で不適当な潤滑, 過大荷重, 衝撃荷重, 振動, 過大運転あるいは環境温度, 摩擦物による汚れ, 有害液体の浸入および迷走電流である. 上述の因子からの悪影響は, フレーキングまたはピッティング (疲労), フルーティング (溝付きピッティング), き裂あるいは破壊, 回転によるクリープ, スメアリング, 磨耗, フレッティング, 軟化, へこみ, ケース破壊 (過大荷重, 薄いケース, 軟らかいコア) および腐食である.

軸受の適切な潤滑は良い運転のために重要である. 潤滑の意味は金属同志の直接接触を防止することである. **反応膜**および**弾性流体潤滑膜**の 2 種類の油膜がある. 反応膜もまた**境界潤滑**として知られており, 適当な膜を形成するための物理的吸着および/もしくは化学反応によって生み出され, その膜は軟らかく簡単にせ

ん断できるが浸透しにくく，表面から取り除くことが難しい．弾性流体潤滑膜は表面速度の関数として，摩擦表面に動的に形成される．この膜はとても薄く，非常に高いせん断力を有し，そして一定温度が維持される限り圧縮荷重によりわずかに影響を受ける．仕様期間後の潤滑油中の磨耗粉の解析は摩耗過程の性質および度合いに関する情報を提供する．

　軸受の基本定格寿命は潤滑膜厚さが少なくとも接触表面粗さ σ_q を合わせたものに等しいと想定している．ここで，

$$\sigma_q = \sqrt{R_{q1}^2 + R_{q2}^2} \tag{15-21}$$

R_{q1} および R_{q2} は 2 つの表面について測定した平均 2 乗粗さの平方根である．合成粗さによって割られた膜厚は λ として示され，λ の上昇に伴い疲労寿命も増加する．軸受の疲労破損モードも λ に影響される．λ の値が 1–3 の範囲では疲労き裂は表面下の介在物から発生し，表面粗さは比較的小さな問題である．$\lambda < 1$ のときは表面粗さがとても重要な因子になる．軸受損傷の共通のタイプは，バーンアップとして知られており，不適切な潤滑，高い予荷重あるいは過大な回転速度により生じる．バーンアップ中は軸受温度が上昇し材料が塑性的に流れ，それによって軸受形状が破壊する．

VIII. 事例研究：鉄道車軸の損傷

　1970 年代後半から 1980 年代前半にかけて燃料不足が心配されたために，自動車，トラック，バスおよび車両の設計において軽量化が主流となった．ある乗客車両の場合，軽量化のために中空車軸が中実軸のかわりに使用されていた．これらの車軸は圧入円錐ころ軸受の組立て部品とともに装備され，車重を車軸，車輪，最終的には車道に移していた．車は車軸の 1 つが損傷し，車輪がはずれたとき長くは運転を続けることができなかった．幸運なことに，怪我人はなかった．損傷した車軸の検査が行われ，軸受の場所で車軸が取り付けられていた部分が摩耗し，オーバーヒートしていたことが明らかになった．車輪の損傷は全車両の他の車軸の検査を促し，多くの場合軸受シートで過大摩耗が発見された．過大に摩耗した車軸は使用からはずした．修理が展開されている間，車軸のさらなる破損を防ぐために温度センサー装置が車両ハブに取り付けられた．これらの装置は列車の路線に沿って選ばれた停留所でオーバーヒートの徴候をしらべるために検査された．不幸なことにこれらの検査は時間を浪費し，かなりの遅延と出費を要した．さら

に，隙間が過剰な摩耗のために拡大していた場合に軸受と車軸界面の超音波検査が行われた．これらの検査は車軸が中空であったことによって容易になされた．過大摩耗が発見されたとき，車軸は使用からはずされた．

中空軸の使用は新しいものではなかった．これらは以前からうまく使われていたが，使用以前は外形と内径の比が 0.5 であった．考えられた場合にはその比は 0.6 であった．言い換えると，論じられている車軸は以前の古い軸よりよりも中空であり，このことが重要な結果となった．荷重下車軸がどのように変形するかを決定するために解析が行われた．その結果，車軸上への軸受圧入後の軸受上の圧縮残留応力が中実軸より中空軸で少ないことがわかった．軸受の不十分な圧縮応力が界面のフレッティングを助長し，界面における干渉はめあいの減少をもたらした．中実軸では荷重下でも本質的には円形であったが中空軸の場合は楕円形に変形してしまった．干渉はめあいが十分に高くなかったので，卵形は車軸に関して軸受の繰返し相対運動を引き起こした．その結果，軸受下の与えられた場所で，せん断応力が軸の回転大きさに振動し大きくなった．これらのせん断応力は軸受と車軸の界面で観察された過大摩耗に導く．最終的な修理で中空軸を中実軸に取り替えた．

IX. 歯 車 損 傷[10,11]

歯車の寿命を支配する主たる因子は歯の形状の精度，潤滑を含んだ歯車歯の接触状態および材料である．図 15-9 は歯のかみ合いによる転がり接触の結果，平歯車の歯に生じる応力を示している．図 15-10a は歯車のかみ合う歯の接触により展開されるサブサーフェス応力の一例を，また，図 15-10b はこれらの応力に抵抗するために必要なサブサーフェス硬さの水準を示す．歯車は多くの異なる形態で損傷し，軸受と同様，ノイズや振動の増加は差し迫った損傷の徴候である．損傷の主たる原因は歯元で疲労き裂を発生させる曲げ，あるいは大きなはく離の原因となる小さいピッチングを誘発する転がり接触疲労である．さらに，衝撃，摩耗および応力破断による損傷がある．少なくとも 1 つの例で，ボートプロペラ翼の衝突が歯車の歯を衝撃破壊に十分な原因であるということが知られている．さらに，歯車列に検出されなかったき裂を含んでいた歯車があり，歯車系が実機に戻された後，短期間で損傷を生じた．そのため，衝突後，全歯車の歯の注意深い検査が保証された．歯面の各部は作動中に短期間だけ負荷を受ける．冷えた金属や油の新しい領域への連続的な荷重移行は潤滑膜を損傷することなく歯表面に歯車材

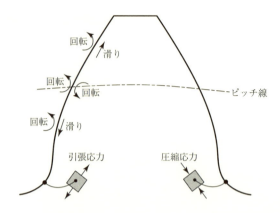

図 15-9 ころがり接触による平歯車の歯に展開される応力 (Alban[11] より引用)

の限界強度近くまで荷重を負荷させることを可能とする．歯車の歯で受けもつことができる最大荷重は，発生した熱がすべり速度と圧力を変えるので，表面間のすべり速度に依存する．多大な摩擦熱は歯表面の掻き傷および破壊を引き起こす．

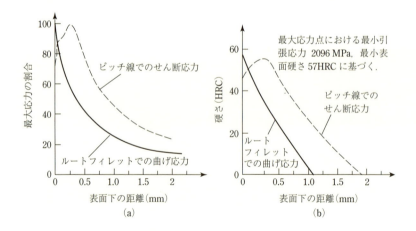

図 15-10 (a) 平歯車の歯におけるサブサーフェス応力，(b) サブサーフェス破損の阻止に必要な硬さ勾配 (Alban[11] より引用)

A. 歯車材料の問題

材料にかかわる多くの問題が歯車の疲労損傷に関係している．これらは非金属介在物の寸法や性質，貧弱な鍛造模様，ピッチング，バンディング(縞模様)，偏析，鍛造のラップ傷，不適切な材料選定などである．確認を間違えばある場合に誤った鋼を使用し，また時々間違った等級の鋼が溶接補修に使用されていた．

歯車鋼は，通常，浸炭，窒化，あるいは高周波焼入れにより肌焼きがなされ，硬化部の性質は中央部輪郭および歯の歯元径の両方で重要である．硬化深さは，通常**有効硬化深さ**を意味すると理解され，硬さが表面から指定された場所まで低下する距離として定義される．浸炭歯車に対してはレベルは通常 50HRC であるが，高周波焼入れされた歯車においては，そのレベルは炭素濃度に依存し，0.3wt% 炭素含有鋼に対して 35HRC (HV≈ 350)，0.53wt% 以上の炭素含有鋼 50HRC である．転がり接触によるせん断応力は，かみ合った歯の接触域において表面下約 0.25 mm (0.01 in) で最大となり，疲労損傷を避けるためにこの層の硬さは有

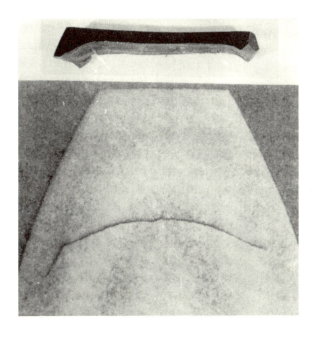

図 **15-11** 炭化により生じた残留応力による歯車の歯の破損例 (Alban[11]より引用．ASM International の許可を得て転載)

456　15 摩　　耗

効硬化深さ 0.5 mm を有する歯車表面で少なくとも 58HRC となるよう特に指定されており，また曲げ応力が最大となる歯元径での硬化深度は 0.3 mm (0.012 in) なる．

浸炭過程は浸炭層に，歯車歯の中心で引張応力とつり合う 2 軸の圧縮応力状態をつくり出す．図 15-11 のように，この応力系は表面下で発生し，おそらくは水素が関与する歯車歯の遅れ破壊き裂をもたらす．大きな引張残留応力が大きな圧縮残留力とつり合うので，このタイプの破壊は硬化深さに伴い増加する傾向にある．

繰返し荷重の結果生じる表面下で発生する損傷のもう 1 つのタイプもまた歯車の歯で観察されている[12]．もし基材の降伏強度が低く，ピッチに沿って成長する力が大きいとケースクラッシングが生じる．図 15-12 は特に薄い場合である．歯車全体の硬化に高周波焼入れを使用する場合，焼割れが生じる．焼割れの破面にはスケールや酸化物がないので，焼き割れは鍛造ラップと区別できる．高周波硬化過程では容易な疲労損傷を導く不規則な硬さ分布を避けるようにコントロールする必要がある．

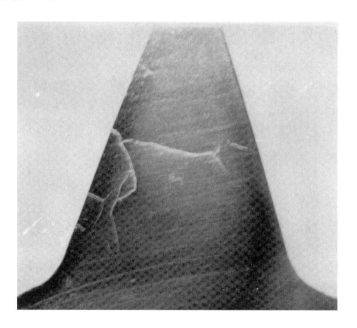

図 15-12　ケースクラッシングの例 (Mackaldener と Olssen[12] より引用)

B. 設計と製造問題

　設計と製造に伴う問題は油孔のような形状的応力集中部，硬化部の過度な機械加工，アンダーカット，歯車歯の特徴および熱処理による寸法変化により発生する．さらに，研削過程は通常，表面に引張残留応力を残し，研摩傷や焼けを引き起こす．

X. ま　と　め

　この最終章において，接触応力の役割，ころ軸受やブッシュ，および歯車の有用な寿命を決定する摩耗について議論した．摩耗を含む多くの破損の説明のために事例研究が使用された．

参 考 文 献

[1] J. F. Archard and W. Hirst, The Wear of Materials Under Unlubricated Conditions, *Proc. Royal Soc.*, vol. A-236, 1958, pp. 71–73.

[2] E. Rabinowicz, "Friction and Wear," in *Mechanical Behavior of Materials*, ed. by F. A. McClintock and A. S. Argon, Addison-Wesley, Reading, MA, 1966, pp. 657–674.

[3] M. F. Ashby and D. R. H. Jones, *Engineering Materials 1*, Pergamon Press, Oxford, UK, 1980, pp. 223–235.

[4] C. Lutynski, G. Simansky and A. J. McEvily, Fretting Fatigue of Ti–6Al–4V Alloy, Materials Evaluation Under Fretting Conditions, ASTM STP 780, 10822, ASTM, Conshohocken, PA, 1982, pp. 150–164.

[5] D. A. Rigney, Sliding Wear of Materials, *Ann. Rev. Mater. Sci.*, vol. 18, 1988, pp. 141–163.

[6] Tapered Roller Bearings, Section 1, *Engineering Journal*, The Timken Co., Canton, OH, 1972.

[7] S. Timoshenko, *Theory of Elasticity*, McGraw-Hill, New York, 1934.

[8] *ASM Metals Handbook*, 8th ed., Vol. 10, AMS, Materials Park, OH, 1975, p. 428.

[9] C. Moyer, Fatigue and Life Prediction of Bearings, *ASM Handbook*, vol. 19, ASM, Materials Park, OH, 1996, pp. 355–362.

[10] D. W. Dudley, Fatigue and Life Prediction of Gears, *ASM Handbook*, vol. 19, ASM, Materials Park, OH, 1996, pp. 345–354.

[11] L. E. Alban, *Systematic Analysis of Gear Failures*, ASM, Materials Park, OH, 1985.

[12] M. Mackaldener and M. Olssen, Interior Fatigue Fracture of Gear Teeth, *Fat. Fract. Eng. Mater. Struct.*, vol. 23, 2000, p. 283–292.

[13] R. J. Roark and W. C. Young, *Formulas for Sress and Strain*, 5th ed., McGraw-Hill, New York, 1982.

458   15 摩   耗

問   題

15-1 鋼製中空車軸の外半径を a，内半径を b で表す．車軸への軸受の圧入に起因する外圧 q による a の変化 Δa は Roark と Young[13] の p. 504 で次のように与えられる．

$$\Delta\alpha = \frac{-qa}{E}\left(\frac{a^2 + b^2}{a^2 - b^2} - \nu\right)$$

所定の Δa に対して，q の変化を b/a の関数としてプロットせよ．ただし，$E = 210\,\text{GPa}, \nu = 0.25, a = 20\,\text{cm}$ とする．

15-2 (a) 軸受の信頼度 95% に対する寿命補正係数はいくらか?

(b) 基本定格寿命が 12,000, 10,000, 9,000, 8,000 時間の 4 つの軸受を含むシステムの B5 寿命を決定せよ．

15-3 基本定格寿命が 12,000, 10,000, 9,000, 8,000 時間である 4 つの軸受を含み，寿命 5,000 時間が要求されているシステムの信頼度はいくらか?

む　す　び

　これまでの 15 章で基礎的でしかも金属損傷の興味ある課題を紹介した．さらに，広範囲な情報はこの課題に関し多くの文献で取り扱われている．ASM Metals Handbook シリーズは，特に Fatigue and Fracture (vo. 19)，Failure Analysis and Prevention (vo. 11) および Fractography (vo. 12) においてさらに詳しく提供している．週刊の *Aviation Week and Space Technology* は航空機事故と安全にかかわる問題について優れた報告を伝えている．インターネットは今やもう 1 つの情報源である．たとえば，パイプラインの信頼性に関する年間会議は有用である．損傷は荷重条件，環境，および材料特性の項目で大きく異なり，構造要素の研究者は損傷解析を行うにあたり，そのような出所を知っておくべきである．

　損傷に関するさらに付加的な情報源を下記にあげる．

C. R. Brooks and A. Choudhury, *Metallurgical Failure Analysis*, McGraw-Hill, New York, 1993.

V. J. Colangeloand F. A. Heisler, *Analysis of Metallurgical Failures*, Wiley Interscience, New York, 1987.

J. A. Collins, *Failure of Materials in Mechanical Design*, Wiey Interscience, New York, 1981.

D. R. H. Jones, *Materials Failure Analysis*, International Series on Materials Science and Technology, Pergamon Press, Oxford, 1993.

G. A. Lange, ed., *Systematic Analysis of Technical Failures*, DGM Informations Gesellschaft, Oberursel, Gerumany, 1986.

J. C. Newman, Jr., "Prediction of Failure Crack Growth under Variable-Amplitude and Spectrum Loading Using a Closure Model," in Design of Fatigue and Fracture Resistent Structures, in ASTM STP761, P. R. Abelkis and C. M. Hudson, eds., ASTM, Conshohoken, PA, 1982, pp. 255–277.

S. Nishida, *Failure Analysis in Engineering Applications*, Butterworth Heinemann, Oxford, 1992.

C. E. Witherell, *Mechanical Failure Avoidance*, McGraw-Hill, New York, 1994.

460   む　す　び

D. J. Wulpi, *How Components Fail*, 2nd ed., ASM, Materials Park, OH, 1999.

B. Ziegler, Y. Yamada, and J. C. Newman, Jr., "Crack Growth Prediction Using a Strip-Yield Model for Variable-Amplitude and Spectrum Loading," Second Symposium on Structural Durability, Darmstadt, Germany, 2008, pp. 1–15.

問 題 の 解 答

第1章

1-1 題意より,
$$p = 76 - 8.45h + 0.285h^2 \quad (\text{図 1})$$
を用いると,2.37 km において
$$p = 76 - 8.45 \times 2.37 + 0.285 \times 2.37^2 = 57.6 \,\text{cm Hg}$$
76 cm Hg は 1.013×10^5 Pa に等しいから
$$\frac{57.6}{76} = \frac{x}{1.013 \times 10^5 \,\text{Pa}}, \quad x = 0.76 \times 10^5 \,\text{Pa} = 0.076 \,\text{MPa}$$
10 km において,
$$p = 76 - 8.45 \times 10 + 0.285 \times 100 = 20.0 \,\text{cm Hg}$$
$$\frac{20}{76} = \frac{x}{1.013 \times 10^5}, \quad x = 0.027 \,\text{MPa}$$
外圧と客室圧力の差は
$$\Delta p = 0.076 - 0.027 = 0.049 \,\text{MPa}$$

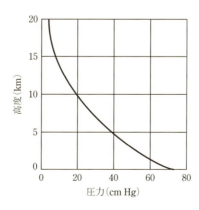

図1

1-2

(a) 設計時：上部バルコニーの支え荷重は 5×10^4 N
(b) 建設時：上部バルコニーの支え荷重は 1×10^5 N $+ 0.5 \times 10^5$ N $= 1.5 \times 10^5$ N

第 2 章

2-1

(a) $\sigma_\mathrm{h} = 0.049 \times 3.7/2 \times 0.00091 = 99.6$ MPa
(b) $99.6 \times 3 = 298.8$ MPa

繰返し応力 99.6 MPa は構造用アルミニウム合金における疲労破損を引き起こさず，繰返し応力 298.8 MPa は引き起こすことに注意.

2-2 薄肉箱型桁には曲げおよびねじりが負荷されている．き裂は第 1 主応力に垂直方向に進展する．曲げはき裂が発生するビーム低部表面における長手方向の引張応力で生じる．この場合 (引張り + せん断) におけるモール円を示すと図 2 のようになる．

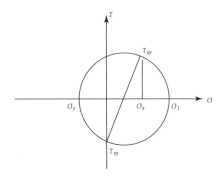

図 2

角度 2θ は第 1 主応力方向と長さ方向 x 間の角度の 2 倍で $60°$ である．モール円ダイアグラムから

$$\tan 2\theta = \frac{\tau_{xy}}{\sigma x/2} = \sqrt{3}, \quad 2\theta = 60°$$

$$\tau_{xy} = (\sqrt{3}/2)\sigma_{xy}, \quad \sigma_{xy}/\tau_{xy} = \sigma_{xy}/(\sqrt{3}/2)\sigma_{xy} = 1.15$$

問 題 の 解 答　　463

そしてせん断応力に対する曲げ応力の比は

$$\sigma_x = 2\tau_{xy}/\sqrt{3} = 1.15$$

モール円の半径は

$$r = \sqrt{\tau^2 + \sigma_{x/4}^2} = \sqrt{(3/4)\sigma_x^2 + \sigma_x^2/4} = \sigma_x$$

したがって，第 1 主応力は $\sigma_x(1/2 + 1) = 1.5\sigma_x$.

2-3

(a) 平面応力においては

$a \pm 0$ において，

$$\varepsilon_y = \frac{207\,\mathrm{MPa}}{200,000\,\mathrm{MPa}} = 0.00104, \quad \varepsilon_x = \varepsilon_z = -0.25 \times 0.00104 = -0.00026$$

$$\Delta = \varepsilon_x + \varepsilon_y + \varepsilon_z = 0.00104 - 0.00026 = 0.00078$$

$0 \pm a$ において，

$$\varepsilon_x = \frac{-69\,MPa}{200,000\,\mathrm{MPa}} = -0.00035, \quad \varepsilon_y = \varepsilon_z = +0.25 \times 0.00035 = 0.00009$$

$$\Delta = -0.00035 + 0.00009 = -0.00028$$

(b) 平面ひずみにおいては

$\pm a, 0$ において $\varepsilon_z = 0,\ \sigma_z = \nu\sigma_y,\ \sigma_x = 0,\ \sigma_y = 207\,\mathrm{MPa}$

$$\sigma_z = 0.25 \times 207 = 51.75\,\mathrm{MPa}$$

$$\varepsilon_y = \frac{1}{E}(\sigma_y - \nu\sigma_z) = \frac{1}{200,000}(207 - 0.25 \times 51.75)$$

$$= 0.00097\ (\text{平面応力よりわずかに小さい})$$

$$\varepsilon_x = \frac{1}{200,000}[-0.25 \times (207 + 51.75])$$

$$= -0.00032\ (\text{平面応力よりわずかに大きい})$$

$$\Delta = -0.00032 + 0.00097$$

$$= 0.00065\ (\text{平面応力よりわずかに小さい})$$

$0 \pm a,\ \varepsilon_z = 0,\ \sigma_z = \nu\sigma_x, \sigma_y = 0$ において

$$\sigma_x = -69\,\mathrm{MPa}, \quad \sigma_z = -17.25 P\,\mathrm{MPa}$$

$$\varepsilon_x = \frac{1}{E}(\sigma_x - \nu\sigma_z) = \frac{1}{200{,}000}[-69 - 0.25(-17.25)]$$

$$= -0.00032\ (\text{平面応力よりわずかに小さい})$$

$$\varepsilon_y = \frac{1}{200{,}000}[-0.25(-69 - 17.25)]$$

$$= 0.00011\ (\text{平面応力よりわずかに大きい})$$

$$\Delta = -0.00032 + 0.00011 = -0.00022\ (\text{平面応力よりわずかに小さい})$$

2-4 各端が 1.0 の立方体を考える．この場合 $\Delta l = \varepsilon_x$, etc.
もとの体積 $V = 1.0$.
応力下における体積は $(1 + \varepsilon_x)(1 + \varepsilon_y)(1 + \varepsilon_z) = 1 + \varepsilon_x + \varepsilon_y + \varepsilon_z +$ (無視できる項). だから $\Delta V = \varepsilon_x + \varepsilon_y + \varepsilon_z$, $\Delta V/V = \Delta = \varepsilon_x + \varepsilon_y + \varepsilon_z$.

第 3 章

3-1 主応力決定のため図 3 に示したモール円を用いる．

$$\sigma_1 = \frac{\sigma_x}{2} + \left(\frac{\sigma_x^2}{4} + \tau_{xy}^2\right)^{1/2}$$

$$\sigma_2 = 0$$

$$\sigma_3 = \frac{\sigma_x}{2} - \left(\frac{\sigma_x^2}{4} + \tau_{xy}^2\right)^{1/2}$$

降伏に関するミーゼスの条件に関し式 (3-18) に代入し，

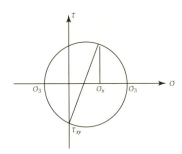

図 3

$$\left(\frac{\sigma_x^2}{\bar{\sigma}}\right)^2 + 3\left(\frac{\tau_{xy}}{\bar{\sigma}}\right) = 1 \tag{1}$$

を得る．次に降伏に関するトレスカの条件に関し式 (3-23) に代入し，

$$(\sigma_x^2/4 + \tau_{xy}^2)^{1/2} = k = \bar{\sigma}/2$$
$$(\sigma_x^2/4 + \tau_{xy}^2) = (\bar{\sigma}/2)^2$$
$$(\sigma_x^2 + 4\tau_{xy}^2) = (\bar{\sigma})^2$$

を得る．

$$(\sigma_x^2/\bar{\sigma}^2 + 4\tau_{xy}^2/(\bar{\sigma})^2) = 1$$
$$\left(\frac{\sigma_x}{\bar{\sigma}}\right)^2 + 4\left(\frac{\tau_{xy}}{\bar{\sigma}}\right)^2 = 1 \tag{2}$$

あるいはモールの円から，

$$\left(\frac{\sigma_x}{2}\right)^2 + \tau_{xy}^2 = k^2 = \left(\frac{\bar{\sigma}}{2}\right)^2$$

式 (1) および (2) はそれぞれ (a) ミーゼス：せん断ひずみエネルギー，(b) トレスカ：最大せん断応力として図 4 のように楕円で示される．

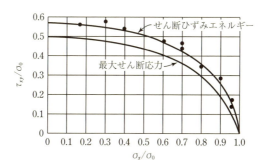

図 4

3-2 $\sigma_{\text{kyd}} = k - 2k\theta$. この場合における θ は

$$-\frac{\pi}{2} - \frac{1}{2}\frac{\pi}{4} = \frac{3}{8}\pi$$

に等しい．したがって，

$$\sigma_{\text{hyd}} = k + 2k\frac{3}{8}\pi = k + \frac{3}{4}\pi k$$
$$\sigma_1 = k + k + \frac{3}{4}\pi k = 2k\left(1 + \frac{3}{4}\pi\right)$$

466   問 題 の 解 答

式 (3-34) から,

$$\frac{\sigma_1}{2k} = 2.18 = 1 + \ln\left(1 + \frac{x}{R}\right)$$

$$\ln\left(1 + \frac{x}{R}\right) = 1.18, \quad \left(1 + \frac{x}{R}\right) = 3.25$$

$$\frac{x}{R} = 2.25, \quad x = 0.25 \times 2.25 = 0.56\,\text{mm}$$

$$\sigma_1 = 2.18(2k), \quad k = \frac{\sigma_y}{2}(\text{Tresca}); \quad k = \frac{\sigma_y}{\sqrt{3}}(\text{von Mises})$$

トレスカの条件によれば, σ_1 は単純引張における降伏応力の 2.18 倍である.

ミーゼスの条件によれば, σ_1 は $2.18 \times 1.15 = 2.51$ で単純引張における降伏応力の 2.51 倍である.

ねじり (純粋せん断) における降伏応力が引張における降伏応力よりも降伏条件の基礎とされており, トレスカの六角形はミーゼス円を取り囲んでいることに注意を要する. 引張荷重に関してはトレスカの条件によれば引張降伏は $2k$ に等しくなるが, ミーゼスの条件によれば引張降伏応力は $(2/\sqrt{3})k = 2.30k$ に等しくなる.

3-3   図 5 に (a) トレスカの条件および (b) ミーゼスの条件を比較して示す.

3-4 $\sigma_y = 275\,\text{MPa}$, $\sigma_1 - \sigma_3 = 2k = 275 < 300$, 材料はトレスカの条件により降伏する.

$$\sigma_{\text{YS}} = 275\,\text{MPa}, \quad \sigma_1 = 300\,\text{MPa}, \quad \sigma_2 = 150\,\text{MPa}, \quad \sigma_3 = 0$$

$$\bar{\sigma} = \sqrt{\frac{1}{2}[300^2 + (150 - 300)^2 + 150^2}} = 259.8\,\text{MPa} < 275\,\text{MPa}$$

有効応力 (あるいは等価応力) は降伏応力より小さい. したがってミーゼスの条件によれば 2 軸負荷された試験片は降伏しない.

トレスカのモール円は中心が $275/2\,\text{MPa} = 137.5\,\text{MPa} = $ 円の半径.

ミーゼスのモール円は中心が $275\frac{2}{\sqrt{3}}\frac{1}{2} = 158.8\,\text{MPa} = $ 円の半径.

ミーゼスの条件により降伏は $\sigma_1 = 317.6\,\text{MPa}$ で生じる.

3-5

(a) まず σ_1 を求めると

$$\sigma_1 = \frac{\text{圧力} \times \pi R^2}{2\pi R t} = \frac{\text{圧力} \times R}{2t} = \frac{(5 \times 10^6\,\text{Pa}) \times (1.25\,\text{m})}{2 \times (5 \times 10^{-3}\,\text{m})} = 625\,\text{MPa}$$

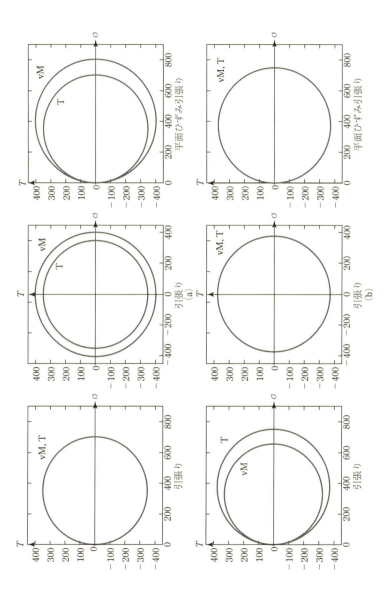

図 5

平面応力状態では，対称性から $\sigma_3 = 0$，$\sigma_1 = \sigma_2$ したがって，等価垂直応力 $\bar{\sigma}$ は式 (2-24a) を用いて得られる．

$$\bar{\sigma} = 1/\sqrt{2}[(\sigma_2)^2 + (-\sigma_1)^2]^{1/2}$$

上述の式に $\sigma_1 = \sigma_2 = 625\,\mathrm{MPa}$ を代入し，$\bar{\sigma} = 625\,\mathrm{MPa}$ が得られる．

$$\therefore \bar{\sigma}(625\,\mathrm{MPa}) < \sigma_{\mathrm{ys}}(1{,}000\,\mathrm{MPa})$$

したがって薄肉容器はミーゼスの条件下では降伏しない．

(b) 安全係数が4なので $4 \times \bar{\sigma} = 2{,}500\,\mathrm{MPa}$，これは合金鋼の降伏応力 $1{,}000\,\mathrm{MPa}$ より高い．

$$\therefore 4 \times \bar{\sigma}(2{,}500\,\mathrm{MPa}) > \sigma_{\mathrm{ys}}(1{,}000\,\mathrm{MPa})$$

容器の降伏応力は安全係数4が降伏しないように用いられるとすれば十分高くはない．したがって，容器の厚さを増すか作用圧力を減少しなければならない．あるいは極端に高い降伏応力 $2{,}500\,\mathrm{MPa}$ を有する鋼を用いるべきである．

3-6 せん断応力 τ を求めると

$$\tau = \frac{5{,}000\,\mathrm{N}}{\pi(5 \times 10^{-3}\mathrm{m})^2} = 63.66\,\mathrm{MPa}$$

τ ($63.66\,\mathrm{MPa}$) は円筒フィレットのせん断応力 $400\,\mathrm{MPa}$ より小さいので，直径 $10\,\mathrm{mm}$ のフィレットはせん断降伏を阻止するには十分である．

安全係数4に関しては，選定されたフィレットは $4\tau = 254.64\,\mathrm{MPa}$ が円筒フィレットのせん断応力 ($400\,\mathrm{MPa}$) より小さいので，せん断降伏を十分に阻止できる．以上の設計は疲労荷重を考慮していない．正方形のフィレットの角は高い応力領域となる．これらの領域において増加した応力はより疲労き裂に敏感となる．フィレット，シャフトおよびインペラ―の疲労破損を防止するためにそのフィレットは丸い角をもつように再設計すべきである．

3-7

(a) キャップにかかる全力 $=$ 圧力 $\times \pi R^2 = 20\,\mathrm{MPa} \times (\pi(12.5 \times 10^{-3}\mathrm{m})^2) = 9{,}817.5\,\mathrm{N}$ ここで，$1\,\mathrm{N/m^2} = 1\,\mathrm{Pa}$．

(b) 各ボルトにおける引張力 $= 9{,}821\,\mathrm{N}/6 = 1{,}636.25\,\mathrm{N}$

(c) 各ボルトにおける引張応力 $=$ 各ボルトにおける引張力/ボルトの面積 $= 1{,}636.25\,\mathrm{N}/(50 \times 10^{-6}\mathrm{m^2}) = 32.73\,\mathrm{MPa}$

(d) 各ボルトにおける張応力は (32.73 MPa) $< \sigma_{ys}$ (400 MPa). したがって, すべてのボルトは容器が 20 MPa の水素圧を有するとき塑性変形しない.

(e) 安全係数は 4 であり, 各ボルトの引張応力は 4×32.7 MPa $= 131$ MPa, 降伏応力 σ_{ys} (400 MPa) より小さい. ゆえに, 6 個のボルトは安全係数 4.0 で降伏応力に対して十分安全である.

(f) 各実験の典型的な操作は水素圧 20 MPa 加圧を含む. その後 0.1 torr まで脱気し, 加圧と脱気を 1,000 回繰り返す. もし, ボルトにプリテンションをかけないと, 各ボルトには加圧/排出の繰返しの間に引張荷重 (~ 33 MPa), 除荷 (~ 0 MPa) の荷重 が負荷され, その結果ボルトに ~ 16 MPa の応力振幅を有する疲労荷重が負荷される. 安全係数が 4 であるので 64 MPa (4×16 MPa) の応力振幅となる. もし, 疲労限が降伏応力の 1/3 であればボルトの疲労限は 133 MPa となる. このように, この設計は疲労荷重が考慮されても十分である. しかしながら, もし各ボルトが 33 MPa の引張応力であらかじめ締め付けられていれば疲労荷重はさらに減少する. この状態で各加圧/排出間の応力振幅はゼロである. すなわち, 疲労荷重は負荷されない. その根拠は下記のとおりである. 3 章の図 3P-2 のように, 各ボルトに 33 MPa のプリテンションはキャップとフランジに圧縮応力で圧縮する. 加圧が始まるとキャップは水素ガスで押されボルトによって応力が負荷される. 加圧の終わりに容器内部の圧力は 20 MPa となり, 各ボルトに 33 MPa の引張応力を発生させる. もし, 水素圧により発生した 33 MPa の引張応力がプリテンションの 33 MPa に加わると各ボルトの引張応力は 66 MPa になるであろう. しかしながら, このケースばかりではない. キャップが水素ガスにより押されると, キャップとフランジ間の圧縮応力は減少する. 加圧の終わりにキャップとフランジ間の圧縮応力は実際にゼロに減少する. なぜならばキャップとフランジ間には圧縮がないからである (すなわち, ボルトにおけるプリテンションによるプリコンプレッションは容器の圧力が 20 MPa に到達すると完全に解放される). その結果, 各ボルトには全加圧/排出サイクルの間 33 MPa の引張応力が残されている. これにより, 疲労荷重はゼロになり, ボルトは疲労により破損しない.

第 4 章

4-1 図 6 に示す.

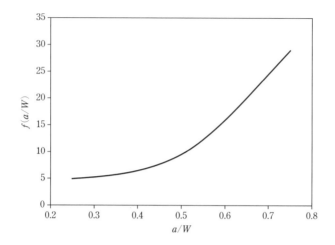

図 6 コンパクト試験片に関する $f(a/W)$ と a/W の関係 ($a/W = 0.25$–0.75).

4-2 中央切欠板について，$K_{\mathrm{I}} = \sigma\sqrt{\pi a}\sqrt{\sec \pi a/W}$, $W = 0.2\,\mathrm{m}$, $a = 0.05\,\mathrm{m}$.

$$K_{\mathrm{I}} = \sigma\sqrt{\pi \times 0.05}\sqrt{\sec \pi \times 0.25} = 0.47\sigma$$

CT 試験片に対し，

$$K_{\mathrm{I}} = \left(\frac{P}{BW^{1/2}}\right) f\left(\frac{a}{W}\right)$$

ここで P は荷重，$f(a/W)$ は式 (4-20b) や問題 4-1 で与えられる．$a/W = 0.5$ に対して，$f(a/W) = 9.65$.

K_{I} に関する 2 式を等しいとおき，

$$0.47\sigma = 0.47 \times \frac{9.65}{0.47} \frac{P_{\mathrm{CC}}}{BW_{\mathrm{CC}}} = 9.65 \times \frac{P_{\mathrm{CT}}}{BW_{\mathrm{CT}}^{1/2}}$$

厚さ B は各試験片に対して等しいので，

$$\frac{P_{\mathrm{CC}}}{P_{\mathrm{CT}}} = \frac{9.65}{0.47} \frac{W_{\mathrm{CC}}}{W_{\mathrm{CT}}^{1/2}} = 20.53 \times \frac{0.2\,\mathrm{m}}{0.050\,\mathrm{m}^{1/2}} = 18.4$$

問題のポイントは中央切欠板より CT 試験片を使用することで少ない材料，低荷重という試験計画により優位性をもたらすことになることである．

4-3 アルミニウム合金中央切欠板の残留応力図を求める．
$\sigma_{\mathrm{YS}} = 350\,\mathrm{MPa}$, $K_{\mathrm{IC}} = 50\,\mathrm{MPa}\sqrt{\mathrm{m}}$, $W = 10\,\mathrm{in} = 0.254\,\mathrm{m}$
$0.25 < 2a/W < 0.75$ について $B = B$

$K_{\mathrm{I}} = \sigma\sqrt{\pi a}\sqrt{\sec \pi a/W}$ [式 (4-16)] より

$$\sigma_{\mathrm{c}} = \frac{50}{\sqrt{\pi a}\sqrt{\sec \pi a/0.254}}$$

き裂長 $= 2a$ とすると各 $2a/W$ に対する σ_{c} の値を表 1 に示す．

表 1

a(m)	$2a/W$	σ_{c}(MPa)
0.03	0.25	157.2
0.06	0.50	98.8
0.09	0.75	62.5

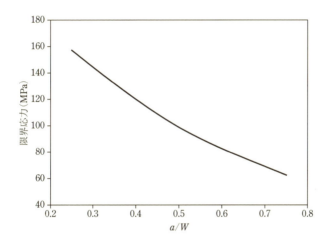

図 7　アルミニウム合金に対する LEFM 残留強度線図

したがって，アルミニウム合金に対する線形破壊力学 (LEFM) による残留強度線図は図 7 のようになる．

4-4　作用応力 σ_{w} は $\sigma_{\mathrm{YS}}/2$ または $\sigma(K_{\mathrm{Ic}})/1.1$ より低い．

$$\sigma(K_{\mathrm{Ic}}) = \frac{K_{\mathrm{Ic}}}{0.71\sqrt{\pi a}}, \quad a = 0.01\,\mathrm{m}, \quad \sigma(K_{\mathrm{Ic}}) = 7.95 K_{\mathrm{Ic}}$$

各鋼についての作用応力は表 2 に太字で示されている．

$$D = \frac{2t\sigma_{\mathrm{w}}}{0.71\sqrt{\pi a}}, \quad p = 15\,\mathrm{MPa}, \quad D = 0.133 \times t\sigma_{\mathrm{w}}$$

472   問 題 の 解 答

表 2

鋼	厚さ (m)	σ_{YS} (MPa)	K_{Ic} (MPa$\sqrt{m}$)	$\sigma_{YS}/2$ (MPa)	$\sigma(K_{Ic})/1.1$ (MPa)	D (m)	L (m)	W/ρ
A	0.08	965	280	**482.5**	2023	5.15	48.0	65.4
B	0.06	1,310	66	655	**477**	3.81	87.7	**64.4**
C	0.04	1,700	40	850	**318**	1.54	536.9	104.1

$$\text{体積} = 1,000\,\text{m}^3 = \pi D^2 L/4, \quad L = \frac{4,000}{\pi D^2}$$

重量 $W = \rho(\pi DtL + 2\pi D^2 t/4)$. ここで，$\rho$ は密度 (Mg/m^3).

構造物の安全性および重量を考慮し，B 鋼を選定する.

4-5

(a) 鋭いペニー状き裂について，この材料の破壊靱性 (K_{IC}) は $K_{IC} = (2/\pi)\sigma_c\sqrt{\pi a}$ を用いることにより求めることができる.

$$\therefore K_{IC} = (2/\pi)700\text{MPa}\sqrt{\pi(0.0125\,\text{m})} = 88.31\,\text{MPa}\sqrt{\text{m}}$$

(b) 式 (4-34) で K を MPa$\sqrt{\text{m}}$，σ を MPa で表示した下記の式を用い，破壊靱性値が板厚 $B = 0.75\,\text{cm}$ について有意値であるかどうかを見いだす.

$$B \geq 0.0635\frac{K_{IC}^2}{\sigma_Y^2} = 0.0635\frac{(88.31\,\text{MPa}\sqrt{\text{m}})^2}{(1100\,\text{MPa})^2} = 4.09 \times 10^{-4}\text{m}$$

$$= 0.041\,\text{cm}, \quad \therefore B \geq 0.041\,\text{cm}$$

ここで板厚 $0.75\,\text{cm}$ は試験の間平面ひずみ状態を保つために必要な厚さ $0.041\,\text{cm}$ よりも大きい. このように，破壊靱性値は有意な値である.

(c) (b) における計算から有意な K_{Ic} 測定値についての最小厚さは $0.041\,\text{cm}$ である.

4-6   まず，$T = 100°\text{C}$ において，$T = 100°\text{C}$ における降伏応力の 40% である σ_{des} を求める. すると，与えられた温度に依存する降伏応力曲線を用いて $\sigma_{YS} = 605\,\text{MPa}$ が求まる. したがって，

$$\sigma_{des} = 0.4\sigma_{YS} = 0.4 \times 605\,\text{MPa} = 242\,\text{MPa}$$

次に，(1) 推奨起動法および (2) 冷態時の起動方法についての各段階における応力拡大係数値を計算する.

(1) 推奨起動法

(i) 通常ロータ設計の 50%の回転数 (rpm) におけるロータの応力 σ は

$$\frac{\sigma}{\sigma_{\text{des}}} = \frac{\omega^2}{\omega_{\text{op}}^2} = \frac{(0.5\omega_{\text{op}})^2}{\omega_{\text{op}}^2} = 0.25 \Rightarrow \therefore \sigma = 242\,\text{MPa}(0.25) = 60.5\,\text{MPa}$$

このように，起動時の応力拡大係数 $K_{(\text{i})}$ は

$$K_{(\text{i})} = \frac{1.12}{A}\sigma\sqrt{\pi a} = \frac{1.12}{\pi/2}(60.5\,\text{MPa})\sqrt{\pi(2.5 \times 10^{-2}\text{m})}$$
$$= 12.09\,\text{MPa}\sqrt{\text{m}}$$

破壊靱性の温度依存曲線から，20°C における K_{IC} は約 56 MPa$\sqrt{\text{m}}$. $K_{(\text{i})} <$ K_{IC} であるから，この起動段階は問題ない.

(ii) ロータ温度が 100°C 後の保証試験段階では回転数 (rpm) は $1.15\omega_{\text{op}}$ に増加し，ロータ応力 σ は

$$\frac{\sigma}{\sigma_{\text{des}}} = \frac{\omega^2}{\omega_{\text{op}}^2} = \frac{(1.15\omega_{\text{op}})^2}{\omega_{\text{op}}^2} = 1.3225 \Rightarrow$$
$$\therefore \sigma = 242\,\text{MPa}(1.3225) = 320.04\,\text{MPa}$$

したがって保証試験段階での応力拡大係数 $K_{(\text{ii})}$ は

$$K_{(\text{ii})} = \frac{1.12}{A}\sigma\sqrt{\pi a} = \frac{1.12}{\pi/2}(320.04\,\text{MPa})\sqrt{\pi(2.5 \times 10^{-2}\text{m})}$$
$$= 63.96\,\text{MPa}\sqrt{\text{m}}$$

破壊靱性曲線の温度依存から $T = 100$°C における K_{IC} は約 126 MPa$\sqrt{\text{m}}$. $K_{(\text{ii})} < K_{\text{IC}}$ なので，この保証試験段階は安全である. このように，推奨起動法は表面き裂を有するタービンロータを通常仕使用状態に戻す安全な方法である.

(2) 保証試験状態を室温冷態起動法を室温 (10°C) に直接導入して冷態起動法を用いることにより冷態起動法の応力拡大係数 ($K_{\text{cold start-up}}$) は 63.96 MPa$\sqrt{\text{m}}$ である. しかしながら，この温度においては破壊靱性曲線の温度から K_{IC} は 53 MPa$\sqrt{\text{m}}$ である. したがって，$K_{\text{cold start-up}} > K_{\text{IC}}$ なのでタービンロータは冷態起動法の間に破損する.

明らかにこの事例における管理者の判断は非常にまずく，その決定は愚かなものであった.

474　問 題 の 解 答

第 5 章

5-1　リサイクル自動車のスクラップの量は銅による熱脆性を避けるために製鋼時の仕込み量が限定されている.

5-2

(a) D5 工具鋼の典型的な組成 (wt%) は表 3 のようになる.

表3　D5 工具鋼の典型的な組成 (wt%)

C	Mn	Si	Cr	Ni	Mo	V	Co
1.40– 1.60	0.6 max	0.6 max	11.00– 13.01	0.3 max	0.70– 1.23	1.10 max	2.50– 3.50

出典：G. Roberts, G. Krauss, and R. Kennedy: "Tool Steels 5th Edition," ASM International, The Materials Information Society (July, 1997).

(b) D5 工具鋼はそのような応用に適している. 炭素量と合金濃度が高いので耐摩耗性および耐アブレーション性に優れている. 高い合金量と焼戻し高炭素含有マルテンサイトが耐摩耗性の発揮に重要な役割を演じている. 高い合金量は焼入れ性を提供し空冷の際にマルテンサイトを形成させる.

(c) D5 工具鋼は 1.5 wt% の炭素濃度を有する. この炭素濃度のゆえに大きな凝固温度範囲 ($\sim 1000°$C) を有する. このように, 高温における固化した固相の組成は低温における固相の組成とは実質上異なる (~ 1 wt% C だけ異なる. 詳細は Fe–C 状態図を参照). 固体拡散が非常に遅いので D5 工具鋼は ~ 0.4 wt% C (高温で凝固した中炭素濃度) からデンドライトが成長する > 1.5 wt% C (低温度で凝固した高炭素濃度) に組成が変わるようである. そのため, D5 工具鋼は炭素の偏析を生じやすい.

(d) 炭素偏析問題を軽減するためには 2 つの方法が考えられる. 1,000°C と 1,200°C の間で熱間鍛造する. 熱間鍛造は凝固過程で生じるデンドライトを変形する. デンドライトが変形するとき塑性変形が周囲の異なったデンドライトに移るので, 組成がさらに均一になり, 組成を平均化させる.

さらにより良い方法がある. この方法は 1,250°C のような高温において十分な時間拡散させ鋼を均質化するという均質化処理である. 均質化処理の後熱間鍛造により化学組成の偏析をさらに少なくし, 十分な塑性変形により結晶粒径を小さくする. この鍛造過程なくしては結晶粒径はあまりにも大きく鋼の性質は悪いままである.

問 題 の 解 答　　475

5-3　　ホール–ペッチの関係式は

$$\sigma_Y(\mathrm{MPa}) = \sigma_i(\mathrm{MPa}) + k_Y(\mathrm{MPa}\sqrt{\mathrm{m}})[d(\mathrm{m})]^{-1/2}$$

で表される．軟鋼については，$\sigma_Y = 70.6 + 0.74 d^{-1/2}$，アルミニウムについては，$\sigma_Y = 15.69 + 0.07 d^{-1/2}$（表 4）．降伏応力と $d^{-1/2}$ の関係を図 8 に示す．

表 4

ASTM No.	平均粒径 d(mm)	$d^{-1/2}$ $(\mathrm{m}^{-1/2})$	σ_Y (軟鋼) $70.6 + 0.74 d^{-1/2}$	σ_Y (アルミニウム) $15.69 + 0.07 d^{-1/2}$
−3	1.00	31.6	94.0	17.9
−2	0.75	36.5	97.6	18.3
−1	0.50	44.7	103.7	18.8
0	0.35	53.4	110.1	19.4
1	0.25	63.2	117.4	20.1
2	0.18	74.5	125.7	20.9
3	0.125	89.4	136.8	22.0
4	0.091	104.8	148.2	23.0
5	0.062	127.0	164.6	24.6
6	0.044	150.8	182.2	26.3
7	0.032	176.8	201.4	28.1
8	0.022	213.2	228.4	30.6
9	0.016	250.0	255.6	33.2
10	0.011	301.5	293.7	36.8
11	0.008	353.6	332.3	40.5
12	0.006	408.2	372.7	44.3

5-4　　粗いベイナイトミクロ組織は衝撃荷重抵抗が少ないので，衝撃エネルギーが低いのかどうか測定するために，フォークリフト試験片に関しシャルピー衝撃試験を実施する．講義では試験片の吸収エネルギーは $1.75\,\mathrm{kg\,m/cm^2}$ で低い衝撃抵抗を示している．このように，フォークリフトアームの早期破壊は間違ったミクロ組織による脆性による．不適切な熱処理あるいは鍛造後に熱処理を行わないと間違ったミクロ組織をもたらす．表面き裂は鍛造作業あるいは焼き戻し過程で発生し，応力上昇源となり破壊の発生を助長する．細かいマルテンサイトを形成しベイナイトの形成を避けるためには材料は早い冷却速度で焼き戻されなければならない．製造者が焼き戻し過程で十分早い冷却速度を用いなかったのは明らかである．適切なミクロ組織を得るために修正すべきである．

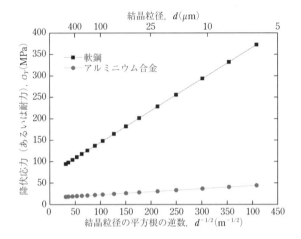

図 8 σ_y と $d^{-1/2}$ との関係

第 6 章

6-1 $E = 200\,\text{GPa}$, $\nu = 0.25$, 垂直入射と $\psi = 45°$ 入射に対する面間隔 (511) の値はそれぞれ $0.0550\,\text{nm}$, $0.0552\,\text{nm}$ であるから応力は

$$\sigma_\varphi = \frac{E}{(1+\nu)\sin^2\psi}\left(\frac{d_i - d_n}{d_n}\right)$$
$$= \frac{200{,}000\,\text{MPa}}{1.25 \times 0.5} \times \frac{0.0552 - 0.0550}{0.0550} = 1.163.6\,\text{MPa}$$

第 7 章

7-1   ひずみ速度 $\dot{\varepsilon} = 10^{-4}/\text{s}$, 局部破壊応力は $\sigma_\text{F} = 1{,}380\,\text{MPa}$ だから, 問題 3-2 より, シャルピー試験片の切欠先端最大応力は $2.51\sigma_\text{YS}$.

$$\sigma_\text{YS} = 1{,}380/2.51 = 549.8\,\text{MPa}$$

図 7-8 から, $1.4T\ln(A/\dot{\varepsilon}) = 1.4T\ln(10^8/10^{-4}) \times 10^{-3} = 0.0387T$.

ABS-C 鋼について, 降伏応力 $549.8\,\text{MPa}$ はパラメータ値 5.5 に相当する.

したがって, $T = 5.5/0.0387 = 142\,\text{K}\ (-131°\text{C})\ (\text{K} = °\text{C} + 273)$.

平滑試験片については, 脆性破壊に対する降伏応力は $\sigma_\text{F} = 1{,}380\,\text{MPa}$ に等しい. この場合, 図 7-8 における外挿により求められたパラメータの値は約 1.5. そこで, $0.0387T = 1.5$ および $T = 39\,\text{K}\ (-254°\text{C})$.

問 題 の 解 答　　477

表5

ASTM GS No., n	降伏応力 (MPa)	N 粒度番号/in^2 × 100	d(in) $\frac{1}{100}\frac{1}{\sqrt{N}}$	d (m)	$d^{-1/2}$ (m$^{-1/2}$)
2	622	2	0.00707	0.00018	74.53
8	663	128	0.00088	0.00002	223.6
10	?	512	0.00044	0.00001	316.2

切欠の存在は指定されたひずみ速度において脆性遷移温度を約 121°C 増加させた.

7-2　ASTM 結晶粒径数 n は結晶粒数/in^2 の 100 倍の N に関係する (表 5). 式 (7-10) により

$$N = 2^{n-1}$$

[$\log N = (n-1)\log 2$ に注意]

$$n - 1 = \log N/\log 2$$
$$n = 1 + \log N/\log 2$$
$$n = \frac{\log 2 + \log N}{\log 2} = \frac{\log 2N}{\log 2} = 3.32 \log 2N$$

ホール–ペッチの関係から，$\sigma_y = \sigma_\mathrm{i} + k_y d^{-1/2}$.

$$622 = \sigma_\mathrm{i} + k_y\, 74.53 \tag{1}$$
$$663 = \sigma_\mathrm{i} + k_y\, 223.6 \tag{2}$$

式 (2) から式 (1) を引き，$41 = 149 k_y$, $k_y = 0.27\,\mathrm{MPa}\sqrt{\mathrm{m}}$. したがって，$\sigma_\mathrm{i} = 602\,\mathrm{MPa}$.

ASTM 結晶粒度 No. 10 の降伏応力は $602 + 0.27 \times 316.2 = 687\,\mathrm{MPa}$.

7-3　静水圧応力 $\sigma_{\theta\theta}$ は

$$\sigma_{\theta\theta} = \bar{\sigma} \ln\left(\frac{a}{2R} + 1 - \frac{r^2}{2aR}\right)$$

で与えられる.

478   問 題 の 解 答

$$a/R = 1/3, \quad \sigma_{\theta\theta} = \bar{\sigma} \ln\left(1.167 - \frac{r^2}{6a^2}\right)$$

$$a/R = 1, \quad\quad \sigma_{\theta\theta} = \bar{\sigma} \ln\left(1.500 - \frac{r^2}{2a^2}\right)$$

$$a/R = 2, \quad\quad \sigma_{\theta\theta} = \bar{\sigma} \ln\left(2.000 - \frac{r^2}{a^2}\right)$$

r は中央線から測定され，$2a$ はくびれにおける最小直径，R はくびれの半径である (表 6).

表 6

r/a	$a/R = 1/3$	$a/R = 1$	$a/R = 2$
0	0.15	0.41	0.69
0.25	0.146	0.385	0.662
0.50	0.118	0.318	0.560
0.75	0.070	0.198	0.363
1.0	0	0	0

7-4

(a) くびれで，$\sigma_T = 350\,\text{MPa}$, $\varepsilon_T = 0.5$.

$$\varepsilon_T = \ln\frac{l}{l_0} = \ln\left(\frac{l_0 + \Delta l}{l_0}\right) = \ln(1 + \varepsilon_E)$$

$$1 + \varepsilon_E = \varepsilon^{\varepsilon t} = 1.65, \quad \varepsilon_E = 0.65$$

一定体積について，$A_0 l_0 = Al$.

$$l/l_0 = A_0/A = 1.65$$

$$\sigma_E = \sigma_T (A/A_0) = 350(1/1.65) = 212\,\text{MPa}$$

(b) くびれ点までの体積あたりの仕事 W は

$$W = \int_0^n \sigma\,d\varepsilon = \int_0^n k\varepsilon^n\,d\varepsilon = \frac{1}{n+1}k\varepsilon^{n+1}$$

くびれで $\varepsilon = n = 0.5$，したがって $k = 350/n^n = 495\,\text{MPa}$.

$$W = 116.7\,\text{N}\,\text{m}/\text{m}^3$$

問 題 の 解 答　　479

7-5

(a) 引張試験において試験断面における変形は均一であり，計算されたひずみに
   関し評点距離の影響はない．

(b) くびれの後，ひずみはくびれに局在し，評点間距離が短いほど計算された長
   さが長くなる．

7-6
$50.8\,\mathrm{mm} : 3.1 = D : 1.16$ より $D = 19\,\mathrm{mm}$. $h = 3.175\,\mathrm{mm}$ より
$2h/D = 0.334$. これらを

$$K_\mathrm{T} = 3.04 - 7.236(2h/D) + 9.375(2h/D)^2 - 4.179(2h/D)^3$$

に代入して
$$K_\mathrm{T} = 3.04 - 2.42 + 1.05 - 0.156 = 1.51$$

7-7

(a) 図 7P-1 中の矢印で示す．

(b) 安定破壊き裂の発生点だから．

(c) 左側 A から右側 A までの安定と不安定破壊の境界．

(d) 式 (4-17) から，$K_\mathrm{IC} = 1.12\sigma\sqrt{\pi a}$，次式により σ を求めることができる．

$$\sigma = \frac{K_\mathrm{IC}A}{1.12\sqrt{\pi a}} = \frac{35\,\mathrm{MPa}\sqrt{\mathrm{m}}(1.069)}{1.12\sqrt{\pi(0.006\,\mathrm{m})}} = 243.32\,\mathrm{MPa}$$

7-8

(a) 図 7P-2a の形態は疲労条件下のリング形状における安定き裂進展領域 (半楕
   円き裂の拡張) を示す．図中の a_crit はき裂発生域である．き裂は不安定き裂
   成長が生じる赤線に至るまでゆっくり進展する．不安定き裂進展領域の断面
   積は小さいので，負荷応力は非常に小さいと思われる．さもなくば，不安定
   破壊はさらに早く生じるであろう．対照的に図 7P-2b の形態は破壊領域をカ
   バーする放射状領域を示す．き裂発生位置は a_crit の位置である．ここで示
   されるように，すべての点で放射状き裂はき裂発生点であることを証明する
   a_crit の位置まで戻る．さらに，安定き裂進展領域がないので破壊は単一荷重
   における高応力下で生じなければならない．このように，もし破壊靱性値が
   同値の図 7P-2 の (a), (b) 材があるとすれば，材料 (a) は低応力で破損し，
   (b) は高応力で破損することとなる．

(b) もし図 7P-2 の材料 (a) および (b) が同一引張荷重下で破損するならば，材料 (a) は材料 (b) よりも高い破壊靱性を有する．$K_{IC} = \sigma\sqrt{\pi a}$ なので，K_{IC} は a 値の 2 乗根に比例する．材料 (a) は材料 (b) (わずかに小さな点) よりもより高い a 値 (き裂リングの半径) を有するので，材料 (a) は材料 (b) よりも高い K_{IC} を有する．材料強度の観点からは破壊靱性は強度が増加するにつれて減少することが良く知られている (図 9 の曲線参照)．したがって，強度と靱性の逆の関係から，材料 (b) は材料 (a) より高い強度を有すると結論づけられる．

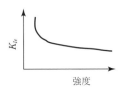

図 9

7-9

(a) 図 10 中に矢印で a_{crit1} と a_{crit2} で示される 2 個のき裂発生領域がある．これらのき裂発生点は 2 個の異なった破面である．さらに，き裂発生領域は焼き入れに続く焼き戻し処理における酸化により全体的に暗い．

(b) 図 10 の破面の上側に a および b を見いだすことができる．

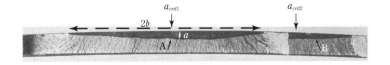

図 10

(図の比率は 1:1 mm) $2b = 94\,\mathrm{mm} \to b = 47\,\mathrm{mm}$ および $a = 4\,\mathrm{mm}$．これは半楕円表面き裂である．したがって，

$$\therefore \frac{a}{b} = \frac{4}{47} = 0.0851 \text{ および } A = 1.0136$$

$A = 1.0136$ および $K_{IC} = 50\,\mathrm{MPa}\sqrt{\mathrm{m}}$ なので，式 (4-17) を用いて最終破壊応力 σ_c を見積もることができる．

$$K_{\mathrm{IC}} = \frac{1.12}{A}\sigma_{\mathrm{c}}\sqrt{\pi a}$$

$$\sigma_{\mathrm{c}} = \frac{K_{\mathrm{IC}} \times A}{1.12\sqrt{\pi a}} = \frac{50\,\mathrm{MPa}\sqrt{\mathrm{m}}(1.0136)}{1.12\sqrt{\pi(4 \times 10^{-3}\mathrm{m})}} = 404\,\mathrm{MPa}$$

別の少し保守的な評価においては計算に以下に示す2個の初期き裂を加える. $2b = 137\,\mathrm{mm} \to b = 69\,\mathrm{mm}$ および $a = 4\,\mathrm{mm}$.

$$\therefore \frac{a}{b} = \frac{4}{69} = 0.058 \text{ および } A = 1.008$$

$$\sigma_{\mathrm{c}} = \frac{K_{\mathrm{IC}} \times A}{1.12\sqrt{\pi a}} = \frac{50\,\mathrm{MPa}\sqrt{\mathrm{m}}(1.008)}{1.12\sqrt{\pi(4 \times 10^{-3}\mathrm{m})}} = 402\,\mathrm{MPa}$$

この2つの評価間の相違は臨界応力が主としてき裂深さ a によりコントロールされるので,非常に小さいことに注目すべきである.b の影響は小さい.

(c) 焼入れき裂の特徴は比較的直線において中央に向けて進展するき裂を有する破面を含むことである.これらの破面は酸化物により覆われているが,これは,焼入れ後の焼き戻しの結果生じたものである.焼入れは焼入れき裂が形成するので通常酸化を伴わない.き裂についての別の可能性は低温における鍛造によるものである.もし,この場合き裂面に垂直な断面の調査を行うと相当な酸化皮膜を示すかき裂面に関する2個のセグメントにおいてさえも一面は他面よりもより多く酸化している.さらに,酸化した領域は鍛造,焼入れおよび焼戻しにより2倍,3倍に酸化するが酸化が少ない領域は焼戻しによりもたらされる.われわれは製造者によりもたらされるこれらの事実を勘案すべきである.このように,われわれは製造時期から部品の製造工程の歴史(情報),すなわち,どのように部品がつくられたか,いかなる製造工程(焼入れ,焼戻し)が関与したか,材料が製造された温度や雰囲気などを得る必要がある.

7-10　良く知られたパラメータである $E_{\mathrm{steel}} = 200\,\mathrm{GPa}$ および $CVN = 30\,\mathrm{J/m^2}$ を用いて,与えられた関係から破壊靱性 (K_{IC}) を計算することができる. $\frac{K_{\mathrm{IC}}^2}{E} = 655CVN$ より

$$K_{\mathrm{IC}} = \sqrt{655CVN \times E} = \sqrt{655(30\,\mathrm{J/m^2}) \times (200 \times 10^9\mathrm{Pa})}$$

$$= 62.7\,\mathrm{MPa}\sqrt{\mathrm{m}}$$

なお,この経験式は上部棚領域における鋼材の破壊靱性の計算には使えない.なぜならば曲線上の1点 $(CVN = 30\mathrm{J/m^2},\ K_{\mathrm{IC}} = 62.7\,\mathrm{MPa}\sqrt{\mathrm{m}})$ であり,全曲線

に関するものではないからである．

7-11

(a) もし2個の破面が同一材料から得られるならば，この材料は延性–脆性遷移を示すことができる．延性を示すディンプル (図 7P-4a) を含む破面．対照的に，図 7-4b の破面は粒界破面と同様に比較的平坦で粒内へき開破面を含んでいる．これらの特徴は脆性破面を示すものである．この延性–脆性遷移はこの材料における衝撃エネルギーの温度依存によるものである (図 11 の曲線参照)．

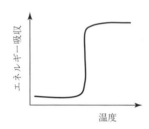

図 11

(b) 材料 X は低から中程度の降伏応力を有する fcc 金属のようである．
(c) 材料 Y は高降伏応力を有する bcc 金属のようである．
(d) シャルピー V 切欠試験片においては通常試験片の端に図 7P-4a のような表面形態 (平面ひずみ) が，また試験片の中央には図 7P-4b のような形態 (平面応力状態) が見られよう．

第 8 章

8-1 セラミックス皮膜の熱膨張係数 < 金属の熱膨張係数，ΔT セラミックス > ΔT 金属 であるから，以下のことが予想できる．

(1) セラミックスの熱膨張係数が金属の熱膨張係数より大きいときセラミックスは圧縮状態となり，セラミックスのスポーリングが生じるかもしれない．
(2) セラミックスの熱膨張係数が金属の熱膨張係数に等しいときは問題ない．
(3) セラミックスの熱膨張係数が金属の熱膨張係数より小さいときセラミックスは引張の状態となりセラミックスには割れが生じる．

8-2

(a) 伸びの係数が高いのでアルミニウムは圧縮状態となり鋼は引張の状態となる. アルミニウムのひずみは

$$\varepsilon_{\mathrm{Al}} = -\frac{\sigma_{\mathrm{Al}}}{E_{\mathrm{Al}}} + \alpha_{\mathrm{Al}}\Delta T$$

で与えられる. 鋼のひずみは

$$\varepsilon_{\mathrm{St}} = \frac{\sigma_{\mathrm{St}}}{E_{\mathrm{St}}} + \alpha_{\mathrm{St}}\Delta T$$

で与えられる. $A_{\mathrm{Al}} = A_{\mathrm{St}}$ なので, $\sigma_{\mathrm{st}} = -\sigma_{\mathrm{Al}} = \sigma$. さらに, $\varepsilon_{\mathrm{Al}} = \varepsilon_{\mathrm{St}}$ なので,

$$-\frac{\sigma}{E_{\mathrm{Al}}} + \alpha_{\mathrm{Al}}\Delta T = \frac{\sigma}{E_{\mathrm{St}}} + \alpha_{\mathrm{St}}\Delta T$$

したがって,

$$\sigma = \frac{(\alpha_{\mathrm{A}} - \alpha_{\mathrm{St}})}{\dfrac{1}{E_{\mathrm{Al}}} + \dfrac{1}{E_{\mathrm{St}}}}\Delta T$$

$\alpha_{\mathrm{Al}} = 0.00001/^{\circ}\mathrm{F} = 0.000018/^{\circ}\mathrm{C}, \quad E_{\mathrm{Al}} = 69\,\mathrm{GPa}, \quad \sigma_{\mathrm{YS}} = 69\,\mathrm{MPa}$

$\alpha_{\mathrm{St}} = 0.0000065/^{\circ}\mathrm{F} = 0.000012/^{\circ}\mathrm{C}, \quad E_{\mathrm{St}} = 200\,\mathrm{GPa}, \quad \sigma_{\mathrm{YS}} = 690\,\mathrm{MPa}$

(b) アルミニウムは $\sigma = 69\,\mathrm{MPa}$ であるから, (a) の結果を用いて

$$69 = \frac{0.000018 - 0.000012}{\dfrac{1}{69,000} + \dfrac{1}{200,000}}\Delta T = \frac{0.000006}{1.45 \times 10^{-5} + 0.50 \times 10^{-5}}\Delta T$$

$$= 0.31\Delta T, \quad \Delta T = 223^{\circ}\mathrm{C}$$

(c) 議論のためひずみ時効がなく, しかもアルミニウムの降伏応力が温度により変化しないと仮定すると, $\Delta T = 223^{\circ}\mathrm{C}$ におけるアルミニウムのひずみは

$$\varepsilon_{\mathrm{Al}} = \frac{69}{-69,000} + 0.000018 \times 223 = -0.001 + 0.004 = 0.003$$

$$\varepsilon_{\mathrm{St}} = \frac{69}{200,000} + 0.000012 \times 223 = 3.45 \times 10^{-4} + 26.8 \times 10^{-4} = 0.003$$

もし, 温度がさらに上昇し, アルミニウムにひずみ時効がなければ板は膨張し続ける. しかし, 鋼の熱膨張係数においては, アルミニウムは膨張に対する抵抗がない. もしも温度がさらに $223^{\circ}\mathrm{C}$ 上昇すれば, 付加的な膨張ひずみは 0.00268 となり, アルミニウムのひずみが上昇する最初の温度間隔

484   問 題 の 解 答

における膨張ひずみよりも小さい．アルミニウムがもし自由に膨張すれば
$0.000018 \times 223 = 0.004$ となる．しかし鋼により拘束されると塑性ひずみは
$0.0040 - 0.0027 = 0.0013$ となる．

　アルミニウムの長さはもとよりも単位長さよりも効果的に少ない．冷却に
関して，引張応力が鋼における等しい圧縮応力とつり合ってアルミニウムに
生じる．加熱に際の塑性変形量に依存し応力は 0 から 69 MPa に変化する．

(d) 原子の振動幅の増加は原子ポテンシャ井戸の非対称性形により fcc よりも bcc
においてより容易に供給される．

8-3　　図 8P-1 の曲線 1 は母材における引張り残留応力と溶接ビード内の溶接
ビードに平行な方向の圧縮残留応力を示すこの応力分布は冷却の間溶接ビードに
形成されるマルテンサイトのために生じる．凝固後マルテンサイトが形成するの
で溶接ビードは膨張しようとする．しかしながら，そのような膨張の傾向は周囲
の母材により拘束される．その結果，溶接ビードは母材が引張の間圧縮となる．

8-4

(a) 非常に高温の試片が相変態することなく急冷されると，試片表面は内部より
より早く冷却される．その結果，表面は内部よりさらに収縮し，表面には引張
応力，内部には圧縮応力が生じる．しかしながら，熱応力はまだ高温の内部で
部分的に解放され，表面領域に適用された圧縮を受け入れる段階で塑性変形
する．結果として熱応力はこの段階では小さい．しかしながら内部が冷却し
始め，収縮するとすでに冷やされた表面は収縮に抵抗する．その結果，引張
応力が内部に広がり圧縮応力が表面に形成される．もしマルテンサイト変形
が生じると状況は変化する．マルテンサイト変形は体積膨張につながる．こ
のように，冷却の初期に表面領域はより速く冷却し，マルテンサイト変形が
生じ，表面領域における体積膨張につながる．しかしながら，内部は高温な
ので，この段階における表面領域とともに膨張し，内部の変形を容易にする．

　　冷却の後半で内部が冷却され，マルテンサイト変形が始まると，表面領域
はすでに冷却され，内部の膨張に抵抗する．このミスマッチの結果，圧縮応
力が内部に発生し，引張応力が表面に形成される．

(b) 炭化は表面の炭素濃度を増加させる．冷却過程において圧縮残留応力が試片
表面に発生する．これは高炭素濃度が表面の M_s 温度を低下させるからであ
る．その結果，マルテンサイトがまず低炭素濃度の内部に形成され，さらに

高いマルテンサイトが形成される．表面が冷却過程でマルテンサイト変態を
起こすと内部のマルテンサイトは変形できないので，内部は表面の膨張に抵
抗する．このように内部の膨張を防ぐために表面に圧縮残留応力が生じる．

　窒化は表面に窒化物を形成させる．窒化物は鋼に比較し比較的低い膨張係
数を有する．したがって，冷却の間，鋼は表面より内部で収縮し，表面に圧縮
残留応力が生じる．高周波焼入れにおいては，表面は変態温度以上に加熱さ
れただちに急冷される．急冷されるときオーステナイトからマルテンサイト
に変態するので圧縮残留応力が表面に形成される．マルテンサイトの形成に
よる表面の膨張は，相変態を生じない内部により阻止される．その結果，表
面に圧縮応力が生じる．窒化過程は共析温度以下の温暖な温度で行われるの
で，冷却の際相変態は生じない．寸法が複雑なクランクシャフトのようなも
のでは窒化の間寸法は変化しない．

8-5　引張において塑性変形を引起こすために負荷された引張応力は全体が塑
性変形する前に，いかなる圧縮残留応力をも打ち負かすのに十分高くなければな
らない．圧縮および引張残留応力は異なる領域に常に存在するので，引張残留応
力を有する領域は外部から引張応力が負荷されるときに塑性変形する．圧縮残留
応力を有する領域は負荷された引張応力がまず圧縮残留応力を打ち負かし，材料
の降伏応力に届くほど十分高くなければならない．引張応力を有する領域がまず
塑性変形するにもかかわらず，全塑性ひずみは残留応力の正負にかかわらず異なっ
た領域でほぼ等しい．

　変形の初期において引張残留応力が塑性変形するとき，圧縮残留応力を有する
領域のみが弾性変形する．その結果，円筒バーの全ひずみは塑性変形した領域が
弾性変形領域により拘束されるので非常に小さい．圧縮残留応力を有する領域が
塑性変形するときのみ円筒バーの全ひずみは大きくなる．通常塑性ひずみに比較
し弾性ひずみは非常に小さいので，残留応力の正負にかかわらずすべての領域に
おいて略同一の塑性ひずみとなり，すべての応力勾配は消失する．外部引張応力
が解放されるとすべての領域は弾性的に回復し，残留応力は除去される．

8-6　図 8-2 に示したタービン翼の温度変化を熱–機械荷重の理解に用いること
ができる．加速の間，表面における温度は 105 秒以内に 600°C から 1,100°C に
変化するが，翼の内部は低温なので，表面に圧縮ひずみが導入される．全熱ひず
みは熱膨張によるひずみと熱応力によるひずみの和である．しかしながら，内部
温度は表面と合致し，表面の熱応力によるひずみはゼロに減少する．減速におい

486   問 題 の 解 答

ては表面の温度がまず低下し，内部が冷却するときにゼロに減少する表面の引張
ひずみを導く．このように，加速減速の繰り返しが表面および内部における引張
圧縮荷重を導く．この現象が加熱冷却による応力を加えることになるので，熱−機
械荷重として定義される．この現象がタービン翼の熱−機械疲労に影響する．した
がって，熱−機械疲労荷重はタービン翼の設計基準の1つである．

第 9 章

9-1

$$\sigma_0 = 70 \,\text{MPa}, \quad T = 550^\circ\text{C}, \quad E = 175 \,\text{GPa}$$

$$\dot{\varepsilon} = 5.0 \times 10^{-8}/\text{h} = A\sigma^4 = A(70)^4$$

$$A = 5.0 \times 10^{-8}/(70)^4 = 5 \times 10^{-8}/2,401 \times 10^4 = 0.00208 \times 10^{-12}$$

$$= 2.08 \times 10^{-15} (\text{MPa})^{-4}/\text{h}$$

を次式

$$\frac{1}{\sigma(t)^{n-1}} = \frac{1}{\sigma_0^{n-1}} + (n-1)AE\Delta t \quad [\text{式 (9-22)}]$$

に代入すると，題意より $n = 4$ であるから，

$$\frac{1}{\sigma(t)^3} = \frac{1}{70^3} + 3 \times 2.08 \times 10^{-15} \times 175,000 \,\text{MPa} \times 365 \times 24$$

$$= 8.76 \times 10^{-6} + 3.19 \times 10^{-6} = 11.95 \times 10^{-6}$$

$$\sigma(t)^3 = 0.084 \times 10^6$$

$$\sigma(t) = (0.084 \times 10^6)^{1/3} = 43.8 \,\text{MPa}$$

9-2 $T = 750^\circ\text{C}, \quad L_0 = 100 \,\text{mm}, \quad \sigma = 40 \,\text{MPa}, \quad 1.0 \,\text{mm}$ 空隙．

$$800^\circ\text{C で}, \quad \dot{\varepsilon} = 7.5 \times 10^{-8}/\text{s} = A\sigma^n e^{-Q/R1073}$$

$$950^\circ\text{C で}, \quad \dot{\varepsilon} = 1.3 \times 10^{-5}/\text{s} = A\sigma^n e^{-Q/R1223}$$

であるから，

$$\ln(7.5 \times 10^{-8}) = \ln A + n \ln 40 - Q/1073R \tag{1}$$

$$\ln(1.3 \times 10^{-5}) = \ln A + n \ln 40 - Q/1223R \tag{2}$$

問 題 の 解 答　　487

式 (2) から式 (1) を引き

$$\ln(173.33) = -Q/1,223R + Q/1073R$$

$$5.15520 = -0.00081766Q/R + 0.00093197Q/R = 0.0001131Q/R$$

$$= 0.00011Q/R$$

$$\therefore Q/R = 46,865(\mathrm{K})$$

750°C (1,023 K) において

$$\frac{\dot{\varepsilon}}{1.3 \times 10^{-5}} = \frac{e^{-46865/1023}}{e^{-46865/1223}} = \frac{e^{-45.81}}{e^{-38.32}} = e^{-7.49} = 0.00056$$

したがって，$\varepsilon(750°\mathrm{C}) = 7.28 \times 10^{-9}$. 0.01 のひずみに到達するために必要な時間は $0.01/7.28 \times 10^{-9} = 1.37 \times 10^{6}$s. 約 380 時間 = 2.26 週 = 16 日.

9-3

(a) $\dot{\varepsilon} = 10 \times 10^{-20}\sigma^3/$日. ただし，$\sigma$ は psi 単位.

SI 単位と時間に変換するためには係数の単位を変える．係数のもとの単位は $(1/\mathrm{psi}^3)(1/$日$)$ であるが，$(145\,\mathrm{psi})^3/\mathrm{MPa}$ と 日$/(24$ 時間$)$ の関係を用いて変換すると，

$$\dot{\varepsilon} = 10 \times 10^{-20}\frac{1}{\mathrm{psi}^3 日}\frac{(145\mathrm{psi})^3}{(\mathrm{MPa})^3}\frac{日}{24\ 時間}\sigma^3(\mathrm{MPa})^3$$

が導かれ，$\dot{\varepsilon} = 1.27 \times 10^{-14}\mathrm{MPa/h}$.

(b) $P = 4.48 \times 10^4\mathrm{N}, \quad l_0 = 2\,\mathrm{m}, \quad \Delta l = 2.5\,\mathrm{mm}$

$$\varepsilon = \frac{0.0025}{2} = 0.00125, \quad T = 454°\mathrm{C}, \quad t = 10\ 年 = 10\times365\times24 = 87,600\ 時間$$

$$\dot{\varepsilon} \times 87,600 = 0.00125\ (ひずみ)$$

$$\dot{\varepsilon} = 1.43 \times 10^{-8}/\mathrm{h}$$

$$\dot{\varepsilon} = 1.27 \times 10^{-14}\sigma^3 = 1.43 \times 10^{-8}$$

$$\sigma^3 = 1.13 \times 10^6, \quad \sigma = 104\,\mathrm{MPa}$$

$$\frac{P}{A} = 104 = \frac{0.0448MN}{A}, \quad A = 0.0448/104 = 0.00043\,\mathrm{m}^2$$

$$A = \frac{\pi D^2}{4} = 0.00043, \quad D = 23.4\,\mathrm{mm}$$

(c) 104 MPa において 3 年後，蓄積されたひずみは

$$1.27 \times 10^{-14}(104)^3 \times 3 \times 365 \times 24 = 3.75 \times 10^{-4} \text{ (または 0.00125 の 0.3)}$$

に等しくなる．

全変形は 0.0015 m，新しい全ひずみは 0.00075.

次の 7 年間の全ひずみは $0.00075 - 0.000375 = 0.000375$.

$$1.27 \times 10^{-14}\sigma_2^3 \times 7 \times 365 \times 24 = 0.000375$$

$$\sigma_2^3 = 0.4815 \times 10^6$$

$$\sigma_2 = 78.4 \,\text{MPa}$$

荷重はファクター $78.4/104 = 0.754$ だけ減じる．$P_2 = 0.754 \times 0.0448 \,\text{MN} = 0.0337 \,\text{MN}$．同様に $A = P/\sigma = 0.0337/78.4 = 0.00043 \,\text{m}^2$．

9-4 ラーソン–ミラー・パラメータは $28 \times 10^3 = 1{,}143(C + \log 100)$ であるから，$C = 22.5$.

9-5

(a) 図 12 に示す．

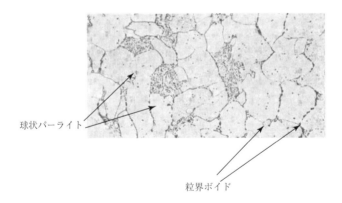

図 **12**

(b) 通常，パーライトが球状化する温度は約 700°C である．したがって球状化にもとづき，この蒸気ボイラ管は 650–720°C に暴露されたと見積もることができる．

問 題 の 解 答　　489

9-6

(a) 問題の図 9P-2 にもとづき，破損は破断部で縦方向の曲げを含み，破断部近接部でスウェリングを生じるという破壊の特徴を有していたので薄肉破壊で生じたと思われる.

(b) (a) における破壊の特徴から，この破損はかなりの過熱によるものである. かなりの過熱温度下での運転により材料は相当軟化する. その結果，ボイラ鋼管は内圧に耐えることができず，管にスウェリングを生じ，急速破断し，管の縦方向に曲げを生じる.

第 10 章

10-1　題意より $K_c = 50\,\mathrm{MN\,m^{-3/2}}\,(50\,\mathrm{MPa}\sqrt{\mathrm{m}})$, $a_0 = 0.2\,\mathrm{mm}$, $K = 0.73\Delta\sigma\sqrt{\pi a}$ であるから，

$$\frac{da}{dN} = A(\Delta K)^2 = 10^{-10} \times (0.73 \times 200\sqrt{\pi a})^2$$
$$= 10^{-10} \times 6.7 \times 10^4 a = 6.7 \times 10^{-6} a$$
$$\frac{da}{a} = 6.7 \times 10^{-6} dN$$
$$\ln\frac{a_\mathrm{f}}{a_0} = 6.7 \times 10^{-6}\Delta N$$
$$K_\mathrm{C} = 0.73 \times 200 \times \sqrt{\pi a_\mathrm{f}} = 50, \quad a_\mathrm{f} = 0.0373\,\mathrm{m}$$
$$\ln\frac{0.0373}{0.0002} = 5.2$$
$$\Delta N = 7.7 \times 10^5 \text{サイクル}$$

10-2　[001] 方位について，応力ゼロにおけるヒステリシスループの幅は $0.8\% = 0.008 = \Delta\varepsilon_p$.

[111] 方位について，応力ゼロにおけるヒステリシスループの幅は $0.25\% = 0.0025 = \Delta\varepsilon_p$.

与えられた $N_\mathrm{f}^{1/2}\Delta\varepsilon_\mathrm{p} = 0.6$. [001] 方位について，$N_\mathrm{f} = 5{,}525$ サイクル (ひずみ範囲 0.008 に対し N_f は 5,000 サイクル).

[111] 方位について，$N_\mathrm{f} = 557{,}600$ サイクル (寿命は 100,000 サイクル以上). より良い構成式は $N_\mathrm{f}^{0.31}\Delta\varepsilon_\mathrm{p} = 0.106$.

490 問 題 の 解 答

10-3 題意より

$$N_{\rm f}^b \left(\frac{\sigma}{2} \right) = C$$

$$\Delta\sigma = 300\,\text{MPa}, \quad N_{\rm f} = 10^5 \text{サイクル}$$

$$\Delta\sigma = 200\,\text{MPa}, \quad N_{\rm f} = 10^7 \text{サイクル}$$

(a) $(10^5)^b \times 150 = (10^7)^b \times 100 \ 100^b = 1.5, \quad b \times 2 = \log 1.5 = 0.176,$ $b = 0.088 \times 105^{0.088} \times 150 = C = 413.1.$

(b) $(N_{\rm f})^{0.088} \times 125 = 413.1, \quad N_{\rm f} = 3.30^{1/0.088} = 780{,}000$ サイクル.

(c) $(5 \times 10^5)/(7.8 \times 10^5) = 0.64.$ したがって，応力範囲 $200\,\text{MPa}$ で $N_{\rm f}$ の 0.36 が残っている．$\Delta\sigma$ における残りの繰返し数は $0.36 \times 10^7 = 3.6 \times 10^6$ サイクル.

10-4 $K_{\rm Ic}, R = 0.$ 破損繰返し数 N は，$\Delta K = Y\Delta\sigma\sqrt{\pi a}.$

$$\frac{da}{dN} = A(\Delta K)^2 = Y^2(\Delta\sigma)^2 \pi a$$

$$\int_{a_0}^{a_{\rm f}} \frac{da}{a} = AY^2(\Delta\sigma)^2 \pi \Delta N$$

$$\ln \frac{a_{\rm f}}{a_0} = AY^2(\Delta\sigma)^2 \pi \Delta N$$

$$Y\Delta\sigma\sqrt{\pi a_{\rm f}} = K_{\rm Ic}, \quad a_{\rm f} = \frac{1}{\pi} \left(\frac{K_{\rm Ic}}{Y\Delta\sigma} \right)^2$$

$$\ln \frac{1}{\pi a_0} \left(\frac{K_{\rm Ic}}{Y\Delta\sigma} \right)^2 = AY^2(\Delta\sigma)^2 \pi \Delta N$$

$$\frac{1}{\pi a_0} \left(\frac{K_{\rm Ic}}{Y\Delta\sigma} \right)^2 = e^{AY^2(\Delta\sigma)^2 \pi \Delta N}$$

$a_0 = \dfrac{1}{\pi} \left(\dfrac{K_{\rm Ic}}{Y\Delta\sigma} \right)^2 e^{-AY^2(\Delta\sigma)^2 \pi \Delta N}$ （右辺の量はすべて既知だから，a_0 は既知である）.

$$\frac{a_{\rm f}}{a_0} = e^{AY^2(\Delta\sigma)^2 \pi \Delta N}$$

$$Y\sigma_{\rm proof}\sqrt{\pi a_0} = K_{\rm Ic}$$

$$\sigma_{\rm proof} = \frac{K_{\rm IC}}{Y\sqrt{\pi a}} = \frac{K_{\rm Ic}}{Y\sqrt{\pi \dfrac{1}{\pi} \left(\dfrac{K_{\rm Ic}}{Y\Delta\sigma} \right)^2 e^{-AY^2(\Delta\sigma)^2 \pi \Delta N}}}$$

$$= \Delta\sigma e^{(A/2)Y^2(\Delta\sigma)^2 \pi \Delta N}$$

耐力は破壊には無関係であることに留意する．

(b) $A = 2 \times 10^{-9}$, $Y = 1$, $\Delta\sigma = 140\,\text{MPa}$, $N = 10,000$.

$$\sigma_{\text{proof}} = 140 e^{10^{-9}(140)^2 \pi (10)^4} = 140 e^{0.616} = 259\,\text{MPa}$$

10-5

(a) 破面上に見られるマクロ組織の特徴はビーチマーク，ラチェットラインおよび平坦性である．ビーチマークは鋼が休止あるいは繰返し荷重の間応力振幅の変化を経験する間に進展する半円形リングである．き裂発生位置近傍には数本のラチェットラインがある．また，破面は平坦で疲労荷重の間明らかに大きな塑性変形がないことを示している．

(b) 別々のき裂が発生した近接した領域をつなぐラチェットラインがあるので，いくつかのき裂発生領域が見られる．図 13 においては正確なき裂発生領域は明らかではないが，矢印で示されるように 2 個のラチェットラインにもとづき少なくとも 3 個の発生点がありそうである．

図 13

(c) $\sigma_{\max}$ に対する半無限体中の半円形き裂の破壊靱性係数を求めるために $a = 0.025\,\text{m}$ (図から測定したき裂半径) を用い，$K_{\text{IC}} = 120\,\text{MPa}\sqrt{\text{m}}$ を与えると

$$\sigma_{\max} = \frac{K_{\text{IC}}\sqrt{\pi}}{1.12 \times 2\sqrt{a}} = \frac{120\,\text{MPa}\sqrt{\text{m}}\sqrt{\pi}}{1.12 \times 2\sqrt{0.025\,\text{m}}}$$
$$= 600.5\,\text{MPa}$$

10-6

(a) き裂発生領域は鋭い角の一つであり (図 14 に起点を示す),キイ溝とフィレットを有する軸とインペラの結合部である.この領域は方向が回転するため他方の鋭い角よりも高い応力集中係数を有する.その結果,この領域は使用期間中に疲労き裂発生に敏感となる.最終破壊領域は図 14 の右側に位置する("最終的な破断"と示されている).最終破壊位置は軸の右側であることに留意する.これは右側よりも軸の左側でき裂進展速度が速いことによるためである.左側でき裂進展速度が速いのは軸回転の方向により右側よりも左側で応力拡大係数範囲が少し高いためである.

(b) ビーチマークは負荷/除荷の繰返しにより破面に存在する.使用中にき裂は放射状に進展するが,左側は上述のように少し高い応力拡大係数範囲を有するので,左側でビーチマークの間隔が大きい.

(c) き裂発生部と最終破壊部は対照的に位置しない.これは軸の回転により右側よりも左側で応力拡大係数範囲が高くなるためである.

(d) 回転方向の変化はき裂発生および最終破壊領域を変える (図 13 に文字と矢印で示されている).

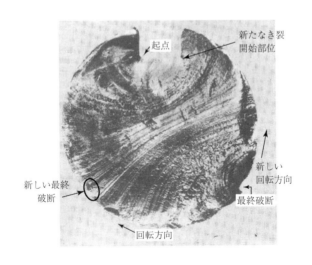

図 14

問 題 の 解 答　　493

第 11 章

11-1

(a) ガウス分布について，算術平均 μ は $\mu = \sum\limits_{i=1}^{N} x_i/N$ により得られる．また標準偏差 σ は

$$\sigma = \sqrt{\frac{\sum\limits_{i=1}^{N} (x_i - \mu)^2}{N - 1}}$$

したがって，μ は $129.85\,\mathrm{ksi}$，σ は 5.88.

(b) 表 7 より確率関数 $f(x) = $ 度数$/N + 1$. 累積確率関数 (実験) $F(x) = $ 累積度数$/N + 1$.

(c) ガウス分布の確率関数は

$$f(x) = \frac{1}{\sigma\sqrt{2\pi}} \exp\left[-\frac{1}{2}\left(\frac{x-\mu}{\sigma}\right)^2\right]$$

または

$$\ln f(x) = \ln \frac{1}{\sigma\sqrt{2\pi}} - \frac{1}{2}\left(\frac{x-\mu}{\sigma}\right)^2$$

$\ln f(x)$ 対 $\frac{1}{2}\left(\frac{x-\mu}{\sigma}\right)^2$ をプロットし，$f(x)$ と $\frac{1}{2}(x-\mu)^2$ 間に傾き $-1, 1$ に近づく関連係数 R^2 をもつ線形関係があるかどうかしらべる (表 8, 図 15).

表 7

降伏応力 (ksi)	度数	累積頻度	$f(x)$	$F(x)$ (実験)
114–115.9	4	4	0.009	0.009
116–117.9	6	10	0.013	0.022
118–119.9	8	18	0.018	0.040
120–121.9	26	44	0.058	0.098
122–123.9	29	73	0.064	0.162
124–125.9	44	117	0.098	0.260
126–127.9	47	164	0.104	0.364
128–129.9	59	223	0.131	0.496
130–131.9	67	290	0.149	0.644
132–133.9	45	335	0.100	0.744
134–135.9	49	384	0.109	0.853
136–137.9	29	413	0.064	0.918
138–139.9	17	430	0.038	0.956
140–141.9	9	439	0.020	0.976
142–143.9	6	445	0.013	0.989
144–145.9	4	449	0.009	0.998

(注) $N = 449$

表 8

降伏応力 (ksi)	範囲内の平均降伏応力 (ksi)	度数	累積度数	$f(x)$	$\frac{1}{2}(\frac{x-\mu}{\sigma})^2$	$\ln f(x)$
114–115.9	114.95	4	4	0.009	3.211	−4.723
116–117.9	116.95	6	10	0.013	2.407	−4.317
118–119.9	118.95	8	18	0.018	1.719	−4.030
120–121.9	120.95	26	44	0.058	1.146	−2.851
122–123.9	122.95	29	73	0.064	0.689	−2.742
124–125.9	124.95	44	117	0.098	0.347	−2.325
126–127.9	126.95	47	164	0.104	0.122	−2.259
128–129.9	128.95	59	223	0.131	0.012	−2.032
130–131.9	130.95	67	290	0.149	0.018	−1.905
132–133.9	132.95	45	335	0.100	0.139	−2.303
134–135.9	134.95	49	384	0.109	0.376	−2.217
136–137.9	136.95	29	413	0.064	0.729	−2.742
138–139.9	138.95	17	430	0.038	1.198	−3.276
140–141.9	140.95	9	439	0.020	1.782	−3.912
142–143.9	142.95	6	445	0.013	2.482	−4.317
144–145.9	144.95	4	449	0.009	3.298	−4.723

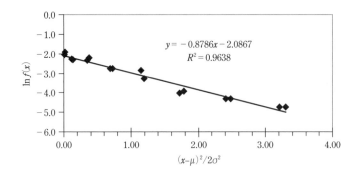

図 15　ガウス分布についての確率関数

R^2 値の曲線適合性は高い (0.9638). しかしながら適合曲線の傾きは -1.00 ではなく -0.88 である.

(d) ガウス分布の累積確率関数は下記のように記述できる.

$$F(x) = \frac{1}{2} - \frac{1}{2}\mathrm{erf}\left(-\frac{x-\mu}{\sigma\sqrt{2}}\right) \quad (x \leq \mu)$$

$$F(x) = \frac{1}{2} + \frac{1}{2}\mathrm{erf}\left(\frac{x-\mu}{\sigma\sqrt{2}}\right) \quad (x \geq \mu)$$

上述の式を用いて $F(x)$ の計算値が得られる. この値を実験による $F(x)$ と

表 9

降伏応力 (ksi)	範囲内の平均降伏応力 (ksi)	度数	累積度数	$F(x)$ (実験値)	$F(x)$ (計算値)
114–115.9	114.95	4	4	0.009	0.006
116–117.9	116.95	6	10	0.022	0.014
118–119.9	118.95	8	18	0.040	0.032
120–121.9	120.95	26	44	0.098	0.065
122–123.9	122.95	73		0.162	
124–125.9	44		117	0.260	0.202
126-127.9	126.95	47	164	0.364	0.311
128–129.9	128.95	59	223	0.496	0.439
130–131.9	130.95	67	290	0.644	0.574
132–133.9	132.95	45	335	0.744	0.701
134–135.9	134.95	49	384	0.853	0.807
136–137.9	136.95	29	413	0.918	0.886
138–139.9	138.95	17	430	0.956	0.939
140–141.9	140.95	9	439	0.976	0.970
142–143.9	142.95	6	445	0.989	0.987
144–145.9	144.95	4	449	0.998	0.995

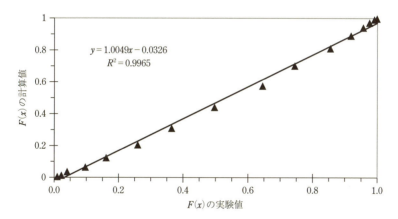

図 16 ガウス分布. $F(x)$ の実験値–計算値

の関係を評価するためにプロットする (表 9, 図 16).

実験値 $F(x)$ と計算値 $F(x)$ は $R^2 = 0.9965$, 傾き = 1.00 の線形関係を有する. さらに, 切片は 0 に近い. このように, 降伏応力のデータはガウス分布の累積確率関数によく従う.

(e) ワイブル分布の累積確率関数は下記のように書くことができる.

表 10

降伏応力 (ksi)	範囲内の平均 降伏応力 (ksi)	度数	累積度数	$F(x)$	$\ln(x-\sigma)$	$n\ln[\frac{1}{1-F(x)}]$
114–115.9	114.95	4	4	0.009	2.705	-4.718
116–117.9	116.95	6	10	0.022	2.830	-3.795
118–119.9	118.95	8	18	0.040	2.942	-3.199
120–121.9	120.95	26	44	0.098	3.042	-2.274
122–123.9	122.95	29	73	0.162	3.133	-1.732
124–125.9	124.95	44	117	0.260	3.217	-1.200
126–127.9	126.95	47	164	0.364	3.294	-0.791
128–129.9	128.95	59	223	0.496	3.366	-0.379
130–131.9	130.95	67	290	0.644	3.432	0.034
132–133.9	132.95	45	335	0.744	3.495	0.311
134–135.9	134.95	49	384	0.853	3.554	0.652
136–137.9	136.95	29	413	0.918	3.610	0.916
138–139.9	138.95	17	430	0.956	3.662	1.136
140–141.9	140.95	9	439	0.976	3.712	1.311
142–143.9	142.95	6	445	0.989	3.760	1.504
144–145.9	144.95	4	449	0.998	3.806	1.810

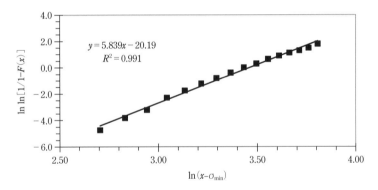

図 17　ワイブル分布 (累積確率関数)

$$F(x) = 1 - \exp\left[-\left(\frac{x-\sigma_{\min}}{\sigma_0}\right)^m\right]$$

あるいは

$$\ln\ln\left[\frac{1}{1-F(x)}\right] = m\ln(x-\sigma_{\min}) - m\ln\sigma_0$$

$\ln\ln\left[\frac{1}{1-F(x)}\right]$ 対 $\ln(x-\sigma_{\min})$ をプロットすることにより，この分布の特徴を評価し，線形関係があるかどうかをしらべることができる (表 10，図 17). ゆえに，$\sigma_{\min} = 100\,\mathrm{ksi}$ を選ぶ.

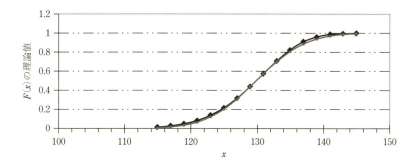

図 18　理論上のワイブルおよびガウス関数の累積確率分布

$R^2 = 0.991$ でデータはワイブル分布に良く従う．

(f) (e) から適合曲線は $y = 5.839x - 20.197$．このように，ワイブル係数 m は 5.839，スケールパラメータ σ_0 は 31.78．

(g) 降伏応力のデータはガウス分布およびワイブル分布の両方で記述できることが明らかである．ガウス分布の累積確率関数の評価 [答 (d)] は実験値 $F(x)$ と計算値 $F(x)$ は $R^2 = 0.9965$，傾き 1.00 の線形関係をもつ．ワイブル分布の累積確率関数の評価 [答 (e)] は非常に高い R^2 値 0.9917 をもつ．これらの観察をもとづき降伏応力データのこの特定のセットはガウス分布のみならずワイブル分布にも従うと結論づけられる．事実，得られたガウスおよびワイブル分布にもとづき，図 18 のように，ガウスおよびワイブル分布の確率関数をプロットすることができる．両分布の相違は非常に小さく，降伏応力のデータがガウスおよびワイブル分布に従うという結論をサポートしている．

11-2　$\sigma_{\min} = 0.0\,\text{ksi}$ のとき，$\sigma_{\min} = 100.0\,\text{ksi}$ より低い R^2 値をもつ図 19 が得られる．このように，$\sigma_{\min} = 100.0\,\text{ksi}$ はデータと合致する．

11-3

(a) ガウス分布に対して，算術平均 μ が $\mu = \sum_{i=1}^{N} x_i/N$ を用いて得ることができる．また，標準偏差 σ は

$$\sigma = \sqrt{\frac{\sum_{i=1}^{N}(x_i - \mu)^2}{N-1}}$$

から得ることができる．したがって，$\mu = 976.30\,\text{kg/mm}^2$, $\sigma = 89.80$．

498 問題の解答

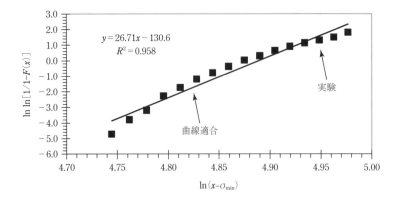

図 19 ワイブル分布 (累積確率関数). $\sigma_{\min} = 0.0$ ksi

表 11

HV (kg/mm^2)	度数	累積度数	$f(x)$	$F(x)$ (実験値)
801.55	1	1	0.037	0.037
810	1	2	0.037	0.074
861.35	1	3	0.037	0.111
869	1	4	0.037	0.148
870.55	1	5	0.037	0.185
876	1	6	0.037	0.222
931.5	1	7	0.037	0.259
950	1	8	0.037	0.296
957.95	1	9	0.037	0.333
962	1	10	0.037	0.370
968.3	1	11	0.037	0.407
974	1	12	0.037	0.444
979.8	1	13	0.037	0.481
982	2	15	0.074	0.556
986	1	16	0.037	0.593
999.35	1	17	0.037	0.630
1,012	1	18	0.037	0.667
1,033	1	19	0.037	0.704
1,036.15	1	20	0.037	0.741
1,056	1	21	0.037	0.778
1,065	1	22	0.037	0.815
1,066.05	1	23	0.037	0.852
1,087.9	1	24	0.037	0.889
1,106.3	1	25	0.037	0.926
1,160	1	26	0.037	0.963

(注) $N = 26$

問 題 の 解 答　499

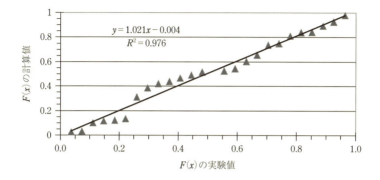

図 20　ガウス関数 $F(x)$ の実験値と計算値

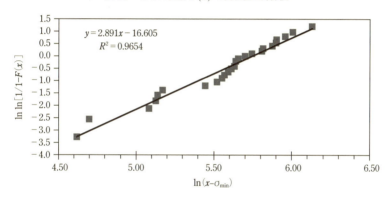

図 21　ワイブル分布 (累積確率関数)

(i) 表 11 より確率関数 $f(x) = $ 度数$/N+1$. 累積確率関数 $F(x) = $ 累積度数$/N+1$.

(ii) ガウス分布の累積確率関数は

$$F(x) = \frac{1}{2} - \frac{1}{2}\mathrm{erf}\left(-\frac{x-\mu}{\sigma\sqrt{2}}\right) \quad (x \leq \mu)$$

$$F(x) = \frac{1}{2} + \frac{1}{2}\mathrm{erf}\left(-\frac{x-\mu}{\sigma\sqrt{2}}\right) \quad (x \geq \mu)$$

上の式を用い $F(x)$ の計算値を求めることができる．次に両者の関係を評価するために，$F(x)$ の実験値に対して計算値 $F(x)$ をプロットする (図 20)．R^2 値 0.98, 傾き 1.02, 切片は 0 に近く, 適合曲線は線形でガウス分布に良く合致する．

表12

HV $(\mathrm{kg/mm^2})$	度数	累積度数	$f(x)$	$F(x)$ (実験値)	$F(x)$ (計算値)
801.55	1	1	0.037	0.037	0.026
810	1	2	0.037	0.074	0.032
861.35	1	3	0.037	0.111	0.100
869	1	4	0.037	0.148	0.116
870.55	1	5	0.037	0.185	0.119
876	1	6	0.037	0.222	0.132
931.5	1	7	0.037	0.259	0.309
950	1	8	0.037	0.296	0.385
957.95	1	9	0.037	0.333	0.419
962	1	10	0.037	0.370	0.437
968.3	1	11	0.037	0.407	0.465
974	1	12	0.037	0.444	0.490
979.8	1	13	0.037	0.481	0.516
982	2	15	0.074	0.556	0.525
986	1	16	0.037	0.593	0.543
999.35	1	17	0.037	0.630	0.601
1,012	1	18	0.037	0.667	0.655
1,033	1	19	0.037	0.704	0.736
1,036.15	1	20	0.037	0.741	0.747
1,056	1	21	0.037	0.778	0.813
1,065	1	22	0.037	0.815	0.838
1,066.05	1	23	0.037	0.852	0.841
1,087.9	1	24	0.037	0.889	0.893
1,106.3	1	25	0.037	0.926	0.926
1,160	1	26	0.037	0.963	0.980

(b) ワイブル分布の累積確率関数は次のように書くことができる.

$$F(x) = 1 - \exp\left[-\left(\frac{x - \sigma_{\min}}{\sigma_0}\right)^m\right]$$

あるいは

$$\ln\ln\left[\frac{1}{1 - F(x)}\right] = m\ln(x - \sigma_{\min}) - m\ln\sigma_0$$

$\ln\ln\left[\frac{1}{1-F(x)}\right]$ 対 $\ln(x - \sigma_{\min})$ をプロットすることにより,この分布の特徴を評価し,線形関係があるかどうかをしらべることができる (表12,図21).ゆえに,$\sigma_{\min} = 700\,\mathrm{kg/mm^2}$ を選ぶ.

適合曲線は R^2 値 0.9654 の直線である.したがって,データはワイブル分布に合理的に良くフィットする.

(c) (b) から,適合曲線は $y = 2.891x - 16.605$.したがって,ワイブル係数 m は 2.891,スケールパラメータ σ_0 は 312.20.

問 題 の 解 答　　501

表 13

HV (kg/mm^2)	度数	累積度数	$f(x)$	$F(x)$	$\ln(x - \sigma_{\min})$	$\ln\ln\frac{1}{1-F(x)}$
801.55	1	1	0.037	0.037	4.621	-3.277
810	1	2	0.037	0.074	4.700	-2.564
861.35	1	3	0.037	0.111	5.084	-2.139
869	1	4	0.037	0.148	5.130	-1.830
870.55	1	5	0.037	0.185	5.139	-1.586
876	1	6	0.037	0.222	5.170	-1.381
931.5	1	7	0.037	0.259	5.445	-1.204
950	1	8	0.037	0.296	5.521	-1.046
957.95	1	9	0.037	0.333	5.553	-0.903
962	1	10	0.037	0.370	5.568	-0.771
968.3	1	11	0.037	0.407	5.592	-0.648
974	1	12	0.037	0.444	5.613	-0.531
979.8	1	13	0.037	0.481	5.634	-0.420
982	2	15	0.074	0.556	5.642	-0.210
986	1	16	0.037	0.593	5.656	-0.108
999.35	1	17	0.037	0.630	5.702	-0.007
1,012	1	18	0.037	0.667	5.743	0.094
1,033	1	19	0.037	0.704	5.808	0.196
1,036.15	1	20	0.037	0.741	5.818	0.300
1,056	1	21	0.037	0.778	5.875	0.408
1,065	1	22	0.037	0.815	5.900	0.523
1,066.05	1	23	0.037	0.852	5.903	0.647
1,087.9	1	24	0.037	0.889	5.961	0.787
1,106.3	1	25	0.037	0.926	6.007	0.957
1,160	1	26	0.037	0.963	6.131	1.193

(d) ガウス分布はワイブル分布よりも表 13 の硬さのデータをより良く記述できる．なぜならば (a)(ii) におけるガウス分布の特性曲線は R^2 値 0.9768 を生み出し，(b) におけるワイブル分布特性曲線からの R^2 値 (0.9654) より高いからである．

11-4　20 個の試験データに対して，× は 11，○ は 9，$n_0 = 1$ (97 MPa)，$n_1 = 6$ (110 MPa)，$n_2 = 2$ (124 MPa)，$N = 9$.

$$A = 1 \times 6 + 2 \times 2 = 10, \quad B = 1 \times 6 + 4 \times 2 = 14$$

$$m = y' + d\left(\frac{A}{N} \pm \frac{1}{2}\right)$$

$$m = 96 + 13.8(10/9 + 0.5) = 96 + 14.6 = 118\,\text{MPa(vs.120\,MPa)}$$

$$s = 1.62d\left(\frac{N \cdot B - A^2}{N^2} + 0.029\right)$$

$= 1.62x13.8(126 - 100/81 + 0.029) = 7.8\,\mathrm{MPa(vs.7.8\,MPa)}$

第 12 章

12-1 題意より $R = 0$ において $\Delta\sigma = 120[2 - \cos(\theta - \pi/2)]$

(a) θ に対する $\Delta\sigma$ は表 14 と図 22 のようになる．

表 **14**

θ (rad)	$\Delta\sigma_{R=0}$ (MPa)	$\Delta\sigma_{R=-1}$ (MPa)
$\pi/2$	120	141
$2\pi/3$	136	153
$5\pi/6$	180	212
π	240	300

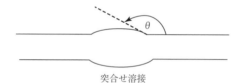

突合せ溶接

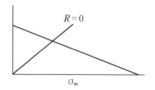

図 **22**

(b) $\Delta\sigma = 2\sigma_a$

$$\frac{\sigma_{a\ R=-1}}{\mathrm{UTS}} = \frac{\sigma_{R=0}}{\mathrm{UTS} - \sigma_{a\ R=0}}, \quad \sigma_{a\ R=-1} = \sigma_{a\ R=0} \frac{\mathrm{UTS}}{\mathrm{UTS} - \sigma_{a\ R=0}},$$
$$\mathrm{UTS} = 600\,\mathrm{MPa}$$

図 23 に $R = 0$ と $R = -1$ の比較を示す．

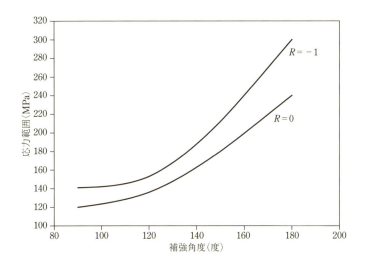

図 23 突合せ溶接継手の疲労強度に及ぼす余盛角の度の影響

12-2

(a) Al 6061 の標準組成を表 15 に示す.

表 15 Al 6061 の化学組成 (wt%)

Cu	Si	Fe	Mn	Mg	Zn	Cr	Ti	Al
0.15–0.40	0.4–0.8	0.7	0.15	0.8–1.2	0.25	0.04–0.35	0.15	残

出典：http://www.elemans.com/2/waa.html.

(b) Al 6061 の T6 処理は溶体化熱処理を含む，すなわち約 500°C で 24 時間加熱，均一の固溶体を得るための焼入れ，析出硬化に到達するための 155°C で 5–16 時間の高温時効である．

(c) T6 処理による Al 6061 の硬さは約 95 HB (ブリネル硬さ) である．

(d) 第 1 エルボの考えられる破損原因はエルボへと管壁間の溶接金属の溶け込み不足である．溶け込み不足は継手の接合不足をもたらす．溶接破壊面のビーチマークは破損が繰返し荷重によることを示している．ねじ切りボスおよび管から測定された硬さ 102 HB は溶接後適正な熱処理 (T6) が行われていたことを暗示している．さもなければ，溶接の間 Al 相に析出物が溶出するので，溶接継手近傍の硬さは 95 HB より小さいであろう．したがって，溶接部におけるエルボの分離は溶接の間溶接材料の溶け込み不足に起因している．

(e) 第2エルボの考えられる破損原因は2回目の溶接後に熱処理がなされていないか，あるいは不適切な熱処理がなされていたことによる．ねじが切られたボスが再溶接されたとき溶接継手近傍の領域は溶接の間高温にさらされていた．これらの領域は通常**熱影響部**(HAZ)とよばれている．高温に暴露されているため Al 6061 における θ 相の析出物がアルミニウム相に再び溶解する．その結果，熱影響部 (HAZ) は実験により明らかにされたように，50 HB 程度の硬さに軟化する．HAZ の引張強さおよび疲労強度も同様に低下する．したがって，き裂は HAZ で発生し，進展し，材料が溶接の間高温の影響を受け，複雑な形状による応力集中を有するフランジ近傍の管で破壊を引き起こす．したがって，2回目の溶接後適切な T6 熱処理は HAZ の硬さを約 100 HB まで戻し，管の引張および疲労強度を増加させると結論づけられる．もし，2回目の溶接の後熱処理が適切になされていたら早い時期の破損は避けられたであろう．

(f) 上述の議論のように事例2の破損原因は不適切な溶接後熱処理あるいは後熱処理がなされていないことに起因している．この結論を支持するための付加的な証拠を提供するために，破壊部のミクロ組織が透過電子顕微鏡 (TEM) で観察することができる．TEM はミクロ組織が θ 相の析出物含むか否かを明らかにできる．もし，析出物がなければ T6 熱処理が適切に行われなかったか，あるいはまったく行われなかったことになる．

第 13 章

13-1 題意より

$$\frac{da}{dt} = 8 \times 10^{-7} K^2 = 8 \times 10^{-7} \sigma^2 \pi a$$

$$K_{\text{Ic}} = 30\,\text{MPa}\sqrt{\text{m}}, \quad a_0 = 0.0001\,\text{m}$$

$$\sigma_{\text{hoop}} = \frac{pD}{2t} = \frac{6\,\text{MPa} \times 96}{2 \times 12} = 24\,\text{MPa}$$

(a)

$$a_{\text{f}} = \frac{1}{\pi}\left(\frac{K_{\text{Ic}}}{\sigma_{\text{hoop}}}\right) = 0.5\,\text{m}$$

壁の厚さは $0.012\,\text{m}$．したがって，パイプは破裂する前にリークする．（または，$K = 24\sqrt{\pi 0.012} = 4.66 \ll 30\,\text{MPa}\sqrt{\text{m}}$．パイプはリークする．）

$$\frac{da}{dt} = 8 \times 10^{-7}(24)^2 \pi a$$

$$\frac{da}{a} = 1.45 \times 10^{-3} dt$$

$$\ln \frac{a_{\mathrm{f}}}{a_0} = \ln \frac{12}{0.1} = 4.79 = 1.45 \times 10^{-3} \Delta t$$

$$\Delta t = 3,300 \text{ 時間}$$

(b) 10,000 時間の寿命に関して最大圧を決めよ.

$$\frac{da}{dt} = 8 \times 10^{-7} \sigma^2 \pi a$$

$$\frac{da}{a} = 8 \times 10^{-7} \sigma^2 \pi dt$$

$$\ln \frac{12}{0.1} = 4.79 = 8 \times 10^{-7} \sigma^2 \pi \times 10,000 \text{ 時間}$$

$$\sigma^2 = 191, \quad \sigma = 13.8 \, \text{MPa}$$

$$p_{\max} = \frac{\sigma 2t}{D} = \frac{13.8 \times 2 \times 12}{96} = 3.45 \, \text{MPa}$$

(c) 圧力 1.1 MPa 下で 10,000 時間の耐久試験

$$K_{\mathrm{Ic}} = \sigma_{\mathrm{H}} \pi \sqrt{0.0001} = 30 \, \text{MPa} \sqrt{\mathrm{m}}$$

$$\sigma_{\mathrm{H}} = 1,693 \, \text{MPa}$$

$$p_{\mathrm{proof}} = \frac{1,693 \times 2 \times 12}{96} = 423 \, \text{MPa}$$

(d) 圧力 6 MPa 下で 2,000 時間運転すると

$$\sigma_{\mathrm{hoop}} = \frac{6 \times 96}{2 \times 12} = 24 \, \text{MPa}$$

$$\ln \frac{a_{2000}}{0.0001} = 8 \times 10^{-7} (24)^2 \pi \times 2,000$$

$$a_{2000} = 0.0001 \times e^{8 \times 10^{-7} (24)^2 \pi \times 2000} = 0.0018 \, \text{m}$$

$$\ln \frac{12}{1.8} = 8 \times 10^{-7} \left(24 \times \frac{3.5}{6} \right)^2 \times \pi \times \Delta t$$

$$1.79 = 4,926 \times 10^{-7} \Delta t$$

$$\Delta t = 3,600 \text{ 時間}$$

第 14 章

14-1 反射エネルギー：$IR = \left(\dfrac{Z_2 - Z_1}{Z_2 + Z_1} \right)^2 = \left(\dfrac{4.68 - 0.149}{4.68 + 0.149} \right)^2 = 0.88 =$ 88%, 透過エネルギー $= 0.12 = 12\%$.

506   問 題 の 解 答

14-2   ルーサイト：$v_L = 0.267\,\text{cm}/\mu\cdot\text{s}$, 鋼：$v_L = 0.594\,\text{cm}/\mu\cdot\text{s}$.

(a) $\sin\theta_{I1} = V_{L1}/V_{L2} = 0.267/0.594 = 0.45,\quad \theta_{I1} = 26.7°$

(b) $\sin\theta_{I2} = 0.267/0.324 = 0.82,\quad \theta_{I2} = 55.5°$

(c) 長手方向の波は表面ではなく垂直方向に曲げられる.

14-3

(a) MT 技術はき裂を見いだせない.

(b) 染色浸透法はもし染料がき裂に浸透しなければ使えない.

(c) ET 法は材料透磁率がき裂内と母材で同一ならば, き裂を検知できない.

(d) UT 法はもし材料の音響インピーダンスがき裂内部と母材で異なっていれば, き裂を検知できる.

第 15 章

15-1   題意より OD $= 2a = 40\,\text{cm}$, ID $= 2b$, $E = 210\,\text{GPa}$, $\nu = 0.25$

$$\Delta a = \frac{-qa}{E}\left(\frac{a^2+b^2}{a^2-b^2} - \nu\right)$$

$$q = -\frac{\Delta a}{a}E\left[\frac{a^2-b^2}{a^2(1-\nu)+b^2(1+\nu)}\right]$$

$R = b/a,\ b = Ra$ とすると

$$q = -\frac{\Delta a}{0.020}\times 210,000\times\frac{0.00040 - 0.00040R^2}{0.00030 + 0.00050R^2}$$

$$= -\Delta a\frac{4,200(1-R^2)}{0.00030 + 0.00050R^2}$$

図 24 および表 16 に結果を示す.

表 **16**

b (m)	R	$-q/\Delta a$ (MPa/m)
0.020	1.0	0
0.015	0.75	3.16×10^6
0.010	0.50	7.4×10^6
0.005	0.25	11.9×10^6

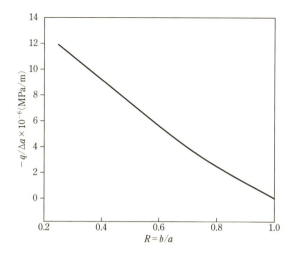

図 24 プレスフィットに展開した圧力にに及ぼす ID/OD 比の影響

表 17

定格寿命 (h)	L_5 寿命 [a] (h)	L_5 の システム寿命 [b] (%)	システム寿命に対する ベアリングの信頼度 [c] (%)
12,000	7,200	69	94
10,000	6,000	83	92
9,000	5,400	93	91
8,000	4,800	104	88 (est.)

a) 定格寿命にチャートから得られる因子 0.6 をかけて求めよ.
b) 寿命 × 100 を 5,000 時間で割って求めよ.
c) 先のコラムから図と情報を用いて求めよ.

15-2

(a) ベアリングの 95% 信頼性寿命調整係数図 15-8 のチャートから定格寿命は 60%, 寿命調整係数は 0.6.

これは $0.6 \times 90 \times 10^6$ または 54×10^6 サイクルに相当する. かわりに式 (15-16) から寿命調整係数 a_i は%信頼性 R によって次のように関係づけられる.

$$a_i = 4.48 \left(\ln \frac{100}{R} \right)^{2/3} = 4.48 \left(\ln \frac{100}{95} \right)^{2/3} = 4.48 \times 0.138 = 0.618$$

(b) 定格寿命が 12,000, 10,000, 9,000, および 8,000 時間で 5,000 時間の寿命を

508   問 題 の 解 答

必要とする 4 個のベアリングを含む系の L_5 を求める (表 17).

$$L_{5system} = \left[\left(\frac{1}{7,200}\right)^{3/2} + \left(\frac{1}{6,000}\right)^{3/2} + \left(\frac{1}{5,400}\right)^{3/2} + \left(\frac{1}{4,800}\right)^{3/2}\right]^{-2/3}$$

$$= (1.64 \times 10^{-6} + 2.15 \times 10^{-6} + 2.52 \times 10^{-6} + 3.01 \times 10^{-6}]^{-2/3}$$

$$= (7.68 \times 10^{-6})^{-2/3}$$

$$= 2,580 \text{ 時間}$$

15-3 ベアリングの定格寿命が 12,000, 10,000, 9,000, 8,000 時間のとき, 5,000 時間寿命必要とする 4 個のベアリングを含む系の信頼性を求める (表 18).

表 18

定格寿命 (h)	定格寿命の システム寿命 (%)	システム寿命に対する ベアリングの信頼度 (%)
12,000	42	97
10,000	50	96
9,000	56	95.5
8,000	62	95

上の問題においてチャートから L_5 レベルにおける上述の系の信頼性は $0.95 \times 0.92 \times 0.91 \times 0.88 = 0.70$. すなわち 5,000 時間に対する信頼性は 70%. L_{10} レベルにおいて系の信頼性は $0.97 \times 0.96 \times 0.955 \times 0.95 = 0.84 = 84\%$ (70%以上から上昇).

$$L_{10system} = \left[\left(\frac{1}{12,000}\right)^{3/2} + \left(\frac{1}{10,000}\right)^{3/2} + \left(\frac{1}{9,000}\right)^{3/2} + \left(\frac{1}{8,000}\right)^{3/2}\right]^{-2/3}$$

$$= [0.76 \times 10^{-6} + 1 \times 10^{-6} + 1.17 \times 10^{-6} + 1.40 \times 10^{-6}]^{-2/3}$$

$$= 3,780 \text{ 時間} \quad (2,325 \text{ 時間から上昇})$$

事 項 索 引

欧 文

Archard の式　439

M_s 温度　230

あ 行

アコースティックエミッション試験
　432
圧延欠陥　363
アッパーシェルフ　186
アノード (陽極)　372
アブレッシブ摩耗　438
粗さ誘起疲労き裂閉口　274
アリゲータリング　364
R 曲線　99
α 型合金　131
α ケース　133
α–β 型合金　131
アンダーカット　350

1 次クリープ領域　240

ヴェーラー曲線　264
ウォルナー線　304
渦電流探傷試験 (ET)　421

液体金属脆化　372
S–N 曲線　264, 265
X 線応力解析　161
X 線検査 (RT)　430
延性–脆性遷移温度 (DBTT)　181
延性破壊　173, 196

応力拡大係数　89

応力集中係数　270
応力除去　127
応力振幅　265
応力テンソル　33
応力腐食割れ (SCC)　371
応力偏差テンソル　58
オージェ電子分光法 (AES)　159
オーステナイト　119
オーステンパリング　228
オートフレッテージ　233
帯状組織　127

か 行

ガウス分布　325
拡散クリープ　242
カソード (陰極)　372
環境助長割れ　377
ガンベル分布　334

基準応力拡大係数　108
基準荷重　108
北川効果　298
ギニア–プレストン (GP) ゾーン
　130
キャビテーション　316
球形応力テンソル　58
球状化　127
共晶反応　123
共析温度　118
共析反応　121
凝着摩耗　438
極値分布　325
き裂先端開口変位　98

空孔　115

– 509 –

510 事 項 索 引

グッドマン線図　267
クリープ　239
クロネッカーのデルタ　55

傾斜ビーム法　427
ゲルバー線図　267
限界ひずみエネルギー解放率　91
検査費用　433

硬 α　133
光学顕微鏡　148
工学的応力　31
工学的垂直ひずみ　37
交差すべり　69
高周波焼入れ　231
固執すべり帯　273
コフィン–マソンの関係　269

さ 行

再結晶　126
最大せん断応力説　75
最頻値　325
サムネイル破壊　302
3 次クリープ領域　240
3 次元デカルト座標　32
算術平均　325
残留応力　221
残留オーステナイト　126

シェブロン模様　175
磁粉粒子による調査 (MT)　414
遮熱コーティング (TBC)　139
シャルピー試験　180
周応力　62
収縮　352
修理マニュアル　23
主応力　34
状態図　118
除荷コンプライアンス特性　99
ショットピーニング　224
事例研究　1
刃状転位　68

浸炭　127, 230
浸透検査 (PT)　401
侵入型合金　115
真の応力　31

水素侵食　372
水素脆化　371
水素誘起割れ (HIC)　372
垂直ビーム法　425
ステアケース法　341
ステージ I　285
ステージ II　285
ストライエーション　280
ストレッチャーストレイン　364
すべり系　70
すべり帯　71
すべり転位　70
スマートピッグ　387
スラグ巻き込み　352

正規分布　325
静水圧因子　33
脆性破壊　173
青熱脆性　129
接触面積　437
セーフライフ　11
セーフライフ設計　3
線欠陥　65, 68
穿孔法　233
せん断応力　35
せん断剛性　41
せん断ひずみエネルギー説　74

双眼実体顕微鏡　148
走査型オージェ微量分析　159
走査型原子間力顕微鏡 (AFM)　160
走査型電子顕微鏡 (SEM)　151
層状ミクロ組織　364
速度–温度パラメータ　182
塑性域寸法　96
塑性変形　65
塑性誘起疲労き裂閉口　274

事 項 索 引 511

た 行

耐酸コーティング　139
体心立方 (bcc)　115
体積弾性係数　41
多結晶合金　117
縦方向の応力　61
弾性構成関係　40
弾性追従　258
弾塑性破壊靭性　104

置換型合金　115
窒化　127, 231
中央値　325
鋳造欠陥　362
鋳鉄　126
超音波試験 (UT)　423
超高サイクル疲労 (VHCF)　301
稠密六方 (hcp)　115

突出し　273

テアライン　173
ディンプル　204
てこの原理　121
鉄-炭素平衡状態図　118
転位　65
転位ループ　68
電子エネルギー損失分光法 (EELS)
　160
電子プローブ微量分析 (EPMA)　160
点状破損　247
転動疲労　448
電子分光法 (EPS)　159

等温変態図　118
透過型電子顕微鏡 (TEM)　150
透過度計　431
溶け込み不足　351
トライボロジー　437
トレスカの説　79

な 行

長いき裂　295

2次イオン質量分析法 (SIMS)　160
2次クリープ領域　240
ニッケル基超合金　133

ねじれ因子　33
熱影響部 (HAZ)　349
熱間加工　126
熱間鍛造　126
熱機械疲労　270
熱-機械履歴　219
熱衝撃　219
熱脆性　128

ノイバー則　270

は 行

パイエルス力　181
破壊靭性　90
破壊力学　87
バーガース・ベクトル　68
バスキンの関係　269
破損解析　1
破損評価線図　106
はつり　417
パーライト　123

微小き裂　100
ひずみエネルギー密度　47
ビーチマーク　302
非破壊検査 (NDE) 法　397
表面粗さ　282
表面エネルギー　89
疲労　263
疲労き裂閉口　274
疲労限度　264
疲労ストライエーション　211
頻度因子　182

フィッシュアイ　286

512　事 項 索 引

フェイルセーフ　11
フェイルセーフ設計　3
フェライト　118
　α—　118
　δ—　118
腐食　371
腐食疲労　372
不動転位　70
フープ応力　62
ブラッグの法則　161
フーリエ変換赤外分光法 (FTIR)
　159
ブリスク　442
ブリッジング　317
プールベ線図　376
フレッティング疲労　440
分解せん断応力　71, 72

ベイナイト　118, 123
平面応力状態　43
平面ひずみ状態　45
べき乗則クリープ　242
β 型合金　131
β トランザス　132
偏差応力テンソル　33
変態範囲　123

ポアソン比　40
包晶反応　121
ホール—ペッチの関係　118, 185

ま 行

摩擦係数　437
マルテンサイト　123
マルテンサイト変態温度　230
マルテンパリング　228

ミクロ組織　118
短いき裂　297
ミーゼスの説　79
ミラー指数　72

面心立方 (fcc)　115

目視検査　146, 400
モード I　95
モード II　95
モード III　95
モール円　36
モンクマン—グラントの法則　244

や 行

焼入れ性　126
焼きなまし　126
焼きならし　126
焼戻し　127
焼割れ　129, 227
ヤング率　40

有限寿命範囲　11

溶接クレーター　351
溶接孔　351
溶接止端　350
溶接スパッター　352
溶体化・過時効 (STOA)　132
溶体化・時効　132
翼弦　12
予熱　127
余盛　351

ら 行

らせん転位　68
ラーソン—ミラー・パラメータ　243
ラフト　137
ラミナーテアリング　353

リバースエンジニアリング　445
リバーパターン　173
粒界クリープ破損　247
粒界破壊　176
流動応力　75
粒内クリープ破壊　247
リューダース帯　73

累積分布関数　326

事 項 索 引 513

冷間加工 126
冷却速度 352
レプリカ 156

ロウアーシェルフ 186
ロックキャンディ 176

ロビンソンの寿命比則 245

わ 行

ワイブル分布 330

人 名 索 引

A

Ainsworth, R. A.　110
Alban, L. E.　454, 455, 457
Albrecht, P.　272, 318
Almen, J. O.　319
Anagnostou, E. L.　321
Anderson, T. L.　110
Anderson, W. P.　293, 320
Archard, J. F.　437, 439, 457
Argon, A. S.　200, 212
Ashby, M. F.　241, 246, 248, 259, 457
Atanmo, P.　319

B

Bagnall, C.　395, 434
Bannatine, J. A.　321
Bao, H.　319
Barsom, J. M.　181, 183, 186, 211
Bennett, P. E.　183, 212
Birnbaum, Z. W.　344
Black, P. H.　319
Boettner, R. C.　273, 318
Bowles, C. Q.　290, 320
Boyce, B. L.　320
Brandes, E. A.　141
Brandon, D.　156, 171
Bressers, J.　142
Bridgman, P. W.　200, 212
Broek, D.　110
Brooks, C. R.　459
Brown, B. F.　376, 377, 380–384, 396

Brown, C. M.　264, 318
Budiansky, B.　274, 319
Buntin, W. D.　365, 368
Burns, K. W.　181, 212

C

Caddell, R. M.　203, 212, 233, 368
Canonico, D. A.　28
Carter, C. B.　151, 154, 171
Cartwright, D.J.　110
Chou, P. C.　51
Choudhury, A.　459
Clark, H. Mcl.　319
Clark, N.　28
Colangelo, F. A.　459
Collins, J. A.　259, 459
Comer, J. C.　321
Coudert, E. M.　344
Cowles, B. A.　321
Crosby, S.　127
Cross, H. C.　136, 141
Cullity, B. D.　171
Cummings, H. N.　344

D

da Silveira, T. L.　259, 394
Davies, R. G.　141
Demers, C. E.　15, 16, 28
Denhard, E.　379, 396
Dias da Silva, V.　81
Dieter, G. E., Jr.　51, 81, 212, 328, 344
Differt, K.　318

– 515 –

人 名 索 引

Dixon, W. J.　341, 344
Dolan, T. J.　330, 344
Donahue, R. J.　319
Dornheim, M. A.　321
Dowling, A. R.　110
Drew, K.　28
Dudley, D. W.　457
Dugdale, D. S.　96, 110, 297, 310, 320

E

Ebert, L. J.　230, 233
Eiber, R. J.　395
El Haddad, M. H.　300, 321
Elber, W.　274, 319
Elices, M.　110
Endo, M.　298–300, 319, 321
Epstein, H. I.　28
Erdogan, F.　293, 320
Essmann, U.　318
Evans, H. E.　259

F

Fedderson, C. E.　110
Fikkers, A. T.　395
Finnie, I.　259
Fiorino, F.　28
Fisher, J. W.　15, 16, 28
Foecke, T.　191, 193, 196, 212
Forsyth, P. J. E.　281, 319
French, D. N.　259
Frost, H. J.　241, 259
Frost, N. E.　295, 320
Fuchs, H. O.　284, 320
Fujihara, M.　305, 321
Furtado, H. C.　259, 321, 395, 434
Furukawa, K.　321

G

Gamache, B.　319
Ghandi, C.　259

Gomez, M. P.　293, 320
Gonzalez, J.　319
Goshima, T.　320
Griffith, A. A.　87, 110
Gumbel, E. J.　334, 343
Gurney, T. R.　232, 233

H

Hammitt, F. G.　321
Handrock, J. L.　321
Hardrath, H. F.　289, 320
Harlow, D. G.　285, 320
Harper, R. F.　28
Hasegawa, T.　320
Hattori, T.　321
Heaslip, T. W.　369
Heisler, F. A.　459
Heymann, F. J.　321
Hines, W. A.　419
Hirst, W.　457
Holt, J. M.　212
Hosford, W. F.　203, 212, 233, 368
Hutchinson, J. W.　274, 319

I

Illg, W.　289, 291, 292, 320
Irwin, G. R.　91, 96, 97, 110, 293, 297, 310, 320
Ishihara, S.　275, 277–280, 319, 320

J

Johnson, H.　395
Johonson, T. L.　141
Jones, D. A.　395
Jones, D. R. H.　9, 28, 141, 395, 457, 459
Juvinall, R. C.　283, 319

K

Kanninen, M. F.　110
Kaplan, W. D.　156, 171

人 名 索 引 517

Kear, B. H. 141
Kiefner, J. F. 395
Kitagawa, H. 321
Kobayashi, H. 22, 28
Kondo, Y. 321
Korin, I. 368
Kowaka, M. 396
Koyasu, Y. 320
Krauss, G. 230, 233
Kuhn, P. 289, 320
Kumble, R. 319
Kuno, T. 320
Kunpanichkit, C. 422, 423

L

Laird, C. 281, 319
Lange, G. A. 459
Larrainzar, C. 350, 368
Le May, I. 51, 81, 259, 321, 395, 434
Levan, G. 319
Lipson, C. 344
Liu, H. W. 295, 320
Low, J. R., Jr. 212
Lutynski, C. 441, 443, 444, 457

M

Mackaldener, M. 456, 457
Maeda, Y. 234
Manahan, M. P. 187, 212
Marsh, F. J. 212
Matsunaga, H. 321
Mayr, P. 212
McClintock, F. A. 200, 212
McCowan, C. N. 212
McEvily, A. J. 207, 211, 212, 245, 259, 273, 289, 291, 292, 298–301, 318–321, 395, 457
McMillan, J. C. 281, 319
Mendelson, A. 81
Milne, I. 110

Minakawa, K. 318, 319
Mood, A. M. 341, 344
Morlett, J. O. 395
Morrocco, J. D. 28
Moyer, C. 457
Mughrabi, H. 142, 318
Murakami, Y. 110, 286, 319–321, 334, 336, 338, 339, 344

N

Nakamura, R. 321
Neuber, H. 270, 271, 289, 318
Newman, J. C., Jr. 321, 459, 460
Nishida, S. 271, 318, 320, 459
Nishino, S. 320

O

O'Donoghue, P. E. 395
Oguma, N. 320, 321
Ohta, A. 234
Oldersma, A. 308, 321
Olssen, M. 456, 457
Orowan, E. 91, 110

P

Pagano, N. J. 51
Paris, P. C. 110, 293, 320
Payson, P. 141
Pelloux, R. M. 281, 319
Perez Ipiña, J. 368
Peteves, S. 142
Pickering, F. B. 181, 212
Pohl, K. 212
Popelar, C. H. 110
Pugh, E. N. 378, 396
Punter, A. 395

R

Rabinowicz, E. 457
Reinhold, O. 128, 142
Remy, L. 219, 220, 233
Revie, R. W. 395

518   人 名 索 引

Rice, R.   110
Rigney, D. A.   457
Ritchie, R. O.   320
Roark, R. J.   457, 458
Rolfe, S. T.   181, 183, 186, 211
Rooke, D. P.   110
Rusk, D.   321
Ruth, A.   212
Ryder, D.   281, 319

S

Sakai, T.   320
Saruki, K.   320
Sato, M.   320
Saunders, S. C.   344
Savage, S. H.   141
Schijve, J.   289, 290, 320
Schulte, W. C.   344
Sheth, N. J.   344
Shibata, T.   340, 344
Shumaker, M. B.   396
Siewert, T. A.   212
Sih, G. C.   110
Simansky, G.   457
Sinclair, G. M.   183, 212, 330, 344
Skaar, J.   212
Smith, E. A.   28
Smith, G. C.   281, 319
Smith, K. N.   321
Sprowls, D. O.   382, 396
Steen, M.   142
Stephens, R. I.   284, 320
Stevick, G. R.   259
Stewart, A. T.   110
Stulen, F. B.   344
Sugai, Y.   319
Suresh, S.   321
Suzuki, N.   234

T

Tada, H.   110

Takahashi, S.   321
Takai, K.   320
Takeda, M.   320
Tanaka, K.   320
Tanaka, N.   320
Taplin, D. M. R.   259
Tetelman, A. S.   211, 245, 259
Thielsch, H.   259, 368
Thornton, P. R.   137, 141
Timoshenko, S.   448, 457
Tohgo, K.   110
Topper, T. H.   321
Toriyama, T.   320, 344
Trioano, A.   395

V

Valiente, A.   110
Vanstaen, G.   395

W

Wahl, A. M.   314, 315, 321
Wakita, M.   320
Wald, M.   28
Walsh, J. D.   396
Wanhill, R. J. H.   308, 321
Wei, R. P.   285, 320
Weibull, W.   343
Williams, D. B.   151, 154, 171
Wilsdorf, G. F.   141
Witherell, C. E.   360, 368, 459
Wold, G.   212
Wood, W. A.   273, 318
Worden, C. O.   280, 319
Wright, W.   272, 318
Wulpi, D. J.   460

Y

Yamada, Y.   460
Yamashita, K.   321
Yang, Z.   319
Yokohama, N. N.   320

Young, W. C.　　457, 458
Yuuki, R.　　110

Z

Zahavi, E.　　321

Zapffe, C. A.　　280, 319
Zhuang, Z.　　395
Ziegler, B.　　460

訳者略歴

江原隆一郎（えばら・りゅういちろう）
昭和46年3月名古屋大学大学院工学研究科博士課程満了.
昭和47年3月工学博士（名古屋大学第123号）.
九州工業大学講師，同大助教授，コネティカット州立大学ポ
ストドクトラルフェロー，三菱重工業（広島研究所），香川大
学工学部教授，広島工業大学教授を歴任.
現在，福岡大学材料技術研究所客員教授.

金属破損解析ハンドブック
原理から機構，事例研究，欠陥検出，防止まで

平成 29 年 1 月 30 日　発　行

翻訳者　　江　原　隆一郎

発行者　　池　田　和　博

発行所　　丸善出版株式会社
　　　　　〒101-0051　東京都千代田区神田神保町二丁目17番
　　　　　編集：電話 (03) 3512-3266／FAX (03) 3512-3272
　　　　　営業：電話 (03) 3512-3256／FAX (03) 3512-3270
　　　　　http://pub.maruzen.co.jp/

© Ryuichiro Ebara, 2017

印刷・製本／三美印刷株式会社

ISBN 978-4-621-30135-7　C 3553　　　　Printed in Japan

本書の無断複写は著作権法上での例外を除き禁じられています.